Begriffstraining: Abbildungen – Verschiebung (2)

D Beschrifte die Punkte und die Bildpunkte. Zeichne einen Verschiebungspfeil ein.

a)

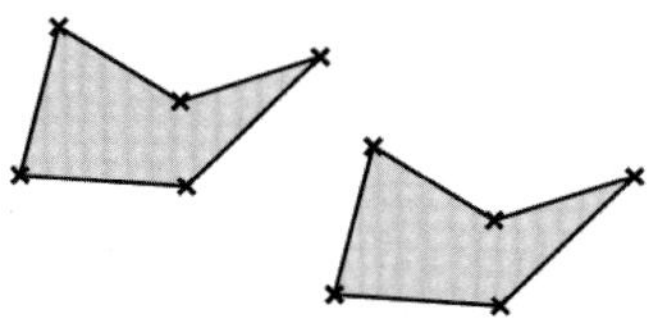

b)

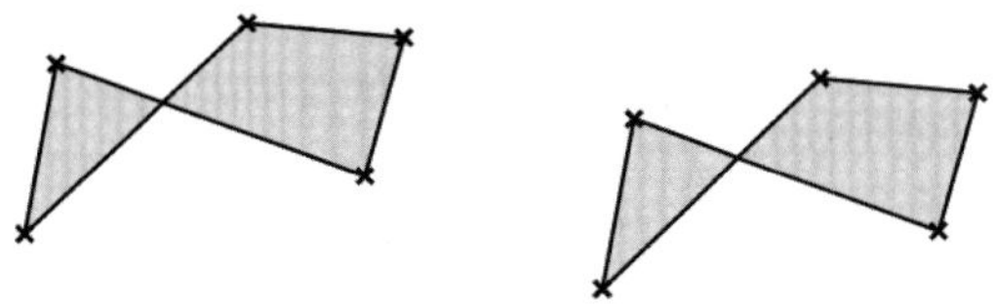

Erklären und bewerten

E Erkläre den Unterschied zwischen einem Bandornament und einer Parkettierung. Wie hängen Bandornament und Verschiebung zusammen?

____

____

____

____

F Richtig oder falsch? Kreuze an.

- Bei der Verschiebung einer Figur stehen die Verbindungsstrecken zwischen den Punkten und ihren Bildpunkten senkrecht aufeinander. ☐ richtig ☐ falsch
- Bei der Verschiebung einer Figur ist jeder Winkel genauso groß wie sein Bildwinkel. ☐ richtig ☐ falsch
- Bei der Verschiebung einer Figur bleibt der Umlaufsinn der Eckpunkte erhalten. ☐ richtig ☐ falsch

Abbildungen: imprint, Zusmarshausen
Text: Sabine Kliemann

Lösungen Begriffstraining: Abbildungen – Verschiebung (1) und (2), abb002

A

☒ ☒ ☐ ☒

☐ ☐ ☒ ☐

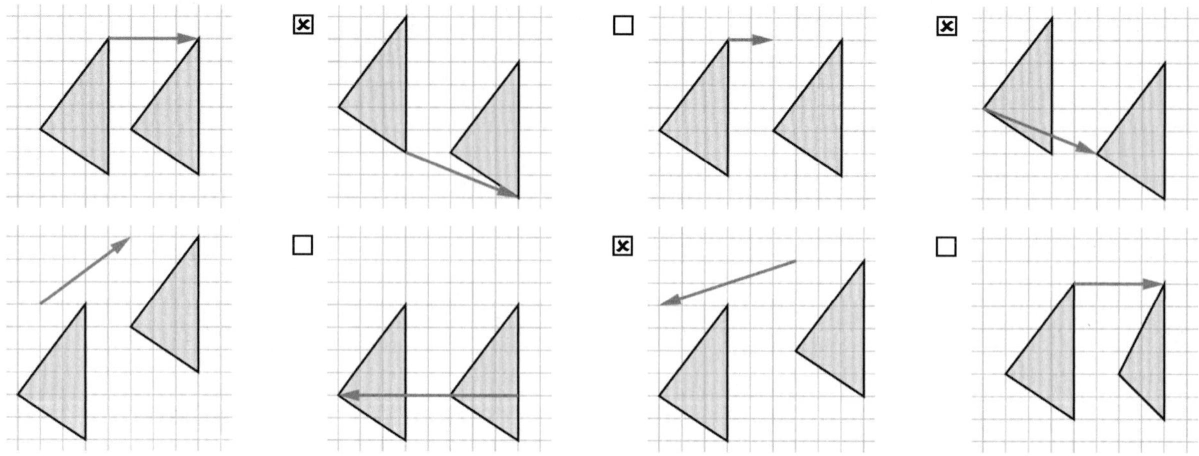

B ☒ Die Bildpunkte sind A′, B′ und C′.

☒ Der Verschiebungspfeil geht von B nach B′.

☐ Eine Bildstrecke geht von C nach C′.

☐ Die Bildpunkte sind A, B und C.

☐ B ist der Bildpunkt von B‘.

☐ C hat keinen Bildpunkt.

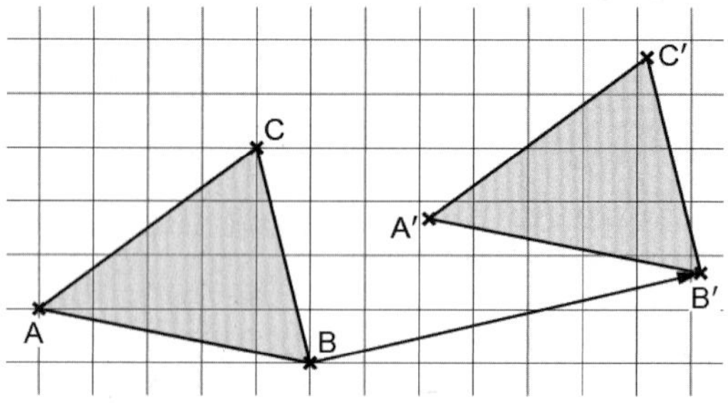

C Eine Verschiebung ist durch einen **Verschiebungspfeil** festgelegt.
Alle Verbindungsstrecken zwischen den Punkten und ihren Bildpunkten haben die gleiche **Länge**.
Sie verlaufen alle **parallel** zum Verschiebungspfeil.
Bei der Verschiebung bleibt jede Strecke gleich **lang** und jeder Winkel gleich **groß**.
Wird eine Figur mehrfach in eine Richtung verschoben, entsteht **ein Bandornament**.

D Es gibt jeweils mehrere mögliche Lösungen, zum Beispiel:

a)

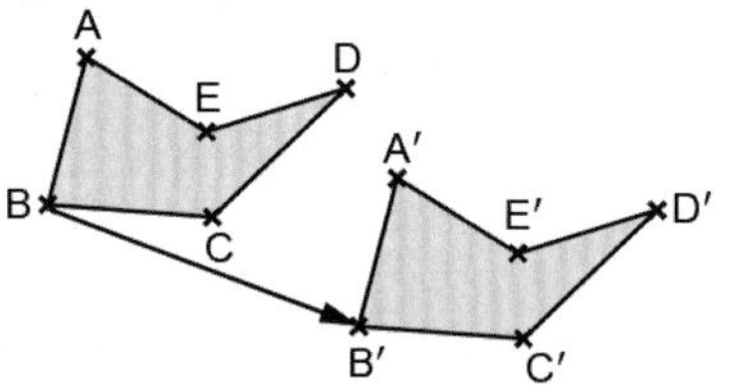

b)

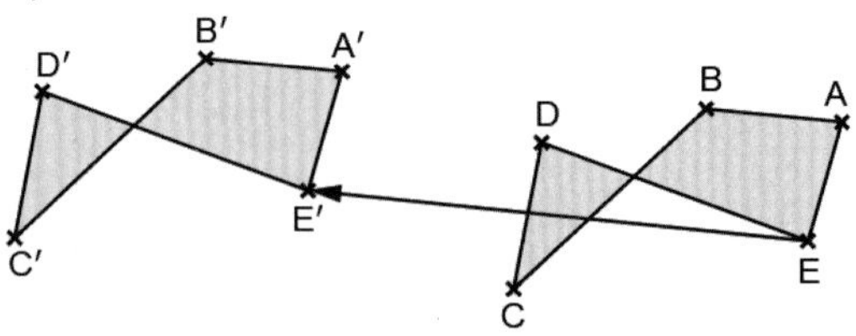

E Individuelle Lösungen, zum Beispiel:
Ein Bandornament entsteht durch die (mehrfache) Verschiebung einer Figur in eine Richtung.
Eine Parkettierung entsteht durch die Verschiebung in mehrere Richtungen.

F

- Bei der Verschiebung einer Figur stehen die Verbindungsstrecken zwischen den Punkten und ihren Bildpunkten senkrecht aufeinander. ☐ richtig ☒ falsch
- Bei der Verschiebung einer Figur ist jeder Winkel genauso groß wie sein Bildwinkel. ☒ richtig ☐ falsch
- Bei der Verschiebung einer Figur bleibt der Umlaufsinn der Eckpunkte erhalten. ☒ richtig ☐ falsch

Abbildungen: imprint, Zusmarshausen
Text: Sabine Kliemann

SP Begriffstraining: Brüche

der Bruch	der Bruchstrich	der Zähler
das Ganze	der Bruchteil	der Nenner

Erkennen und benennen

A Kreuze an, in welcher Abbildung die ganze Pizza in gleich große Bruchteile aufgeteilt wurde.

☐  ☐  ☐ 

B Markiere die Zähler mit einem Kreis, die Nenner mit einem Quadrat und den Bruchstrich mit einem Pfeil.

$\frac{1}{2}$ $\frac{3}{4}$ $\frac{2}{8}$ $\frac{5}{6}$

C Setze die Wörter richtig in den Text ein.

Ganze	Zähler	Bruchteile	Nenner

In einem Bruch gibt der ______________ an, in wie viele Bruchteile das ______________ eingeteilt ist. Der ______________ gibt an, wie viele ______________ davon gemeint sind.

$\frac{3}{5}$

Erklären und bewerten

D a) Erkläre, warum alle Brüche den gleichen Zähler haben, aber verschiedene Nenner.

$\frac{1}{8}$ $\frac{1}{6}$ $\frac{1}{4}$ $\frac{1}{3}$

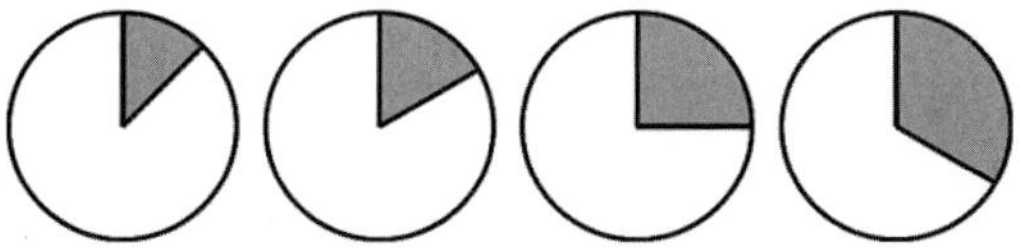

____

____

____

____

b) Erkläre, warum alle Brüche den gleichen Nenner haben, aber verschiedene Zähler.

$\frac{1}{7}$ $\frac{2}{7}$ $\frac{3}{7}$ $\frac{4}{7}$

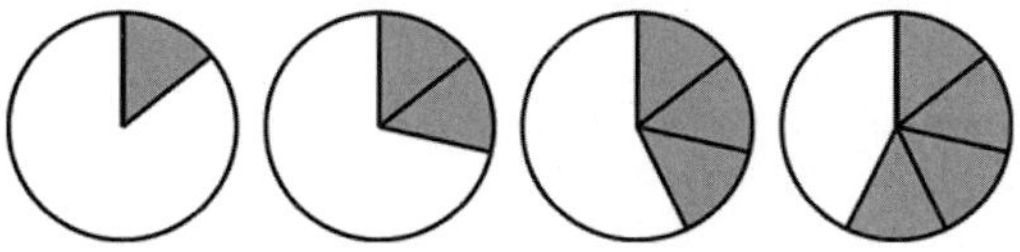

____

____

____

____

E Kreuze die richtigen Aussagen an.

☐ Wenn man ein Ganzes in viele Bruchteile unterteilt, hat der Bruch einen großen Nenner.
☐ Der Zähler steht immer unter dem Bruchstrich.
☐ Über dem Bruchstrich steht, wie viele Bruchteile vom Ganzen gemeint sind.
☐ Unter dem Bruchstrich steht, in wie viele Teile das Ganze aufgeteilt wurde.
☐ Ein Viertel eines großen Kuchens ist genau so groß wie ein Viertel eines kleinen Kuchens.

Abbildungen: imprint, Zusmarshausen, ShutterStock.com RF, New York (arkasha1905)
Text: Wolfram Schmidt

Lösungen Begriffstraining: Brüche, brch020

A

☐ 

☐ 

☒ 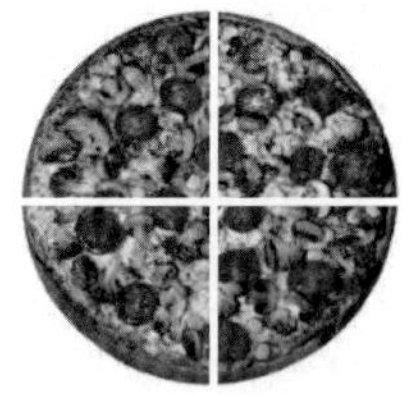

B Die Zähler sind mit einem Kreis markiert. Die Nenner sind mit einem Quadrat markiert. Der Pfeil zeigt auf den Bruchstrich.

$\frac{1}{2}$ ⟵ ⟶ $\frac{3}{4}$ ⟶ $\frac{2}{8}$ ⟶ $\frac{5}{6}$

C In einem Bruch gibt der **Nenner** an, in wie viele Bruchteile das **Ganze** eingeteilt ist. Der **Zähler** gibt an, wie viele **Bruchteile** davon gemeint sind.

D Individuelle Lösungen, zum Beispiel:

a) Der Zähler gibt die Anzahl der Anteile an.
Da in jeder Abbildung nur ein Anteil markiert ist, ist der Zähler immer 1. Da die Kreise in unterschiedlich viele Anteile eingeteilt wurden, sind die Nenner verschieden.

b) Der Nenner gibt an, in wie viele gleich große Anteile das Ganze bzw. die Ganzen zerlegt worden sind.
Da alle Kreise in sieben Teile eingeteilt wurden, sind alle Nenner gleich.
Die Anzahl der Siebtel ist aber unterschiedlich.

E ☒ Wenn man ein Ganzes in viele Bruchteile unterteilt, hat der Bruch einen großen Nenner.

☐ Der Zähler steht immer unter dem Bruchstrich.

☒ Über dem Bruchstrich steht, wie viele Bruchteile vom Ganzen gemeint sind.

☒ Unter dem Bruchstrich steht, in wie viele Teile das Ganze aufgeteilt wurde.

☐ Ein Viertel eines großen Kuchens ist genau so groß wie ein Viertel eines kleinen Kuchens.

Abbildungen: ShutterStock.com RF, New York (arkasha1905)
Text: Wolfram Schmidt

Name: Klasse: Datum: brch021

Begriffstraining: Brüche addieren und subtrahieren (1)

der Bruch	gleichnamig	ungleichnamig
erweitern	kürzen	

Erkennen und benennen

A Bei gleichnamigen Brüchen werden Brüche mit gleichem Nenner addiert oder subtrahiert. Werden Brüche addiert oder subtrahiert, die keinen gleichen Nenner haben, nennt man die Brüche ungleichnamig. Schreibe unter die Aufgabe „gleichnamig“ oder „ungleichnamig“.

a) $\frac{1}{3} + \frac{2}{3}$

____

b)

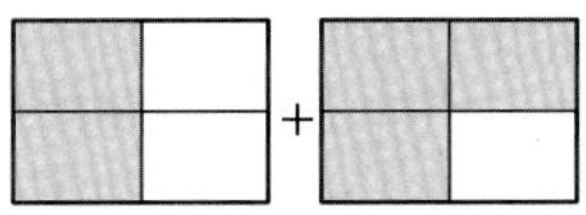

____

c) $\frac{5}{6} + \frac{2}{3}$

____

d)

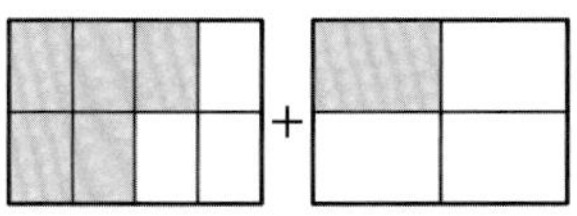

____

e) $\frac{7}{9} - \frac{2}{9}$

____

f)

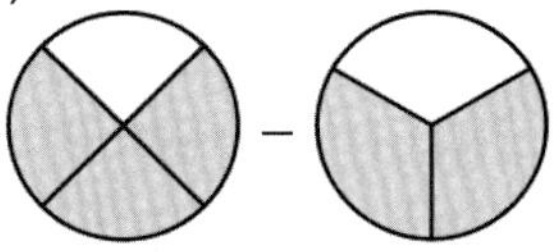

____

g)

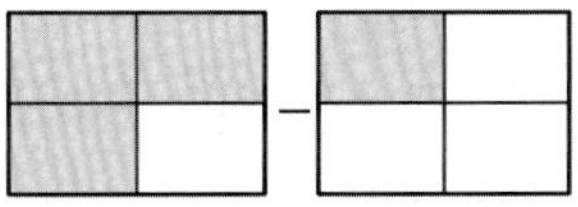

____

h) $\frac{3}{10} - \frac{2}{5}$

____

i)

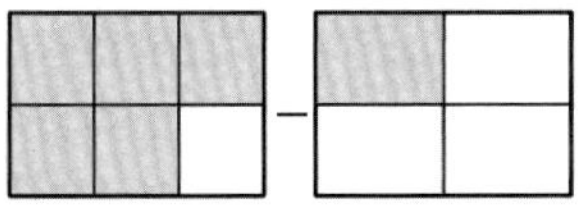

____

j) $\frac{23}{25} - \frac{22}{25}$

____

k) $\frac{3}{4} + \frac{1}{8}$

____

l)

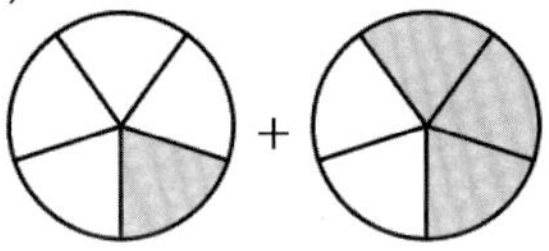

____

B Setze die Wörter richtig in den Text ein.

Zähler | Nenner | gleichnamig | kürzen | Brüche

Gleichnamige ________________ addierst / subtrahierst du, indem du die ________________ addierst / subtrahierst und den gemeinsamen ________________ beibehältst.

Ungleichnamige Brüche musst du vor dem Addieren / Subtrahieren zuerst ________________ machen. Dazu kannst du die Brüche erweitern oder ________________.

Abbildungen: imprint, Zusmarshausen
Text: Sabine Kliemann

Begriffstraining: Brüche addieren und subtrahieren (2)

Erklären und bewerten

C Erkläre, wer recht hat.

D Kreuze die richtige Aussage an.

- ☐ Gleichnamige Brüche werden addiert, indem man die Zähler addiert und den Nenner beibehält.
- ☐ Gleichnamige Brüche werden subtrahiert, indem man die Zähler und die Nenner subtrahiert.
- ☐ Wenn man ungleichnamige Brüche addiert, muss man sie zuerst gleichnamig machen und dann Zähler und Nenner addieren.
- ☐ Wenn man ungleichnamige Brüche subtrahiert, muss man sie zuerst gleichnamig machen und dann die Zähler subtrahieren und den Nenner beibehalten.

Abbildungen: tiff.any GmbH & Co. KG, Berlin
Text: Sabine Kliemann

Lösungen Begriffstraining: Brüche addieren und subtrahieren (1) und (2), brch021

A a)

$\frac{1}{3} + \frac{2}{3}$

gleichnamig

b)

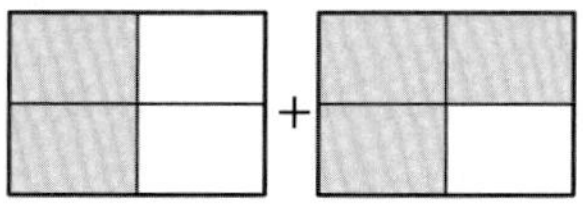

gleichnamig

c)

$\frac{5}{6} + \frac{2}{3}$

ungleichnamig

d)

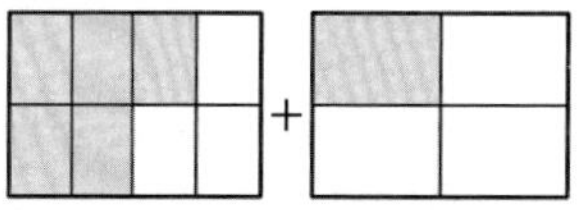

ungleichnamig

e)

$\frac{7}{9} - \frac{2}{9}$

gleichnamig

f)

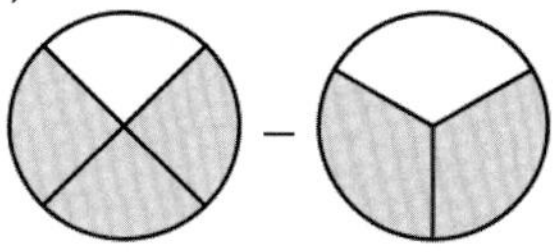

ungleichnamig

g)

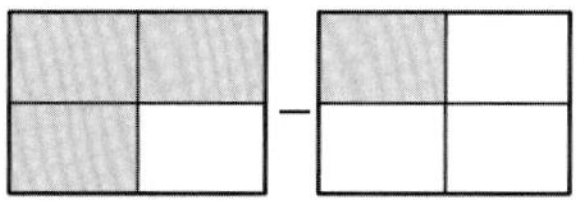

gleichnamig

h)

$\frac{3}{10} - \frac{2}{5}$

ungleichnamig

i)

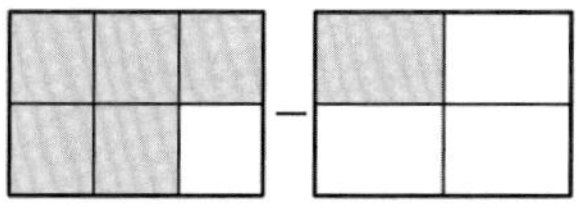

ungleichnamig

j)

$\frac{23}{25} - \frac{22}{25}$

gleichnamig

k)

$\frac{3}{4} + \frac{1}{8}$

ungleichnamig

l)

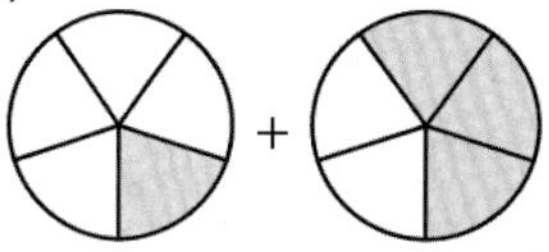

gleichnamig

B Gleichnamige **Brüche** addierst/subtrahierst du, indem du die **Zähler** addierst/subtrahierst und den gemeinsamen **Nenner** beibehältst.
Ungleichnamige Brüche musst du vor dem Addieren/Subtrahieren zuerst **gleichnamig** machen. Dazu kannst du die Brüche erweitern oder **kürzen**.

C Mögliche Antwort:
Jule hat recht. Brüche mit unterschiedlichen Nennern müssen vor dem Addieren erst auf denselben Nenner erweitert oder gekürzt werden.
Leans Aussage ist falsch.

D
- ☒ Gleichnamige Brüche werden addiert, indem man die Zähler addiert und den Nenner beibehält.
- ☐ Gleichnamige Brüche werden subtrahiert, indem man die Zähler und die Nenner subtrahiert.
- ☐ Wenn man ungleichnamige Brüche addiert, muss man sie zuerst gleichnamig machen und dann Zähler und Nenner addieren.
- ☒ Wenn man ungleichnamige Brüche subtrahiert, muss man sie zuerst gleichnamig machen und dann die Zähler subtrahieren und den Nenner beibehalten.

Abbildungen: imprint, Zusmarshausen
Text: Sabine Kliemann

SP Begriffstraining: Brüche erweitern und kürzen

erweitern	kürzen	der gleichwertige Bruch

Erkennen und benennen

A

(1)

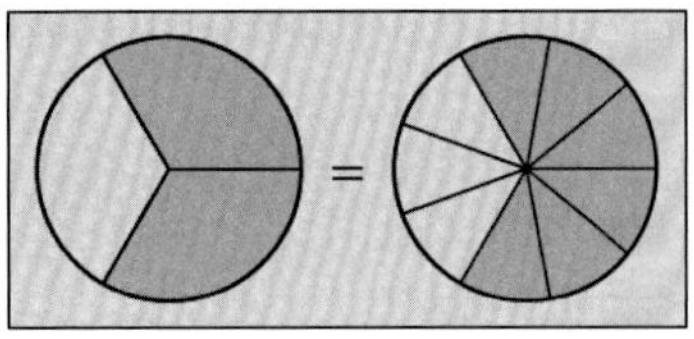

(2) $\frac{1}{3} = \frac{1 \cdot 2}{3 \cdot 2} = \frac{2}{6}$

(3) $\frac{2}{3} = \frac{8}{12}$

(4)

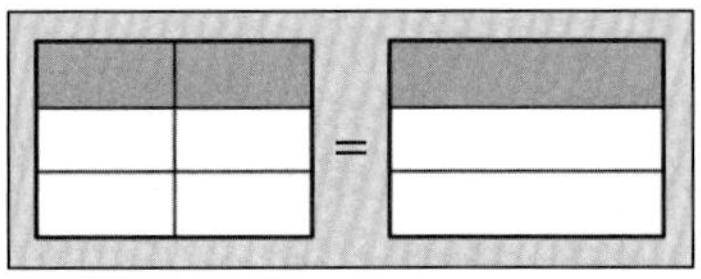

(5)

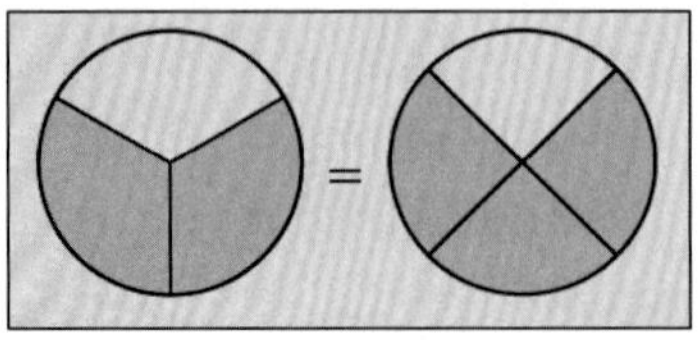

(6) $\frac{3}{9} = \frac{1}{3}$

(7) $\frac{2}{6} = \frac{2:2}{6:2} = \frac{1}{3}$

(8) $\frac{1}{4} = \frac{2}{8}$

Notiere die Brüche, die richtig erweitert wurden: ______________________________

Notiere die Brüche, die richtig gekürzt wurden: ______________________________

B Setze die Wörter richtig in den Text ein.

Zahl | Erweitern | Nenner | Zähler | gleich | multipliziert

Beim Kürzen werden Zähler und ____________ durch dieselbe ____________ dividiert.

Beim ____________ werden ____________ und Nenner mit derselben Zahl ____________.

Der Wert eines Bruchs bleibt nach dem Erweitern oder Kürzen ____________.

Erklären und bewerten

C Erkläre mithilfe eines Beispiels, wie du einen Bruch erweiterst.

____

____

____

____

D Kreuze die richtigen Aussagen an.

- ☐ Beim Erweitern wird zum Zähler und zum Nenner dieselbe Zahl addiert.
- ☐ Beim Erweitern verfeinert sich die Unterteilung des Ganzen.
- ☐ Man kann jeden Bruch erweitern.
- ☐ Beim Kürzen werden der Zähler und der Nenner mit derselben Zahl multipliziert.
- ☐ Beim Kürzen vergröbert sich die Unterteilung des Ganzen.
- ☐ Beim Kürzen wird der einzelne Anteil größer.
- ☐ Man kann jeden Bruch kürzen.
- ☐ Der Wert eines Bruchs ändert sich beim Kürzen und Erweitern.

Abbildungen: imprint, Zusmarshausen
Text: Sabine Kliemann

Lösungen Begriffstraining: Brüche erweitern und kürzen, brch022

A

(1)

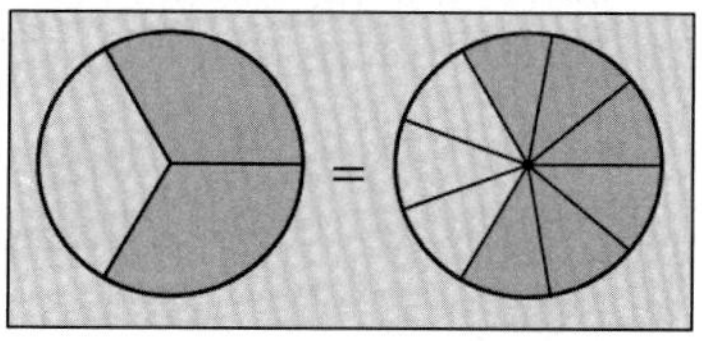

(2) $\frac{1}{3} = \frac{1 \cdot 2}{3 \cdot 2} = \frac{2}{6}$

(3) $\frac{2}{3} = \frac{8}{12}$

(4)

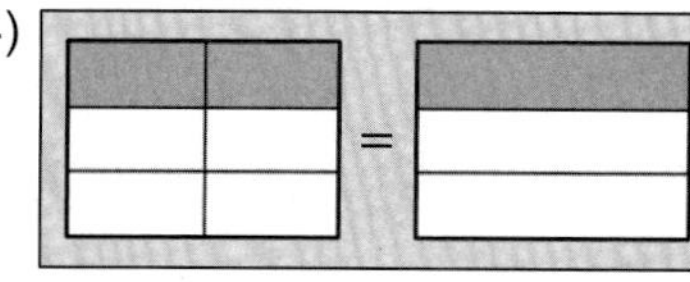

(5)

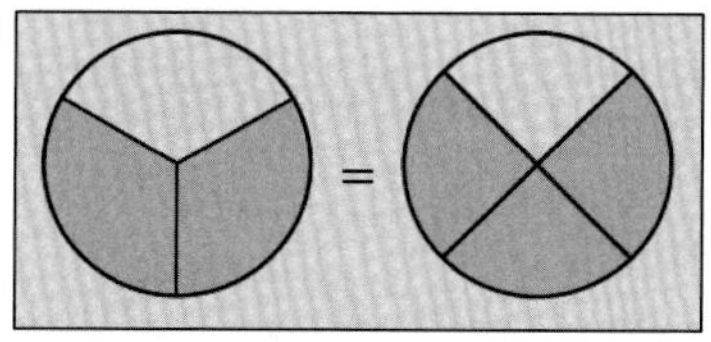

(6) $\frac{3}{9} = \frac{1}{3}$

(7) $\frac{2}{6} = \frac{2:2}{6:2} = \frac{1}{3}$

(8) $\frac{1}{4} = \frac{2}{8}$

Notiere die Brüche, die richtig erweitert wurden: **(1); (2); (3); (7); (8)**
Notiere die Brüche, die richtig gekürzt wurden: **(4); (6); (7)**

B Beim Kürzen werden Zähler und **Nenner** durch dieselbe **Zahl** dividiert.
Beim **Erweitern** werden **Zähler** und Nenner mit derselben Zahl **multipliziert**.
Der Wert eines Bruchs bleibt nach dem Erweitern oder Kürzen **gleich**.

C Mögliche Antwort:
Ich erweitere einen Bruch, indem ich den Zähler und den Nenner mit der gleichen Zahl multipliziere, z. B. erweitere ich $\frac{2}{3}$ mit 5, indem ich die 2 und die 3 mit 5 multipliziere: $\frac{2}{3} = \frac{2 \cdot 5}{3 \cdot 5} = \frac{10}{15}$

D
- ☐ Beim Erweitern wird zum Zähler und zum Nenner dieselbe Zahl addiert.
- ☒ Beim Erweitern verfeinert sich die Unterteilung des Ganzen.
- ☒ Man kann jeden Bruch erweitern.
- ☐ Beim Kürzen werden der Zähler und der Nenner mit derselben Zahl multipliziert.
- ☒ Beim Kürzen vergröbert sich die Unterteilung des Ganzen.
- ☒ Beim Kürzen wird der einzelne Anteil größer.
- ☐ Man kann jeden Bruch kürzen.
- ☐ Der Wert eines Bruchs ändert sich beim Kürzen und Erweitern.

Abbildungen: imprint, Zusmarshausen
Text: Sabine Kliemann

Lernduo: Daten

SP

A	B
1 Beschreibe, was das Maximum ist.	**2** Beschreibe, was das Minimum ist.
Erklärt euch gegenseitig, wie ihr im Diagramm die Antwort findet.	
3 Gewichte der Kürbisse  Rangliste: 1100 g; 1200 g; 1800 g; 2400 g; 3100 g a) Minimum: 1100 g, weil ... b) Maximum: 3100 g, weil ... c) Spannweite: 2000 g, weil .... d) Zentralwert: 1800 g, weil ...	**4** Seitenzahlen der Bücher 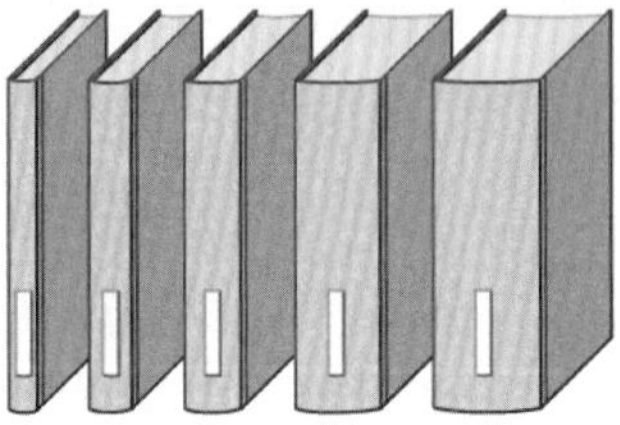 Rangliste: 80 Seiten; 120 Seiten; 160 Seiten; 240 Seiten; 300 Seiten a) Minimum: 80 Seiten, weil ... b) Maximum: 300 Seiten, weil ... c) Spannweite: 220 Seiten, weil ... d) Zentralwert: 160 Seiten, weil ...
5 Fragen zu den Büchern: Bei den Büchern kommt ein Buch mit 380 Seiten hinzu. a) Bestimme Minimum, Maximum, Spannweite und Zentralwert. b) Welcher Wert hat sich nicht verändert? c) Wie viele Seiten müsste das neue Buch haben, damit der Zentralwert gleich bleibt?	**6** Fragen zu den Kürbissen: Bei den Kürbissen kommt ein Kürbis mit 1000 g hinzu. a) Bestimme Minimum, Maximum, Spannweite und Zentralwert. b) Welcher Wert hat sich nicht verändert? c) Wie schwer müsste der neue Kürbis sein, damit der Zentralwert gleich bleibt?

Lösungen A	Lösungen B
1 Das Maximum ist der größte Wert einer Rangliste.	**2** Das Minimum ist der kleinste Wert einer Rangliste.
3 a) … es der kleinste Wert ist. b) … es der größte Wert ist. c) … es die Differenz zwischen Maximum und Minimum ist. d) … es der Wert in der Mitte ist.	**4** a) … es der kleinste Wert ist. b) … es der größte Wert ist. c) … es die Differenz zwischen Maximum und Minimum ist. d) … es der Wert in der Mitte ist.
5 a) Minimum: 80 Seiten Maximum: 380 Seiten Spannweite: 300 Seiten Zentralwert: 200 Seiten b) Der Wert des Minimums ist nicht verändert. c) Das neue Buch müsste 160 Seiten haben.	**6** a) Minimum: 1000 g Maximum: 3100 g Spannweite: 2100 g Zentralwert: 1500 g b) Der Wert des Maximums ist nicht verändert. c) Der Kürbis müsste 1800 g schwer sein.

Abbildungen: Rudolf Hungreder, Leinfelden-Echterdingen
Text: Daniela Hesse

SP Begriffstraining: Diagramme

das Bilddiagramm	das Streifendiagramm	das Säulendiagramm
das Balkendiagramm	das Kreisdiagramm	

Erkennen und benennen

A Notiere zu jedem Diagramm den richtigen Namen. Verwende die Wörter von oben.

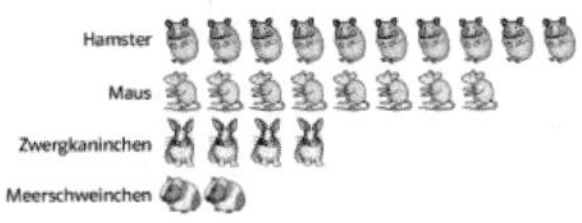

a) ____________

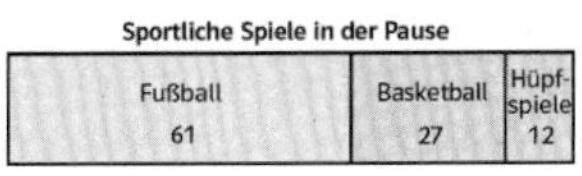

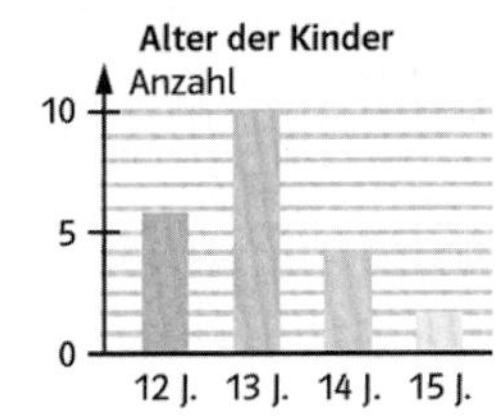

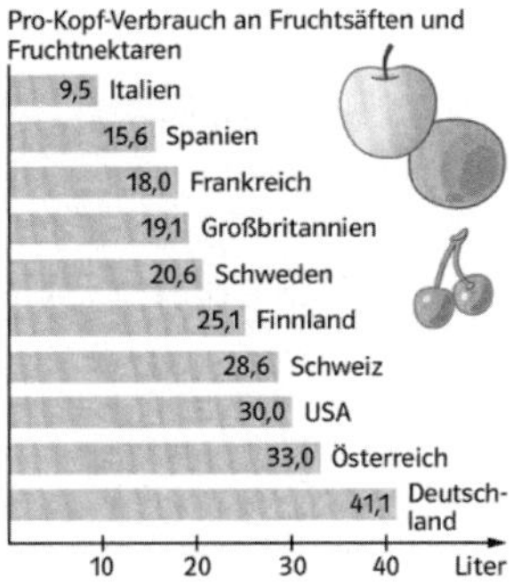

b) ____________ c) ____________ d) ____________ e) ____________

B Verbinde passend.

In einem Streifendiagramm werden die Anteile	in Kreisabschnitten dargestellt.
In einem Kreisdiagramm werden die Anteile	waagerecht gezeichnet.
Im Bilddiagramm werden die Anzahlen	senkrecht gezeichnet.
Die Säulen im Säulendiagramm werden	in einem großen Streifen dargestellt.
Die Balken im Balkendiagramm werden	mit Bildern dargestellt.

Erklären und bewerten

C Beschreibe, wie sich das Bilddiagramm, das Balkendiagramm und das Säulendiagramm unterscheiden.

____

____

____

____

____

____

D Kreuze die richtige Aussage an.

☐ In einem Bilddiagramm werden die Daten mit Zahlen veranschaulicht.
☐ In einem Balkendiagramm werden die Anteile senkrecht nebeneinander dargestellt.
☐ In einem Säulendiagramm werden die Daten mit senkrecht stehenden Säulen dargestellt.
☐ In einem Kreisdiagramm werden die Anzahlen eines Merkmals mit Bildern veranschaulicht.

Abbildungen: Helmut Holtermann, Dannenberg; Rudolf Hungreder, Leinfelden-Echterdingen; imprint, Zusmarshausen; tiff.any GmbH & Co. KG, Berlin; topset GmbH, Nürtingen
Text: Sabine Kliemann

Lösungen Begriffstraining: Diagramme, natz031

A

a) **Bilddiagramm**

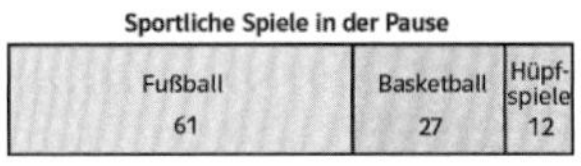

b) **Streifendiagramm**

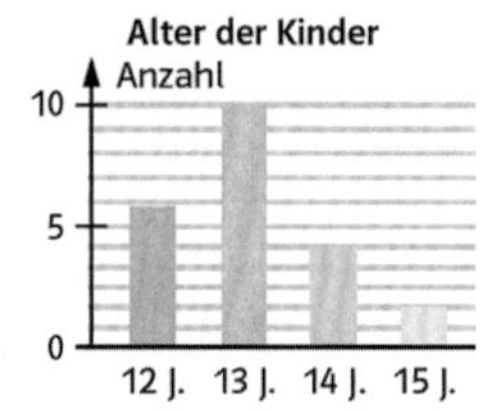

c) **Säulendiagramm**

d) **Kreisdiagramm**

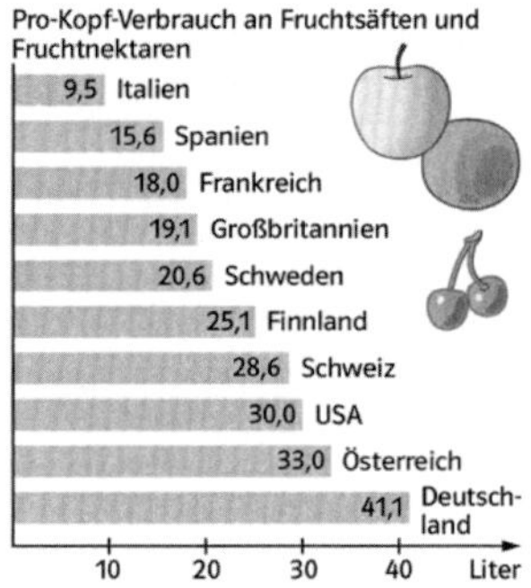

e) **Balkendiagramm**

B

In einem Streifendiagramm werden die Anteile	in Kreisabschnitten dargestellt.
In einem Kreisdiagramm werden die Anteile	waagerecht gezeichnet.
Im Bilddiagramm werden die Anzahlen	senkrecht gezeichnet.
Die Säulen im Säulendiagramm werden	in einem großen Streifen dargestellt.
Die Balken im Balkendiagramm werden	mit Bildern dargestellt.

C

Mögliche Antwort:

Im Bilddiagramm werden die Daten mit Bildern dargestellt, z. B. ein Mensch .
Im Säulendiagramm werden die Daten mit senkrecht stehenden Säulen dargestellt.
Im Balkendiagramm werden die Daten mit waagerecht verlaufenden Balken dargestellt.

D

- ☐ In einem Bilddiagramm werden die Daten mit Zahlen veranschaulicht.
- ☐ In einem Balkendiagramm werden die Anteile senkrecht nebeneinander dargestellt.
- ☒ In einem Säulendiagramm werden die Daten mit aufrecht stehenden Säulen dargestellt.
- ☐ In einem Kreisdiagramm werden die Anzahlen eines Merkmals mit Bildern veranschaulicht.

Abbildungen: Helmut Holtermann, Dannenberg; Rudolf Hungreder, Leinfelden-Echterdingen; imprint, Zusmarshausen; tiff.any GmbH & Co. KG, Berlin; topset GmbH, Nürtingen
Text: Sabine Kliemann

SP Diagramme beschreiben

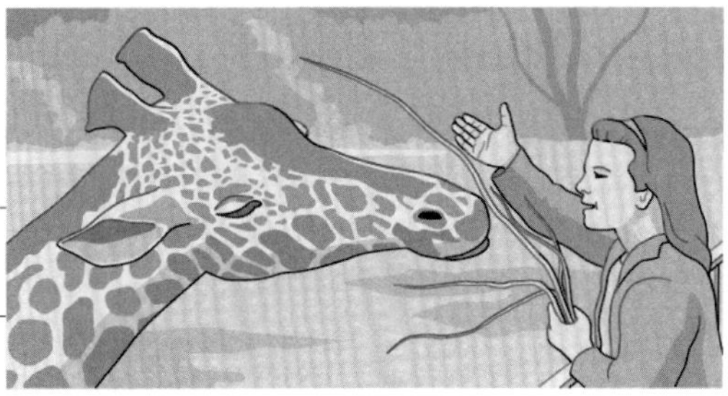

Monatliche Gäste des Zoos

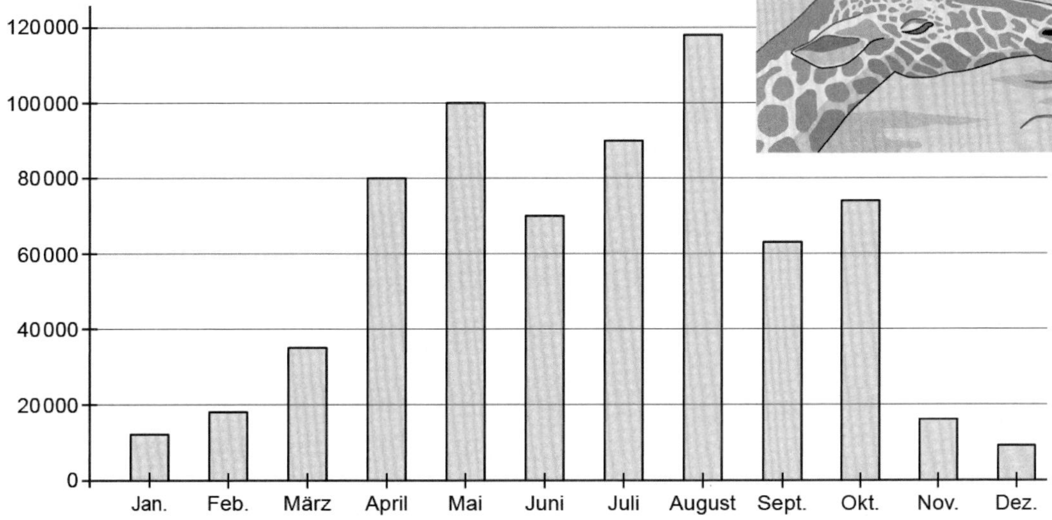

SP Beschreibe das Diagramm.
Nutze dazu das Mathe-Lesezeichen.

Überblick: ______________________________

____

____

____

Werte ablesen: ______________________________

____

____

____

Vergleichen: ______________________________

____

____

____

Auswerten: ______________________________

____

____

Zusammenhänge suchen: ______________________________

____

____

Mathe-Lesezeichen		
Diagramme beschreiben		
Überblick – Worum geht's?		
Das Diagramm beschreibt ... zeigt ... gibt an ...	Die Balken/Die Säulen stehen für ... zeigen ... geben an ...	
Werte ablesen – Wie viel von was?		
Am kleinsten ...	Am wenigsten ...	Am langsamsten ...
Am größten ...	Am häufigsten ...	Am schnellsten ...
Die Angaben reichen von ... bis ...		
Vergleichen – Mehr oder weniger?		
Weniger als ...	Mehr als ...	Doppelt so viel/schwer ...
Wenn möglich ...		
Auswerten – Was fällt auf?		
Mir fällt auf ...	Interessant finde ich ...	Wichtig ist ...
Zusammenhänge suchen – Warum ist das so?		
Das könnte daran liegen, dass ...	Ich vermute, dass ...	
Mathe-Lesezeichen		

Abbildungen: Rudolf Hungreder, Leinfelden-Echterdingen; imprint, Zusmarshausen
Text: Daniela Hesse

Lösungen Diagramme beschreiben, natz016

Individuelle Lösung, zum Beispiel:
Überblick: Das Diagramm zeigt, wie viele Gäste in einem Jahr den Zoo besucht haben. Die Säulen stehen für die Anzahl der Gäste in jedem Monat.
Werte ablesen: Die meisten Gäste kamen im August, rund 120 000. Die wenigsten Gäste kamen im Dezember, rund 10 000.
Vergleichen: Von November bis März war die Anzahl der Gäste pro Monat weniger als 40 000. Von April bis Oktober war die monatliche Anzahl an Gästen viel höher, zwischen 60 000 und fast 120 000.
Auswerten: Interessant finde ich, dass die Zahlen sehr unterschiedlich sind.
Zusammenhänge suchen: Ich vermute, dass die Anzahl der Gäste vom Wetter und den Temperaturen abhängt.

Text: Daniela Hesse

SP Begriffstraining: Drehung

die Drehung	**das Drehzentrum**
drehsymmetrisch	**der Drehwinkel**

Erkennen und benennen

A Kreuze alle Figuren an, die drehsymmetrisch sind.

☐ ☐ ☐ ☐ ☐

B Setze die Wörter richtig ein.

Drehwinkel | Drehung | Punktspiegelung | Drehzentrum

Eine Figur ist drehsymmetrisch, wenn sie nach einer ______________ wieder auf sich selbst abgebildet wird. Der Punkt Z, um den die Figur gedreht wird, heißt ______________.

Der ______________ ist ein Teiler von 360°. Eine Drehung um 180° nennt man auch

______________.

Erklären und bewerten

C Erkläre den Unterschied zwischen Drehsymmetrie und Punktsymmetrie.

____

____

____

____

____

____

D Kreuze an, woran du eine drehsymmetrische Figur erkennst.

- ☐ Die Figur sieht nach der Drehung unverändert aus.
- ☐ Die Figur hat eine Symmetrieachse.
- ☐ Die Figur besteht aus gleichen Kreisausschnitten.
- ☐ Die Figur wird nur durch eine Drehung um 360° wieder auf sich selbst abgebildet.
- ☐ Der Drehwinkel ist ein Teiler von 360°.
- ☐ Jeder Punkt und sein Bildpunkt liegen auf einer Geraden durch das Symmetriezentrum.

Abbildungen: imprint, Zusmarshausen; topset GmbH, Nürtingen
Text: Sabine Kliemann

Lösungen Begriffstraining: Drehung, abb003

A

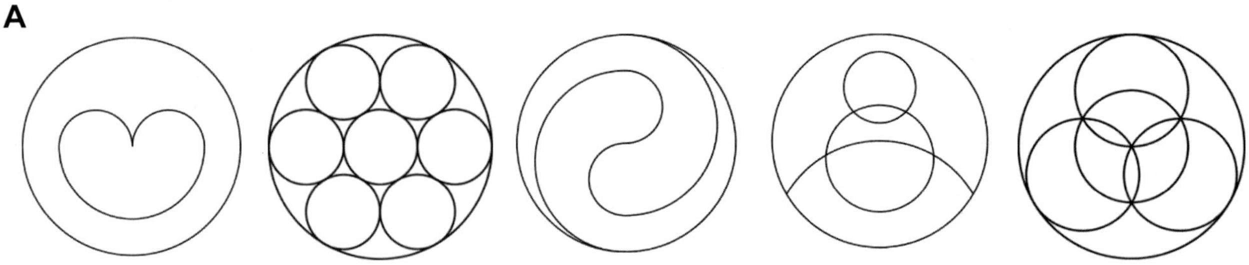

☐ ☒ ☒ ☐ ☒

B Eine Figur ist drehsymmetrisch, wenn sie nach einer **Drehung** wieder auf sich selbst abgebildet wird. Der Punkt Z, um den die Figur gedreht wird, heißt **Drehzentrum**.
Der **Drehwinkel** ist ein Teiler von 360°. Eine Drehung um 180° nennt man auch **Punktspiegelung**.

C Mögliche Antwort:
Die Punktsymmetrie ist eine spezielle Form der Drehsymmetrie. Bei der Drehsymmetrie ist der Drehwinkel ein Teiler von 360°. Bei der Punktsymmetrie ist der Drehwinkel genau 180°. Eine punktsymmetrische Figur wird durch eine halbe Drehung wieder auf sich selbst abgebildet.

D
- ☒ Die Figur sieht nach der Drehung unverändert aus.
- ☐ Die Figur hat eine Symmetrieachse.
- ☒ Die Figur besteht aus gleichen Kreisausschnitten.
- ☐ Die Figur wird nur durch eine Drehung um 360° wieder auf sich selbst abgebildet.
- ☒ Der Drehwinkel ist ein Teiler von 360°.
- ☐ Jeder Punkt und sein Bildpunkt liegen auf einer Geraden durch das Symmetriezentrum.

Abbildungen: imprint, Zusmarshausen; topset GmbH, Nürtingen
Text: Sabine Kliemann

SP Begriffstraining: Ebene Figuren – Besondere Dreiecke

das spitzwinklige Dreieck	das stumpfwinklige Dreieck	das rechtwinklige Dreieck
das gleichschenklige Dreieck	das gleichseitige Dreieck	

Erkennen und benennen

A Notiere die Nummern der entsprechenden Dreiecke.

a) Rechtwinklige Dreiecke sind ______________.

Spitzwinklige Dreiecke sind ______________.

Stumpfwinklige Dreiecke sind ______________.

b) Das gleichseitige Dreieck ist ______________.

c) Gleichschenklige Dreiecke sind ______________.

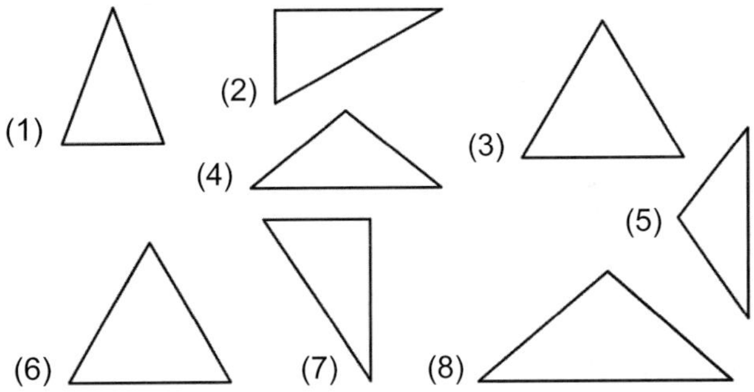

B Vervollständige die beiden Sätze:

Ein Dreieck mit zwei gleich langen Seiten nennt man ______________________________.

Ein Dreieck mit drei gleich langen Seiten nennt man ______________________________.

Erklären und bewerten

C Welche Größen eines Dreiecks kannst du benutzen, um Dreiecke einzuteilen? Erkläre.

____

____

____

____

____

____

D Vergleiche gleichseitige und gleichschenklige Dreiecke miteinander.

____

____

____

____

____

____

Abbildungen: imprint, Zusmarshausen
Text: Wolfram Schmidt

Lösungen Begriffstraining: Ebene Figuren – Besondere Dreiecke, ebf016

A a) Rechtwinklige Dreiecke sind **(2); (7)**.
Spitzwinklige Dreiecke sind **(1); (3); (6).**
Stumpfwinklige Dreiecke sind **(4); (5); (8)**.
b) Das gleichseitige Dreieck ist **(6)**.
c) Gleichschenklige Dreieck sind **(3); (8)**.

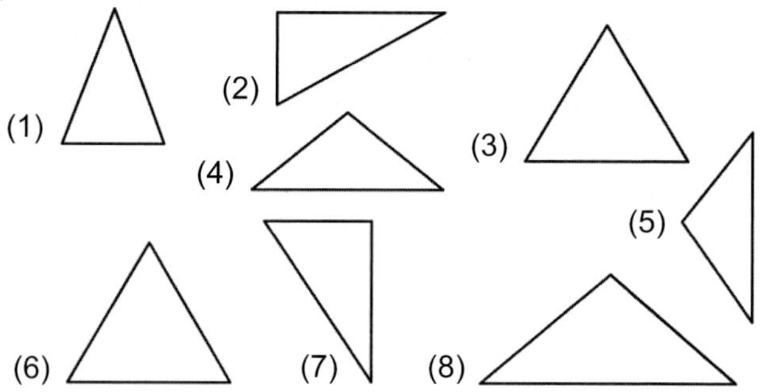

B Ein Dreieck mit zwei gleich langen Seiten nennt man **gleichschenkliges Dreieck**.
Ein Dreieck mit drei gleich langen Seiten nennt man **gleichseitiges Dreieck**.

C Individuelle Lösungen, zum Beispiel:
Man kann Dreiecke nach der Größe ihrer Winkel einteilen, genauer nach dem größten vorkommenden Winkel. In der Mathematik nennt man diese Dreiecke spitzwinklig, rechtwinklig und stumpfwinklige Dreiecke.
Man kann Dreiecke auch nach der Anzahl gleicher Seitenlängen einteilen. In der Mathematik nennt man ein Dreieck mit zwei gleich langen Seiten gleichschenklig und ein Dreieck mit drei gleich langen Seiten gleichseitig.

D Individuelle Lösungen, zum Beispiel:
Gleichschenklige Dreiecke haben zwei gleich lange Seiten.
Gleichseitige Dreiecke haben drei gleich lange Seiten.

Abbildungen: imprint, Zusmarshausen
Text: Wolfram Schmidt

Begriffstraining: Ebene Figuren – Flächeninhalt (1)

der Flächeninhalt		

Erkennen und benennen

A Kreuze an, bei welcher Abbildung ein Flächeninhalt dargestellt ist.

Fläche Köln:
405 km²

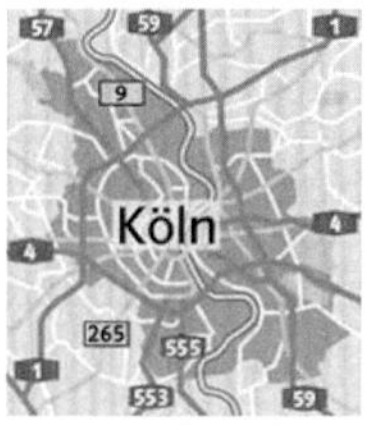

☐

Wassermenge
1,2 l

☐

Größe Kinderzimmer
10 m²

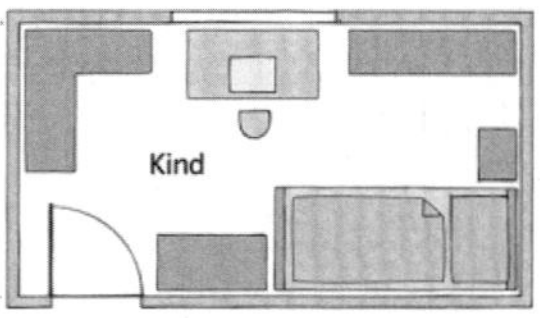

☐

Zaunlänge
20 m

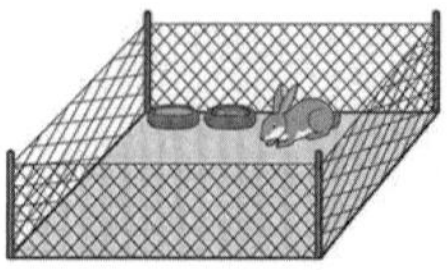

☐

Oberfläche Teeschachtel
603 cm²

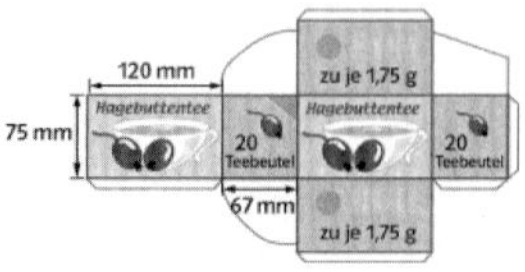

☐

Höhe des Zimmers
2,50 m

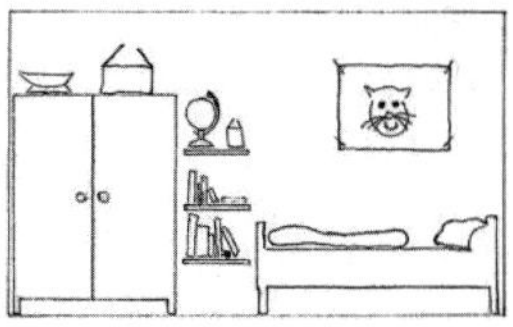

☐

B Welche Abbildungen zeigen, wie du die Flächeninhalte vergleichen kannst? Kreuze an.

Kästchen abzählen

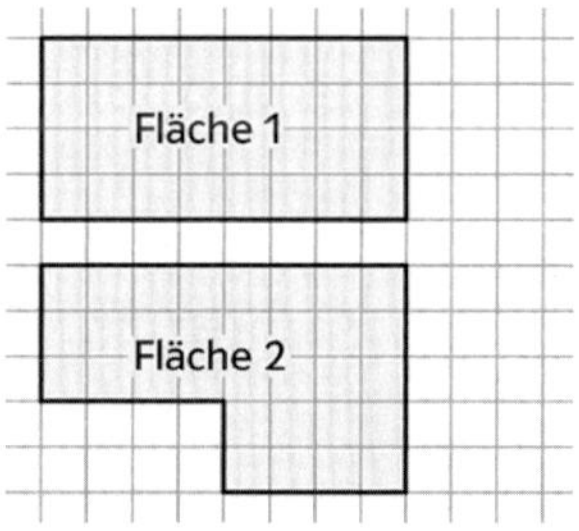

☐

Seitenlängen abmessen

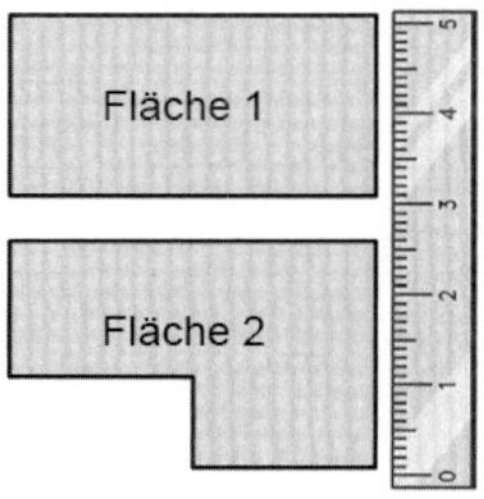

☐

Schätzen

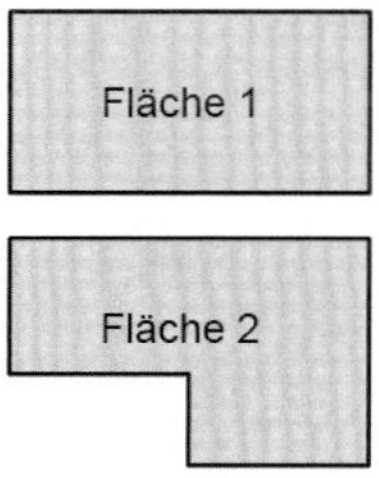

☐

C Setze die Wörter richtig in den Text ein. Ein Wort bleibt übrig.

gleich | Kästchen | Flächeninhalt | halbes | ganzes

Wenn ich im Quadratgitter den ____________________ von zwei Figuren vergleichen möchte, zähle ich die ____________________. Zwei halbe Kästchen sind zusammen so groß wie ein ____________________ Kästchen. Die Figuren sind gleich groß, wenn sie ____________________ viele Kästchen haben.

Abbildungen: imprint, Zusmarshausen; Rudolf Hungreder, Leinfelden-Echterdingen; Helmut Holtermann, Dannenberg; tiff.any GmbH & Co. KG, Berlin
Text: Sabine Kliemann

Begriffstraining: Ebene Figuren – Flächeninhalt (2)

Erklären und bewerten

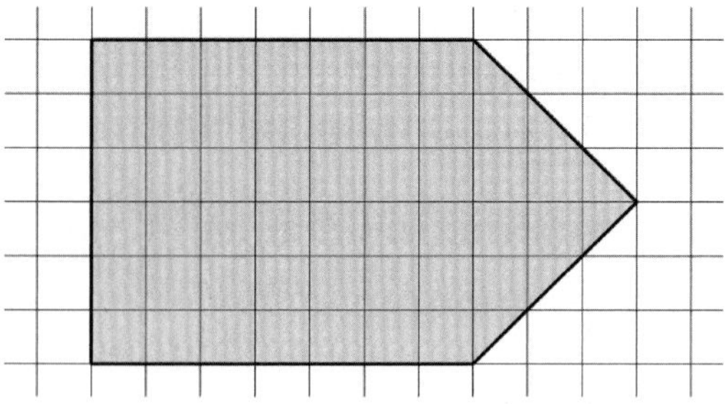

D Erkläre, wie du den Flächeninhalt der Figur in Kästchen bestimmst.

E Kreuze die richtigen Aussagen an.

- ☐ Wenn zwei Figuren im Quadratgitter aus gleich vielen Kästchen bestehen, haben sie den gleichen Flächeninhalt.
- ☐ Figuren mit unterschiedlichen Formen haben immer unterschiedlich große Flächeninhalte.
- ☐ Wenn eine Figur aus weniger gleich großen Kästchen als eine zweite Figur besteht, ist ihr Flächeninhalt kleiner als der Flächeninhalt der zweiten Figur.

Abbildungen: imprint, Zusmarshausen
Text: Sabine Kliemann

Lösungen Begriffstraining: Ebene Figuren – Flächeninhalt (1) und (2), ebf017

A

Fläche Köln: $405\,km^2$

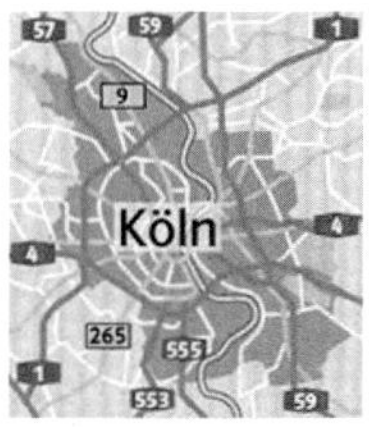

☒

Wassermenge 1,2 l

☐

Größe Kinderzimmer $10\,m^2$

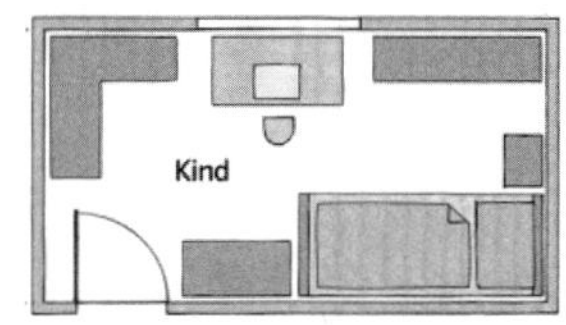

☒

Zaunlänge 20 m

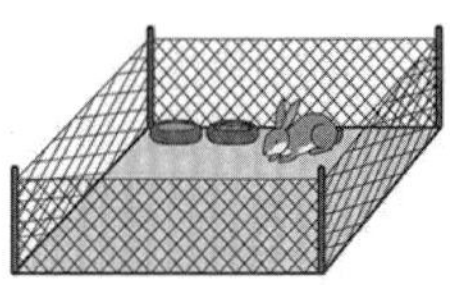

☐

Oberfläche Teeschachtel $603\,cm^2$

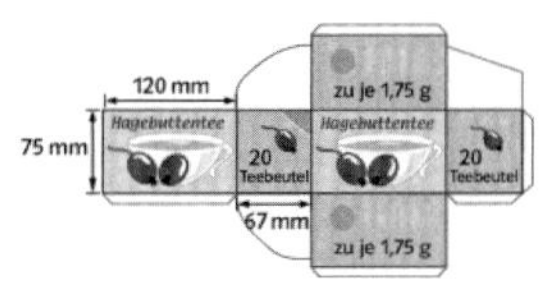

☒

Höhe des Zimmers 2,50 m

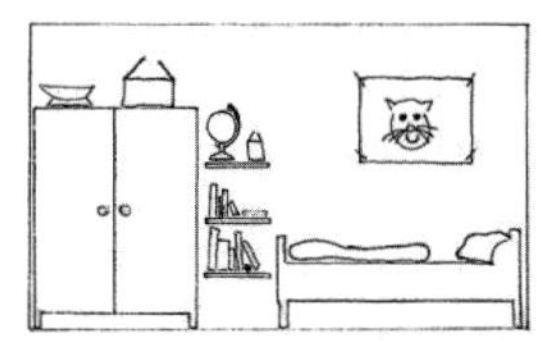

☐

B

Kästchen abzählen

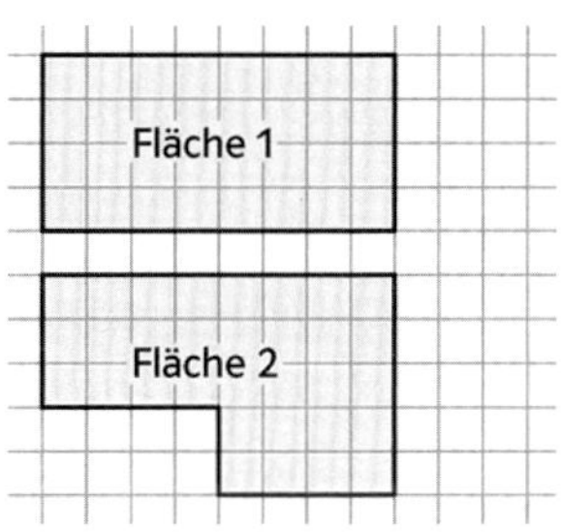

☒

Seitenlängen abmessen

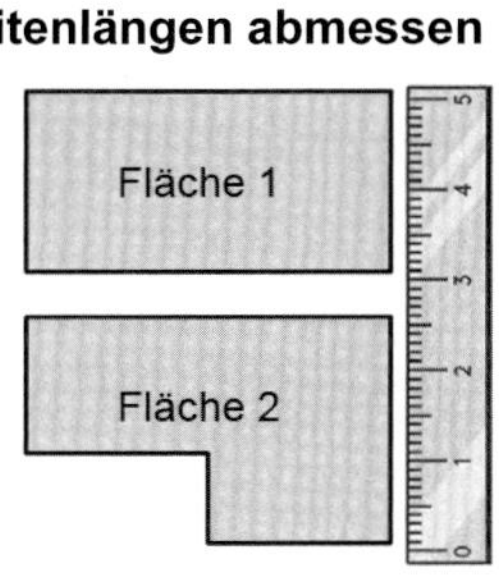

☐

Schätzen

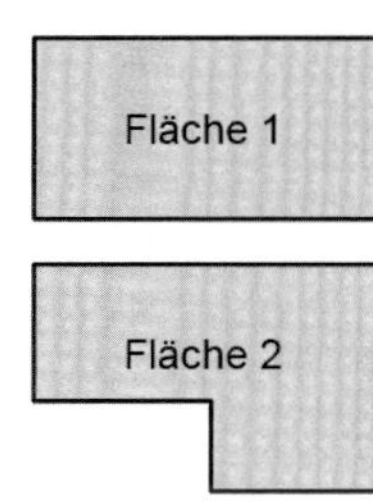

☐

C Wenn ich im Quadratgitter den **Flächeninhalt** von zwei Figuren vergleichen möchte, zähle ich die **Kästchen**. Zwei halbe Kästchen sind zusammen so groß wie ein **ganzes** Kästchen. Die Figuren sind gleich groß, wenn sie **gleich** viele Kästchen haben.

D Mögliche Antwort:

Zuerst bestimme ich die Anzahl der ganzen Kästchen: 6 Reihen mit 7 Kästchen sind 42 Kästchen. Dazu kommen die 6 ganzen Kästchen in der „Spitze".

Dann bestimme ich die halben Kästchen in der Spitze: 6 halbe Kästchen.

Zwei halbe Kästchen sind zusammen immer 1 ganzes Kästchen, also sind es 6 geteilt durch 2 gleich 3.

Insgesamt besteht die Figur dann aus: $42\text{ Kästchen} + 6\text{ Kästchen} + 3\text{ Kästchen} = 51\text{ Kästchen}.$

E ☒ Wenn zwei Figuren im Quadratgitter aus gleich vielen Kästchen bestehen, haben sie den gleichen Flächeninhalt.

☐ Figuren mit unterschiedlichen Formen haben immer unterschiedlich große Flächeninhalte.

☒ Wenn eine Figur aus weniger gleich großen Kästchen als eine zweite Figur besteht, ist ihr Flächeninhalt kleiner als der Flächeninhalt der zweiten Figur.

Abbildungen: imprint, Zusmarshausen; Rudolf Hungreder, Leinfelden-Echterdingen; Helmut Holtermann, Dannenberg; tiff.any GmbH & Co. KG, Berlin
Text: Sabine Kliemann

SP Begriffstraining: Ebene Figuren – Umfang

der Umfang		

Erkennen und benennen

A Kreuze an, bei welcher Abbildung es um den Umfang geht.

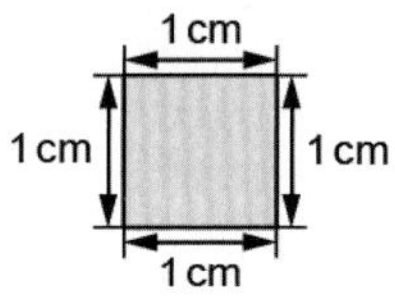

u = 4 cm ☐

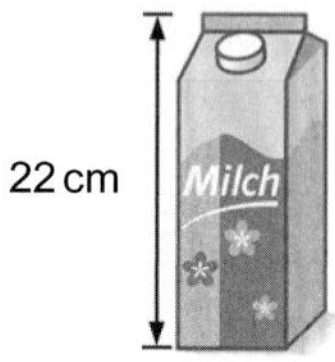

☐

1,2 l **Wasser** ☐

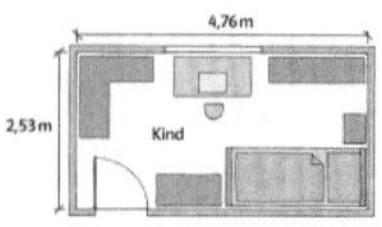

Zierleisten 14 m ☐

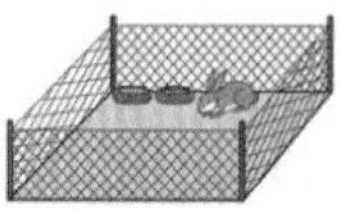

Zaunlänge 20 m ☐

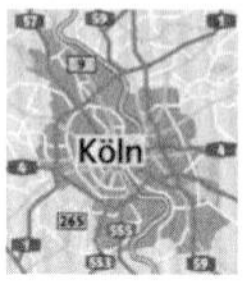

405 km² ☐

B Setze die Wörter richtig in den Text ein. Ein Wort bleibt übrig.

Seitenlängen | Umfang | addiere | multipliziere

Wenn ich den ____________________ eines Rechtecks berechne, dann ____________________ ich die ____________________ des Rechtecks.

Erklären und bewerten

C Erkläre den Unterschied zwischen Flächeninhalt und Umfang.

____

____

____

____

D Die Kinder sollten den Umfang eines Zimmers mit 3,80 m Breite und 4,20 m Länge berechnen. Rechnen die drei Kinder richtig? Korrigiere gegebenenfalls.

Ich rechne $2 \cdot 3{,}80\,\text{m} + 2 \cdot 4{,}20\,\text{m}$

Ich rechne $2 \cdot (3{,}80\,\text{m} + 4{,}20\,\text{m})$

Ich rechne $3{,}80\,\text{m} + 4{,}20\,\text{m}$

Per Lia Michi

____

____

____

____

Abbildungen: imprint, Zusmarshausen; Helmut Holtermann, Dannenberg; stock.adobe.com, Dublin (Andy Dean); tiff.any GmbH & Co. KG, Berlin
Text: Sabine Kliemann

Lösungen Begriffstraining: Ebene Figuren – Umfang, ebf018

A

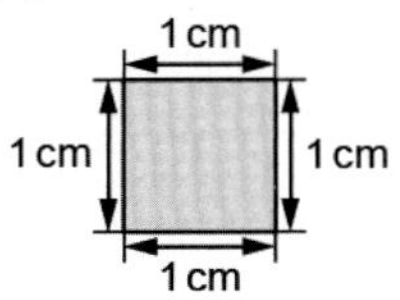

u = 4 cm ☒

☐

1,2 l **Wasser** ☐

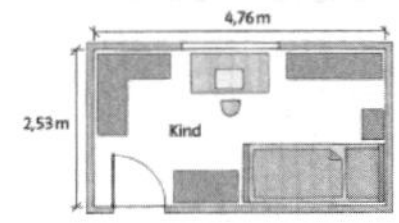

Zierleisten 14 m ☒

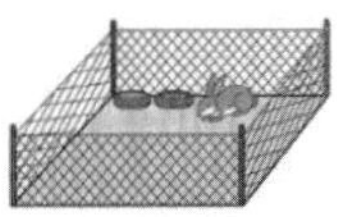

Zaunlänge 20 m ☒

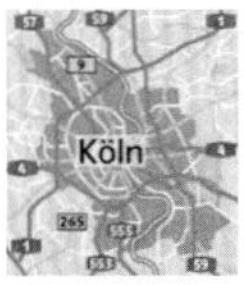

405 km^2 ☐

B Wenn ich den **Umfang** eines Rechtecks berechne, dann **addiere** ich die **Seitenlängen** des Rechtecks.

C Mögliche Antwort:
Der Flächeninhalt gibt die Größe einer Fläche an, zum Beispiel den Platz zum Spielen auf einem Spielplatz. Der Umfang ist die Länge der Linie, die die Fläche eingrenzt, zum Beispiel die Länge eines Zauns um einen Spielplatz.

D Per und Lia rechnen richtig, Michi falsch. Michi hat nur die Hälfte der Seiten berücksichtigt.
Michi könnte rechnen: $3{,}80\,m + 4{,}20\,m + 3{,}80\,m + 4{,}20\,m$

Abbildungen: imprint, Zusmarshausen; Helmut Holtermann, Dannenberg; tiff.any GmbH & Co. KG, Berlin
Text: Sabine Kliemann

SP Begriffstraining: Ebene Figuren – Vierecke

das Rechteck	das Quadrat	
die Raute	das Parallelogramm	das Trapez

Erkennen und benennen

A Beschrifte die Rechtecke mit einem RE, die Trapeze mit einem T, die Parallelogramme mit einem P und die Rauten mit RA.

Wie heißt das Viereck, das kein Rechteck, kein Trapez und keine Raute ist? ____________________

B Gib an, welche Aussagen zu dem Viereck passen.

Rechteck: ____________________ Quadrat: ____________________

Parallelogramm: ____________________ Raute: ____________________

(1) Gegenüberliegende Seiten sind parallel zueinander.

(2) Alle Seiten sind gleich lang.

(3) Das Viereck hat vier gleich große Winkel.

(4) Gegenüberliegende Seiten sind gleich groß.

(5) Gegenüberliegende Winkel sind gleich groß.

Erklären und bewerten

C Erkläre, wer recht hat.

Das Parallelogramm ist eine spezielle Raute.

Die Raute ist ein spezielles Parallelogramm.

Alina Stefan

____

____

____

____

D Finde die falschen Aussagen und korrigiere sie.

a) Eine Raute hat vier gleich große Winkel.
b) Gegenüberliegende Winkel im Quadrat sind gleich groß.
c) Gegenüberliegende Seiten im Trapez sind parallel zueinander.
d) Gegenüberliegende Seiten im Parallelogramm sind gleich groß.

____

____

Abbildungen: imprint, Zusmarshausen; tiff.any GmbH & Co. KG, Berlin
Text: Sabine Kliemann

Lösungen Begriffstraining: Ebene Figuren – Vierecke, ebf019

A

Wie heißt das Viereck, das kein Rechteck, kein Trapez und keine Raute ist? **Parallelogramm**

B Rechteck: **(1), (3), (4), (5)**
Parallelogramm: **(1), (4), (5)**
Quadrat: **(1), (2), (3), (4), (5)**
Raute: **(2), (4), (5)**

C Mögliche Antwort:
Stefan hat recht. Die Raute ist ein spezielles Parallelogramm mit vier gleich langen Seiten.
Jede Raute ist ein Parallelogramm, aber nicht jedes Parallelogramm ist eine Raute.

D a) Falsch: „Gegenüberliegende Winkel der Raute sind gleich groß.“ oder „Eine Raute hat vier gleich lange Seiten.“
b) Richtig.
c) Falsch: „Ein Paar gegenüberliegender Seiten ist im Trapez parallel.“
d) Richtig.

Einkaufen – Aufgabenpuzzle

Jede Aufgabe besteht aus vier Teilen: Aufgabentext, Frage, Rechnung und Antwort.
Die Aufgabenteile sind durcheinandergekommen. Finde die zusammengehörenden Teile und färbe sie in der gleichen Farbe ein.
Ergänze bei der Rechnung das Ergebnis.

Aufgabentext	Frage	Rechnung	Antwort
Im Schreibladen entdeckt Carla 8 Schreibhefte für 1,20 € oder 20 Schreibhefte für 4,00 €.	Wie viel spart sie pro Paar, wenn sie im Internet bestellt?	$1{,}30\,€ \cdot 4 =$ ______ $1{,}90\,€ \cdot 3 =$ ______ $20\,€ -$ ______ $-$ ______ $=$ ______	Sie kann höchstens 10 Hefte kaufen.
Paula kauft 4 Flaschen Wasser zu je 1,30 € und 3 Packungen Chips zu je 1,90 €. Sie bezahlt mit einem 20-€-Schein.	Welcher Einkauf ist teurer?	$1{,}20\,€ : 8 =$ ______ $4{,}00\,€ : 20 =$ ______	Sie bekommt 9,10 € zurück.
Im Laden zahlt Erika für einen Dreierpack Socken 4,20 €. Die gleichen Socken findet sie im Internet für 3,90 €.	Wie viele Hefte kann sie höchstens kaufen?	$4{,}20\,€ - 3{,}90\,€ =$ ______ ______ $: 3 =$ ______	Das erste Angebot ist pro Heft günstiger.
Carla hat 20 Sticker für je 1,90 € gekauft. Emil hat 8 Sticker für je 4,20 € gekauft.	Welches Angebot ist das günstigere?	$20 \cdot 1{,}90\,€ =$ ______ $8 \cdot 4{,}20\,€ =$ ______	Sie spart jeweils 10 Cent.
Antonia hat 15 € dabei. Im Supermarkt möchte sie Malhefte kaufen. Ein Heft kostet 1,50 €.	Wie viel Geld bekommt sie zurück?	$15\,€ : 1{,}50\,€ =$ ______	Der Einkauf von 20 Stück ist teurer.

Text: Maria Lenk

Lösungen Einkaufen – Aufgabenpuzzle, gr036

Aufgabentext: Im Schreibladen entdeckt Carla 8 Schreibhefte für 1,20 € oder 20 Schreibhefte für 4,00 €.
Frage: Welches Angebot ist das günstigere?
Rechnung:
$1{,}20\,€ : 8 = \mathbf{15\,ct} = \mathbf{0{,}15\,€}$
$4{,}00\,€ : 20 = \mathbf{20\,ct} = \mathbf{0{,}20\,€}$
Antwort: Das erste Angebot ist pro Heft günstiger.

Aufgabentext: Paula kauft 4 Flaschen Wasser zu je 1,30 € und 3 Packungen Chips zu je 1,90 €. Sie bezahlt mit einem 20-€-Schein.
Frage: Wie viel Geld bekommt sie zurück?
Rechnung:
$1{,}30\,€ \cdot 4 = \mathbf{5{,}20\,€}$
$1{,}90\,€ \cdot 3 = \mathbf{5{,}70\,€}$
$20\,€ - \mathbf{5{,}20\,€} - \mathbf{5{,}70\,€}$
$= \mathbf{9{,}10\,€}$
Antwort: Sie bekommt 9,10 € zurück.

Aufgabentext: Im Laden zahlt Erika für einen Dreierpack Socken 4,20 €. Die gleichen Socken findet sie im Internet für 3,90 €.
Frage: Wie viel spart sie pro Paar, wenn sie im Internet bestellt?
Rechnung:
$4{,}20\,€ - 3{,}90\,€ = \mathbf{0{,}30\,€}$
$\mathbf{30\,ct} : 3 = \mathbf{10\,ct}$
Antwort: Sie spart jeweils 10 Cent.

Aufgabentext: Carla hat 20 Sticker für je 1,90 € gekauft. Emil hat 8 Sticker für je 4,20 € gekauft.
Frage: Welcher Einkauf ist teurer?
Rechnung:
$20 \cdot 1{,}90\,€ = \mathbf{38{,}00\,€}$
$8 \cdot 4{,}20\,€ = \mathbf{33{,}60\,€}$
Antwort: Der Einkauf von 20 Stück ist teurer.

Aufgabentext: Antonia hat 15 € dabei. Im Supermarkt möchte sie Malhefte kaufen. Ein Heft kostet 1,50 €.
Frage: Wie viele Hefte kann sie höchstens kaufen?
Rechnung:
$15\,€ : 1{,}50\,€ = \mathbf{10}$
Antwort: Sie kann höchstens 10 Hefte kaufen.

Text: Maria Lenk

Lernduo: Flächeninhalt und Umfang des Rechtecks

SP

A	B
Erklärt euch gegenseitig, wie ihr die Antwort findet.	
1 Wie berechnest du den Flächeninhalt eines Rechtecks? Erkläre.	**2** Wie berechnest du den Umfang eines Rechtecks? Erkläre.
3 Der Umfang beträgt 10 cm. Erkläre. 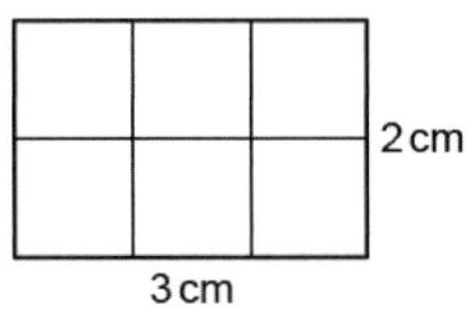 	**4** Der Flächeninhalt beträgt $6\,cm^2$. Erkläre. 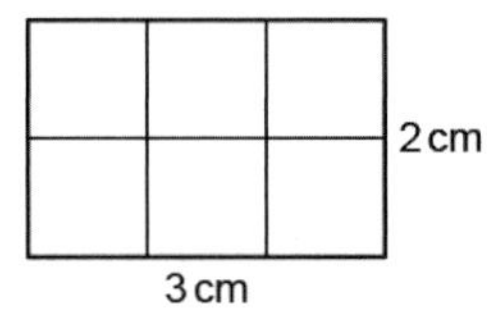
5 Eine quadratische Teppichfliese hat eine Seitenlänge von 50 cm. a) Wie viele Fliesen werden für einen Quadratmeter benötigt? Berechne und erkläre. b) In Laras Zimmer werden insgesamt 48 Teppichfliesen verlegt. Wie groß ist ihr Zimmer? Berechne und erkläre.	**6** Eine quadratische Teppichfliese hat eine Seitenlänge von 50 cm. a) Jede Fliese wird an der Unterseite an allen Seiten mit einem Klebeband versehen. Wie viel Meter Klebeband braucht man für eine Fliese? b) In Laras Zimmer werden insgesamt 48 Teppichfliesen verlegt. Wie viel Klebeband wird für Laras Zimmer benötigt?

Lösungen A	Lösungen B
1 Die beiden unterschiedlich langen Seitenlängen werden miteinander multipliziert.	**2** Alle Seitenlängen werden addiert.
3 Addition von allen Seitenlängen: $u = 3\,cm + 2\,cm + 3\,cm + 2\,cm$ $= 2 \cdot 3\,cm + 2 \cdot 2\,cm$ $= 10\,cm$	**4** Multiplikation der beiden unterschiedlich langen Seitenlängen: $A = 3\,cm \cdot 2\,cm$ $= 6\,cm^2$
5 a) Vier Fliesen werden für einen Quadratmeter benötigt. $A = (50\,cm + 50\,cm) \cdot (50\,cm + 50\,cm)$ $= 100\,cm \cdot 100\,cm$ $= 1\,m \cdot 1\,m$ $= 1\,m^2$ b) Die Teppichfliesen des Zimmers müssen durch die Anzahl der Fliesen für einen Quadratmeter geteilt werden: $48 : 4 = 12$ Laras Zimmer ist $12\,m^2$ groß.	**6** a) Berechnung des Umfangs u: $u = 50\,cm + 50\,cm + 50\,cm + 50\,cm$ $= 4 \cdot 50\,cm$ $= 200\,cm$ $= 2\,m$ Für eine Fliese braucht man 2 m Klebeband. b) Die Länge des Klebebands für eine Fliese muss mit der Anzahl der Teppichfliesen für Laras Zimmer multipliziert werden: $48 \cdot 2\,m = 96\,m$ Für Laras Zimmer werden 96 m Klebeband benötigt.

Abbildungen: imprint, Zusmarshausen
Text: Daniela Hesse

Lernduo: Fragen und Auswerten

SP

A

Die Kinder der Klasse 5 a wurden befragt.

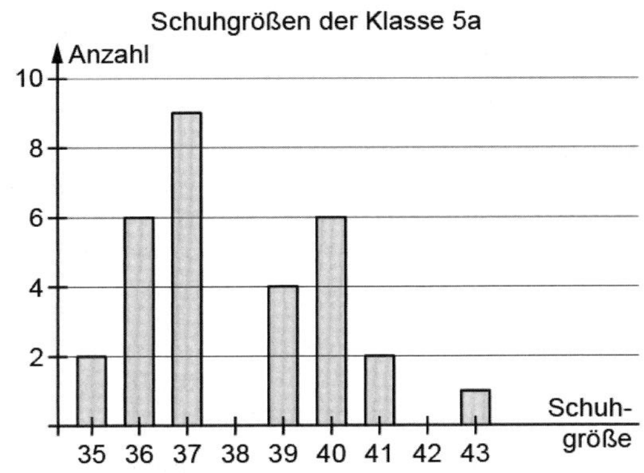

B

Die Kinder der Klasse 5 a wurden befragt.

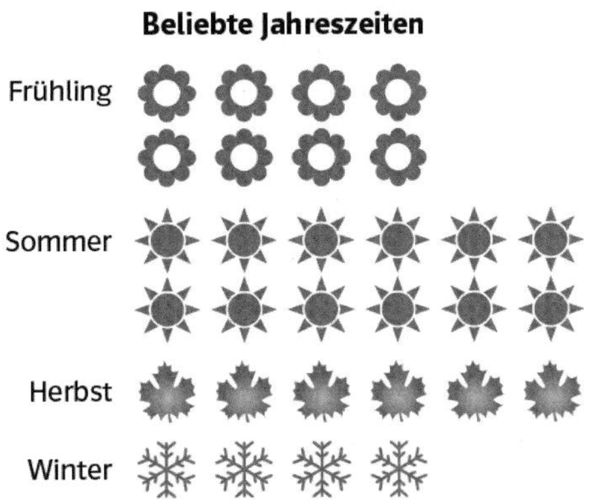

Erklärt euch gegenseitig, wie ihr die Antwort findet.

1 Fragen zum Diagramm Schuhgrößen:
a) Wie heißt der Diagrammtyp?
b) Was zeigt das Diagramm?
c) Wie viele Kinder tragen die Schuhgröße 39?
d) Welche Schuhgröße gibt es am häufigsten?

2 Fragen zum Diagramm Jahreszeiten:
a) Wie heißt der Diagrammtyp?
b) Was zeigt das Diagramm?
c) Wie viele Kinder mögen den Herbst?
d) Welche Jahreszeit ist am beliebtesten?

3 Fragen zum Diagramm Jahreszeiten:
a) Wie viele Kinder wurden befragt?
b) Vergleiche die Häufigkeit der Antworten „Frühling“ und „Winter“.

4 Fragen zum Diagramm Schuhgrößen:
a) Wie viele Kinder tragen die Schuhgrößen 35 – 37?
b) Welche Schuhgröße ist die kleinste und welche die größte?

Lösungen A

1 a) Säulendiagramm
b) Es zeigt, welche Schuhgrößen die Kinder in der Klasse 5 a tragen.
c) 4 Kinder tragen die Schuhgröße 39.
d) Die Schuhgröße 37 gibt es am häufigsten.

3 a) Es wurden insgesamt 30 Kinder befragt.
b) Der Frühling ist doppelt so beliebt wie der Winter.

Lösungen B

2 a) Bilddiagramm
b) Es zeigt, welche Jahreszeiten bei den Kindern beliebt sind.
c) 6 Kinder mögen den Herbst.
d) Der Sommer ist am beliebtesten.

4 a) 17 Kinder tragen die Schuhgrößen 35 – 37.
b) Die kleinste Schuhgröße ist 35, die größte Schuhgröße ist 43.

Abbildungen: Rudolf Hungreder, Leinfelden-Echterdingen; imprint, Zusmarshausen
Text: Daniela Hesse

SP Begriffstraining: Ganze Zahlen – Zunahme und Abnahme

der Zahlenstrahl	**die Zahlengerade**	**die positive Zahl**
die negative Zahl	**die Zunahme**	**die Abnahme**

Erkennen und benennen

A Markiere die negativen Zahlen rot und die positiven blau.

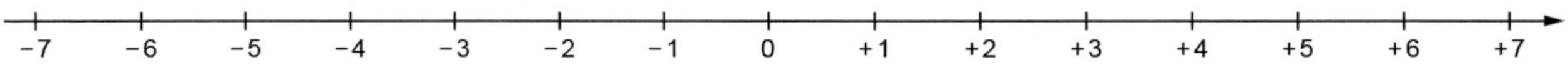

B Gib an, welche Eigenschaften zu Zahlenstrahl und Zahlengerade passen.

der Zahlenstrahl ______________________ die Zahlengerade ______________________

(1) Die kleinste Zahl ist die Null.

(2) Nach rechts werden die Zahlen immer größer.

(3) Der Abstand zwischen zwei benachbarten Zahlen ist immer gleich groß.

(4) enthält positive und negative Zahlen

(5) Du findest Zahlen über und unter Null.

(6) ist eine gerade Linie, auf der Zahlen angeordnet werden.

(7) Dezimalzahlen können markiert werden.

C Beschreibe, wie in der Abbildung eine Zunahme bzw. eine Abnahme um 6 dargestellt wird

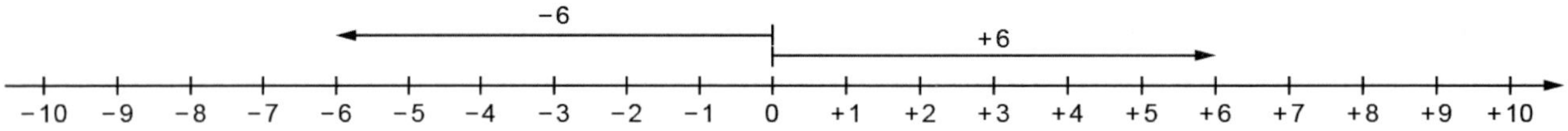

____

____

____

Erklären und bewerten

D Beschreibe, wie du den Temperaturunterschied zwischen − 4 °C und 5 °C bestimmst.

____

____

____

E Begründe die Aussage „Die Zahlengerade erweitert den Zahlenstrahl."

____

____

____

Abbildungen: imprint, Zusmarshausen
Text: Wolfram Schmidt

Lösungen Begriffstraining: Ganze Zahlen – Zunahme und Abnahme, gz001

A

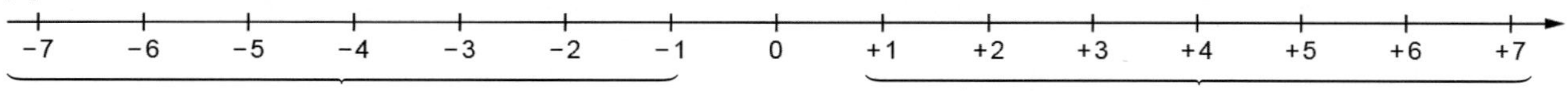

die negativen Zahlen (rot markiert)

die positiven Zahlen (blau markiert)

B der Zahlenstrahl **(1); (2); (3); (6); (7)**

die Zahlengerade **(2); (3); (4); (5); (6); (7)**

(1) Die kleinste Zahl ist die Null.

(2) Nach rechts werden die Zahlen immer größer.

(3) Der Abstand zwischen zwei benachbarten Zahlen ist immer gleich groß.

(4) enthält positive und negative Zahlen

(5) Du findest Zahlen über und unter Null.

(6) ist eine gerade Linie, auf der Zahlen angeordnet werden.

(7) Dezimalzahlen können markiert werden.

C Individuelle Lösungen, zum Beispiel:
Die Zunahme wird durch einen Pfeil nach rechts (6 Schritte lang) und durch die Zahl +6 dargestellt.
Die Abnahme wird durch einen Pfeil nach links (6 Schritte lang) und durch die Zahl −6 dargestellt.

D Individuelle Lösungen, zum Beispiel:
Der Abstand von −4 bis 0 ist 4. Der Abstand von 0 bis +5 ist 5.
Beide zusammen sind der Temperaturunterschied, also $4 + 5 = 9$.
Der Temperaturunterschied beträgt also 9 °C.

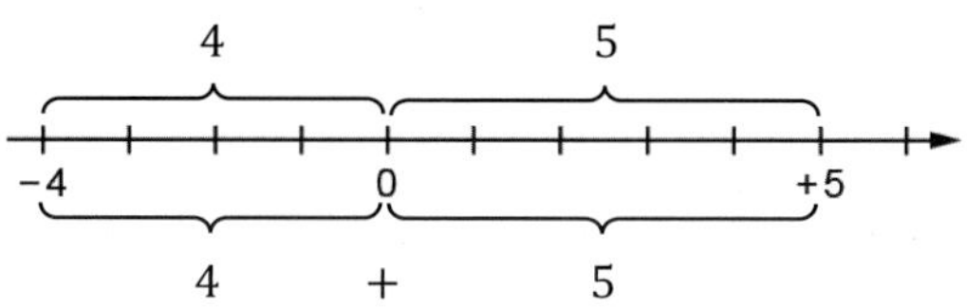

E Individuelle Lösungen, zum Beispiel:
Die Zahlengerade setzt den Zahlenstrahl mit den negativen Zahlen nach links fort.
Der Zahlenstrahl ist ein Teil der Zahlengeraden.

Abbildungen: imprint, Zusmarshausen
Text: Wolfram Schmidt

SP Begriffstraining: Geometrische Grundbegriffe – Das Koordinatensystem

das Koordinatensystem	der Rechtswert	der Hochwert	der Nullpunkt
die Koordinaten	die Rechtsachse	die Hochachse	

Erkennen und benennen

A Welche Bilder zeigen Koordinatensysteme? Kreuze an.

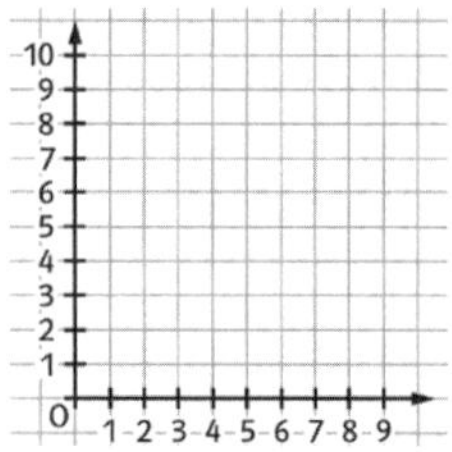

☐

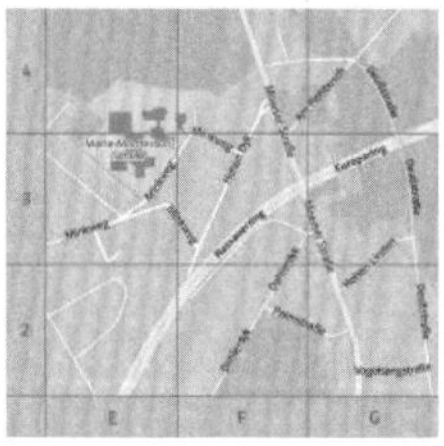

☐

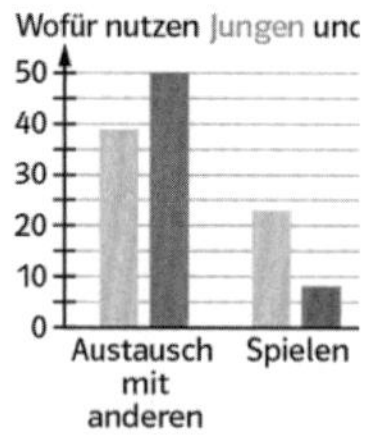

☐

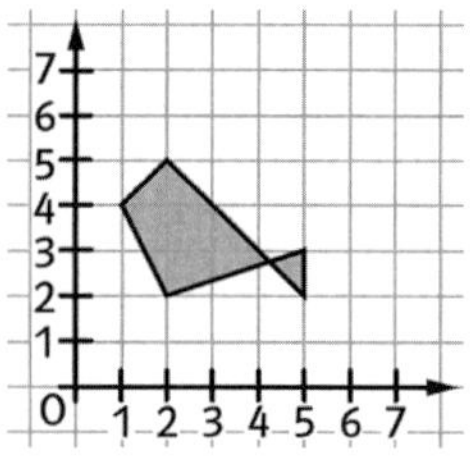

☐

Name	Zeit
Niklas	8
Philipp	7
Benni	4
Ahmet	3

☐

B Setze die Wörter richtig ein.

Koordinatensystem | y-Koordinate | x-Achse | y-Achse | größte | x-Koordinate

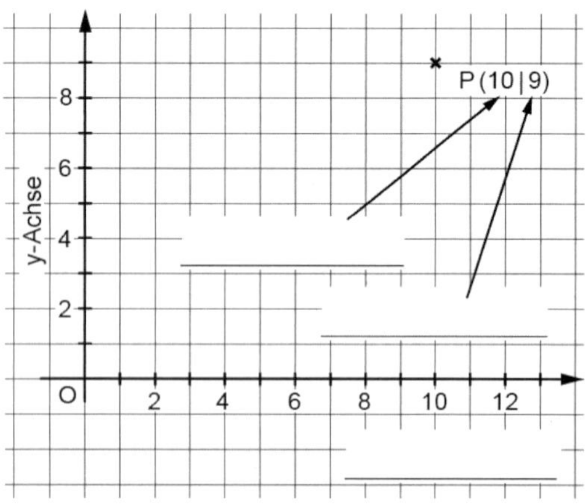

Wenn ich ein ______________________

plane, sehe ich mir die Koordinaten der Punkte an.

Die Länge der x-Achse wird bestimmt durch

die ______________________ x-Koordinate.

Die Länge der ______________________

hängt von der größten y-Koordinate ab.

Erklären und bewerten

C Beschreibe, wie du die Lage eines Punkts im Koordinatensystem angibst.

____

____

____

____

D Kreuze die richtigen Aussagen an.

☐ Die Lage der Punkte im Koordinatensystem wird mit Buchstaben und Zahlen am Rand beschrieben.
☐ Der erste Wert der Koordinaten ist der y-Wert.
☐ Der zweite Wert der Koordinaten ist der x-Wert.
☐ Jeder Punkt in einem Koordinatensystem kann durch eine x-Koordinate und eine y-Koordinate beschrieben werden.

Abbildungen: Rudolf Hungreder, Leinfelden-Echterdingen; imprint, Zusmarshausen; tiff.any GmbH & Co. KG, Berlin
Text: Sabine Kliemann

A

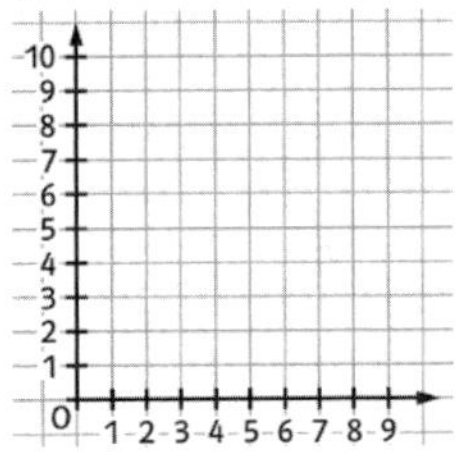

☒

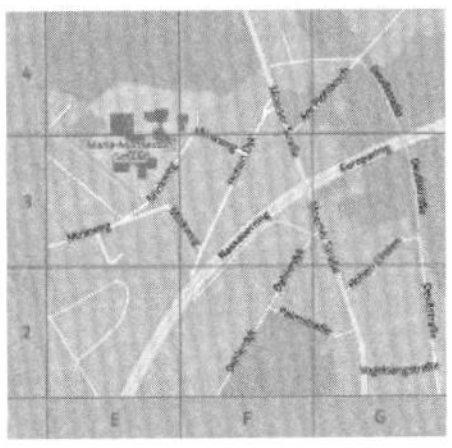

☐

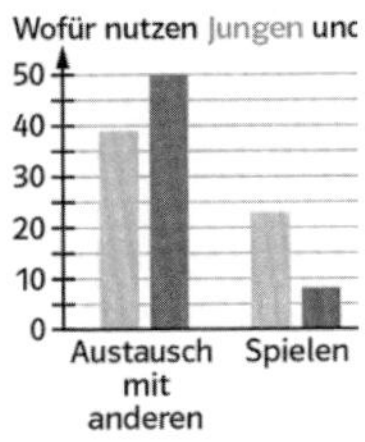

☐

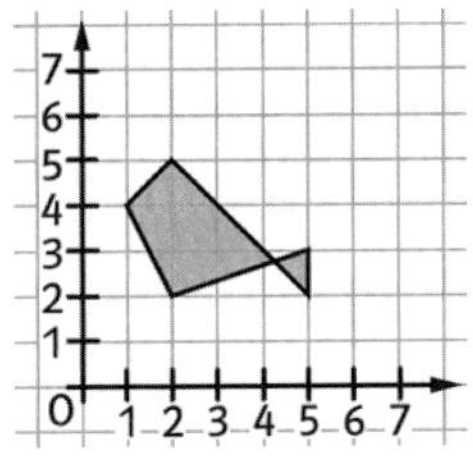

☒

Name	Zeit
Niklas	8
Philipp	7
Benni	4
Ahmet	3

☐

B

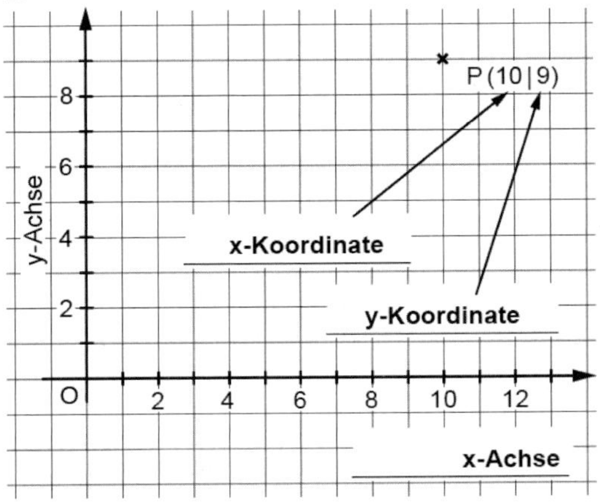

Wenn ich ein **Koordinatensystem** plane, sehe ich mir die Koordinaten der Punkte an. Die Länge der x-Achse wird bestimmt durch die **größte** x-Koordinate. Die Länge der **y-Achse** hängt von der größten y-Koordinate ab.

C Mögliche Antwort:
Die Lage eines Punkts im Koordinatensystem als Knotenpunkt im Quadratgitter wird mithilfe von Koordinaten angegeben. Die erste Koordinate ist die x-Koordinate und die zweite die y-Koordinate.

D
- ☐ Die Lage der Punkte im Koordinatensystem wird mit Buchstaben und Zahlen am Rand beschrieben.
- ☐ Der erste Wert der Koordinaten ist der y-Wert.
- ☐ Der zweite Wert der Koordinaten ist der x-Wert.
- ☒ Jeder Punkt in einem Koordinatensystem kann durch eine x-Koordinate und eine y-Koordinate beschrieben werden.

Abbildungen: Rudolf Hungreder, Leinfelden-Echterdingen; imprint, Zusmarshausen; tiff.any GmbH & Co. KG, Berlin
Text: Sabine Kliemann

SP Begriffstraining: Geometrische Grundbegriffe – Senkrecht und parallel

senkrecht	orthogonal	der rechte Winkel
parallel		

Erkennen und benennen

A Wie stehen die Geraden zueinander? Kreuze an.

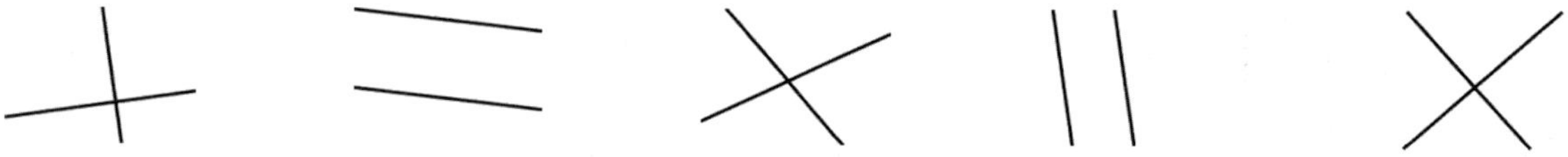

☐ parallel
☐ senkrecht
☐ weder parallel noch senkrecht

☐ parallel
☐ senkrecht
☐ weder parallel noch senkrecht

☐ parallel
☐ senkrecht
☐ weder parallel noch senkrecht

☐ parallel
☐ senkrecht
☐ weder parallel noch senkrecht

☐ parallel
☐ senkrecht
☐ weder parallel noch senkrecht

B Setze richtig ein. Ein Kärtchen bleibt übrig.

Abstand | rechten | ⊥ | parallel | ∥ | senkrecht

Parallele Geraden haben an jeder Stelle den gleichen ________________ zueinander. Das Zeichen dafür ist ________________. Wenn sich zwei Geraden schneiden und dabei einen ________________ Winkel bilden, sind sie zueinander ________________ oder orthogonal. Das Zeichen ist ________________.

Erklären und bewerten

C Noah behauptet: „Jede Gerade ist parallel zu sich selbst.“ Hat Noah recht? Begründe.

____

____

____

____

D Kreuze die richtigen Aussagen an.

☐ Zwei Geraden, die senkrecht zueinander stehen, schneiden sich.
☐ Wenn zwei Geraden parallel zueinander sind, bilden sie einen rechten Winkel.
☐ Zwei Geraden, die parallel zueinander sind, haben überall denselben Abstand.
☐ Wenn zwei Geraden einen rechten Winkel bilden, stehen sie senkrecht zueinander.
☐ Orthogonal ist ein anderes Wort für senkrecht.

Abbildungen: imprint, Zusmarshausen
Text: Sabine Kliemann

Lösungen Begriffstraining: Geometrische Grundbegriffe – Senkrecht und parallel, geog013

A

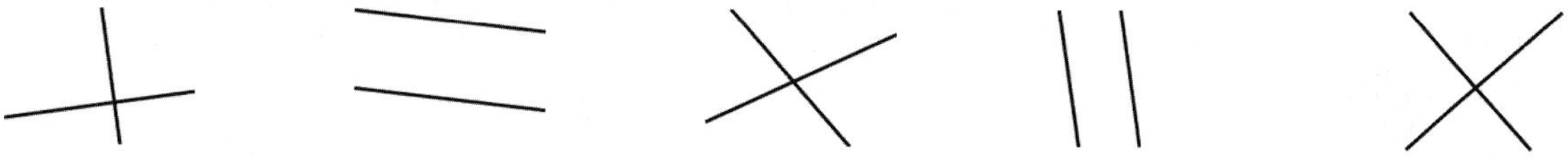

☐ parallel	☒ parallel	☐ parallel	☒ parallel	☐ parallel
☒ senkrecht	☐ senkrecht	☐ senkrecht	☐ senkrecht	☒ senkrecht
☐ weder parallel noch senkrecht	☐ weder parallel noch senkrecht	☒ weder parallel noch senkrecht	☐ weder parallel noch senkrecht	☐ weder parallel noch senkrecht

B Parallele Geraden haben an jeder Stelle den gleichen **Abstand** zueinander. Das Zeichen dafür ist ∥. Wenn sich zwei Geraden schneiden und dabei einen **rechten** Winkel bilden, sind sie zueinander **senkrecht** oder orthogonal. Das Zeichen ist ⊥.

C Mögliche Antwort:
Noah hat recht. Jede Gerade ist parallel zu sich selbst, weil sie an jeder Stelle den gleichen Abstand zu sich selbst hat.

D ☒ Zwei Geraden, die senkrecht zueinander stehen, schneiden sich.
☐ Wenn zwei Geraden parallel zueinander sind, bilden sie einen rechten Winkel.
☒ Zwei Geraden, die parallel zueinander sind, haben überall denselben Abstand.
☒ Wenn zwei Geraden einen rechten Winkel bilden, stehen sie senkrecht zueinander.
☒ Orthogonal ist ein anderes Wort für senkrecht.

Lernduo: Gewichte

SP

A	B
1 a) Wie viel Gramm sind 1 kg? Erkläre. b) Wie viel Kilogramm sind 50 g? Erkläre.	**2** a) Wie viel Gramm sind 1,5 kg? Erkläre. b) Wie viel Kilogramm sind 250 g? Erkläre.
Erklärt euch gegenseitig, wie die Lösung berechnet wird.	
3 Eine Portion Trockenfutter wiegt 50 g. Erkläre.  1 kg reicht für 20 Portionen.	**4** 6 Dosen Nassfutter wiegen 1,5 kg. Erkläre.  Eine Dose wiegt 250 g.
5 Ein Tierheim benötigt am Tag für die Katzen 13 kg Futter, davon sind 10,5 kg Nassfutter. Der Rest ist Trockenfutter. Eine Portion Trockenfutter wiegt 50 g. Wie viele Portionen sind das? Erkläre deinen Rechenweg.	**6** Paulas Katze benötigt am Tag eine Dose Nassfutter von 250 g und eine Portion Trockenfutter von 50 g. Wie viel kg muss Paula tragen, wenn sie die Wochenportion für ihre Katze einkauft? Erkläre deinen Rechenweg.

Lösungen A	Lösungen B
1 a) 1 kg sind 1000 g. b) 50 g sind 0,05 kg.	**2** a) 1,5 kg sind 1500 g. b) 250 g sind 0,25 kg.
3 Das Trockenfutter wiegt 1 kg und reicht für 20 Portionen. Somit wiegt eine Portion: $1\,\text{kg} : 20 = 1000\,\text{g} : 20 = 50\,\text{g}$	**4** Eine Dose wiegt 250 g. 6 Dosen wiegen: $6 \cdot 250\,\text{g} = 1500\,\text{g} = 1{,}5\,\text{kg}$
5 Das Gewicht des Trockenfutters beträgt: $13\,\text{kg} - 10{,}5\,\text{kg} = 2{,}5\,\text{kg}$ 2,5 kg Trockenfutter reichen für **50** Portionen: $2{,}5\,\text{kg} : 50\,\text{g} = 2500\,\text{g} : 50\,\text{g} = 50$	**6** An einem Tag frisst Paulas Katze: $250\,\text{g} + 50\,\text{g} = 300\,\text{g}$ Für eine Woche muss Paula **2,1 kg** tragen: $300\,\text{g} \cdot 7 = 2100\,\text{g} = 2{,}1\,\text{kg}$

Abbildungen: Rudolf Hungreder, Leinfelden-Echterdingen
Text: Maria Lenk

SP Begriffstraining: Große Zahlen – Die Stellenwerttafel

das Stellenwertsystem	das Zehnersystem	das Dezimalsystem
die Stellenwerttafel	der Dreierblock	

Erkennen und benennen

A Ordne den in Worten geschriebenen Zahlen die passende Zahl in der Stellenwerttafel zu.

	Milliarden			Millionen			Tausender			Einer		
	HMrd	ZMrd	Mrd	HM	ZM	M	HT	ZT	T	H	Z	E
a)				4	5	5	0	3	0	2	0	0
b)						2	5	0	6	3	1	1
c)			3	0	0	8	4	2	0	1	0	9
d)		1	0	0	2	0	0	3	0	0	0	0

☐ zwei Millionen fünfhundertsechstausenddreihundertelf

☐ drei Milliarden acht Millionen vierhundertzwanzigtausendeinhundertneun

☐ vierhundertfünfundfünfzig Millionen dreißigtausendzweihundert

☐ zehn Milliarden zwanzig Millionen dreißigtausend

B Vervollständige den Satz mit den Wörtern.

zehnmal | größere | Zehnersystem | daneben

In unserem ____________________ ist der ____________________ Stellenwert links immer ____________________ so groß wie der Stellenwert rechts ____________________.

Erklären und bewerten

C Erkläre, wie die Dreierblöcke in unserem Zehnersystem (auch Dezimalsystem genannt) aufgebaut sind.

____

____

____

____

D Vergleiche die Größen der genannten Zahlen miteinander und vervollständige die Sätze.

1 Million ist ________________ mal mehr als Eintausend. Einhundert ist ________________ mal ________________ als 1Million. 1 Milliarde ist ________________ mal ________________ als Zehntausend. 1 Billion ist ________________ mal ________________ als Hunderttausend.

Text: Wolfram Schmidt

Lösungen Begriffstraining: Große Zahlen – Die Stellenwerttafel, natz033

A

	Milliarden			Millionen			Tausender			Einer		
	HMrd	ZMrd	Mrd	HM	ZM	M	HT	ZT	T	H	Z	E
a)				4	5	5	0	3	0	2	0	0
b)						2	5	0	6	3	1	1
c)			3	0	0	8	4	2	0	1	0	9
d)		1	0	0	2	0	0	3	0	0	0	0

b) zwei Millionen fünfhundertsechstausenddreihundertelf

c) drei Milliarden acht Millionen vierhundertzwanzigtausendeinhundertneun

a) vierhundertfünfundfünfzig Millionen dreißigtausendzweihundert

d) zehn Milliarden zwanzig Millionen dreißigtausend

B In unserem **Zehnersystem** ist der **größere** Stellenwert links immer **zehnmal** so groß wie der Stellenwert rechts **daneben**.

C Individuelle Lösungen, zum Beispiel:
In jedem Dreierblock sind die drei Stellenwerte Einer, Zehner und Hunderter zusammengefasst.
Jeder Dreierblock hat seinen eigenen Namen.

D 1 Million ist **tausend** mal mehr als Eintausend. Einhundert ist **zehntausend** mal **weniger** als 1 Million. 1 Milliarde ist **hunderttausend** mal **mehr** als Zehntausend. 1 Billion ist **zehn Millionen** mal **mehr** als Hunderttausend.

Text: Wolfram Schmidt

SP Begriffstraining: Größen – Flächenmaße

die Flächeneinheit	**der Quadratmillimeter**	**der Quadratzentimeter**	**der Quadratdezimeter**
der Quadratmeter	**das (oder der) Ar**	**der Hektar**	**der Quadratkilometer**

Erkennen und benennen

A Kreuze alle Flächeneinheiten an.

☐ Quadratmeter	☐ Minute	☐ Hektar	☐ Kilometer
☐ Kilogramm	☐ Quadratkilometer	☐ cm	☐ Ar
☐ s	☐ km^2	☐ m	☐ ct
☐ cm^2	☐ Liter	☐ Kubikmeter	☐ mm^2

B Welche Flächeneinheit passt hier? Ergänze.

a) 
______

b) 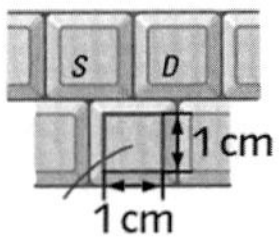

______

c) 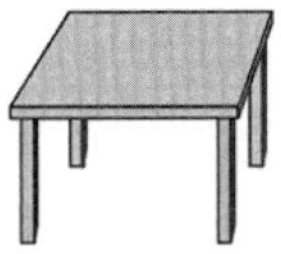
______

d) 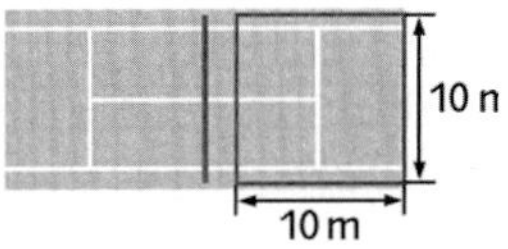

______

e) 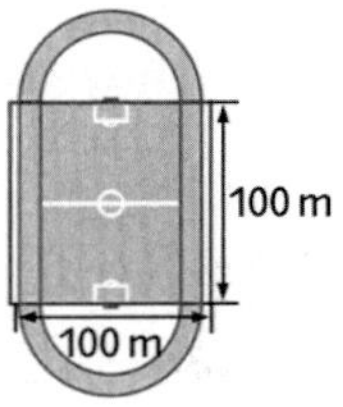

______

Erklären und bewerten

C Jule sagt: „Ich verschiebe beim Umrechnen einfach das Komma um zwei Stellen.“
Erkläre Jules Aussage. Du kannst auch Beispiele verwenden.

____
____
____
____
____
____

D Finde die falschen Aussagen und korrigiere sie.

a) Die Umrechnungszahl für Flächeninhalte ist 1000.
b) Ein Quadratzentimeter ist ein Quadrat mit der Seitenlänge 1 cm.
c) Wenn ich von a in die nächstgrößere Einheit umwandle, gebe ich das Ergebnis in km^2 an.

____
____
____
____

Abbildungen: Rudolf Hungreder, Leinfelden-Echterdingen; tiff.any GmbH & Co. KG, Berlin
Text: Sabine Kliemann

Lösungen Begriffstraining: Größen – Flächenmaße, gr052

A

☒ Quadratmeter	☐ Minute	☒ Hektar	☐ Kilometer
☐ Kilogramm	☒ Quadratkilometer	☐ cm	☒ Ar
☐ s	☒ km^2	☐ m	☐ ct
☒ cm^2	☐ Liter	☐ Kubikmeter	☒ mm^2

B

a) 

mm^2

b) 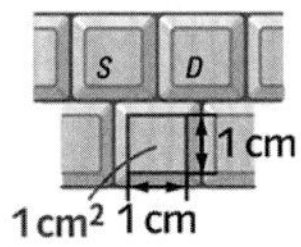

cm^2

c) 

m^2

d) 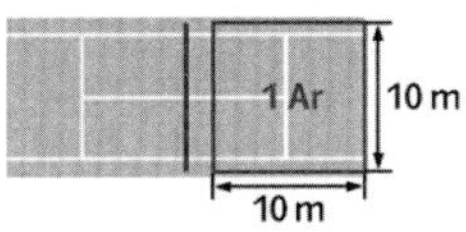

a

e) 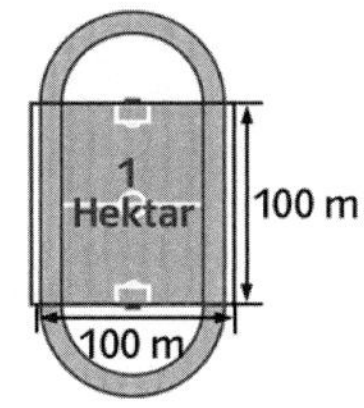

ha

C Mögliche Erklärung:

Umwandeln in die nächstkleinere Flächeneinheit

Beispiel: $1{,}2345\,dm^2 = 123{,}45\,cm^2$

Das Komma wurde um zwei Stellen nach rechts verschoben, da die Maßzahl mit 100 multipliziert wurde.

Umwandeln in die nächstgrößere Flächeneinheit:

Beispiel: $1234{,}5\,mm^2 = 12{,}345\,cm^2$

Das Komma wurde um zwei Stellen nach links verschoben, da die Maßzahl durch 100 dividiert wurde.

D a) Falsch: Die Umrechnungszahl für Flächeninhalte ist 100.

b) Richtig.

c) Falsch: Wenn ich von a in die nächstgrößere Einheit umwandle, gebe ich das Ergebnis in ha an.

SP Begriffstraining: Größen – Geld

der Geldbetrag	der Eurobetrag	der Centbetrag
überschlagen	ungefähr	

Erkennen und benennen

A Markiere die Eurobeträge mit einem Kreis. Markiere die Centbeträge mit einem Rechteck.

1,97 € 3 € 14 ct 238 ct 17 ct zehn Cent 3118 ct

drei Euro 31,18 € 28 € 75 ct 132 ct 567,44 €

B Kreuze an, in welcher dieser Rechnungen überschlagen wird.

	3,35 €
+	8,79 €
+	5,12 €
	1 1
	17,26 €

☐

	3,35 €	≈	3 €
+	4,79 €	≈	5 €
+	1,12 €	≈	1 €

3 € + 5 € + 1 € = 9 €

☐

	17,26 €
−	8,79 €
−	5,12 €
	1 1
	3,35 €

☐

	2,89 €	≈	3,00 €
+	1,49 €	≈	1,50 €
+	1,95 €	≈	2,00 €

3 € + 1,50 € + 2 € = 6,50 €

☐

C Setze die Wörter richtig in den Text ein. Ein Wort bleibt übrig.

runde | Geldbeträgen | ungefähr | überschlagen | Komma | Centbeträge | Rechnung | Eurobeträge

Beim Einkaufen muss man oft schnell die Summe ____________________ können. Das macht man mit vereinfachten ____________________. Das Zeichen „≈" bedeutet ____________________.

Wenn du Geldbeträge schriftlich vervielfachen oder dividieren möchtest, wandle sie um in ____________________ ohne ____________________. Nach der ____________________ wandle das Ergebnis wieder in ____________________ um.

Erklären und bewerten

D Erkläre, worauf du beim Überschlagen von Geldsummen achten musst.

____

____

____

E Kreuze die richtigen Aussagen an.

☐ Ich darf Geldbeträge durch Geldbeträge dividieren und erhalte dann eine Anzahl.

☐ Ich kann beim schriftlichen Rechnen mit Eurobeträgen das Komma weglassen.

☐ Wenn ich Eurobeträge in Cent umwandle, muss ich den Betrag mal 100 nehmen.

Text: Wolfram Schmidt

Lösungen Begriffstraining: Größen – Geld, gr053

A

◯ 1,97 € ◯ 3 € ☐ 14 ct ☐ 238 ct ☐ 17 ct ☐ zehn Cent ☐ 3118 ct

◯ drei Euro ◯ 31,18 € ◯ 28 € ☐ 75 ct ☐ 132 ct ◯ 567,44 €

B

3,35 €	3,35 € ≈ 3 €
+ 8,79 €	+ 4,79 € ≈ 5 €
+ 5,12 €	+ 1,12 € ≈ 1 €
(Übertrag) 1 1	3 € + 5 € + 1 € = 9 €
17,26 €	
☐	☒

17,26 €	2,89 € ≈ 3,00 €
− 8,79 €	+ 1,49 € ≈ 1,50 €
− 5,12 €	+ 1,95 € ≈ 2,00 €
(Übertrag) 1 1	3 € + 1,50 € + 2 € = 6,50 €
3,35 €	
☐	☒

C Beim Einkaufen muss man oft schnell die Summe **überschlagen** können. Das macht man mit vereinfachten **Geldbeträgen**. Das Zeichen „≈" bedeutet **ungefähr**.
Wenn du Geldbeträge schriftlich vervielfachen oder dividieren möchtest, wandle sie um in **Centbeträge** ohne **Komma**. Nach der **Rechnung** wandle das Ergebnis wieder in **Eurobeträge** um.

D Individuelle Lösungen, zum Beispiel:
Ich vereinfache die Geldbeträge möglichst so, dass ich sie leicht im Kopf addieren kann.

E ☒ Ich darf Geldbeträge durch Geldbeträge dividieren und erhalte dann eine Anzahl.
☐ Ich kann beim schriftlichen Rechnen mit Eurobeträgen das Komma weglassen.
☒ Wenn ich Eurobeträge in Cent umwandle, muss ich den Betrag mal 100 nehmen.

Text: Wolfram Schmidt

SP Begriffstraining: Größen – Gewichte

das Milligramm	das Gramm	das Kilogramm	die Tonne

Erkennen und benennen

A Notiere die Gewichte, die in der jeweiligen Einheit angegeben sind.

35 g

0,7 kg

$\frac{1}{2}$ t

1200 g

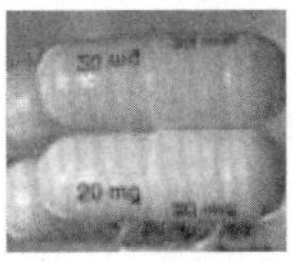

74,3 kg

1,8 g

0,8 t

730 mg

a) in Milligramm ______________________ b) in Gramm ______________________

c) in Kilogramm ______________________ d) in Tonnen ______________________

B Setze die Wörter richtig in den Text ein. Ein Wort bleibt übrig.

1000 | nächstkleinere | vervielfache | nächstgrößere | teile

Wenn ich eine Gewichtsangabe in die nächstgrößere Einheit umwandle (z. B. von mg in g), ____________ ich die Zahl durch 1000. Wenn ich eine Gewichtsangabe in die ____________ Einheit umwandle (z. B. von kg in g), ____________ ich die Zahl mit ____________.

C Kreuze an, wo vor dem schriftlichen Teilen oder Vervielfachen die Gewichtsangabe in eine Einheit ohne Komma richtig umgewandelt wurde.

☐ 7,2 kg : 5 = 7200 g : 5 ☐ 810 g · 9 = 0,81 kg · 9 ☐ 9,2 t : 8 = 9200 kg : 8

☐ 25,8 g · 7 = 25 800 mg · 7 ☐ 0,0138 g : 3 = 13,8 kg : 3 ☐ 1800 mg : 16 = 1,8 g : 16

D Vervollständige die beiden Sätze.

a) Teile ich eine Gewichtsangabe durch eine Anzahl, so erhalte ich ______________________

b) Teile ich eine Gewichtsangabe durch eine andere Gewichtsangabe, so erhalte ich ______________________

Erklären und bewerten

E Erkläre, wie du eine Gewichtsangabe in die nächstkleinere Gewichtseinheit umwandelst.

____

____

____

____

F Vervollständige den Satz.

Gewichtsangaben kann ich am besten vergleichen, wenn ______________________

____

Abbildungen: ShutterStock.com RF, New York (Tobias Arhelger); stock.adobe.com, Dublin (vladk213); stock.adobe.com, Dublin (uwe turek); stock.adobe.com, Dublin (M.Jenkins); stock.adobe.com, Dublin (triocean)
Text: Wolfram Schmidt

Lösungen Begriffstraining: Größen – Gewichte, gr054

A

35 g

0,7 kg

$\frac{1}{2}$ t

1200 g

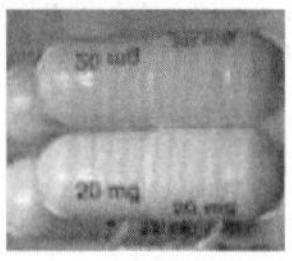

74,3 kg

1,8 g

0,8 t

730 mg

a) in Milligramm **20 mg; 730 mg**

b) in Gramm **1,8 g; 20 g; 35 g; 310 g; 1200 g**

c) in Kilogramm **0,7 kg; 12,5 kg; 74,3 kg**

d) in Tonnen **$\frac{1}{2}$ t; 0,8 t; 3,5 t**

B Wenn ich eine Gewichtsangabe in die nächstgrößere Einheit umwandle (z. B. von mg in g), **teile** ich die Zahl durch 1000. Wenn ich eine Gewichtsangabe in die **nächstkleinere** Einheit umwandle (z. B. von kg in g), **vervielfache** ich die Zahl mit **1000**.

C

☒ 7,2 kg : 5 = 7200 g : 5

☐ 810 g · 9 = 0,81 kg · 9

☒ 9,2 t : 8 = 9200 kg : 8

☒ 25,8 g · 7 = 25 800 mg · 7

☐ 0,0138 g : 3 = 13,8 kg : 3

☐ 1800 mg : 16 = 1,8 g : 16

D a) Teile ich eine Gewichtsangabe durch eine Anzahl, so erhalte ich **wieder eine Gewichtsangabe**.

b) Teile ich eine Gewichtsangabe durch eine andere Gewichtsangabe, so erhalte ich **eine Anzahl**.

E Individuelle Lösungen, zum Beispiel:
Ich verschiebe das Komma um drei Stellen nach rechts.

F Individuelle Lösungen, zum Beispiel:
Gewichtsangaben kann ich am besten vergleichen, wenn sie **in der gleichen Einheit angegeben sind**.

Abbildungen: ShutterStock.com RF, New York (Tobias Arhelger); stock.adobe.com, Dublin (vladk213); stock.adobe.com, Dublin (uwe turek); stock.adobe.com, Dublin (M.Jenkins); stock.adobe.com, Dublin (triocean)
Text: Wolfram Schmidt

SP Begriffstraining: Größen – Längen

die Längeneinheit	**der Kilometer**	**der Meter**
der Dezimeter	**der Zentimeter**	**der Millimeter**

Erkennen und benennen

A Kreuze alle Längeneinheiten an.

☐ Millimeter ☐ Minute ☐ Hektar ☐ Kilometer
☐ Kilogramm ☐ Quadratkilometer ☐ cm ☐ g
☐ dm ☐ m^2 ☐ m ☐ ct

B Wie heißen die Längeneinheiten? Ergänze.

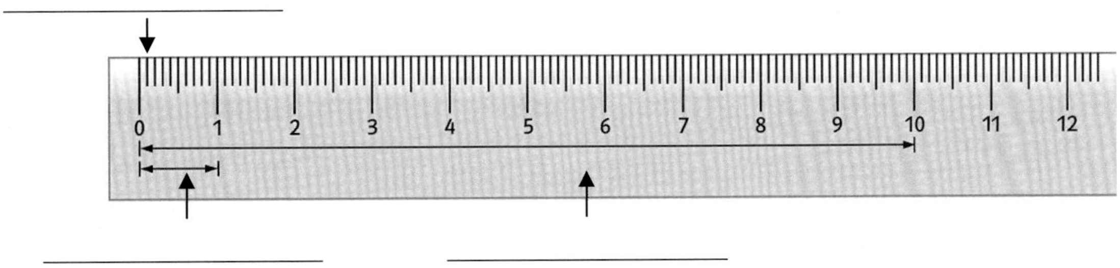

Erklären und bewerten

C Erkläre den Zusammenhang zwischen den Längeneinheiten.

D Richtig oder falsch? Kreuze an.

Millimeter, Zentimeter und Kilogramm sind Längeneinheiten. ☐ richtig ☐ falsch
Eine sinnvolle Längeneinheit zum Messen der Türhöhe ist Meter. ☐ richtig ☐ falsch
Dezimeter ist die größte Längeneinheit. ☐ richtig ☐ falsch

E Finde die falschen Aussagen und korrigiere sie.

a) Millimeter wird mit „m" abgekürzt.
b) Einen Flächeninhalt misst man in einer Längeneinheit.
c) 100 cm sind 1 m.
d) 100 m sind 1 km.
e) Millimeter, Zentimeter, Dezimeter, Liter und Kilogramm sind Längeneinheiten.

Abbildungen: Helmut Holtermann, Dannenberg
Text: Sabine Kliemann

Lösungen Begriffstraining: Größen – Längen, gr055

A

☒ Millimeter	☐ Minute	☐ Hektar	☒ Kilometer
☐ Kilogramm	☐ Quadratkilometer	☒ cm	☐ g
☒ dm	☐ m^2	☒ m	☐ ct

B Wie heißen die Längeneinheiten? Ergänze.

Millimeter (mm)

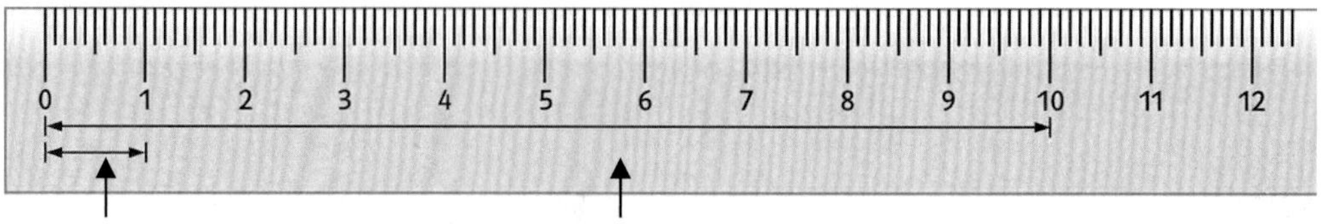

Zentimeter (cm) **Dezimeter (dm)**

C $1\,\text{km} = 1000\,\text{m}$; $1\,\text{m} = 10\,\text{dm}$; $1\,\text{dm} = 10\,\text{cm}$; $1\,\text{cm} = 10\,\text{mm}$

D

Millimeter, Zentimeter und Kilogramm sind Längeneinheiten.	☐ richtig	☒ falsch
Eine sinnvolle Längeneinheit zum Messen der Türhöhe ist Meter.	☒ richtig	☐ falsch
Dezimeter ist die größte Längeneinheit.	☐ richtig	☒ falsch

E
a) Falsch: Millimeter wird mit „mm“ abgekürzt.
b) Falsch: Einen Flächeninhalt misst man in einer Flächeneinheit wie Quadratmeter.
c) Richtig.
d) Falsch: 1000 m sind 1 km.
e) Falsch: Millimeter, Zentimeter, Dezimeter, Meter und Kilometer sind Längeneinheiten.

Abbildungen: Helmut Holtermann, Dannenberg
Text: Sabine Kliemann

SP Begriffstraining: Größen – Maßstab

der Maßstab	die Abbildung	die Wirklichkeit
die Verkleinerung	die Vergrößerung	

Erkennen und benennen

A Handelt es sich um eine Verkleinerung oder um eine Vergrößerung? Kreuze an.

2 : 1

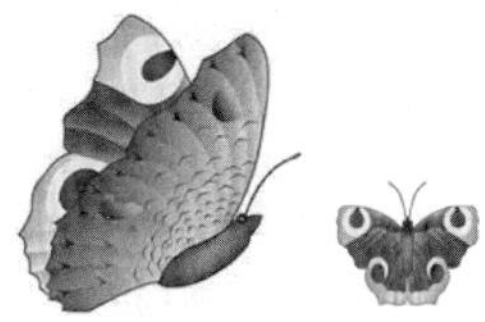

1 : 3

☐ Verkleinerung	☐ Verkleinerung	☐ Verkleinerung	☐ Verkleinerung	☐ Verkleinerung
☐ Vergrößerung	☐ Vergrößerung	☐ Vergrößerung	☐ Vergrößerung	☐ Vergrößerung

B Setze richtig ein. Zwei Kärtchen musst du zweimal verwenden.

Vergrößerung | Verkleinerung | Abbildung | Wirklichkeit | Maßstab

Der ________________ ist ein Maß für die Verkleinerung oder ________________.

Der Maßstab 5 : 1 bedeutet: 5 cm in der ________________ entsprechen 1 cm in der ________________ .

Es handelt sich um eine Vergrößerung.

Der Maßstab 1 : 5 bedeutet: 1 cm in der ________________ entsprechen 5 cm in der ________________ .

Es handelt sich um eine ________________ .

Erklären und bewerten

C Erkläre, wer recht hat.

Beim Maßstab 500 : 1 ist eine Strecke auf der Karte 500-mal kleiner abgebildet als in Wirklichkeit.

Lean Jule

Beim Maßstab 1 : 500 ist eine Strecke auf der Karte 500-mal kleiner abgebildet als in Wirklichkeit.

____

____

____

D Kreuze die richtigen Aussagen an.

☐ Bei einem Maßstab von 3 : 1 wird eine Strecke in dreifacher Länge abgebildet.

☐ Bei einem Maßstab von 1 : 5 ist eine Strecke in der Zeichnung 1,5-mal so groß wie die Strecke in Wirklichkeit.

☐ Bei einem Maßstab von 1 : 5 beträgt die Länge der gezeichneten Strecke ein Fünftel der wirklichen Länge.

Abbildungen: Helmut Holtermann, Dannenberg; tiff.any GmbH & Co. KG, Berlin
Text: Sabine Kliemann

Lösungen Begriffstraining: Größen – Maßstab, gr056

A

	2 : 1		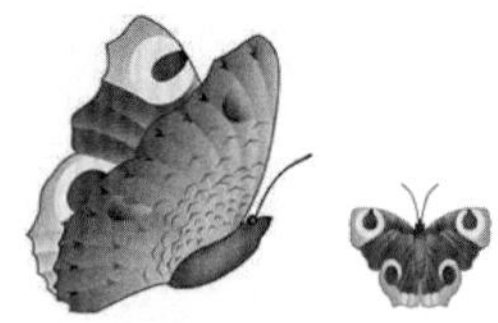	1 : 3
☐ Verkleinerung	☐ Verkleinerung	☒ Verkleinerung	☐ Verkleinerung	☒ Verkleinerung
☒ Vergrößerung	☒ Vergrößerung	☐ Vergrößerung	☐ Vergrößerung	☐ Vergrößerung

B Der **Maßstab** ist ein Maß für die Verkleinerung oder **Vergrößerung**.
Der Maßstab 5 : 1 bedeutet: 5 cm in der **Abbildung** entsprechen 1 cm in der **Wirklichkeit**.
Es handelt sich um eine Vergrößerung.
Der Maßstab 1 : 5 bedeutet: 1 cm in der **Abbildung** entsprechen 5 cm in der **Wirklichkeit**.
Es handelt sich um eine **Verkleinerung**.

C Jule hat recht. 1 cm auf der Karte entspricht $500\,\text{cm} = 5\,\text{m}$ in Wirklichkeit.

D ☒ Bei einem Maßstab von 3 : 1 wird eine Strecke in dreifacher Länge abgebildet.

☐ Bei einem Maßstab von 1 : 5 ist eine Strecke in der Zeichnung 1,5-mal so groß wie die Strecke in Wirklichkeit.

☒ Bei einem Maßstab von 1 : 5 beträgt die Länge der gezeichneten Strecke ein Fünftel der wirklichen Länge.

Abbildungen: Helmut Holtermann, Dannenberg
Text: Sabine Kliemann

SP Begriffstraining: Größen – Sachaufgaben verstehen und lösen

den Überblick verschaffen	die Aufgabe klären	den Lösungsplan erstellen
die gegebenen Größen	die gesuchten Größen	

Erkennen und benennen

A Kreuze an, welche Frage mithilfe der Aufgabe beantwortet werden kann.

- ☐ Wie viel Gramm Futter frisst Felix täglich?
- ☐ Wie viel Euro kostet Felix' tägliches Futter?
- ☐ Wie schwer ist Felix nach einer Woche?

Hund Felix frisst jeden Tag zwei Kaustangen, eine Dose Hundefutter und 200 g Trockenfutter.

B Ordne die Aussagen oder Fragen den drei Verfahrensschritten beim Lösen von Sachsituationen richtig zu. Verbinde die Kärtchen.

- 1. Überblick verschaffen
- 2. Aufgabe klären
- 3. Lösungen finden

- Lies die Aufgabentexte zweimal durch.
- Löse die Aufgaben.
- Was musst du herausfinden?
- Überprüfe deine Lösung
- Gibt es Bilder oder Tabellen zur Aufgabe?
- Was weißt du schon?
- Schreibe die wichtigsten Informationen auf.

Erklären und bewerten

C Erkläre den Unterschied zwischen gegebenen und gesuchten Größen in Sachaufgaben.

D Erkläre kurz, was du in den drei Schritten zum Verstehen und Lösen von Sachaufgaben machen musst.

1. Überblick verschaffen:

2. Aufgabe klären:

3. Lösungen finden:

Abbildungen: tiff.any GmbH & Co. KG, Berlin
Text: Wolfram Schmidt

Lösungen Begriffstraining: Größen – Sachaufgaben verstehen und lösen, gr057

A ☐ Wie viel Gramm Futter frisst Felix täglich?

☒ Wie viel Euro kostet Felix' tägliches Futter?

☐ Wie schwer ist Felix nach einer Woche?

B

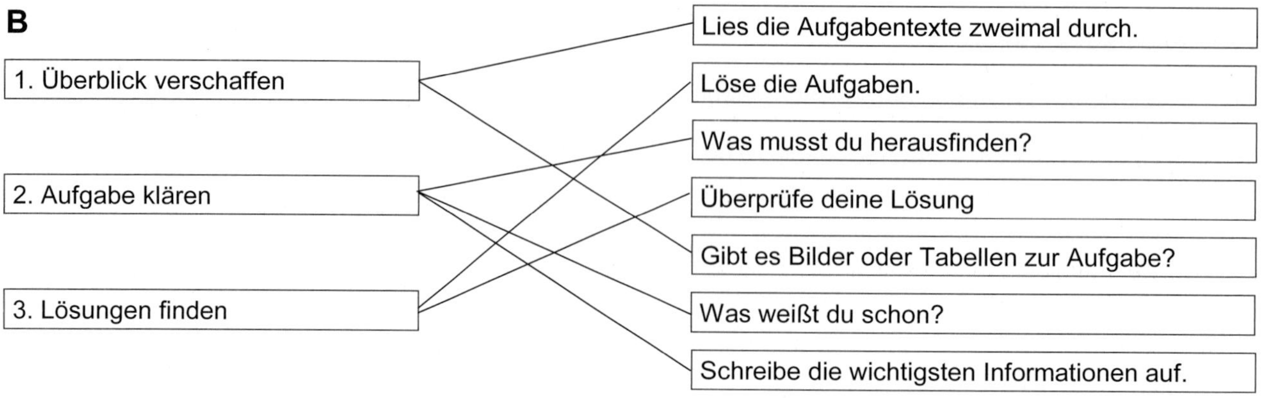

C Individuelle Lösungen, zum Beispiel:

Die gegebenen Größen sind in der Sachaufgabe genannt. Ich kann sie im Sachtext oder den dazugehörigen Abbildungen oder Diagrammen finden.

Die gesuchten Größen sind das, was gefragt ist oder was ich herausfinden soll. In der Regel muss ich dazu die Aufgabe lösen.

D Individuelle Lösungen, zum Beispiel:

1. Überblick verschaffen: Ich muss die Sachaufgabe zweimal lesen und nach Informationen suchen,
2. Aufgabe klären: Ich notiere alle Informationen und gegebenen Größen. Ich finde heraus, was gegeben und was gesucht ist.
3. Lösungen finden: Ich löse die Aufgabe und überprüfe die Lösung.

Text: Wolfram Schmidt

SP Begriffstraining: Größen – Volumeneinheiten

die Volumeneinheit	**der Kubikmillimeter**	**der Kubikzentimeter**	**der Kubikdezimeter**
der Kubikmeter	**der Milliliter**	**der Liter**	

Erkennen und benennen

A Kreuze alle Volumeneinheiten an.

☐ Quadratmeter ☐ Kubikmeter ☐ Meter ☐ Kilometer
☐ Milliliter ☐ Kubikzentimeter ☐ cm ☐ mm^3
☐ ml ☐ km^2 ☐ l ☐ Ar

B Welche Volumeneinheit passt hier? Ergänze.

a) 

____

b) 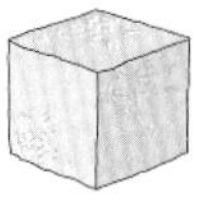

____

c) 

____

d) 

____

e) 

____

Erklären und bewerten

C Erkläre, wer recht hat.

Lean: Beim Umwandeln in die nächstgrößere Volumeneinheit verschiebe ich das Komma um 3 Stellen nach links.

Jule: Beim Umwandeln in die nächstkleinere Volumeneinheit streiche ich von rechts 3 Stellen der Zahl.

____

____

____

____

D Finde die falschen Aussagen und korrigiere sie.

a) Die Umrechnungszahl für Volumeneinheiten ist 100.
b) Ein Kubikdezimeter ist der Rauminhalt eines Würfels mit der Kantenlänge 10 cm.
c) 1 ml Flüssigkeit entspricht 1 dm^3.
d) In einen Würfel mit der Kantenlänge 10 cm passt 1 l Flüssigkeit.
e) 1 l Flüssigkeit ist 100-mal so viel wie 1 ml.
f) 1 m^3 Volumen ist 1000-mal so viel wie 1 dm^3.

____

____

____

Abbildungen: Rudolf Hungreder, Leinfelden-Echterdingen; tiff.any GmbH & Co. KG, Berlin
Text: Sabine Kliemann

Lösungen Begriffstraining: Größen – Volumeneinheiten, gr061

A

☐ Quadratmeter	☒ Kubikmeter	☐ Meter	☐ Kilometer
☒ Milliliter	☒ Kubikzentimeter	☐ cm	☒ mm^3
☒ ml	☐ km^2	☒ l	☐ Ar

B

a)
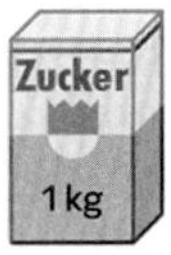

$1\,dm^3$ (oder 1 l)

b)

cm^3

c)

mm^3

d)

m^3

e)

1 l (oder $1\,dm^3$)

C Mögliche Erklärung:
Lean hat recht. Beim Umwandeln in die nächstgrößere Einheit ändern sich die Stellenwerte der Zahl in der Stellenwerttafel. Dadurch verschiebt sich das Komma um drei Stellen nach links.

D a) Falsch: Die Umrechnungszahl für Flächeneinheiten ist 100.
Oder: Die Umrechnungszahl für Volumeneinheiten ist 1000.
b) Richtig.
c) Falsch: 1 ml Flüssigkeit entspricht $1\,cm^3$.
d) Richtig.
e) Falsch: 1 l Flüssigkeit ist 1000-mal so viel wie 1 ml.
f) Richtig.

Abbildungen: Rudolf Hungreder, Leinfelden-Echterdingen; tiff.any GmbH & Co. KG, Berlin
Text: Sabine Kliemann

SP Begriffstraining: Größen – Zeiteinheiten

die Zeiteinheit	**der Tag**	**die Stunde**
die Minute	**die Sekunde**	

Erkennen und benennen

A Auf welchen Bildern geht es um Zeiten? Kreuze an.

☐

☐

☐

Wuppertal Hbf	an	09:23
Wuppertal Hbf	ab	09:24
W-Steinbeck		09:26
W-Zool. Garten		09:29
W-Sonnborn		09:30

☐

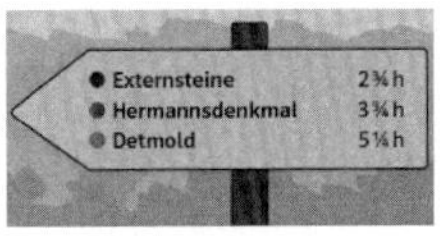

☐

2 Sekunden

☐

1 kg

☐

☐

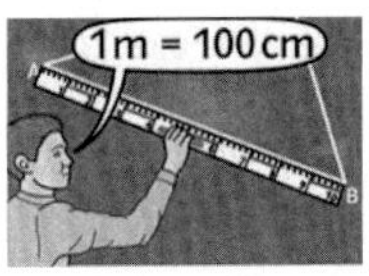

☐

☐

B Ergänze die Zeiteinheiten. Du kannst sie mehrfach einsetzen. Ein Kärtchen bleibt übrig.

Stunde | Sekunde | Minuten | Tag | Jahr

Heute steht Joel, wie jeden ________________, um 6:30 Uhr auf. Im Bad braucht Joel eine halbe ________________. Das Frühstück dauert 10 ________________. Um 7:15 Uhr verlässt Joel das Haus und läuft zur Bushaltestelle. Joel schafft es gerade noch vor der Abfahrt einzusteigen. „Das war knapp – eine ________________ später und ich hätte den nächsten Bus nehmen müssen", denkt Joel. Die Busfahrt dauert 30 ________________. Vor der Schule wartet Maxi. Gemeinsam schlendern sie über den Schulhof und plaudern noch ein paar ________________, bis sie in ihre Klasse gehen.

Erklären und bewerten

C Erkläre den Unterschied zwischen einem Schaltjahr und einem „normalen" Jahr.

____

____

____

D Überprüfe, ob die passenden Kärtchen verbunden wurden. Korrigiere bei Bedarf mit einem farbigen Stift.

1 Minute	**1 Stunde**	**1 Tag**	**1 Woche**	**1 Monat**	**1 Jahr**	**1 Schaltjahr**
24 Stunden	**7 Tage**	**60 Sekunden**	**60 Minuten**	**366 Tage**	**28 bis 31 Tage**	**365 Tage**

Abbildungen: Avenue Images GmbH, Hamburg (stockbyte); Helmut Holtermann, Dannenberg; Rudolf Hungreder, Leinfelden-Echterdingen; Hendrik Kranenberg, Drolshagen; tiff.any GmbH & Co. KG, Berlin;
Text: Sabine Kliemann

Lösungen Begriffstraining: Größen – Zeiteinheiten, gr058

A

☐

☒

☐

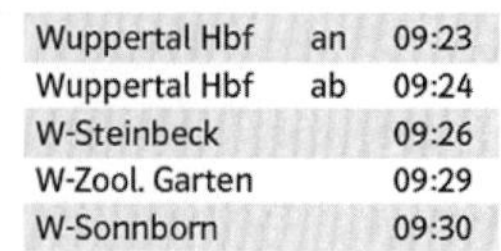

Wuppertal Hbf	an	09:23
Wuppertal Hbf	ab	09:24
W-Steinbeck		09:26
W-Zool. Garten		09:29
W-Sonnborn		09:30

☒

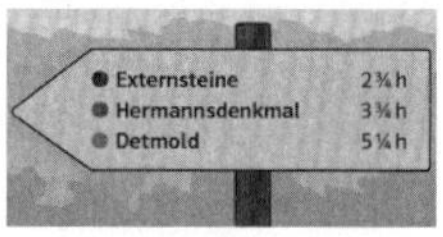

☒

2 Sekunden

☒

1 kg

☐

☒

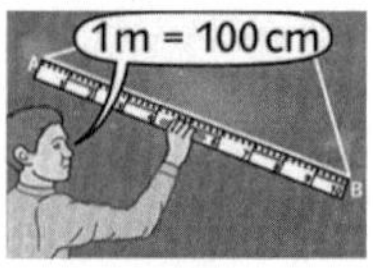

☐

☒

B Heute steht Joel, wie jeden **Tag**, um 6:30 Uhr auf. Im Bad braucht Joel eine halbe **Stunde**. Das Frühstück dauert 10 **Minuten**. Um 7:15 Uhr verlässt Joel das Haus und läuft zur Bushaltestelle. Joel schafft es gerade noch vor der Abfahrt einzusteigen. „Das war knapp – eine **Sekunde (oder Minute)** später und ich hätte den nächsten Bus nehmen müssen“, denkt Joel. Die Busfahrt dauert 30 **Minuten**. Vor der Schule wartet Maxi. Gemeinsam schlendern sie über den Schulhof und plaudern noch ein paar **Minuten**, bis sie in ihre Klasse gehen.

C Ein Schaltjahr hat 366 Tage, nämlich einen Tag (den 29.2.) mehr als ein „normales“ Jahr.

D Korrigiert werden müssen die Verbindungen von „1 Woche“, „1 Monat“, „1 Jahr“ und „1 Schaltjahr“.

1 Minute	1 Stunde	1 Tag	1 Woche	1 Monat	1 Jahr	1 Schaltjahr

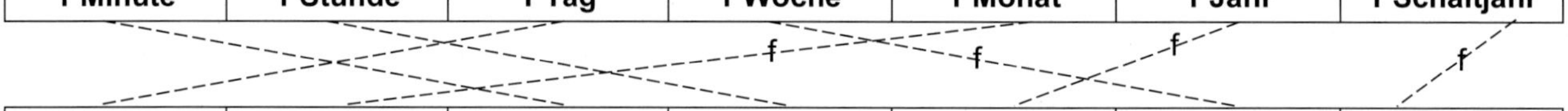

24 Stunden	7 Tage	60 Sekunden	60 Minuten	366 Tage	28 bis 31 Tage	365 Tage

Richtig müsste es so aussehen:

1 Minute	1 Stunde	1 Tag	1 Woche	1 Monat	1 Jahr	1 Schaltjahr

24 Stunden	7 Tage	60 Sekunden	60 Minuten	366 Tage	28 bis 31 Tage	365 Tage

Abbildungen: Avenue Images GmbH, Hamburg (stockbyte); Helmut Holtermann, Dannenberg; Rudolf Hungreder, Leinfelden-Echterdingen; Hendrik Kranenberg, Drolshagen; tiff.any GmbH & Co. KG, Berlin;
Text: Sabine Kliemann

SP Begriffstraining: Größen – Zeitpunkt und Zeitspanne

der Zeitpunkt	die Zeitspanne	

Erkennen und benennen

A Markiere die Zeitspannen mit einem Kreis und Zeitpunkte mit einem Rechteck.

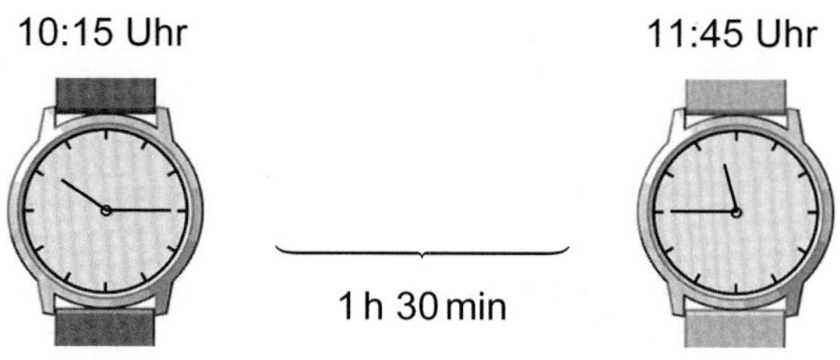

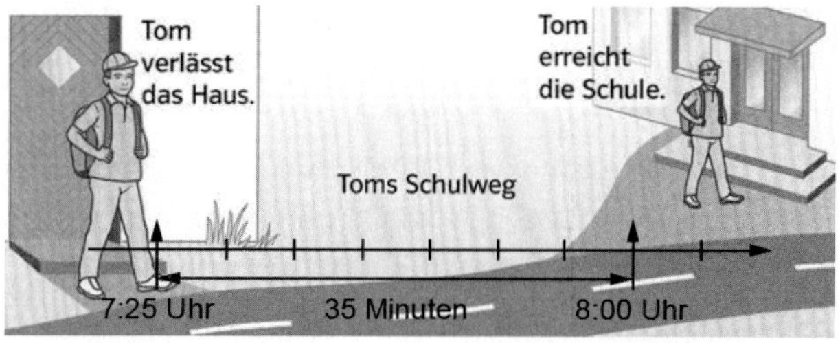

B Setze richtig ein. Ein Kärtchen bleibt übrig.

eine Zeitspanne | die Zeit | einen Zeitpunkt | zwei Zeitpunkte

Eine Zeitspanne wird durch ________________________________ festgelegt.

Wenn du „Wie lange ...?“ fragst, geht es um ________________________________.

Wenn du „Wann ...? oder „Um wie viel Uhr …? fragst, geht es um ________________________________.

Erklären und bewerten

C Erkläre den Unterschied zwischen einer Zeitspanne und einem Zeitpunkt. Du kannst auch zeichnen.

D Die Aussagen sind falsch. Korrigiere sie.

a) Nach einer Zeitspanne fragst du mit „wie viel“.

____

____

b) Eine Uhrzeit gibt immer eine Zeitspanne an.

____

____

Abbildungen: Helmut Holtermann, Dannenberg; Rudolf Hungreder, Leinfelden-Echterdingen
Text: Sabine Kliemann

Lösungen Begriffstraining: Größen – Zeitpunkt und Zeitspanne, gr059

A

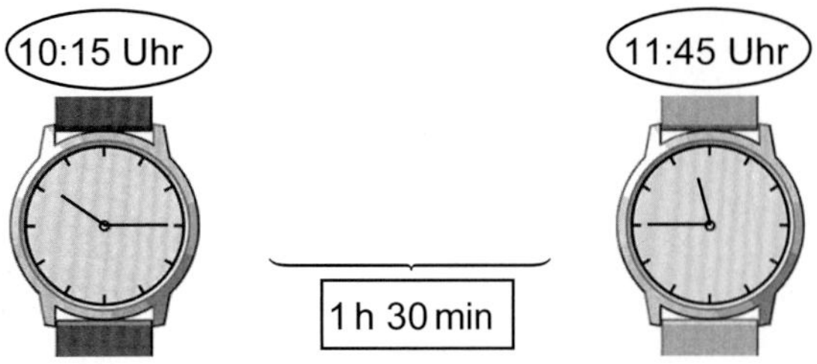

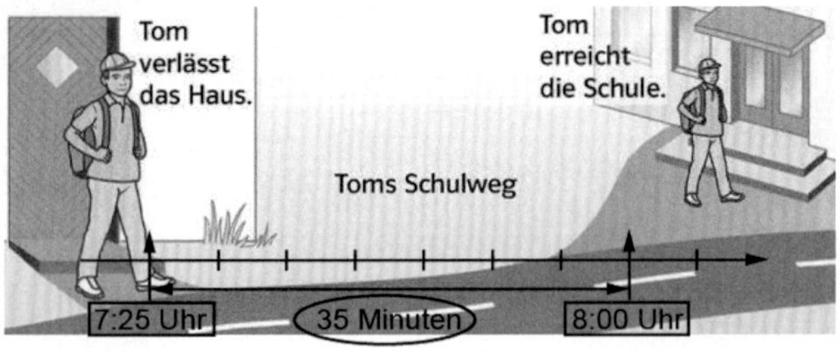

B Eine Zeitspanne wird durch **zwei Zeitpunkte** festgelegt.
Wenn du „Wie lange ...?“ fragst, geht es um **eine Zeitspanne**.
Wenn du „Wann ...? oder „Um wie viel Uhr …? fragst, geht es um **einen Zeitpunkt**.

C Individuelle Lösung, z. B.
Ein Zeitpunkt gibt an, wann etwas geschieht. Eine Zeitspanne ist ein Zeitabstand, der durch zwei Zeitpunkte festgelegt wird. Sie gibt an, wie lange etwas dauert.

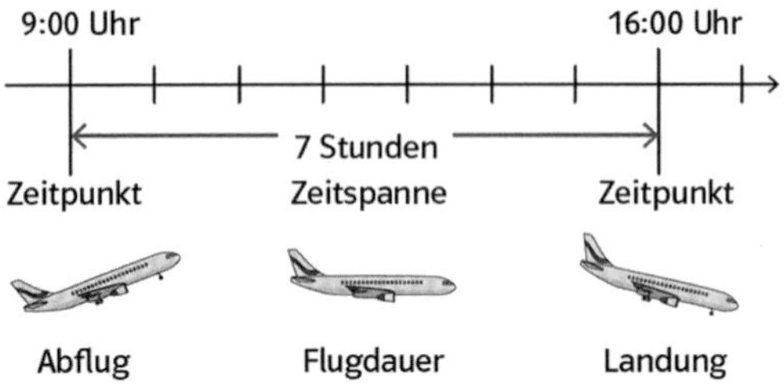

D a) Nach einer Zeitspanne fragst du mit „wie lange“.
b) Eine Uhrzeit oder ein Datum ist ein Zeitpunkt.

SP Begriffstraining: Häufigkeiten – Absolute und relative Häufigkeiten

der Anteil	die Gesamtzahl
die absolute Häufigkeit	die relative Häufigkeit

Erkennen und benennen

A Relative Häufigkeiten kann man als Bruch, als Dezimalzahl oder in Prozent angeben.
Verbinde die zusammengehörenden Darstellungsformen.

$\frac{1}{3}$	0,75	60 %
$\frac{6}{10}$	$0,\overline{3}$	25 %
$\frac{1}{4}$	0,6	75 %
$\frac{3}{4}$	0,25	33 %

B Setze die Begriffe an die richtige Stelle im Text.

Gesamtzahl | relative | Anteil | Anzahl | absolute

Die ________________, mit der ein bestimmtes Ereignis eintritt, heißt ________________ Häufigkeit.

Der ________________ dieses Ereignisses an der ________________ heißt

________________ Häufigkeit.

Erklären und bewerten

C Erkläre, wie die relative Häufigkeit eines Ereignisses berechnet wird.

____

____

____

____

____

D Kreuze an, welche Aussage richtig und welche falsch ist.

a) Relative Häufigkeiten sind immer kleiner als 100 %. ☐ richtig ☐ falsch

b) Man kann jede relative Häufigkeit als Bruch, Dezimalzahl oder in Prozent angeben. ☐ richtig ☐ falsch

c) Anteile von Ereignissen sind immer kleiner als die Gesamtzahl der Ereignisse. ☐ richtig ☐ falsch

d) Jede absolute Häufigkeit kann man als Dezimalzahl schreiben. ☐ richtig ☐ falsch

Text: Wolfram Schmidt

Lösungen Begriffstraining: Häufigkeiten – Absolute und relative Häufigkeiten, hfkt001

A

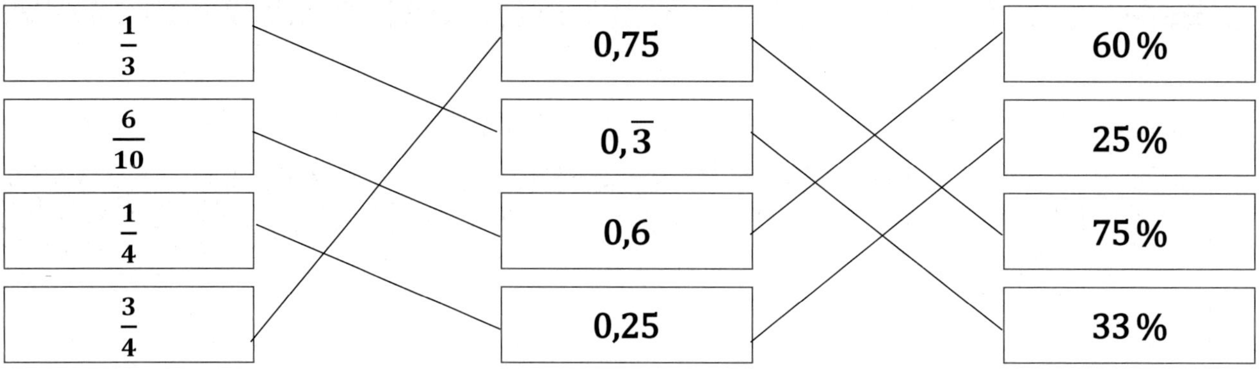

B Die **Anzahl,** mit der ein bestimmtes Ereignis eintritt, heißt **absolute** Häufigkeit.
Der **Anteil** dieses Ereignisses an der **Gesamtzahl** heißt
relative Häufigkeit.

C Individuelle Lösungen, zum Beispiel:
Die relative Häufigkeit berechnet man, indem man die absolute Häufigkeit durch die Gesamtzahl dividiert.

D a) Relative Häufigkeiten sind immer kleiner als 100 %. ☐ richtig ☒ falsch

b) Man kann jede relative Häufigkeit als Bruch, Dezimalzahl oder in Prozent angeben. ☒ richtig ☐ falsch

c) Anteile von Ereignissen sind immer kleiner als die Gesamtzahl der Ereignisse. ☒ richtig ☐ falsch

d) Jede absolute Häufigkeit kann man als Dezimalzahl schreiben. ☐ richtig ☒ falsch

Begriffstraining: Häufigkeiten – Das arithmetische Mittel

das arithmetische Mittel	der Durchschnitt

Erkennen und benennen

A Beschrifte das Beispiel mit den richtigen Begriffen. Ein Kärtchen brauchst du zweimal.

Anzahl der Werte | Summe der Werte | Werte | arithmetisches Mittel

Beispiel: In einer Woche wurden sieben Temperaturen gemessen:

$\underbrace{4\,°C;\ 6\,°C;\ 3\,°C;\ 7\,°C;\ 9\,°C;\ 8\,°C;\ 5\,°C}$

[ ]

$\underbrace{4\,°C + 6\,°C + 3\,°C + 7\,°C + 9\,°C + 8\,°C + 5\,°C} = \underbrace{42\,°C}$

[ ] [ ]

$\overbrace{42\,°C} : \underbrace{7} = \underbrace{6\,°C}$

[ ] [ ]

B Das arithmetische Mittel wird auch Durchschnitt genannt. Nenne aus deinem Alltag drei Beispiele, bei denen du schon von Durchschnittsberechnungen oder Durchschnittsangaben gehört hast.

____

____

____

____

Erklären und bewerten

C Erkläre, wie das arithmetische Mittel berechnet wird.

____

____

____

____

____

____

D Kreuze die Beispiele an, in denen die Berechnung von Durchschnittswerten sinnvoll oder üblich ist.

- ☐ Lufttemperaturen
- ☐ Dauer der Ferien
- ☐ Länge eines Tags
- ☐ Geburtstagsdaten
- ☐ Anzahl der Weihnachtsfeiertage
- ☐ Niederschlagsmenge
- ☐ Besucherzahlen im Zoo
- ☐ Weitsprungergebnisse
- ☐ Müllmenge pro Person

Text: Wolfram Schmidt

Lösungen Begriffstraining: Häufigkeiten – Das arithmetische Mittel, hfkt002

A Beispiel: In einer Woche wurden sieben Temperaturen gemessen:

$\underbrace{4\,°C;\ 6\,°C;\ 3\,°C;\ 7\,°C;\ 9\,°C;\ 8\,°C;\ 5\,°C}_{\text{Werte}}$

$\underbrace{4\,°C + 6\,°C + 3\,°C + 7\,°C + 9\,°C + 8\,°C + 5\,°C}_{\text{Summe der Werte}} = \underbrace{42\,°C}_{\text{Summe der Werte}}$

$\overbrace{42\,°C}^{}:\underbrace{7}_{\text{Anzahl der Werte}} = \underbrace{6\,°C}_{\text{arithmetisches Mittel}}$

B Individuelle Lösungen, zum Beispiel:
- tägliche Sonnenscheindauer
- Höhe des Taschengeldes
- Preise für Lebensmittel

C Individuelle Lösungen, zum Beispiel:
Man addiert alle Werte und dividiert dann die Summe durch die Anzahl der Werte.

D
- ☒ Lufttemperaturen
- ☐ Dauer der Ferien
- ☐ Länge eines Tags
- ☐ Geburtstagsdaten
- ☐ Anzahl der Weihnachtsfeiertage
- ☒ Niederschlagsmenge
- ☒ Besucherzahlen im Zoo
- ☒ Weitsprungergebnisse
- ☒ Müllmenge pro Person

Text: Wolfram Schmidt

SP Begriffstraining: Häufigkeiten – Daten erheben und auswerten

die Daten	**die statistische Erhebung**	**die Anzahl**
die Strichliste	**die Häufigkeitstabelle**	

Erkennen und benennen

A Handelt es sich um eine Strichliste oder eine Häufigkeitstabelle? Kreuze an.

a)

𝍸 I	𝍸 𝍸 III	𝍸 IIII

☐ Strichliste
☐ Häufigkeitstabelle

b)

	Hund	Katze	Maus
5a	12	9	8
5b	9	15	5

☐ Strichliste
☐ Häufigkeitstabelle

c)

☐ Strichliste
☐ Häufigkeitstabelle

d)

	Gruppe 1	Gruppe 2
Hund	𝍸 II	𝍸 𝍸
Katze	𝍸 I	𝍸 III
Maus	𝍸 IIII	𝍸

☐ Strichliste
☐ Häufigkeitstabelle

e)

Tier	Anzahl
Hund	6
Katze	13
Maus	9

☐ Strichliste
☐ Häufigkeitstabelle

f)

Jahrgang	5	6	7	8	9	10
Ehrenurkunde	5	7	12	9	10	5

☐ Strichliste
☐ Häufigkeitstabelle

B Verbinde passend.

In einer statistischen Erhebung werden	die Anzahlen mit Zahlen notiert.
In einer Häufigkeitstabelle werden	die Anzahlen mit Strichen notiert.
In einer Strichliste werden	Daten gesammelt.

Erklären und bewerten

C Erkläre die Gemeinsamkeiten zwischen einer Strichliste und einer Häufigkeitstabelle.

D Kreuze die richtigen Aussagen an.

☐ Bei einer statistischen Erhebung sammelt man Fragen.
☐ Damit eine Strichliste übersichtlich bleibt, wird jeder 5. Strich quer gesetzt.
☐ Strichlisten sind genauer als Häufigkeitstabellen.
☐ In einer Häufigkeitstabelle wird angegeben, wie oft jeder Wert vorkommt.
☐ In einer Strichliste wird die Anzahl gezählt, wie oft ein Wert genannt wird.

Abbildungen: Rudolf Hungreder, Leinfelden-Echterdingen
Text: Sabine Kliemann

Lösungen Begriffstraining: Häufigkeiten – Daten erheben und auswerten, hfkt003

A a)

𝍸 I	𝍸 𝍸 III	𝍸 IIII

☒ Strichliste
☐ Häufigkeitstabelle

b)

	Hund	Katze	Maus
5a	12	9	8
5b	9	15	5

☐ Strichliste
☒ Häufigkeitstabelle

c)

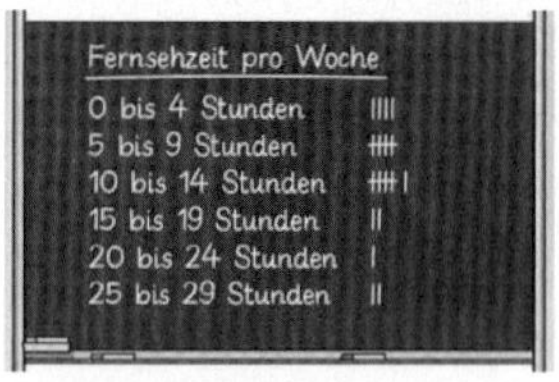

☒ Strichliste
☐ Häufigkeitstabelle

d)

	Gruppe 1	Gruppe 2
Hund	𝍸 II	𝍸 𝍸
Katze	𝍸 I	𝍸 III
Maus	𝍸 IIII	𝍸

☒ Strichliste
☐ Häufigkeitstabelle

e)

Tier	Anzahl
Hund	6
Katze	13
Maus	9

☐ Strichliste
☒ Häufigkeitstabelle

f)

Jahrgang	5	6	7	8	9	10
Ehrenurkunde	5	7	12	9	10	5

☐ Strichliste
☒ Häufigkeitstabelle

B

In einer statistischen Erhebung werden	die Anzahlen mit Zahlen notiert.
In einer Häufigkeitstabelle werden	die Anzahlen mit Strichen notiert.
In einer Strichliste werden	Daten gesammelt.

C Mögliche Antwort:

Sowohl in einer Strichliste als auch in einer Häufigkeitstabelle werden die Ergebnisse einer statistischen Erhebung dargestellt. In der Strichliste wird mithilfe von Strichen angegeben, wie oft jedes Ergebnis vorkommt. In der Häufigkeitstabelle wird die Anzahl jedes Ergebnisses jeweils als Zahl angegeben.
Strichlisten und Häufigkeitstabellen zählen beide, wie oft ein Wert genannt wird.

D ☐ Bei einer statistischen Erhebung sammelt man Fragen.
☒ Damit eine Strichliste übersichtlich bleibt, wird jeder 5. Strich quer gesetzt.
☐ Strichlisten sind genauer als Häufigkeitstabellen.
☒ In einer Häufigkeitstabelle wird angegeben, wie oft jeder Wert vorkommt.
☒ In einer Strichliste wird die Anzahl gezählt, wie oft ein Wert genannt wird.

Abbildungen: Rudolf Hungreder, Leinfelden-Echterdingen
Text: Sabine Kliemann

Name: Klasse: Datum: hfkt004

SP Begriffstraining: Häufigkeiten – Kennwerte

die Kennwerte	**die Urliste**	**die Rangliste**
das Minimum	**das Maximum**	**die Spannweite**

Erkennen und benennen

A Welche Daten sind eine Rangliste? Kreuze an.

☐ 1; 9; 10; 11; 15; 21
☐ 1; 9; 10; 11; 11; 11
☐ blau, blau, grün, gelb, orange
☐ Lio; Sara; Kim; Milos; Kerim
☐ 1 m; 7 m; 6 m; 6 m; 3 m
☐ 9 min; 12 min; 13 min; 14 min
☐ 9; 5; 5; 4; 2; 0
☐ 3 s; 3 s; 100 s; 120 s
☐ 35; 39; 39; 39; 39

B Ergänze die Begriffe.

Maximum

Spannweite

Rangliste

Minimum

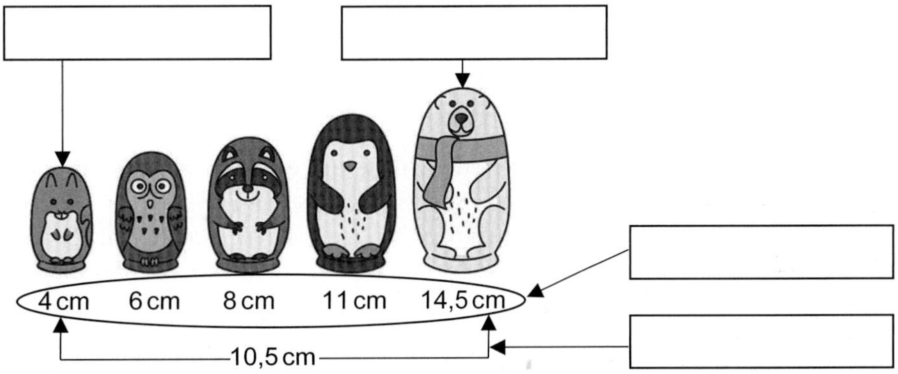

C Setze die Wörter richtig in den Text ein. Ein Wort bleibt übrig.

Größe · ungeordnet · Spannweite · Minimum · Rangliste · Urliste · Maximum

Große Datenmengen werden in einer Urliste ______________________ gesammelt.

In einer ______________________ werden die Daten nach ihrer ______________________ geordnet.

Der kleinste Wert ist das ______________________, der größte Wert ist das ______________________.

Der Unterschied zwischen dem kleinsten und dem größten Wert ist die ______________________.

Erklären und bewerten

D Erkläre, wofür eine Rangliste erstellt wird.

____

____

____

E Kreuze die richtigen Aussagen an.

☐ In der Urliste werden alle Daten ihrer Größe nach geordnet.
☐ Das Minimum ist der erste Wert am Anfang der Urliste.
☐ Maximum, Minimum und Spannweite sind Kennwerte.
☐ Rangliste und Urliste sind Kennwerte.

Abbildungen: tiff.any GmbH & Co. KG, Berlin
Text: Sabine Kliemann

Lösungen Begriffstraining: Häufigkeiten – Kennwerte, hfkt004

A

- [x] 1; 9; 10; 11; 15; 21
- [x] 1; 9; 10; 11; 11; 11
- [ ] blau, blau, grün, gelb, orange
- [ ] Lio; Sara; Kim; Milos; Kerim
- [ ] 1 m; 7 m; 6 m; 6 m; 3 m
- [x] 9 min; 12 min; 13 min; 14 min
- [x] 9; 5; 5; 4; 2; 0
- [x] 3 s; 3 s; 100 s; 120 s
- [x] 35; 39; 39; 39; 39

B

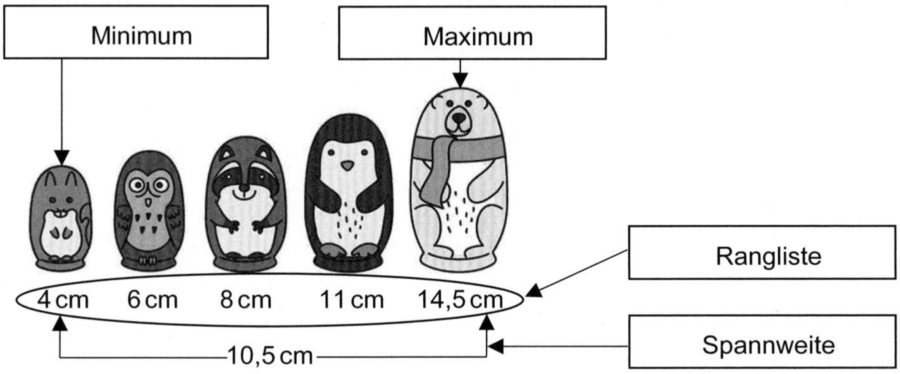

C Große Datenmengen werden in einer Urliste **ungeordnet** gesammelt.
In einer **Rangliste** werden die Daten nach ihrer **Größe** geordnet.
Der kleinste Wert ist das **Minimum**, der größte Wert ist das **Maximum**.
Der Unterschied zwischen dem kleinsten und dem größten Wert ist die **Spannweite**.

D Mögliche Lösung:
In einer Rangliste werden alle Werte der Größe nach geordnet. So können das Minimum (kleinster Wert) und das Maximum (größter Wert) leichter bestimmt werden.

E

- [ ] In der Urliste werden alle Daten ihrer Größe nach geordnet.
- [ ] Das Minimum ist der erste Wert am Anfang der Urliste.
- [x] Maximum, Minimum und Spannweite sind Kennwerte.
- [ ] Rangliste und Urliste sind Kennwerte.

Abbildungen: tiff.any GmbH & Co. KG, Berlin
Text: Sabine Kliemann

SP Begriffstraining: Körper – Grundbegriffe

der Körper	**der Würfel**	**der Quader**	**das Dreieckprisma**
das Sechseckprisma	**die Pyramide**	**der Zylinder**	**der Kegel**
die Kugel	**die Fläche**	**die Ecke**	**die Kante**

Erkennen und benennen

A Um welchen Körper handelt es sich? Kreuze an.

	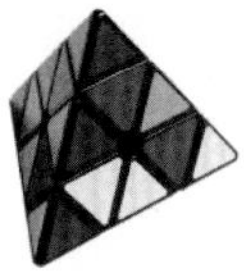					
☐ Quader	☐ Quader	☐ Quader	☐ Quader	☐ Quader	☐ Quader	☐ Quader
☐ Würfel	☐ Würfel	☐ Würfel	☐ Würfel	☐ Würfel	☐ Würfel	☐ Würfel
☐ Kegel	☐ Kegel	☐ Kegel	☐ Kegel	☐ Kegel	☐ Kegel	☐ Kegel
☐ Pyramide	☐ Pyramide	☐ Pyramide	☐ Pyramide	☐ Pyramide	☐ Pyramide	☐ Pyramide
☐ Zylinder	☐ Zylinder	☐ Zylinder	☐ Zylinder	☐ Zylinder	☐ Zylinder	☐ Zylinder
☐ Kugel	☐ Kugel	☐ Kugel	☐ Kugel	☐ Kugel	☐ Kugel	☐ Kugel

B Setze die Wörter richtig in den Text ein.

Flächen | Ecke | Kante | Körper

Geometrische ____________________ werden durch ____________________ begrenzt. Wenn zwei Flächen zusammenstoßen, entsteht eine ____________________. Wenn mindestens drei Kanten aneinanderstoßen, entsteht eine ____________________.

Erklären und bewerten

C Verbinde passend.

Ein Würfel hat	dreieckige Seitenflächen.
Ein Zylinder hat immer	eine gekrümmte Fläche.
Eine Kugel hat	sechs quadratische Seitenflächen.
Eine Pyramide hat	eine kreisförmige Deck- und Grundfläche.

D Die Aussagen sind falsch. Markiere die Fehler und korrigiere sie.

a) Ein Quader hat 6 Ecken. ____________________

b) Ein Prisma hat dreieckige Seitenflächen. ____________________

c) Ein Würfel hat 8 Kanten. ____________________

d) Eine Pyramide hat keine Spitze. ____________________

e) Ein Quader hat runde Seitenflächen. ____________________

Abbildungen: stock.adobe.com, Dublin (photology1971); ShutterStock.com RF, New York (Tada Images); stock.adobe.com, Dublin (koosen); dreamstime.com, Brentwood, TN (Aprescindere); Thinkstock, München (Stockbyte); stock.adobe.com, Dublin (Olga Kovalenko); Getty Images Plus, München (iStock/bonottomario)
Text: Sabine Kliemann

Lösungen Begriffstraining: Körper – Grundbegriffe, krp011

A

☐ Quader	☐ Quader	☐ Quader	☒ Quader	☒ Quader	☐ Quader	☐ Quader
☐ Würfel	☐ Würfel	☐ Würfel	☒ Würfel	☐ Würfel	☐ Würfel	☐ Würfel
☐ Kegel	☐ Kegel	☐ Kegel	☐ Kegel	☐ Kegel	☐ Kegel	☒ Kegel
☐ Pyramide	☒ Pyramide	☐ Pyramide	☐ Pyramide	☐ Pyramide	☐ Pyramide	☐ Pyramide
☐ Zylinder	☐ Zylinder	☒ Zylinder	☐ Zylinder	☐ Zylinder	☒ Zylinder	☐ Zylinder
☒ Kugel	☐ Kugel	☐ Kugel	☐ Kugel	☐ Kugel	☐ Kugel	☐ Kugel

B Geometrische **Körper** werden durch **Flächen** begrenzt. Wenn zwei Flächen zusammenstoßen, entsteht eine **Kante**. Wenn mindestens drei Kanten aneinanderstoßen, entsteht eine **Ecke**.

C

Ein Würfel hat	dreieckige Seitenflächen.
Ein Zylinder hat immer	eine gekrümmte Fläche.
Eine Kugel hat	sechs quadratische Seitenflächen.
Eine Pyramide hat	eine kreisförmige Deck- und Grundfläche.

D a) Ein Quader hat 6 Ecken. — Ein Quader hat **8** Ecken.

b) Ein Prisma hat dreieckige Seitenflächen. — Ein Prisma hat **rechteckige** Seitenflächen.

c) Ein Würfel hat 8 Kanten. — Ein Würfel hat **12** Kanten.

d) Eine Pyramide hat keine Spitze. — Eine Pyramide hat **eine** Spitze.

e) Ein Quader hat runde Seitenflächen. — Ein Quader hat **rechteckige** Seitenflächen.

Abbildungen: stock.adobe.com, Dublin (photology1971); ShutterStock.com RF, New York (Tada Images); stock.adobe.com, Dublin (koosen); dreamstime.com, Brentwood, TN (Aprescindere); Thinkstock, München (Stockbyte); stock.adobe.com, Dublin (Olga Kovalenko); Getty Images Plus, München (iStock/bonottomario)
Text: Sabine Kliemann

SP Begriffstraining: Körperberechnung – Quader Oberflächeninhalt

die Oberfläche	der Oberflächeninhalt	

Erkennen und benennen

A Bei welchen Angaben geht es um den Oberflächeninhalt? Kreuze an.

☐ In eine Teeschachtel passen 25 Teebeutel.

☐ Eine Teeschachtel wird aus mehr als 44 130 mm² Pappe hergestellt.

☐ Ein Teeschachtel fasst 603 cm³ Inhalt.

☐ Ein Umzugskarton ist 41 cm hoch.

☐ Ein Umzugskarton fasst einen Inhalt von 81 918 cm³.

☐ Die Außenflächen eines Umzugskartons haben einen Flächeninhalt von 11 458 cm².

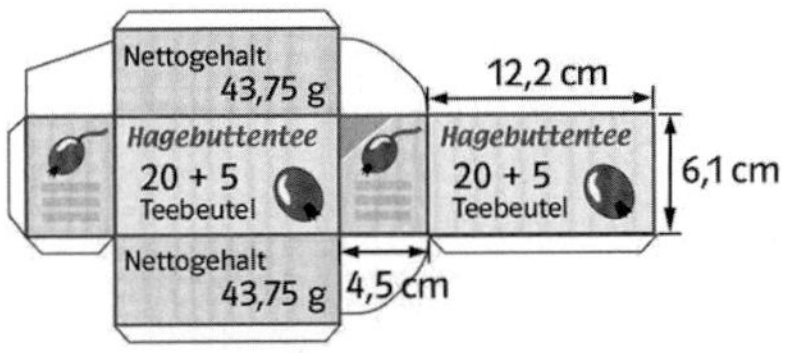

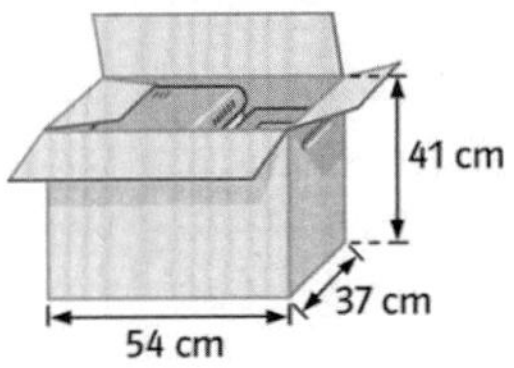

B Setze die Wörter richtig in den Text ein. Ein Wort bleibt übrig.

acht | Rechtecken | Flächeninhalte | sechs | Quaders

Der Oberflächeninhalt eines ____________________ besteht aus sechs ____________________. Um den Oberflächeninhalt zu berechnen, addiert man die ____________________ der ____________________ Rechtecke.

Erklären und bewerten

C Erkläre, wie du den Oberflächeninhalt eines Würfels berechnest.

____

____

____

____

____

____

____

D Kreuze die richtigen Aussagen an.

☐ Das Netz des Quaders besteht aus acht Rechtecken.

☐ Jeweils zwei gegenüberliegende Flächen im Quader sind deckungsgleich.

☐ Um den Oberflächeninhalt zu berechnen, muss man die vorne liegenden Seitenflächen berechnen und addieren.

☐ Die Oberfläche eines Würfels besteht aus sechs gleich großen Quadraten.

☐ Der Oberflächeninhalt eines Quaders besteht aus drei gleich großen Quadraten.

Abbildungen: Rudolf Hungreder, Leinfelden-Echterdingen
Text: Sabine Kliemann

Lösungen Begriffstraining: Körperberechnung – Quader Oberflächeninhalt, krp014

A
- ☐ In eine Teeschachtel passen 25 Teebeutel.
- ☒ Eine Teeschachtel wird aus mehr als 44 130 mm^2 Pappe hergestellt.
- ☐ Ein Teeschachtel fasst 603 cm^3 Inhalt.
- ☐ Ein Umzugskarton ist 41 cm hoch.
- ☐ Ein Umzugskarton fasst einen Inhalt von 81 918 cm^3.
- ☒ Die Außenflächen eines Umzugskartons haben einen Flächeninhalt von 11 458 cm^2.

B Der Oberflächeninhalt eines **Quaders** besteht aus sechs **Rechtecken**. Um den Oberflächeninhalt zu berechnen, addiert man die **Flächeninhalte** der **sechs** Rechtecke.

C Mögliche Antwort:
Der Würfel ist ein besonderer Quader, da er sechs gleich große quadratische Seitenflächen hat. Um den Oberflächeninhalt eines Würfels zu berechnen, berechnet man zuerst den Flächeninhalt einer Seitenfläche und multipliziert ihn dann mit sechs.

D
- ☐ Das Netz des Quaders besteht aus acht Rechtecken.
- ☒ Jeweils zwei gegenüberliegende Flächen im Quader sind deckungsgleich.
- ☐ Um den Oberflächeninhalt zu berechnen, muss man die vorne liegenden Seitenflächen berechnen und addieren.
- ☒ Die Oberfläche eines Würfels besteht aus sechs gleich großen Quadraten.
- ☐ Der Oberflächeninhalt eines Quaders besteht aus drei gleich großen Quadraten.

Text: Sabine Kliemann

SP Begriffstraining: Körperberechnung – Quader Volumen

der Rauminhalt	das Volumen	

Erkennen und benennen

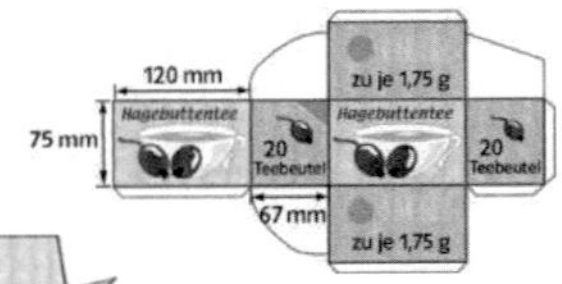

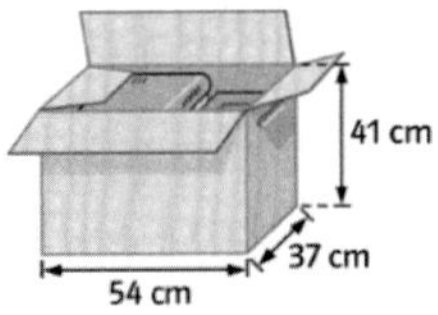

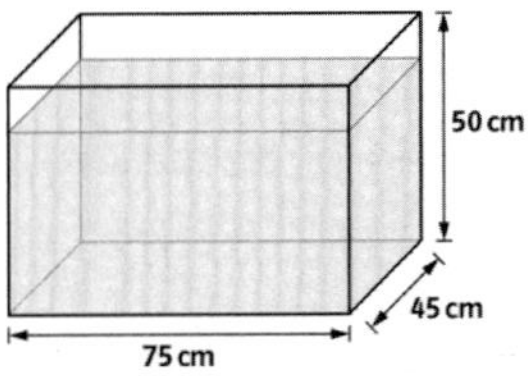

A Bei welchen Angaben geht es um den Rauminhalt? Kreuze an.

- ☐ In eine Teeschachtel passen 25 Teebeutel.
- ☐ Eine Teeschachtel wird aus mehr als 44 130 mm^2 Pappe hergestellt.
- ☐ Ein Teeschachtel fasst 603 cm^3 Inhalt.
- ☐ Ein Umzugskarton ist 41 cm hoch.
- ☐ Ein Umzugskarton fasst einen Inhalt von 81 918 cm^3.
- ☐ Die Außenflächen eines Umzugskartons haben einen Flächeninhalt von 11 458 cm^2.
- ☐ Ein Aquarium fasst 168 750 cm^3, also rund 169 l Wasser.
- ☐ Die Wände eines Aquariums bestehen aus 12 000 cm^2 Glas.
- ☐ Der Boden eines Aquariums ist 75 cm breit und 45 cm lang.

B Setze die Wörter richtig in den Text ein. Ein Wort bleibt übrig.

Rauminhalt | Teilkörpern | Volumen | Flächeninhalt

Körper, die aus gleich vielen und gleich großen ______________ bestehen, haben den gleichen ______________. Der Rauminhalt eines Körpers heißt auch ______________.

Erklären und bewerten

C Erkläre, wie du das Volumen der abgebildeten Körper vergleichst.

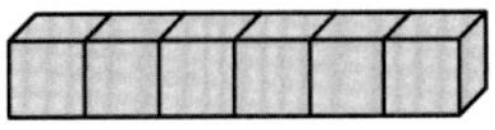

____

____

____

____

____

D Kreuze die richtigen Aussagen an.

- ☐ Wenn zwei Körper aus gleich vielen unterschiedlichen Teilfiguren bestehen, haben sie den gleichen Rauminhalt.
- ☐ Wenn zwei Körper aus gleich vielen, gleich großen Teilfiguren bestehen, haben sie den gleichen Rauminhalt.
- ☐ Körper mit unterschiedlichen Formen haben immer unterschiedliche Rauminhalte.
- ☐ Wenn ein Körper aus weniger gleich großen Teilfiguren als ein zweiter Körper besteht, ist er kleiner als der zweite Körper.
- ☐ Bei einem Quader kann man das Volumen und den Oberflächeninhalt berechnen.
- ☐ Bei einem Quadrat kann man das Volumen und den Oberflächeninhalt berechnen.
- ☐ Bei einem Würfel kann man das Volumen und den Oberflächeninhalt berechnen.

Abbildungen: Rudolf Hungreder, Leinfelden-Echterdingen; imprint, Zusmarshausen; topset GmbH, Nürtingen
Text: Sabine Kliemann

Lösungen Begriffstraining: Körperberechnung – Quader Volumen, krp015

A ☒ In eine Teeschachtel passen 25 Teebeutel.
☐ Eine Teeschachtel wird aus mehr als 44 130 mm^2 Pappe hergestellt.
☒ Ein Teeschachtel fasst 603 cm^3 Inhalt.
☐ Ein Umzugskarton ist 41 cm hoch.
☒ Ein Umzugskarton fasst einen Inhalt von 81 918 cm^3.
☐ Die Außenflächen eines Umzugskartons haben einen Flächeninhalt von 11 458 cm^2.
☒ Ein Aquarium fasst 168 750 cm^3, also rund 169 l Wasser.
☐ Die Wände eines Aquariums bestehen aus 12 000 cm^2 Glas.
☐ Der Boden eines Aquariums ist 75 cm breit und 45 cm lang.

B Körper, die aus gleich vielen und gleich großen **Teilkörpern** bestehen, haben den gleichen **Rauminhalt**. Der Rauminhalt eines Körpers heißt auch **Volumen**.

C Mögliche Antwort:
Ich vergleiche die Anzahlen der gleich großen Würfel in den beiden Körpern:
Der Quader (linker Körper) besteht aus einer Reihe mit sechs Würfeln, also insgesamt aus sechs Würfeln.
Der Würfel (rechter Körper) besteht aus zwei Lagen mit jeweils zwei mal zwei gleich vier Würfeln und somit aus insgesamt acht Würfeln.
Das Volumen des Quaders ist daher kleiner als das Volumen des Würfels.

D ☐ Wenn zwei Körper aus gleich vielen unterschiedlichen Teilfiguren bestehen, haben sie den gleichen Rauminhalt.
☒ Wenn zwei Körper aus gleich vielen, gleich großen Teilfiguren bestehen, haben sie den gleichen Rauminhalt.
☐ Körper mit unterschiedlichen Formen haben immer unterschiedliche Rauminhalte.
☒ Wenn ein Körper aus weniger gleich großen Teilfiguren als ein zweiter Körper besteht, ist er kleiner als der zweite Körper.
☒ Bei einem Quader kann man das Volumen und den Oberflächeninhalt berechnen.
☐ Bei einem Quadrat kann man das Volumen und den Oberflächeninhalt berechnen.
☒ Bei einem Würfel kann man das Volumen und den Oberflächeninhalt berechnen.

Text: Sabine Kliemann

Name: Klasse: Datum: krp012

SP Begriffstraining: Körperdarstellung – Netze von Quadern und Würfeln

das Netz	die Oberfläche	

Erkennen und benennen

A Kreuze alle Bilder an, die Netze darstellen.

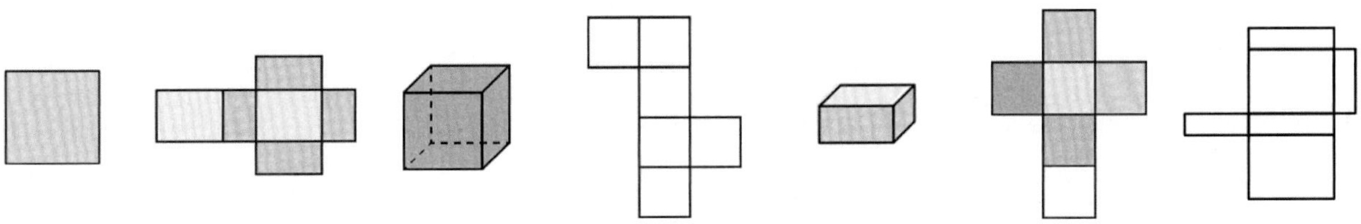

☐ ☐ ☐ ☐ ☐ ☐ ☐

B Setze die Wörter richtig in den Text ein. Ein Wort bleibt übrig.

Oberfläche | Volumen | Netz | flach

Das ____________________ eines geometrischen Körpers erhältst du, wenn du

die ____________________ des Körpers aufschneidest und ____________________ ausbreitest.

Erklären und bewerten

C Erkläre den Zusammenhang zwischen der Oberfläche und dem Netz eines geometrischen Körpers.

____

____

____

____

D Finde die falschen Aussagen und korrigiere sie.

a) Das Netz eines Würfels hat genau sechs gleich große Flächen.

b) Ein Quadernetz besteht aus 6 Quadraten.

c) Es gibt genau eine Möglichkeit, ein Würfelnetz zu zeichnen.

____

____

____

____

____

____

____

Abbildungen: Rudolf Hungreder, Leinfelden-Echterdingen; imprint, Zusmarshausen
Text: Sabine Kliemann

Lösungen Begriffstraining: Körperdarstellung – Netze von Quadern und Würfeln, krp012

A

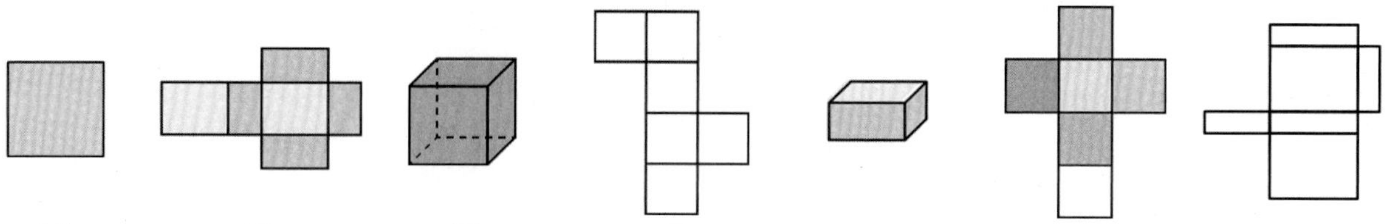

☐ ☒ ☐ ☒ ☐ ☒ ☒

B Das **Netz** eines geometrischen Körpers erhältst du, wenn du
die **Oberfläche** des Körpers aufschneidest und **flach** ausbreitest.

C Mögliche Antwort:
Wenn man die Oberfläche eines geometrischen Körpers an den Kanten „auftrennt“ und die Fläche ausbreitet, erhält man das Netz des Körpers.

D a) Richtig. Das Netz eines Würfels hat genau sechs gleich große Flächen.
b) Falsch, ein Quadernetz besteht aus sechs **Rechtecken**.
c) Falsch, es gibt **elf verschiedene Möglichkeiten**, ein Würfelnetz zu zeichnen.

Abbildungen: Rudolf Hungreder, Leinfelden-Echterdingen; imprint, Zusmarshausen
Text: Sabine Kliemann

SP Begriffstraining: Körperdarstellung – Schrägbilder

das Schrägbild	

Erkennen und benennen

A Umkreise alle Schrägbilder, die zu den abgebildeten Holzwürfeln gehören könnten.

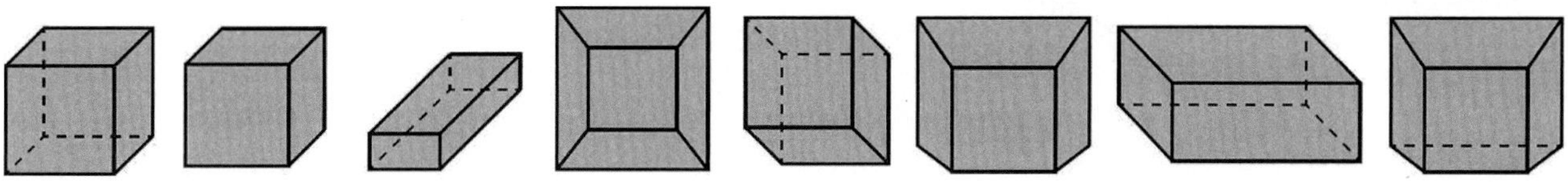

B Setze die Wörter richtig in den Text ein. Ein Wort bleibt übrig.

Fläche | Schrägbild | gestrichelt | halber | vorderen | hinten | vorne

Mit einem ____________________ kannst du einen Körper räumlich darstellen.

Zeichne zuerst die Kanten der ____________________ Fläche.

Dann zeichne die nach ____________________ verlaufenden Kanten schräg im Winkel von 45°und mit

____________________ Länge.

Zum Schluss ergänze die Kanten der hinteren ____________________.

Wenn du die verdeckten Kanten zeichnen möchtest, dann zeichne sie ____________________.

Erklären und bewerten

C Erkläre, was du beim Zeichnen eines Schrägbilds beachten musst.

____

____

____

____

____

D Kreuze die richtigen Aussagen an.

- ☐ Parallele Kanten stehen im Schrägbild senkrecht aufeinander.
- ☐ Verdeckte Kanten kannst du gestrichelt zeichnen.
- ☐ Gleich lange Kanten in Wirklichkeit sind im Schrägbild nicht immer gleich lang.
- ☐ Verdeckte Kanten werden gar nicht gezeichnet.
- ☐ Parallele Kanten sind im Schrägbild auch parallel.
- ☐ Senkrechte Kanten werden im Schrägbild gestrichelt.

Abbildungen: imprint, Zusmarshausen; ShutterStock.com RF, New York (Victeah); stock.adobe.com, Dublin (antonbelo); stock.adobe.com, Dublin (arbalest)
Text: Sabine Kliemann

Lösungen Begriffstraining: Körperdarstellung – Schrägbilder, krp013

A

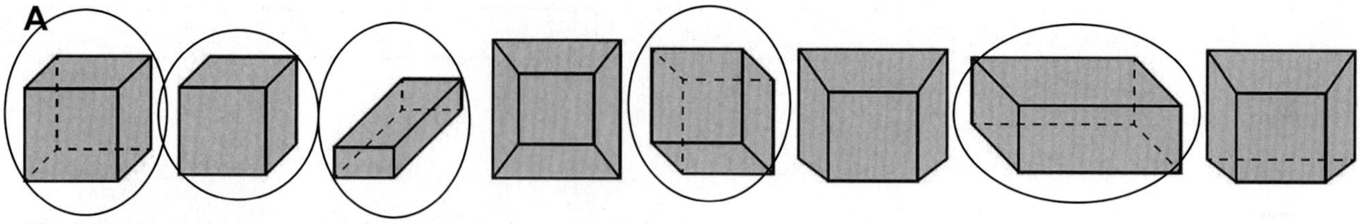

B Mit einem **Schrägbild** kannst du einen Körper räumlich darstellen.
Zeichne zuerst die Kanten der **vorderen** Fläche.
Dann zeichne die nach **hinten** verlaufenden Kanten schräg im Winkel von 45°und mit **halber** Länge.
Zum Schluss ergänze die Kanten der hinteren **Fläche**.
Wenn du die verdeckten Kanten zeichnen möchtest, dann zeichne sie **gestrichelt**.

C Mögliche Antwort:
Die Kanten der vorderen und der hinteren Fläche werden in Originallänge gezeichnet.
Nach hinten verlaufende Kanten zeichne ich schräg und verkürzt.
Parallele Kanten sind auch im Schrägbild parallel.
Gleich lange Kanten sind auch im Schrägbild gleich lang.

D
- ☐ Parallele Kanten stehen im Schrägbild senkrecht aufeinander.
- ☒ Verdeckte Kanten kannst du gestrichelt zeichnen.
- ☐ Gleich lange Kanten in Wirklichkeit sind im Schrägbild nicht immer gleich lang.
- ☐ Verdeckte Kanten werden gar nicht gezeichnet.
- ☒ Parallele Kanten sind im Schrägbild auch parallel.
- ☐ Senkrechte Kanten werden im Schrägbild gestrichelt.

SP Begriffstraining: Kreis

der Kreis	**der Radius**	**der Durchmesser**
die Kreisfläche	**der Mittelpunkt**	**die Kreislinie**

Erkennen und benennen

A Beschrifte den Kreis mit den Begriffen.

Radius | Kreisfläche | Durchmesser | Kreislinie | Mittelpunkt

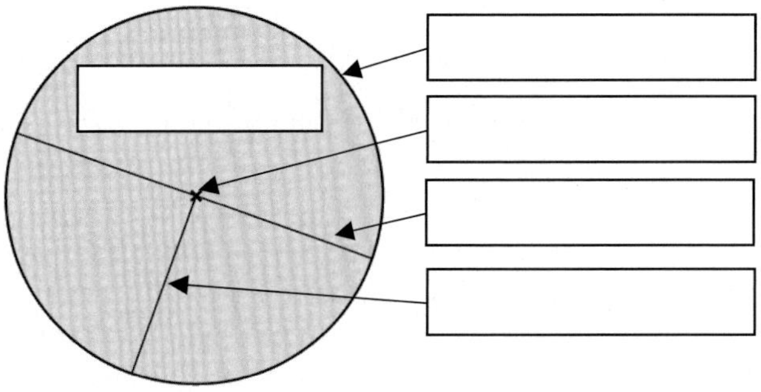

B Setze die Wörter richtig in den Text ein. Ein Wort bleibt übrig. Ein Wort brauchst du zweimal.

Radius | Durchmesser | Mittelpunkt | Kreisfläche | Mittelfläche | rund | gebogen

Der Durchmesser geht immer durch den ______________________.

Der Radius geht vom ______________________ bis zur Kreislinie.

Der ______________________ ist doppelt so groß wie der ______________________.

Die ______________________ ist ______________________. Die Kreislinie ist ______________________.

Erklären und bewerten

C Erkläre, wie du vorgehst, wenn du einen Kreis zeichnest.

____

____

____

D Finde die falschen Aussagen und korrigiere sie.

a) Der Radius eines Kreises ist der Abstand vom Mittelpunkt zur Kreislinie.
b) Der Radius ist doppelt so groß wie der Durchmesser.
c) Der Mittelpunkt eines Kreises liegt auf der Kreislinie.

____

____

____

____

____

____

Abbildungen: imprint, Zusmarshausen
Text: Sabine Kliemann

Lösungen Begriffstraining: Kreis, krs001

A

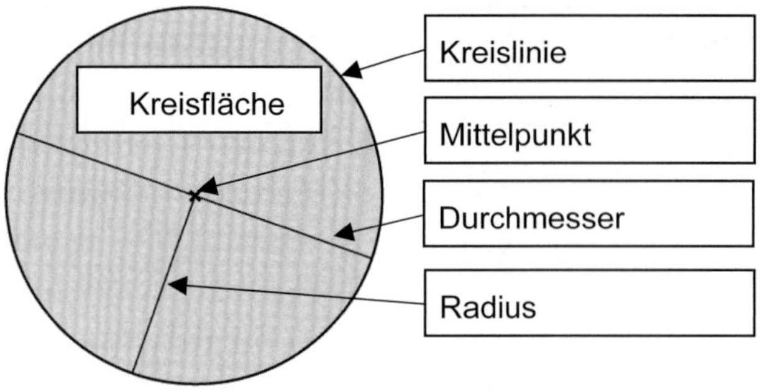

B Der Durchmesser geht immer durch den **Mittelpunkt**.
Der Radius geht vom **Mittelpunkt** bis zur Kreislinie.
Der **Durchmesser** ist doppelt so groß wie der **Radius**.
Die **Kreisfläche** ist **rund**. Die Kreislinie ist **gebogen**.

C Individuelle Erklärung, zum Beispiel:
Ich markiere den Mittelpunkt des Kreises.
Dann übertrage ich die Länge des Radius auf meinen Zirkel. Ich zeichne den Kreis mit dem Zirkel um den Mittelpunkt.

D a) Richtig.
b) Falsch, der Radius ist halb so groß wie der Durchmesser (bzw. der Durchmesser ist doppelt so groß wie der Radius).
c) Falsch, der Mittelpunkt eines Kreises liegt genau in der Mitte der Kreisfläche, während die Kreislinie die Kreisfläche umschließt.

Abbildungen: imprint, Zusmarshausen
Text: Sabine Kliemann

SP Begriffstraining: Kreisdiagramm zeichnen

das Kreisdiagramm	**der Anteil**	**die Gesamtzahl**
die Winkelgröße	**der Kreisabschnitt**	

Erkennen und benennen

A Fülle die Tabelle mit den im Kreisdiagramm angegebenen Anteilen der monatlichen Ausgaben aus.
Miss die Größe der Winkel der einzelnen Kreisabschnitte und trage sie ebenfalls ein.

Monatliche Ausgaben

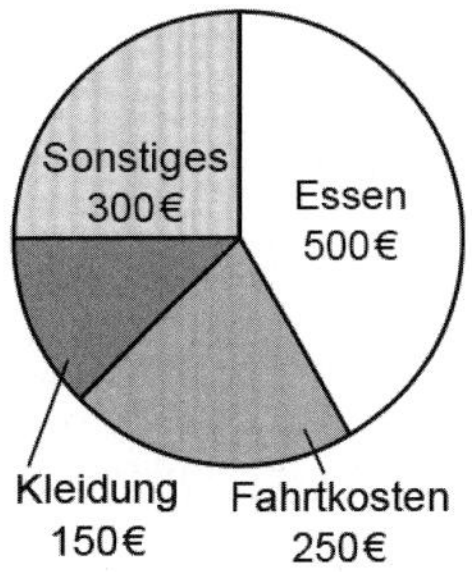

Monatliche Ausgaben für	Kleidung	Fahrtkosten	Essen	Sonstiges	Gesamt
Monatliche Ausgaben in €					
Winkelgröße					

B Setze die richtigen Begriffe in den Text ein. Zwei Kärtchen bleiben übrig.

Balkendiagramm | Kreisabschnitt | Kreisdiagramm | Anteile | relative Häufigkeit | Winkelgröße

In einem ______________ stellt man die ______________ einer Gesamtzahl dar.

Dafür bestimmt man für jeden ______________ die entsprechende ______________.

Erklären und bewerten

C Ordne jedem Schritt die passenden Tipps zu.

1. Berechne die Gesamtzahl der Anteile.	Teile die Gesamtzahl durch 360°.
2. Berechne die Winkelgröße für einen Anteil.	Bilde die Summe aller Anteile.
3. Die Winkelgröße für die einzelnen Anteile bestimmen.	Beginne mit dem größten Kreisabschnitt.
4. Einen Kreis zeichnen.	Multipliziere die Winkelgröße für einen Anteil mit der Anteilsgröße.
5. Die Kreisabschnitte nacheinander einzeichnen.	Kennzeichne den Mittelpunkt.

Abbildungen: imprint, Zusmarshausen
Text: Wolfram Schmidt

Lösungen Begriffstraining: Kreisdiagramm zeichnen, natz032

A Monatliche Ausgaben

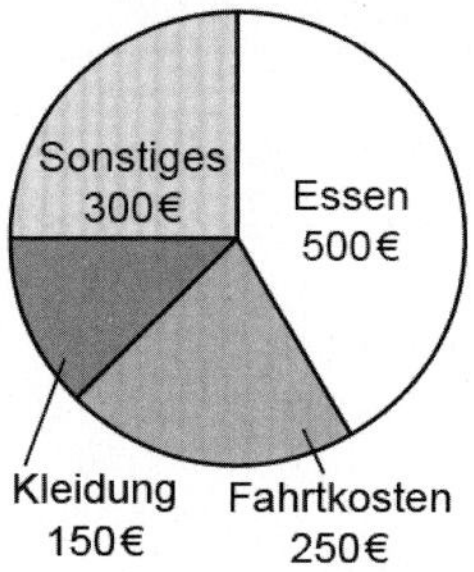

Monatliche Ausgaben für	Kleidung	Fahrtkosten	Essen	Sonstiges	Gesamt
Monatliche Ausgaben in €	150	250	500	300	1200
Winkelgröße	45°	75°	150°	90°	360°

B In einem **Kreisdiagramm** stellt man die **Anteile** einer Gesamtzahl dar.
Dafür bestimmt man für jeden **Kreisabschnitt** die entsprechende **Winkelgröße**.

C

1. Berechne die Gesamtzahl der Anteile.	Teile die Gesamtzahl durch 360°.
2. Berechne die Winkelgröße für einen Anteil.	Bilde die Summe aller Anteile.
3. Die Winkelgröße für die einzelnen Anteile bestimmen.	Beginne mit dem größten Kreisabschnitt.
4. Einen Kreis zeichnen.	Multipliziere die Winkelgröße für einen Anteil mit der Anteilsgröße.
5. Die Kreisabschnitte nacheinander einzeichnen.	Kennzeichne den Mittelpunkt.

Abbildungen: imprint, Zusmarshausen
Text: Wolfram Schmidt

Name: Klasse: Datum: rrz001

Lernduo: Kürzen und Erweitern

SP

A	B
Erklärt euch gegenseitig, wie ihr die Antwort findet.	
1 Ist die Aussage richtig? Begründe und korrigiere, wenn notwendig. Beim Kürzen bleibt der Wert eines Bruchs gleich, nur die Einteilung ändert sich.	**2** Ist die Aussage richtig? Begründe und korrigiere, wenn notwendig. Beim Erweitern ändert sich der Wert des Bruchs, er wird größer.
3 Erkläre, was dargestellt ist. 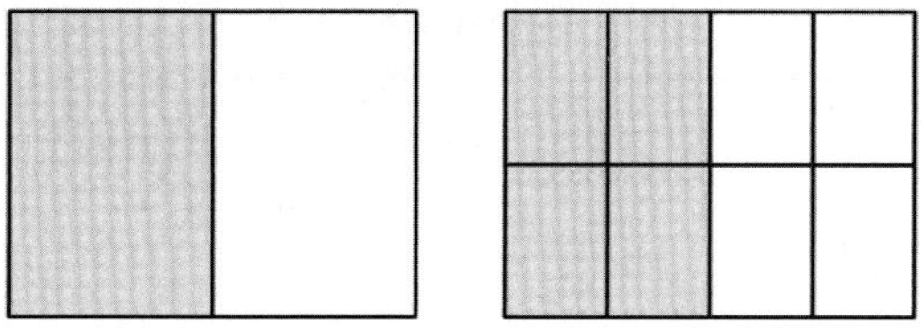 $\frac{1}{2} = \frac{4}{8}$	**4** Erkläre, was dargestellt ist. 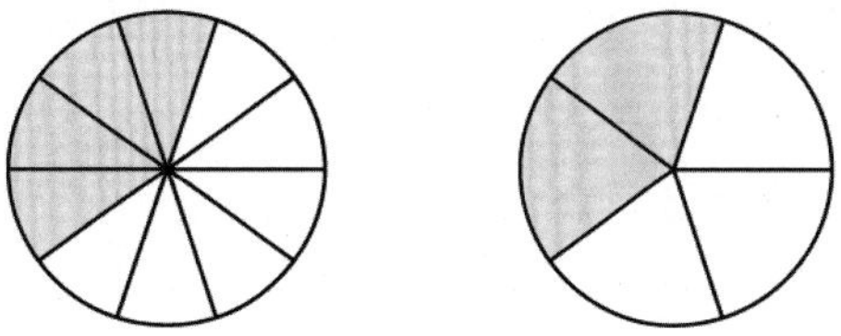 $\frac{4}{10} = \frac{2}{5}$
5 Kürze vollständig. a) $\frac{5}{20}$ b) $\frac{4}{28}$ c) $\frac{18}{24}$ d) $\frac{15}{20}$	**6** Erweitere mit der angegebenen Zahl. a) $\frac{1}{6}$ mit 2 b) $\frac{1}{3}$ mit 4 c) $\frac{3}{4}$ mit 3 d) $\frac{5}{6}$ mit 5
7 Richtig oder falsch? Begründe. Man kann jeden Bruch kürzen.	**8** Richtig oder falsch? Begründe. Man kann jeden Bruch erweitern.

Lösungen A	Lösungen B
1 Die Aussage ist richtig.	**2** Die Aussage ist falsch. Richtig ist: Beim Erweitern ändert sich der Wert des Bruches nicht, er bleibt gleich.
3 Der Bruch wird mit 4 erweitert. Die Einteilung wird feiner.	**4** Der Bruch wird mit 2 gekürzt. Die Einteilung wird gröber.
5 a) $\frac{1}{4}$ b) $\frac{1}{7}$ c) $\frac{3}{4}$ d) $\frac{3}{4}$	**6** a) $\frac{2}{12}$ b) $\frac{4}{12}$ c) $\frac{9}{12}$ d) $\frac{25}{30}$
7 Falsch. Einen Bruch kann man nur kürzen, wenn Zähler und Nenner durch dieselbe Zahl teilbar sind.	**8** Richtig. Beim Erweitern werden Zähler und Nenner mit derselben Zahl multipliziert.

Abbildungen: imprint, Zusmarshausen
Text: Daniela Hesse

SP Längenmaße beschreiben

1 Beschreibe, für welche Gegenstände man welche Längeneinheiten verwenden kann.

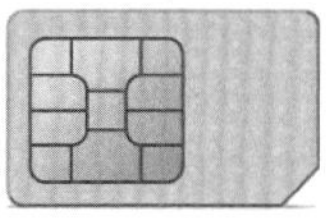

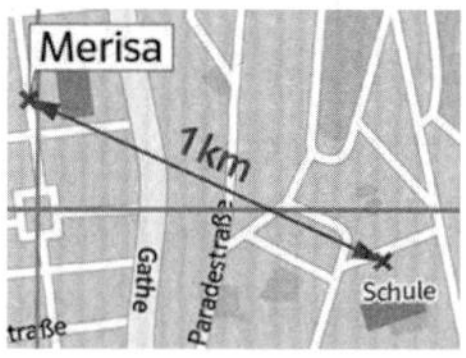

Die Länge einer SIM-Karte kann in der Längeneinheit Millimeter angegeben werden.

____

____

____

____

2 Beschreibe mithilfe der Satzpuzzleteile, wie man Längeneinheiten umrechnet.

- Dezimeter, Zentimeter und Millimeter rechnet man in die nächstgrößere Längeneinheit um,
- Meter, Dezimeter und Zentimeter rechnet man in die nächstkleinere Längeneinheit um,
- Kilometer rechnet man in die nächstkleinere Längeneinheit um,
- indem durch 10 dividiert wird.
- indem mit 10 multipliziert wird.
- indem mit 1000 multipliziert wird.
- Meter rechnet man in die nächstgrößere Längeneinheit um,
- indem durch 1000 dividiert wird.

____

____

____

____

____

____

____

3 Fülle die Lücken mit passenden Verben aus der Wortliste. Konjugiere die Verben, wenn nötig.

vervielfachen	subtrahieren	umwandeln	teilen	addieren

Bevor Längen mit unterschiedlichen Einheiten ________________ oder ________________ werden, werden sie in dieselbe Einheit ________________.

Abbildungen: Rudolf Hungreder, Leinfelden-Echterdingen; Anke Jessen, Porta Westfalica; Klaus Müller, Berlin; Hendrik Kranenberg, Drolshagen; tiff.any GmbH, Berlin
Text: Hermann Gora

Lösungen Längenmaße beschreiben, gr019

1 Die Länge eines Radiergummis kann in der Längeneinheit Zentimeter angegeben werden.
Die Länge eines Briefs kann in den Längeneinheiten Dezimeter oder Zentimeter angegeben werden.
Die Länge eines Autos kann in der Längeneinheit Meter angegeben werden.
Die Entfernung zwischen zwei Orten kann in der Längeneinheit Kilometer angegeben werden.

2 Dezimeter, Zentimeter und Millimeter rechnet man in die nächstgrößere Längeneinheit um, indem durch 10 dividiert wird.
Meter, Dezimeter und Zentimeter rechnet man in die nächstkleinere Längeneinheit um, indem mit 10 multipliziert wird.
Kilometer rechnet man in die nächstkleinere Längeneinheit (Meter) um, indem mit 1000 multipliziert wird.
Meter rechnet man in die nächstgrößere Längeneinheit (Kilometer) um, indem durch 1000 dividiert wird.

3 Bevor Längen mit unterschiedlichen Einheiten **addiert** oder **subtrahiert** werden, werden sie in dieselbe Einheit **umgewandelt**.

Text: Hermann Gora

Name: Klasse: Datum: gr041

Mit Textaufgaben umgehen

Beispiel:

Alina kauft im Supermarkt 3 kg Kartoffeln für 3,99 €.

Rezept für eine Portion Reibekuchen

- 200 g Kartoffeln
- 3 EL Mehl
- Salz

Für wie viele Portionen Reibekuchen reichen die Kartoffeln?

1. Unterstreiche alle Informationen in der Aufgabe, die gegeben sind.

2. Gib an, welche Informationen für die Bearbeitung der Aufgabe benötigt werden.

Benötigte Informationen:

3 kg Kartoffeln gekauft

200 g Kartoffeln pro Portion

3. Gib an, was gesucht ist.

Gesucht:

Anzahl der Portionen

4. Berechne das Ergebnis.

Rechnung:

3	kg	=	3	0	0	0	g					
3	0	0	0	g	:	2	0	0	g	=	1	5

5. Formuliere einen Antwortsatz.

Antwort:

Die Kartoffeln reichen für 15 Portionen Reibekuchen.

Aufgabe:

Abed bezahlt im Supermarkt 1,29 € für 1 kg Mehl.

Rezept für ein Weißbrot

- 500 g Mehl
- 1 Päckchen Trockenhefe
- 300 ml Wasser

Für wie viele Weißbrote reicht das Mehl?

1. Unterstreiche alle Informationen in der Aufgabe, die gegeben sind.

2. Gib an, welche Informationen für die Bearbeitung der Aufgabe benötigt werden.

Benötigte Informationen:

____

____

____

____

3. Gib an, was gesucht ist.

Gesucht:

____

____

____

4. Berechne das Ergebnis.

Rechnung:

5. Formuliere einen Antwortsatz.

Antwort:

____

____

____

Text: Maria Lenk

Lösungen Mit Textaufgaben umgehen, gr041

Abed bezahlt im Supermarkt 1,29 € für 1 kg Mehl.

Rezept für ein Weißbrot

- 500 g Mehl
- 1 Päckchen Trockenhefe
- 300 ml Wasser

Für wie viele Weißbrote reicht das Mehl?

1. Unterstreiche alle Informationen in der Aufgabe, die gegeben sind.

2. Gib an, welche Informationen für die Bearbeitung der Aufgabe benötigt wird.

Benötigte Informationen:
1 kg Mehl gekauft
500 g Mehl für ein Weißbrot

3. Gib an, was gesucht ist.
Gesucht:
Anzahl der Brote

4. Berechne das Ergebnis.
Rechnung:
$\mathbf{1\,kg = 1000\,g}$
$\mathbf{1000\,g : 500\,g = 2}$

5. Formuliere einen Antwortsatz.
Antwort:
Abed kann 2 Weißbrote backen.

Text: Maria Lenk

SP Begriffstraining: Natürliche Zahlen – Runden

die Rundungsstelle			
runden	aufrunden	abrunden	ungefähr

Erkennen und benennen

A Markiere die Kärtchen zum **Aufrunden** mit einem Kreis und die Kärtchen zum **Abrunden** in mit einem X.

$555 \approx 600$

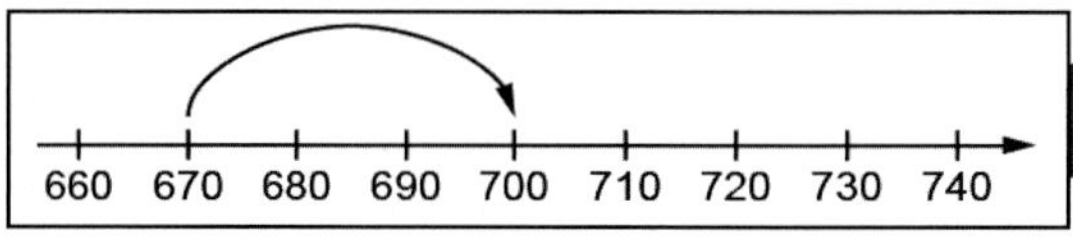

$555 \approx 560$

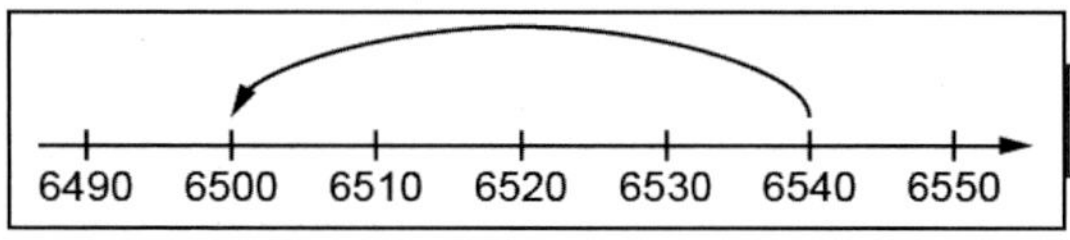

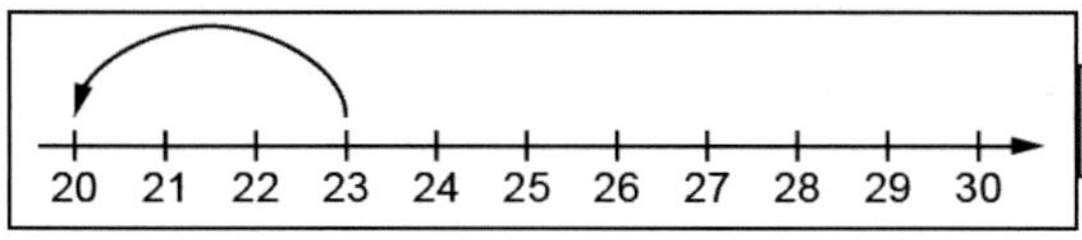

$111 \approx 100$

$555 \approx 1000$

$111 \approx 110$

B Fülle die Lücken passend. Ein Kärtchen brauchst du nicht.

genauen | 5; 6; 7; 8; 9 | Rundungsstelle | ungefähr | 0; 1; 2; 3; 4 | gerundeten | 1; 2; 3; 4; 5

Beim Runden gebe ich für einen ____________________ Wert einer Zahl einen ungefähren Wert an.

Der Stellenwert, auf den ich runde, ist die ____________________.

Bei den Ziffern ____________________ runde ich auf, bei den Ziffern ____________________ runde ich ab. Das Zeichen ≈ bedeutet ____________________.

Erklären und bewerten

C Erkläre, wer recht hat.

Große Zahlen werden gerundet, wenn eine genaue Angabe nicht nötig ist.

Lean

Jule

Zahlen werden gerundet, wenn sie zu groß sind.

____

____

____

D Kreuze die richtigen Aussagen an.

- ☐ Beim Runden betrachtet man die Ziffer links von der Rundungsstelle.
- ☐ Bei den Ziffern 0; 1; 2; 3 oder 4 runde ich ab.
- ☐ Beim Runden verwendet man das Zeichen ≈.
- ☐ Beim Aufrunden ist die gerundete Zahl kleiner als die nicht gerundete Zahl.

Abbildungen: imprint, Zusmarshausen; tiff.any GmbH & Co. KG, Berlin
Text: Sabine Kliemann

Lösungen Begriffstraining: Natürliche Zahlen – Runden, natz024

A Aufrunden mit O markiert, Abrunden mit X markiert:

$555 \approx 600$ **O**

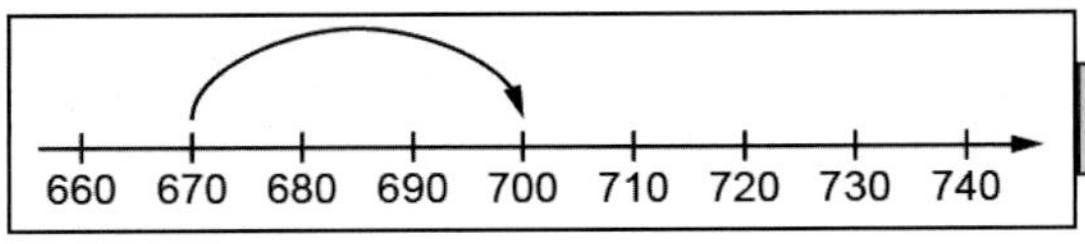

O

$555 \approx 560$ **O**

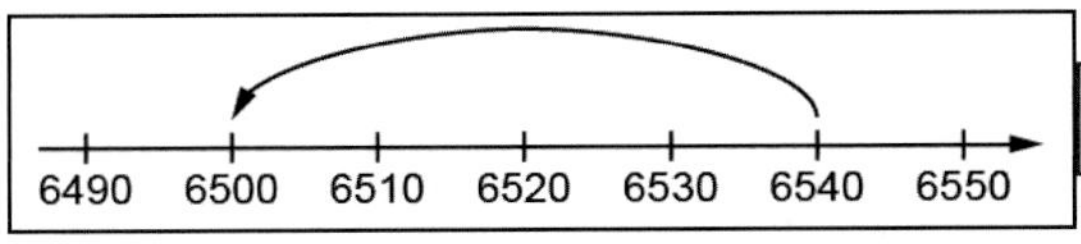

X

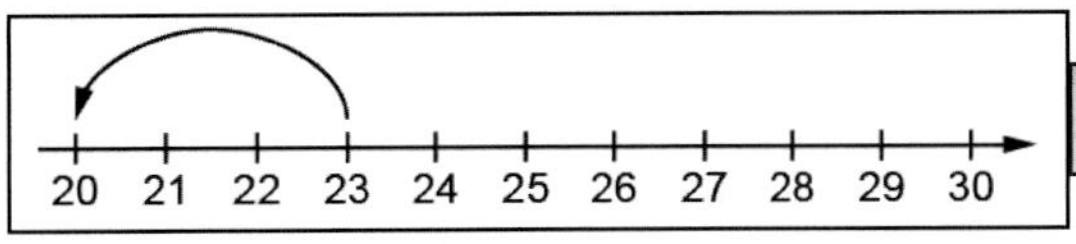

X

$111 \approx 100$ **X**

$555 \approx 1000$ **O**

$111 \approx 110$ **X**

B

genauen | 5; 6; 7; 8; 9 | Rundungsstelle | ungefähr

0; 1; 2; 3; 4 | gerundeten | ~~1; 2; 3; 4; 5~~

Beim Runden gebe ich für einen **genauen** Wert einer Zahl einen ungefähren Wert an.
Der Stellenwert, auf den ich runde, ist die **Rundungsstelle**.
Bei den Ziffern **5; 6; 7; 8; 9** runde ich auf, bei den Ziffern **0; 1; 2; 3; 4** runde ich ab. Das Zeichen ≈ bedeutet **ungefähr**.

C Lean hat recht. Zum Beispiel reicht eine ungefähre Besucherzahl bei einem großen Konzert völlig aus. Manchmal müssen große Zahlen aber genau sein. Zum Beispiel wenn man genau wissen will, wie viel Geld man eingenommen hat.
Jule hat nicht recht. Die Größe der Zahl ist nicht entscheidend fürs Runden.

D

- ☐ Beim Runden betrachtet man die Ziffer links von der Rundungsstelle.
- ☒ Bei den Ziffern 0; 1; 2; 3 oder 4 runde ich ab.
- ☒ Beim Runden verwendet man das Zeichen ≈.
- ☐ Beim Aufrunden ist die gerundete Zahl kleiner als die nicht gerundete Zahl.

Abbildungen: imprint, Zusmarshausen
Text: Sabine Kliemann

Name: Klasse: Datum:

SP Begriffstraining: Natürliche Zahlen – Vorgänger und Nachfolger

der Zahlenstrahl	**die natürliche Zahl**
der Vorgänger	**der Nachfolger**
das Zeichen > „ größer als“	**das Zeichen < „kleiner als“**

Erkennen und benennen

A Markiere jeweils den Vorgänger der mittleren Zahl mit einem Kreis. Markiere den Nachfolger der mittleren Zahl mit einem Rechteck.

a) **7; 8; 9** b) **33; 34; 35** c) **22; 23; 24**

B Verbinde jeweils die zwei zusammengehörenden Satzteile.

Die Zahl direkt links	Zahlenstrahl steht, desto größer ist sie.
Je weiter rechts eine Zahl auf dem	einer Zahl heißt Nachfolger.
Die Zahl direkt rechts	einer Zahl heißt Vorgänger.

C Ergänze den Text mit den Begriffen. Ein Begriff bleibt übrig.

größer | Zahlenstrahl | rechts | links | Vorgänger | Nachfolger

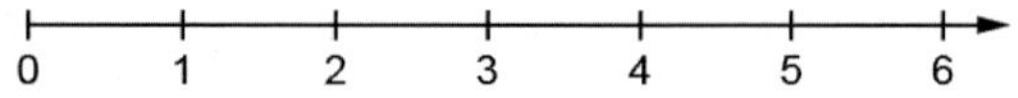

Auf einem ________________ steht der Vorgänger einer Zahl immer ________________ der Zahl.

Der ________________ einer Zahl steht immer rechts der Zahl. Der ________________ ist kleiner als die Zahl. Der Nachfolger ist ________________ als die Zahl.

Erklären und bewerten

D Erkläre, wie man mit den Zeichen > und < Zahlen nach ihrer Größe ordnen kann.

____

____

____

E Die natürlichen Zahlen sind auf dem Zahlenstrahl der Größe nach dargestellt. Vergleiche die Größe der Zahlen von links nach rechts und umgekehrt.

____

____

____

Abbildungen: imprint, Zusmarshausen
Text: Wolfram Schmidt

Lösungen Begriffstraining: Natürliche Zahlen – Vorgänger und Nachfolger, gz002

A Vorgänger mit einem Kreis, Nachfolger mit einem Rechteck

a) **7; 8; 9** b) **33; 34; 35** c) **22; 23; 24**

B Diese Satzteile gehören zusammen:

Die Zahl direkt links	Zahlenstrahl steht, desto größer ist sie.
Je weiter rechts eine Zahl auf dem	einer Zahl heißt Nachfolger.
Die Zahl direkt rechts	einer Zahl heißt Vorgänger.

C Auf einem **Zahlenstrahl** steht der Vorgänger einer Zahl immer **links** der Zahl.
Der **Nachfolger** einer Zahl steht immer rechts der Zahl. Der **Vorgänger** ist kleiner
als die Zahl. Der Nachfolger ist **größer** als die Zahl.

D Individuelle Lösungen, zum Beispiel:
Mit dem Zeichen $>$ „größer als" kann ich Zahlen absteigend (von der größten zur kleinsten Zahl) ordnen.
Beispiel: $8 > 6 > 4 > 2$
Mit dem Zeichen $<$ „kleiner als" kann ich Zahlen aufsteigend (von der kleinsten zur größten Zahl) ordnen.
Beispiel: $2 < 4 < 6 < 8$

E Individuelle Lösungen, zum Beispiel:
Je weiter rechts eine Zahl auf dem Zahlenstrahl steht, desto größer ist sie.
Je weiter links eine Zahl auf dem Zahlenstrahl steht, desto kleiner ist sie.

Text: Wolfram Schmidt

SP Begriffstraining: Periodische Dezimalbrüche

die periodische Dezimalzahl	der periodische Dezimalbruch
die Periode	der Rest

Erkennen und benennen

A Markiere alle periodischen Dezimalzahlen.

$0{,}333...$ $0{,}\overline{45}$ $1{,}1\overline{6}$ $0{,}055$ $0{,}\overline{5}$ $0{,}3$ $0{,}444$ $0{,}6363...$

B Bringe die Satzteile in die richtige Reihenfolge. Es ergeben sich zwei Sätze.

durch seinen Nenner, | derselbe Rest. | wiederholt sich manchmal | Es entsteht | Teilt man den Zähler eines Bruchs | eine periodische Dezimalzahl.

___

___

___

Erklären und bewerten

C Erkläre, woran du eine periodische Dezimalzahl erkennst.

___

___

___

D Beschreibe, was eine Periode ist und wie man sie kennzeichnet. Benutze dafür folgende Satzteile:

sich wiederholende Ziffer | darüberliegender Strich | Zifferngruppe

___

___

___

E Vervollständige den Satz: Periodische Dezimalzahlen werden auch periodische Dezimalbrüche genannt,

weil ___

___

___

___

Text: Wolfram Schmidt

Lösungen Begriffstraining: Periodische Dezimalbrüche, rbrch001

A

(0,333...) (0,$\overline{45}$) (1,1$\overline{6}$) 0,055 (0,$\overline{5}$) 0,3 0,444 (0,6363...)

B Die richtigen Sätze lauten:
Teilt man den Zähler eines Bruchs durch seinen Nenner, wiederholt sich manchmal derselbe Rest. Es entsteht eine periodische Dezimalzahl.

C Individuelle Lösungen, zum Beispiel:
Ich erkenne eine periodische Dezimalzahl an einer sich wiederholenden Ziffer oder Zifferngruppe am Ende der Dezimalzahl. Die Wiederholungen werden in der Mathematik durch einen darüberliegenden Strich gekennzeichnet. Auch mehrere Punkte am Ende der Dezimalzahl zeigen an, dass sie unendlich weitergeht.

D Individuelle Lösungen, zum Beispiel:
Eine **sich wiederholende Ziffer** oder **Zifferngruppe** am Ende einer Dezimalzahl nennt man Periode. Sie wird mit einem **darüberliegendem Strich** gekennzeichnet.

E Individuelle Lösungen, zum Beispiel:
Periodische Dezimalzahlen werden auch periodische Dezimalbrüche genannt, weil sie aus der Division eines Zählers durch einen Nenner eines Bruchs entstanden sind.

Text: Wolfram Schmidt

Begriffstraining: Potenzen – Grundbegriffe und Zehnerpotenzen

das Produkt	der Faktor	die Potenz	die Zehnerpotenz
die Grundzahl (die Basis)	die Hochzahl (der Exponent)	der Wert der Potenz	

Erkennen und benennen

A Markiere alle Potenzen mit einem Kreis und alle Produkte mit einem Rechteck.

5^2 $2 \cdot 5$ $7 \cdot 3$ 9^3 $4 \cdot 9$ 10^4

B Ergänze die passenden Begriffe.

____________ ____________

$2 \cdot 2 \cdot 2 = 2^3 = 8$ — ____________

____________ ____________

C Kreise alle Zehnerpotenzen rot ein.

10^3 5^{10} 10^{10} 100^2 10^5 2^{10}

Erklären und bewerten

D Erkläre, was die Hochzahl einer Potenz angibt.

____

____

____

E Jedes Produkt kannst du als Potenz schreiben.

Dieser Satz ist falsch. Korrigiere zu einer richtigen Aussage.

____

____

____

F Beschreibe, woran du eine Zehnerpotenz erkennst.

____

____

____

Text: Wolfram Schmidt

Lösungen Begriffstraining: Potenzen – Grundbegriffe und Zehnerpotenzen, pot001

A

5^2 (eingekreist) $\quad$ $2 \cdot 5$ (eingerahmt) $\quad$ $7 \cdot 3$ (eingerahmt) $\quad$ 9^3 (eingekreist) $\quad$ $4 \cdot 9$ $\quad$ 10^4 (eingekreist)

B

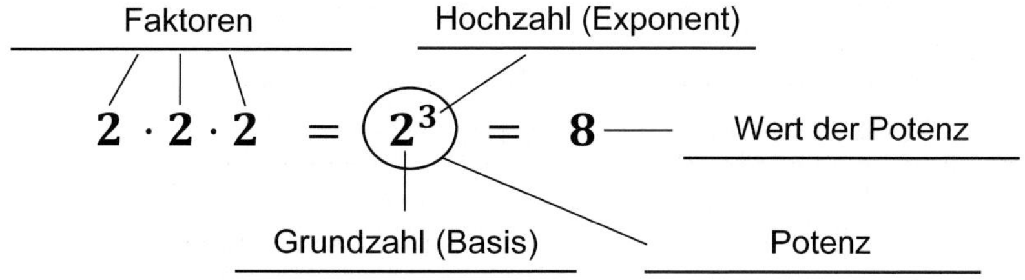

C

10^3 (eingekreist) $\quad$ 5^{10} $\quad$ 10^{10} (eingekreist) $\quad$ 100^2 $\quad$ 10^5 (eingekreist) $\quad$ 2^{10}

D Individuelle Lösungen, zum Beispiel:
Die Hochzahl gibt an, wie oft die Grundzahl als Faktor steht.

E Individuelle Lösungen, zum Beispiel:
Der Satz müsste richtig heißen:
Jedes Produkt aus gleichen Faktoren kannst du als Potenz schreiben.

F Individuelle Lösungen, zum Beispiel:
Potenzen mit der Grundzahl 10 heißen Zehnerpotenzen.

Text: Wolfram Schmidt

SP Begriffstraining: Potenzen – Primzahlen, Quadratzahlen und Kubikzahlen

die Primzahl	die Quadratzahl	die Kubikzahl

Erkennen und benennen

A Kreuze an, was für eine Zahl dargestellt ist.

a)

☐ Primzahl
☐ Quadratzahl

b)
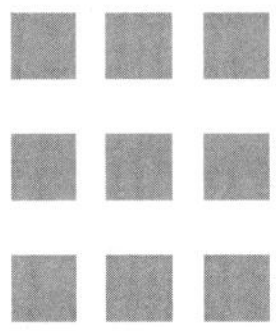

☐ Primzahl
☐ Quadratzahl

c)

☐ Primzahl
☐ Quadratzahl

d)
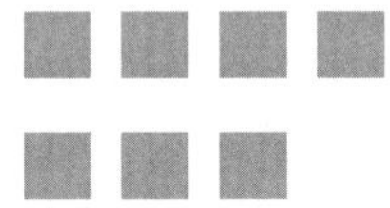

☐ Primzahl
☐ Quadratzahl

B Bringe die Satzteile in die richtige Reihenfolge. Ein Kärtchen brauchst du nicht.

Wenn du ______________________________

____

____

multipliziert, | erhältst du | eine Quadratzahl | eine Zahl | mit sich selbst | eine Primzahl

C Vervollständige den Satz. ______________________________ haben nur zwei Teiler.

D Kreise die Kubikzahlen ein.

5^3 3^5 3^3 10^3 3^4 4^3 6^2

Erklären und bewerten

E Erkläre, was eine Primzahl ist.

____

____

F Kreuze die richtigen Aussagen an.

☐ Zu jeder Zahl gibt es eine Quadratzahl.
☐ Die Teiler einer Zahl sind nie größer als die Zahl selbst.
☐ Quadratzahlen haben nur drei Teiler.
☐ Primzahlen können auch drei Teiler haben.
☐ Quadratzahlen können auch Primzahlen sein.
☐ Es gibt nur eine gerade Primzahl, die 2.

G Erkläre, wie sich Quadratzahlen und Kubikzahlen unterscheiden.

____

____

____

Text: Sabine Kliemann

Lösungen Begriffstraining: Potenzen – Primzahlen, Quadratzahlen und Kubikzahlen, pot002

A

a)

☒ Primzahl
☐ Quadratzahl

b)

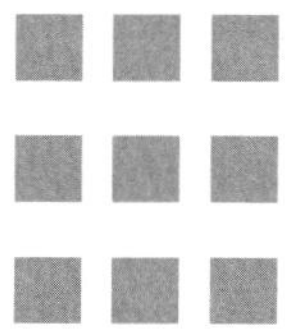

☐ Primzahl
☒ Quadratzahl

c)

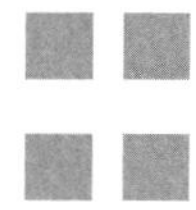

☐ Primzahl
☒ Quadratzahl

d)

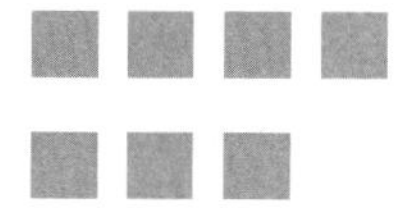

☒ Primzahl
☐ Quadratzahl

B Wenn du **eine Zahl mit sich selbst multiplizierst, erhältst du eine Quadratzahl**.

C **Primzahlen** haben nur zwei Teiler.

D

5^3 3^5 3^3 10^3 3^4 4^3 6^2

E Individuelle Lösungen, zum Beispiel:
Eine Primzahl hat nur zwei Teiler, die 1 und die Zahl selbst.

F Die richtigen Aussagen sind:

☒ Zu jeder Zahl gibt es eine Quadratzahl.
☒ Die Teiler einer Zahl sind nie größer als die Zahl selbst.
☐ Quadratzahlen haben nur drei Teiler.
☐ Primzahlen können auch drei Teiler haben.
☐ Quadratzahlen können auch Primzahlen sein.
☒ Es gibt nur eine gerade Primzahl, die 2.

G Individuelle Lösungen, zum Beispiel:
Quadratzahlen haben immer die Hochzahl 2 und Kubikzahlen immer die Hochzahl 3.

Text: Sabine Kliemann

SP Begriffstraining: Prozent

ein Prozent	ein Hunderstel	die Prozentangabe

Erkennen und benennen

A Markiere die Prozentangaben in den Abbildungen.

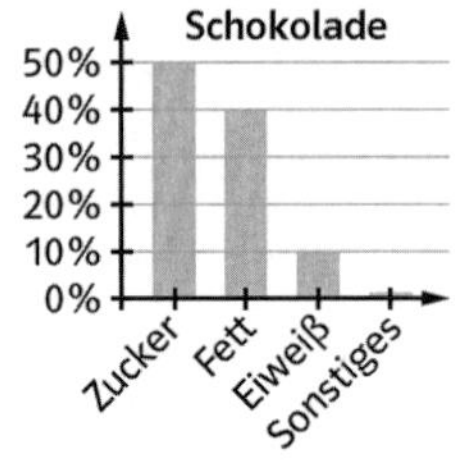

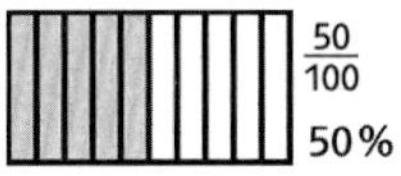

B Setze die Wörter richtig in den Text ein. Ein Kärtchen bleibt übrig.

Hundertstel	Anteile	Prozentangaben	Hundert	von Hundert

Prozentangaben sind auch ______________________. Prozent bedeutet „______________________“.

Ein Prozent ist 1 ______________________.

20 %, 25 %, 50 % und 75 % sind häufige ______________________.

Erklären und bewerten

C Erkläre die beiden Umwandlungsschritte in eigenen Worten.

$\frac{2}{5} = \frac{40}{100} = 40\,\%$

____

____

D Erkläre die Gemeinsamkeiten der beiden Beispiele.

Brüche in Prozent umwandeln $\frac{4}{5} = \frac{80}{100} = 80\,\%$	gleichwertige Brüche erzeugen $\frac{1}{2} = \frac{2}{4} = \frac{3}{6}$

____

____

____

E Kreuze die richtigen Aussagen an.

- ☐ Jedes Ganze lässt sich in Hundertstel unterteilen.
- ☐ Jede Prozentangabe lässt sich als Bruch mit dem Nenner Hundert schreiben.
- ☐ Hundert Ganze sind immer 100 Prozent.
- ☐ Es gibt auch Prozentangaben, die größer als 100 % sind.
- ☐ Große Mengen kann man nicht in Hundertstel unterteilen.
- ☐ 1 % ist immer ein Hundertstel.

Abbildungen: Getty Images Plus, München (iStock/Santje09); imprint Zusmarshausen; tiff.any GmbH & Co KG, Berlin; URW Hamburg
Text: Wolfram Schmidt

Lösungen Begriffstraining: Prozent, prz001

A

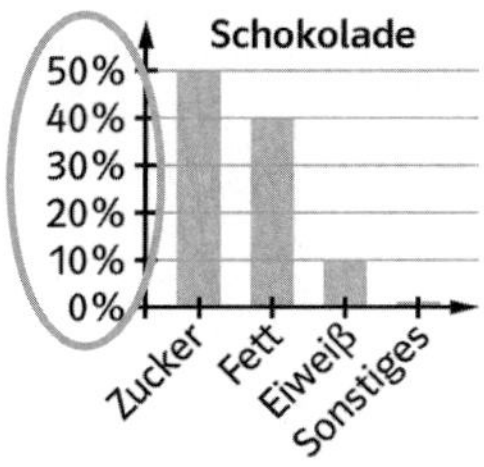

B Prozentangaben sind auch **Anteile**. Prozent bedeutet „**von Hundert**".
Ein Prozent ist 1 **Hundertstel**.
20 %, 25 %, 50 % und 75 % sind häufige **Prozentangaben**.

C Individuelle Lösungen, zum Beispiel:
Den Bruch $\frac{2}{5}$ wandle ich in $\frac{40}{100}$ um, da $\frac{1}{5}$ gleich $\frac{20}{100}$ sind. Die 40 Hundertstel entsprechen dann der Prozentangabe 40 %.

D Individuelle Lösungen, zum Beispiel:
Beim Umwandeln von beliebigen Brüchen in Hundertstel erzeugt man ebenso gleichwertige Brüche wie beim „Gleichwertige Brüche erzeugen". Man erweitert Brüche beim Umwandeln in Prozent auf den Nenner 100, indem man Zähler und Nenner mit der gleichen Zahl multipliziert.

E
- ☒ Jedes Ganze lässt sich in Hundertstel unterteilen.
- ☒ Jede Prozentangabe lässt sich als Bruch mit dem Nenner Hundert schreiben.
- ☐ Hundert Ganze sind immer 100 Prozent.
- ☒ Es gibt auch Prozentangaben, die größer als 100 % sind.
- ☐ Große Mengen kann man nicht in Hundertstel unterteilen.
- ☒ 1 % ist immer ein Hundertstel.

Abbildungen: Getty Images Plus, München (iStock/Santje09); imprint Zusmarshausen; tiff.any GmbH & Co KG, Berlin; URW Hamburg
Text: Wolfram Schmidt

SP Begriffstraining: Rationale Zahlen – Dezimalschreibweise

der Stellenwert	die Stellenwerttafel	
das Zehntel	das Hundertstel	das Tausendstel

Erkennen und benennen

A Ergänze in der Stellenwerttafel die Stellenwerte und Abkürzungen.

Hundertstel | Zehntel | Tausendstel | Einer

Stellenwert	Hunderter	Zehner		,			
Abkürzung	H			,		h	

B Markiere die Zehntel mit einem Kreis, die Hundertstel mit einem Rechteck und die Tausendstel durch unterstreichen.

1 2 , 8 3 7 9

Erklären und bewerten

C Die Kinder vergleichen 0,24 und 0,235.

Setze die Erklärung von Jule fort.

____

____

____

____

D Kreuze die richtigen Aussagen an.

- ☐ Zwei Hundertstel Sekunden sind 20 Tausendstel Sekunden.
- ☐ Die Nachbarzehntel zu 0,569 sind 0,4 und 0,6.
- ☐ Bei Dezimalzahlen stehen die Hundertstel an der dritten Stelle nach dem Komma.
- ☐ Zwischen zwei Zehnteln liegen 100 Tausendstel.
- ☐ 0,13 ist größer als 0,4, weil 13 größer als 4 ist.
- ☐ 0,001 ist ein Tausendstel.
- ☐ Ein Hundertstel ist größer als ein Zehntel.
- ☐ Ein Hundertstel ist größer als ein Tausendstel.
- ☐ Zehn Hundertstel sind größer als ein Zehntel.

Abbildungen: tiff.any GmbH & Co. KG, Berlin
Text: Sabine Kliemann

Lösungen Begriffstraining: Rationale Zahlen – Dezimalschreibweise, rz002

A

Stellenwert	Hunderter	Zehner	**Einer**	,	**Zehntel**	**Hundertstel**	**Tausendstel**
Abkürzung	H	**Z**	**E**	,	**z**	h	**t**

B

$$\mathbf{1\;2\;,\;\textcircled{8}\;\boxed{3}\;\underline{7}\;9}$$

C Mögliche Antwort:
... und die erste unterschiedliche Stelle ist bei den Hundertsteln.
An dieser Stelle steht einmal eine 4 und einmal eine 3.
$4 > 3$, also ist $0{,}24 > 0{,}235$.
(Du kannst dir die Zahlen auch an einem Zahlenstrahl vorstellen. 0,235 liegt zwischen 0,23 und 0,24, also links von 0,24, daher ist $0{,}24 > 0{,}235$.)

D
- ☒ Zwei Hundertstel Sekunden sind 20 Tausendstel Sekunden.
- ☐ Die Nachbarzehntel zu 0,569 sind 0,4 und 0,6.
- ☐ Bei Dezimalzahlen stehen die Hundertstel an der dritten Stelle nach dem Komma.
- ☒ Zwischen zwei Zehnteln liegen 100 Tausendstel.
- ☐ 0,13 ist größer als 0,4, weil 13 größer als 4 ist.
- ☒ 0,001 ist ein Tausendstel.
- ☐ Ein Hundertstel ist größer als ein Zehntel.
- ☒ Ein Hundertstel ist größer als ein Tausendstel.
- ☐ Zehn Hundertstel sind größer als ein Zehntel.

Text: Sabine Kliemann

SP Begriffstraining: Rechnen – Grundrechenarten und Rechenverfahren

die Addition	die Multiplikation	die Subtraktion	die Division
die Summe	das Produkt	die Differenz	der Quotient
im Kopf rechnen	halbschriftlich rechnen	schriftlich rechnen	

Erkennen und benennen

A Kreuze an, in welchen Rechenaufgaben ein schriftliches Verfahren gezeigt wird.

☐ Subtrahiere $342 - 584$.

		(10)	(10)	
	3	4	2	7
−		5	8	4
	1	1		
	2	8	4	3

☐ Dividiere $3836 : 7$.

	3	8	3	6	:	7	=	5	4	8
−	3	5	↓							
		3	3	↓						
	−	2	8							
			5	6						
		−	5	6						
				0						

☐ Multipliziere $25 \cdot 48$.

·	20	7	
40	800	280	1080
3	60	21	81
			1161

☐ Addiere $230 + 180$.

$230 + 180 = 410$

B Verbinde die Rechnungen mit den passenden Begriffen.

$165 : 11 = 15$	Addition	Faktor mal Faktor	Differenz
$12 + 34 = 46$	Subtraktion	Dividend durch Divisor	Produkt
$46 - 34 = 12$	Multiplikation	Summand plus Summand	Quotient
$11 \cdot 15 = 165$	Division	Minuend minus Subtrahend	Summe

Erklären und bewerten

C a) Erkläre, wann du eine Rechnung im Kopf durchführen kannst.

____

____

____

b) Erkläre, wann du eine Rechnung schriftlich durchführen solltest.

____

____

____

Text: Wolfram Schmidt

Lösungen Rechnen – Grundrechenarten und Rechenverfahren, rnatz021

A

☒ Subtrahiere
342 − 584.

		(10)	(10)	
	3	4	2	7
−		5	8	4
	1	1		
	2	8	4	3

☒ Dividiere
3836 : 7.

	3	8	3	6	:	7	=	5	4	8
−	3	5	↓							
		3	3	↓						
	−	2	8	↓						
			5	6						
		−	5	6						
				0						

☐ Multipliziere
25 · 48.

·	20	7	
40	800	280	1080
3	60	21	81
			1161

☐ Addiere
230 + 180.

$230 + 180 = 410$

Bei der Multiplikation (oben links) wird ein Malkreuz zur halbschriftlichen Multiplikation benutzt.
Die Addition unten rechts zeigt eine Kopfrechnung zur Addition.

B

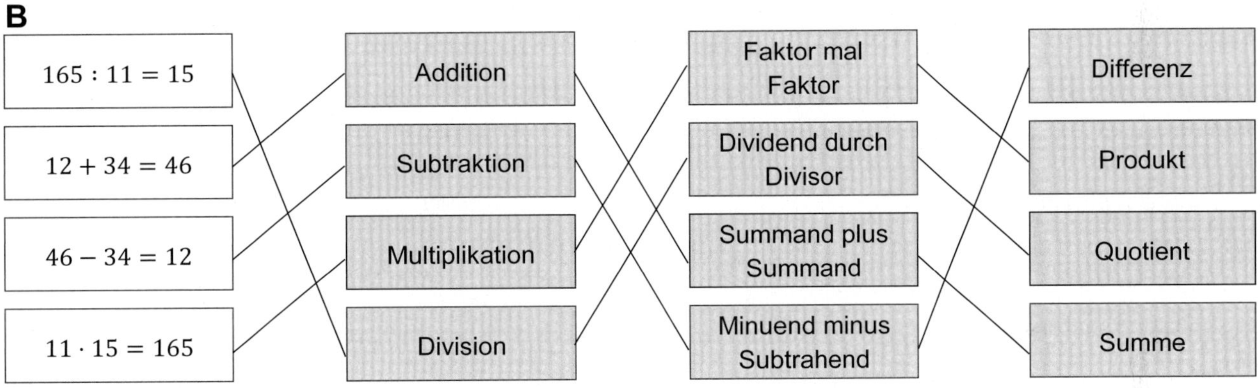

C a) Individuelle Lösungen, zum Beispiel:
Wenn es nur wenige und kleine Zahlen sind, dann kannst du eine Rechnung im Kopf durchführen.
b) Individuelle Lösungen, zum Beispiel:
Wenn es viele und mehrstellige Zahlen sind, dann sollte man schriftlich rechnen.

Text: Wolfram Schmidt

SP Begriffstraining: Rechnen – Kommutativgesetz und Assoziativgesetz (1)

das Vertauschungsgesetz	**das Kommutativgesetz**
das Verbindungsgesetz	**das Assoziativgesetz**

Erkennen und benennen

A Kreuze die Rechenausdrücke an, in denen du das Vertauschungsgesetz anwenden kannst.

☐ $72 + 24 + 15$	☐ $32 : 8$	☐ $8 \cdot 5$	☐ $53 - 19 - 7$	☐ $49 + 11 + 37$
☐ $79 - 31$	☐ $6 \cdot 100 \cdot 4$	☐ $77 + 34 + 66 + 23$	☐ $2 \cdot 50 \cdot 17$	☐ $24 + 5 - 10$
☐ $108 : 27 - 2$	☐ $3 \cdot 125 \cdot 5 \cdot 8 \cdot 20$	☐ $34 - 8 - 11$	☐ $123 + 4 + 17$	☐ $198 - 5 + 2$

B Kreuze die Rechenausdrücke an, in denen du das Verbindungsgesetz anwenden kannst.

☐ $72 + 24 + 15$	☐ $32 : 8$	☐ $8 \cdot 5$	☐ $53 - 19 - 7$	☐ $49 + 11 + 37$
☐ $79 - 31$	☐ $6 \cdot 100 \cdot 4$	☐ $77 + 34 + 66 + 23$	☐ $2 \cdot 50 \cdot 17$	☐ $24 + 5 - 10$
☐ $108 : 27 - 2$	☐ $3 \cdot 125 \cdot 5 \cdot 8 \cdot 20$	☐ $34 - 8 - 11$	☐ $123 + 4 + 17$	☐ $198 - 5 + 2$

C Vervollständige die Sätze mit diesen Satzteilen.

einer Summe | Summanden vertauscht werden | die Faktoren | Assoziativgesetz | beliebig | Kommutativgesetz

Das Vertauschungsgesetz wird auch ______________________ genannt.

Das Verbindungsgesetz wird auch ______________________ genannt.

In einer Summe dürfen die ____.

In Produkten dürfen ______________________ vertauscht und die Klammern ______________________ gesetzt werden.

Auch in ______________________ dürfen Klammern beliebig gesetzt werden.

Erklären und bewerten

D a) Erkläre, was das Kommutativgesetz bedeutet und bei welchen Rechenarten es verwendet werden darf.

____

____

____

____

b) Erkläre, was das Assoziativgesetz bedeutet und bei welchen Rechenarten es verwendet werden darf.

____

____

____

____

Text: Wolfram Schmidt

SP Begriffstraining: Rechnen – Kommutativgesetz und Assoziativgesetz (2)

E

Addition Summand plus Summand gleich Summe	Subtraktion Minuend minus Subtrahend gleich Differenz

Wie kannst du schon an den Begriffen für die Addition erkennen, dass hier das Vertauschungsgesetz gilt? Vergleiche mit den Begriffen in der Subtraktion. Beschreibe die Unterschiede.

Text: Wolfram Schmidt

Lösungen Begriffstraining: Rechnen – Kommutativgesetz und Assoziativgesetz (1) und (2), rnatz022

A Rechenausdrücke, in denen du das Vertauschungsgesetz anwenden kannst.

☒ $72 + 24 + 15$	☐ $32 : 8$	☒ $8 \cdot 5$	☐ $53 - 19 - 7$	☒ $49 + 11 + 37$
☐ $79 - 31$	☒ $6 \cdot 100 \cdot 4$	☒ $77 + 34 + 66 + 23$	☒ $2 \cdot 50 \cdot 17$	☐ $24 + 5 - 10$
☐ $108 : 27 - 2$	☒ $3 \cdot 125 \cdot 5 \cdot 8 \cdot 20$	☐ $34 - 8 - 11$	☒ $123 + 4 + 17$	☐ $198 - 5 + 2$

B Rechenausdrücke, in denen du das Verbindungsgesetz anwenden kannst.

☒ $72 + 24 + 15$	☐ $32 : 8$	☐ $8 \cdot 5$	☐ $53 - 19 - 7$	☒ $49 + 11 + 37$
☐ $79 - 31$	☒ $6 \cdot 100 \cdot 4$	☒ $77 + 34 + 66 + 23$	☒ $2 \cdot 50 \cdot 17$	☐ $24 + 5 - 10$
☐ $108 : 27 - 2$	☒ $3 \cdot 125 \cdot 5 \cdot 8 \cdot 20$	☐ $34 - 8 - 11$	☒ $123 + 4 + 17$	☐ $198 - 5 + 2$

C Das Vertauschungsgesetz wird auch **Kommutativgesetz** genannt.
Das Verbindungsgesetz wird auch **Assoziativgesetz** genannt.
In einer Summe dürfen die **Summanden vertauscht werden**.
In Produkten dürfen **die Faktoren** vertauscht und Klammern **beliebig** gesetzt werden.
Auch in **einer Summe** dürfen Klammern beliebig gesetzt werden.

D a) Individuelle Lösungen, zum Beispiel:
Es bedeutet, dass man die Summanden bzw. die Faktoren vor der Rechnung beliebig vertauschen darf. Das Ergebnis der Rechnung bleibt dabei unverändert. Dies gilt für die Addition und die Multiplikation.
b) Individuelle Lösungen, zum Beispiel:
Es bedeutet, dass man bei mehr als zwei Summanden bzw. mehr als zwei Faktoren vor der Gesamtberechnung aus Teilen der Summanden bzw. Faktoren Zwischenergebnisse berechnen darf. Das Ergebnis der Rechnung bleibt dabei unverändert. Dies gilt für die Addition und die Multiplikation und kann durch das Setzen von Klammern sichtbar gemacht werden.

E Individuelle Lösungen, zum Beispiel:

Addition	Subtraktion
Summand plus Summand gleich Summe	Minuend minus Subtrahend gleich Differenz

Bei der Addition haben die Summanden die gleiche Bezeichnung. Das bedeutet, dass sie gleichwertig sind und daher vertauscht werden dürfen. Bei der Subtraktion ist das nicht so. Da haben die beiden Zahlen bei der Differenzbildung jeweils eine andere Bezeichnung und daher auch eine andere Bedeutung.

Text: Wolfram Schmidt

SP Begriffstraining: Rechnen – Rechenregeln und Distributivgesetz

die Punktrechnung	die Strichrechnung	die Punkt-vor-Strich-Regel
die Klammer	die Klammern setzen	die innere Klammer
die äußere Klammer	das Distributivgesetz	das Ausklammern

Erkennen und benennen

A a) Kreuze die Rechenausdrücke mit Klammern an.

☐ $55 - (40 - 15)$ ☐ $110 - 30 + 40 : 2$ ☐ $20 - \big(14 - (6 - 5)\big)$ ☐ $5 \cdot 7 - 4 \cdot 8$

b) Kreuze die Rechenausdrücke an, in denen die Punkt-vor-Strich-Regel beachtet werden muss.

☐ $46 - 4 \cdot 8$ ☐ $3 \cdot 12 : 9$ ☐ $25 - (16 + 5 \cdot 4) : 3$ ☐ $124 : 4 - 11$

c) Kreuze die Rechenausdrücke an, die du vorteilhaft durch Ausklammern oder Ausmultiplizieren berechnen kannst.

☐ $14 \cdot 5 + 28$ ☐ $(20 + 4) : 3$ ☐ $3 \cdot 15 - 2 \cdot 15$ ☐ $25 \cdot (18 + 11)$

☐ $160 : 8 - 80 : 8$ ☐ $30 \cdot 4 - 20 + 5$ ☐ $192 : 3 - 114 : 3$ ☐ $90 : 3 + (29 + 40 - 1)$

B Vervollständige die Sätze. Ein Wort bleibt übrig.

Division | Summe | äußeren | Subtraktion | zuerst | Addition | Multiplikation

a) Zu den Punktrechnungen gehören die ______________ und die ______________.

b) Zu den Strichrechnungen gehören die ______________ und die ______________.

c) In Rechenausdrücken mit Klammern gilt:

Was in Klammern steht, wird ______________ berechnet. Kommt in einer Klammer eine weitere Klammer vor, dann gilt: Die innere Klammer vor der ______________ Klammer berechnen.

Erklären und bewerten

C Erkläre am Beispiel $12 \cdot 16 + 12 \cdot 4$, was Ausklammern bedeutet.

____

____

____

D Das Distributivgesetz heißt auch Verteilungsgesetz. Erkläre mithilfe des Beispiels $25 \cdot (20 + 4)$, wie man mit dem Distributivgesetz vorteilhaft rechnen kann.

Text: Wolfram Schmidt

Lösungen Begriffstraining: Rechnen – Rechenregeln und Distributivgesetz, rnatz023

A ☒ $55 - (40 - 15)$ ☐ $110 - 30 + 40 : 2$ ☒ $20 - \left(14 - (6 - 5)\right)$ ☐ $5 \cdot 7 - 4 \cdot 8$

b) Die Punkt-vor-Strich-Regel gilt immer. Im zweiten Term sind nur Punktrechnungen, da spielt die Regel keine Rolle, aber sie gilt trotzdem.

☒ $46 - 4 \cdot 8$ ☒ $3 \cdot 12 : 9$ ☒ $25 - (16 + 5 \cdot 4) : 3$ ☒ $124 : 4 - 11$

c) Kreuze die Rechenausdrücke an, die du vorteilhaft durch Ausklammern oder Ausmultiplizieren berechnen kannst.

☐ $14 \cdot 5 + 28$ ☐ $(20 + 4) : 3$ ☒ $3 \cdot 15 - 2 \cdot 15$ ☒ $25 \cdot (18 + 11)$

☒ $160 : 8 - 80 : 8$ ☐ $30 \cdot 4 - 20 + 5$ ☒ $192 : 3 - 114 : 3$ ☐ $90 : 3 + (29 + 40 - 1)$

B a) Zu den Punktrechnungen gehören die **Multiplikation** und die **Division**.

b) Zu den Strichrechnungen gehören die **Addition** und die **Subtraktion**.

c) In Rechenausdrücken mit Klammern gilt:

Was in Klammern steht, wird **zuerst** berechnet. Kommt in einer Klammer eine weitere Klammer vor, dann gilt: Die innere Klammer vor der **äußeren** Klammer berechnen.

C Individuelle Lösungen, zum Beispiel:

Der Faktor 12 kommt in dieser Summe zweimal vor. Man kann diesen gemeinsamen Faktor ausklammern, d. h. ihn als ein Faktor vor die Klammer $(16 + 4)$ schreiben.

$12 \cdot (16 + 4) = 2 \cdot 20 = 240$

D Individuelle Lösungen, zum Beispiel:

Der Faktor 25 steht vor der Klammer $(30 + 4)$, deshalb kann man jeden einzelnen Summanden in der Klammer mit 25 multiplizieren. Der Rechenausdruck heißt dann $25 \cdot 30 + 25 \cdot 4 = 750 + 100 = 850$. Der Vorteil beim Rechnen ist dann, dass man den zweistelligen Faktor 34 in Zehner und Einer zerlegt hat und somit im Kopf rechnen kann.

Text: Wolfram Schmidt

SP Begriffstraining: Rechnen – Schriftlich rechnen (1)

stellengerecht	die Umkehraufgabe	die Überschlagsrechnung
der Übertrag	die Teilprodukte	die Probe

Erkennen und benennen

A Kreuze die schriftlichen Rechnungen an, in denen die Überträge richtig und vollständig aufgeschrieben wurden.

☐

	5	7	9	4
+		8	5	3
	1	1		
	6	6	4	7

☐

	2	4	6	8
−		5	7	8
	1	1	1	
	1	8	8	0

☐

	4	3	6	5
−	1	5	8	2
	1	1		
	2	7	8	3

☐

	9	2	5	7
−	5	6	7	9
	3	5	7	8

☐

3	1	7	·	2	4	0
		6	3	4		
	+	1	2	6	8	
	+			0	0	0
			1			
		7	6	0	8	0

☐

7	8	·	3	4
	2	3	4	
+		3	1	2
	2	6	5	2

B Vervollständige die Sätze mit den gegebenen Begriffen. Ein Begriff bleibt übrig.

stellengerecht | Teilprodukte | vorteilhaft | untereinander | Umkehraufgabe | Summanden | Überschlagsrechnung | Probe

a) Bei der schriftlichen Addition und Subtraktion müssen die ______________________ bzw. die Subtrahenden ______________________ untereinander geschrieben werden. Auch bei der schriftlichen Multiplikation müssen die ______________________ stellengerecht ______________________ geschrieben werden.

b) Bei allen schriftlichen Rechenverfahren kannst du durch eine ______________________ feststellen, ob du richtig gerechnet hast. Das geht meist mit einer ______________________ oder einer ______________________.

Text: Wolfram Schmidt

Begriffstraining: Rechnen – Schriftlich rechnen (2)

Erklären und bewerten

C Erkläre, was stellengerecht untereinander schreiben bedeutet.

D a) Beschreibe den Unterschied zwischen einer Überschlagsrechnung und einer Umkehraufgabe.

b) Notiere ein Beispiel für eine Überschlagsrechnung und eine Umkehraufgabe.

Beispiel Überschlagsrechnung

Beispiel Umkehraufgabe

Text: Wolfram Schmidt

Lösungen Begriffstraining: Rechnen – Schriftlich rechnen (1) und (2), rnatz024

A

☒

	5	7	9	4
+		8	5	3
	1	1		
	6	6	4	7

☐

	2	4	6	8
−		5	7	8
	1	1	1	
	1	8	8	0

(falscher Übertrag bei den Zehnern)

☒

	4	3	6	5
−	1	5	8	2
	1	1		
	2	7	8	3

☐

	9	2	5	7
−	5	6	7	9
	3	5	7	8

(alle Überträge fehlen)

☒

3	1	7	·	2	4	0
		6	3	4		
	+	1	2	6	8	
	+			0	0	0
			1			
		7	6	0	8	0

☒

7	8	·	3	4	
	2	3	4		
+		3	1	2	
	2	6	5	2	

B a) Bei der schriftlichen Addition und Subtraktion müssen die **Summanden** bzw. die Subtrahenden **stellengerecht** untereinander geschrieben werden. Auch bei der schriftlichen Multiplikation müssen die **Teilprodukte** stellengerecht **untereinander** geschrieben werden.
b) Bei allen schriftlichen Rechenverfahren kannst du durch eine **Probe** feststellen, ob du richtig gerechnet hast. Das geht meist mit einer **Überschlagsrechnung** oder einer **Umkehraufgabe**.

C Individuelle Lösungen, zum Beispiel:
Man schreibt Einer unter Einer, Zehner unter Zehner, Hunderter unter Hunderter usw.
Bei Dezimalzahlen schreibt man die Zahlen so untereinander, dass Komma unter Komma steht.

D Individuelle Lösungen, zum Beispiel:
a) Mit einer Überschlagsrechnung kann man abschätzen, ob man richtig gerechnet hat. Dafür muss man die Zahlen so runden, dass man sie leicht im Kopf rechnen kann.
Die Probe mit einer Umkehraufgabe zu machen heißt, das Ergebnis in die Umkehraufgabe einsetzen und schauen, ob es passt.
b) Beispiel Überschlagsrechnung:
Rechne $3999 \cdot 999$.
Überschlagsrechnung: $4000 \cdot 1000 = 4\,000\,000$
Das Ergebnis der Rechnung $3999 \cdot 999$ ist ungefähr 4 000 000.
Zu einer Multiplikation ist die passende Umkehraufgabe eine Division. Zu einer Additionsaufgabe ist die passende Umkehraufgabe eine Subtraktionsaufgabe.
Beispiele Umkehraufgabe: $5 \cdot 4 = 20 \leftrightarrow 20 : 4 = 5$ oder $19 + 5 = 24 \leftrightarrow 24 - 5 = 19$

Text: Wolfram Schmidt

SP Begriffstraining: Schätzen mit Raster oder Vergleichsgröße

schätzen	die Vergleichsgröße	das Raster	das Feld

Erkennen und benennen

A Kreuze an, wie bei den Abbildungen geschätzt werden kann.

Wie lang ist der Schweif des Pferdes?

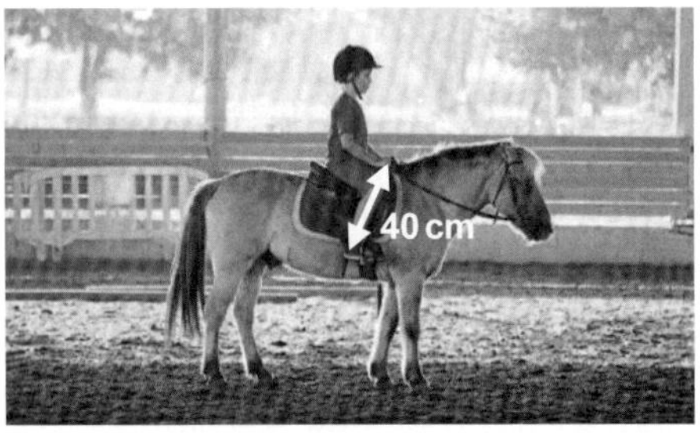

- ☐ Schätzen mit einer Vergleichsgröße
- ☐ Schätzen mit einem Raster

Wie viele Äpfel sind zu sehen?

- ☐ Schätzen mit einer Vergleichsgröße
- ☐ Schätzen mit einem Raster

B Setze die Worte richtig in den Text ein. Ein Kärtchen bleibt übrig.

Felder	Raster	Anzahl	gleich	gesamte Anzahl

Beim Schätzen mit einem Raster zerlege ich eine Menge in ______________ große ______________. Dann bestimme ich die ______________ in einem Feld.

Zum Schluss berechne ich die ______________.

C Hier wird die Länge der Raupe mit der Vergleichsgröße „Finger" geschätzt. Bringe die Schätzschritte in die richtige Reihenfolge.

- ☐ 1 mal $7\,\text{cm} = 7\,\text{cm}$
- ☐ Die Raupe ist ungefähr 7 cm lang.
- ☐ Vergleichsgröße ist der Mittelfinger. Er ist ca. 7 cm lang.
- ☐ Die Raupe ist so lang wie der Mittelfinger.

Erklären und bewerten

D Bringe die Schritte beim Schätzen mit einer Vergleichsgröße in die richtige Reihenfolge.

- ☐ gesuchte Größe mit Vergleichsgröße ausmessen
- ☐ gesuchte Größe berechnen
- ☐ Ergebnis als Schätzwert aufschreiben
- ☐ bekannte Vergleichsgröße finden

Abbildungen: ShutterStock.com RF, New York (Victoria Shapiro); creativ collection Verlag GmbH, Freiburg; Getty Images Plus, München (E+/Lisa5201)
Text: Wolfram Schmidt

Lösungen Begriffstraining: Schätzen mit Raster oder Vergleichsgröße, gr060

A Wie lang ist der Schweif des Pferdes?

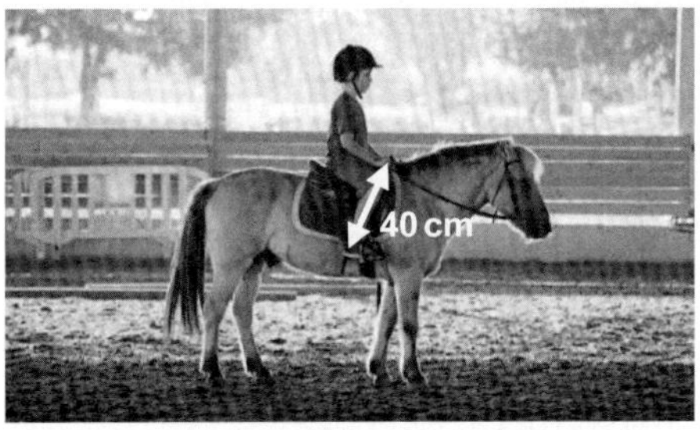

☒ Schätzen mit einer Vergleichsgröße
☐ Schätzen mit einem Raster

Wie viele Äpfel sind zu sehen?

☐ Schätzen mit einer Vergleichsgröße
☒ Schätzen mit einem Raster

B Beim Schätzen mit einem Raster zerlege ich eine Menge in **gleich** große **Felder**. Dann bestimme ich die **Anzahl** in einem Feld.
Zum Schluss berechne ich die **gesamte Anzahl**.

C

3	1 mal $7\,\text{cm} = 7\,\text{cm}$
4	Die Raupe ist ungefähr 7 cm lang.
1	Vergleichsgröße ist der Mittelfinger. Er ist ca. 7 cm lang.
2	Die Raupe ist so lang wie der Mittelfinger.

D

2	gesuchte Größe mit Vergleichsgröße ausmessen	3	gesuchte Größe berechnen
4	Ergebnis als Schätzwert aufschreiben	1	bekannte Vergleichsgröße finden

Abbildungen: ShutterStock.com RF, New York (Victoria Shapiro); creativ collection Verlag GmbH, Freiburg; Getty Images Plus, München (E+/Lisa5201)
Text: Wolfram Schmidt

Schrägbilder – Quader

SP **1** Die Schrägbilder wurden falsch gezeichnet. Beschreibe die Fehler und zeichne richtig.

a) Quader: Breite 2 cm; Höhe 1 cm; Tiefe 1 cm

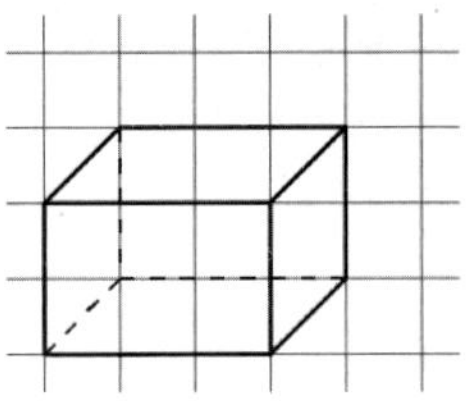

b) Würfel mit der Kantenlänge 1 cm

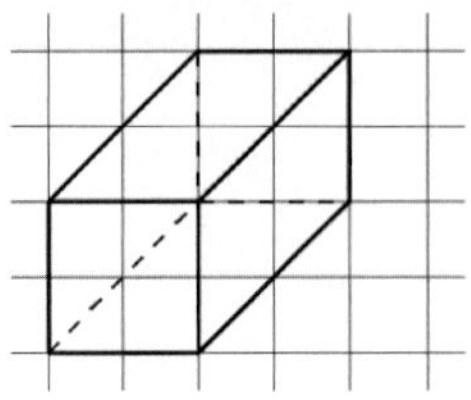

c) Quader: Breite 1,5 cm; Höhe 0,5 cm; Tiefe 2,5 cm

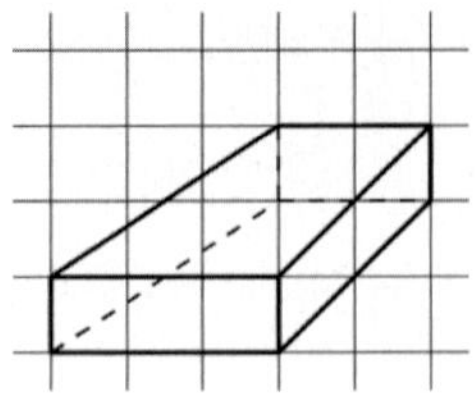

2 Vervollständige das Schrägbild des Quaders.

a)

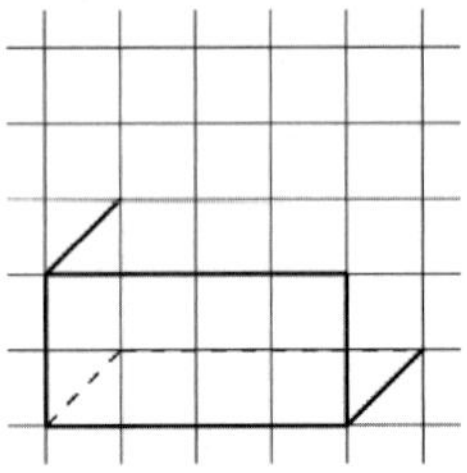

b)

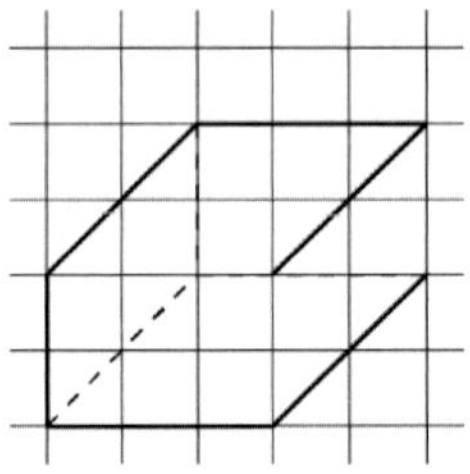

c)

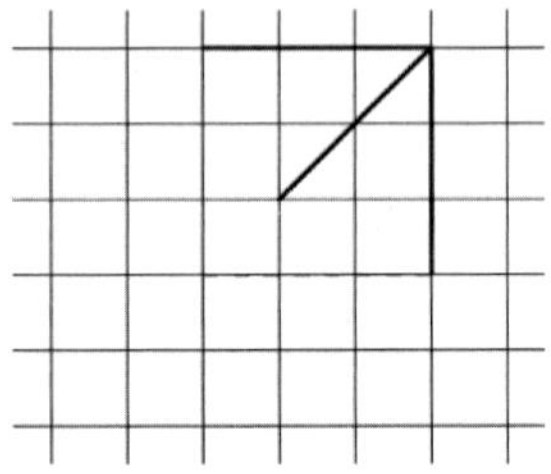

3 Zeichne drei Schrägbilder eines Quaders aus unterschiedlichen Richtungen mit den Seitenlängen 2,5 cm; 1 cm und 2,5 cm.

Abbildungen: imprint, Zusmarshausen
Text: Maria Lenk

Lösungen Schrägbilder – Quader, krp008

1 a) Die Breite wurde nicht richtig eingezeichnet. Der Quader ist 1,5 cm breit anstatt 2 cm.

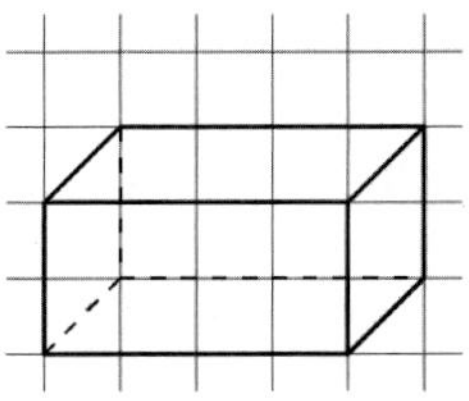

b) Die nach hinten verlaufenden Kanten wurden nicht verkürzt.

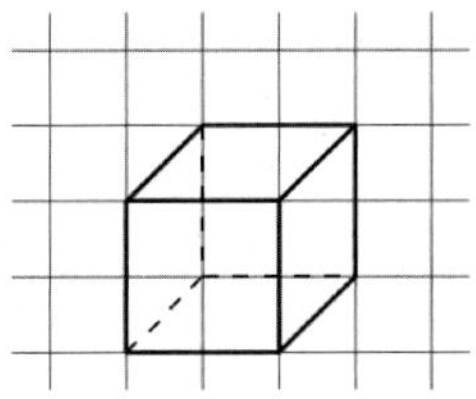

c) Die nach hinten verlaufenden Kanten sind nicht parallel. Dadurch sind die hinteren Kanten nicht gleich lang wie die vorderen Kanten. Außerdem ist die Länge der nach hinten verlaufenden Kanten nicht richtig.

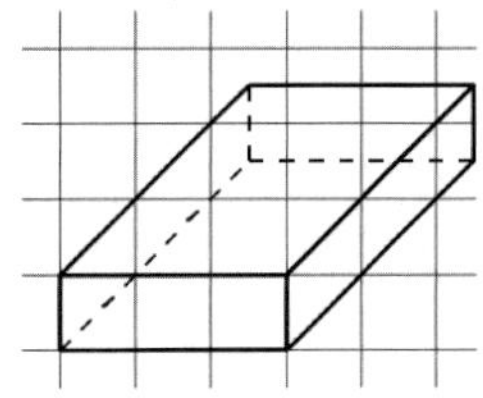

2 a)

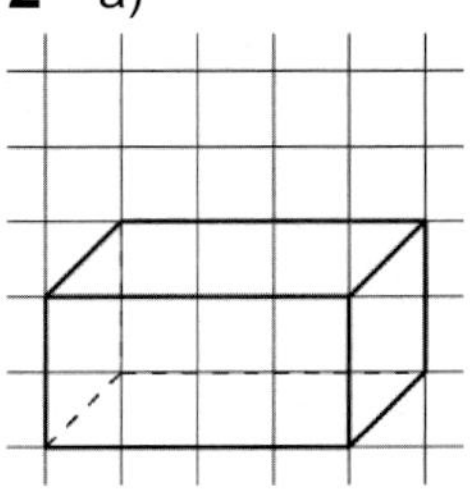

b)

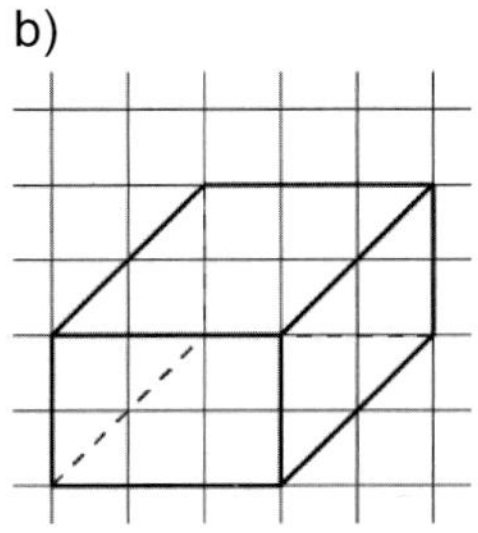

c)

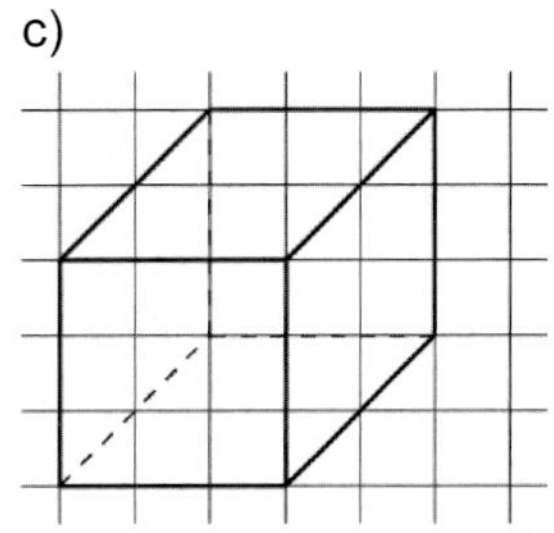

3

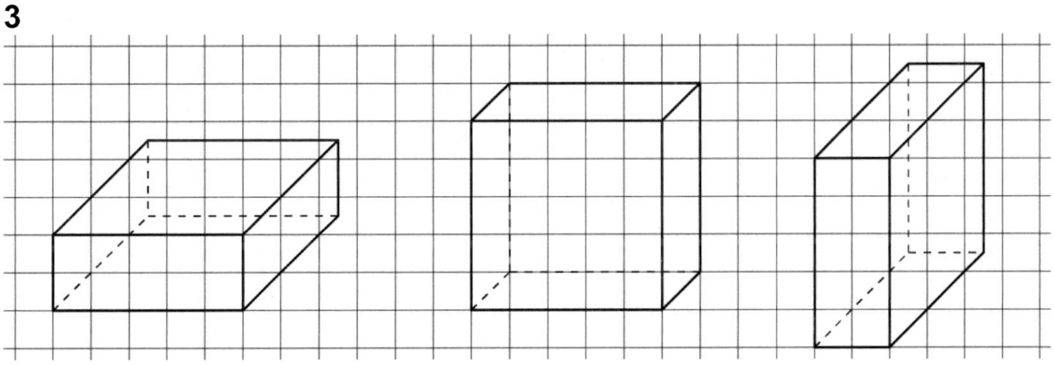

Lernduo: Stellenwerte und Dezimalzahlen

SP

A				B		
Hunderter	Zehner	Einer	,	Zehntel	Hundertstel	Tausendstel
H	Z	E	,	z	H	t

Erklärt euch gegenseitig, wie ihr die Antwort findet.

A	B
1 Welchen Stellenwert hat die Ziffer 2 in der Zahl 0,273?	**2** Welchen Stellenwert hat die Ziffer 3 in der Zahl 0,273?
3 a) 10 Hundertstel sind ein Zehntel. Erkläre. b) Was ist der Unterschied zwischen Zehnern und Zehnteln?	**4** a) Ein Zehntel ist mehr als ein Hundertstel. Erkläre. b) 10 Tausendstel sind ein Hundertstel. Erkläre.
5 Welche Null kannst du weglassen? Erkläre. 100,100	**6** Welche Null kannst du weglassen? Erkläre. 102,102
7 Welche Zahl ist größer? Erkläre. a) 2,45 oder 2,54 b) 0,3 oder 0,09 c) 3,6 oder 3,62	**8** Welche Zahl ist größer? Erkläre. a) 7,19 oder 7,91 b) 0,08 oder 0,7 c) 4,5 oder 4,53

Lösungen A	Lösungen B
1 Zehntel	**2** Tausendstel
3 a) Stehen in der Stellenwerttafel 10 in einer Spalte wird die 1 in die nächstgrößere Spalte übertragen. b) Ein Zehner sind 10 Einer.	**4** a) Ein Zehntel ist der 10. Teil eines Einers. Ein Hundertstel ist der 100. Teil eines Einers. b) Stehen in der Stellenwerttafel 10 in einer Spalte, wird die 1 in die nächstgrößere Spalte übertragen.
5 $100{,}100 = 100{,}1$ Die beiden letzten Nullen können weggelassen werden. Der Wert der Zahl ändert sich nicht.	**6** Keine Null darf weggelassen werden. Der Wert der Zahl würde sich sonst ändern.
7 a) 2,54 ist größer als 2,45; da 5 Zehntel mehr sind als 4 Zehntel. b) 0,3 ist größer als 0,09; da 3 Zehntel mehr sind als 0 Zehntel. c) 3,62 ist größer als 3,6; da 2 Hundertstel mehr sind als 0 Hundertstel.	**8** a) 7,91 ist größer als 7,19; da 9 Zehntel mehr sind als 1 Zehntel. b) 0,7 ist größer als 0,08; da 7 Zehntel mehr sind als 0 Zehntel. c) 4,53 ist größer als 4,5; da 3 Hundertstel mehr sind als 0 Hundertstel.

Text: Daniela Hesse

Lernduo: Symmetrien

SP

A	B
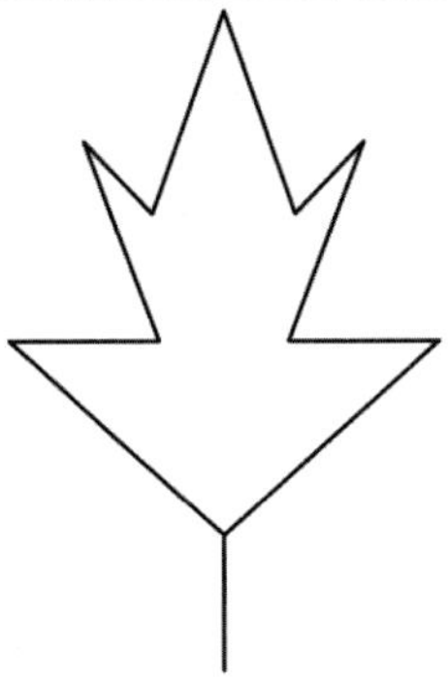	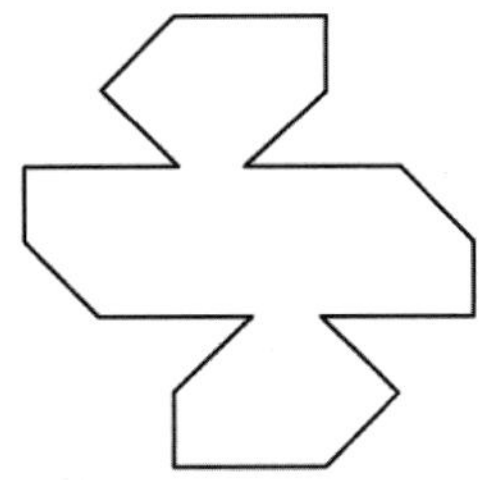

Erklärt euch gegenseitig, wie ihr die Antwort findet.

1 Aufgaben zur Figur A:
a) Welche Symmetrieform besitzt die Figur?
b) Erkläre, was man unter einer Symmetrieachse versteht.
c) Beschreibe die Lage der Symmetrieachse.

2 Aufgaben zur Figur B:
a) Welche Symmetrieform besitzt die Figur?
b) Erkläre, was man unter einem Symmetriezentrum versteht.
c) Beschreibe die Lage des Symmetriezentrums.

3 Welche Figuren sind punktsymmetrisch?

A
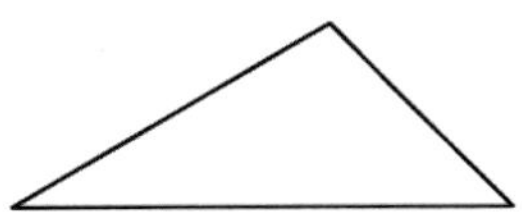
B
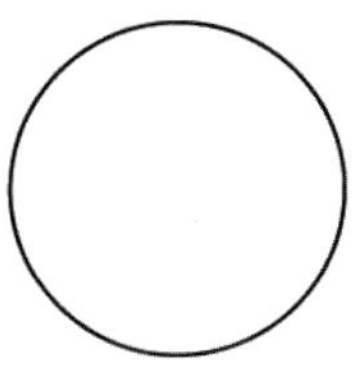
C
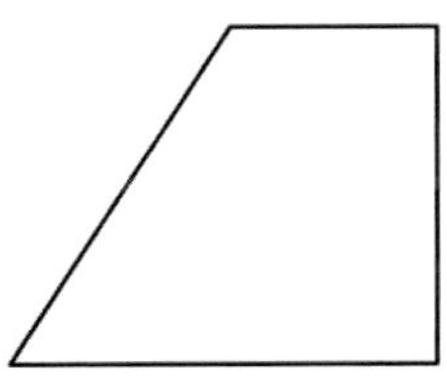
D

4 Welche Figuren sind achsensymmetrisch?

A
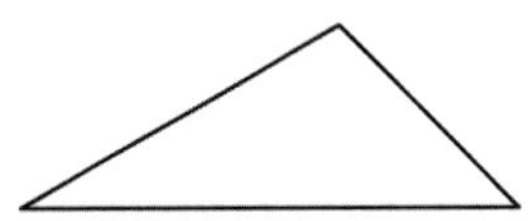
B
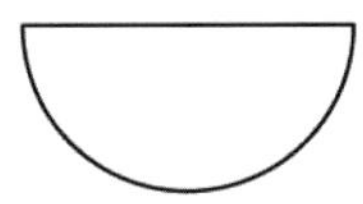
C
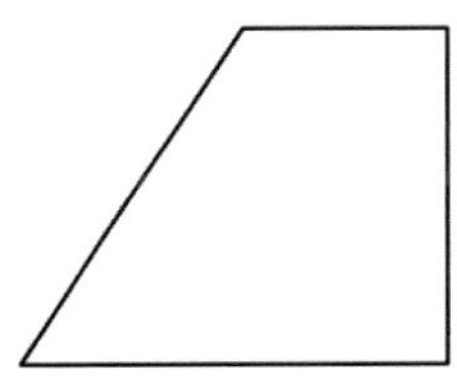
D

Lösungen A

1 a) Die Figur A ist achsensymmetrisch.
b) Eine Symmetrieachse ist die Linie, an der jeder Punkt einer achsensymmetrischen Figur gespiegelt wird.
c) Die Symmetrieachse verläuft senkrecht durch die Mitte des Blattes.

3 B (Kreis) und D (Quadrat) sind punktsymmetrisch.

Lösungen B

2 a) Die Figur B ist punktsymmetrisch.
b) Der Punkt, an dem jeder einzelne Punkt der Figur gespiegelt wird, ist das Symmetriezentrum.
c) Das Symmetriezentrum befindet sich im Mittelpunkt der Figur.

4 B (Halbkreis) und D (Quadrat) sind achsensymmetrisch.

Abbildungen: imprint, Zusmarshausen
Text: Hermann Gora

Name: Klasse: Datum: sym014

SP Begriffstraining: Symmetrie – Achsenspiegelung

die Achsenspiegelung	**die Symmetrieachse**	**der Punkt**
der gespiegelte Punkt	**der Bildpunkt**	**der Fixpunkt**

Erkennen und benennen

A Auf welchen Bildern ist die Achsenspiegelung des Punkts P richtig durchgeführt? Kreuze an.

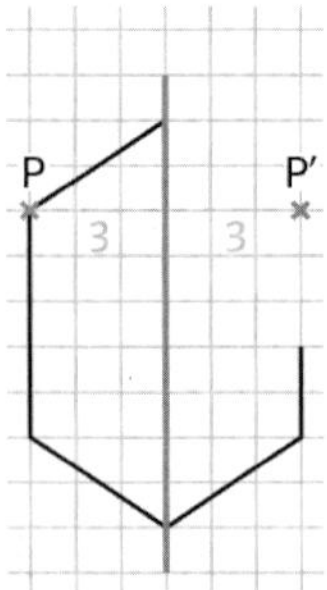

☐

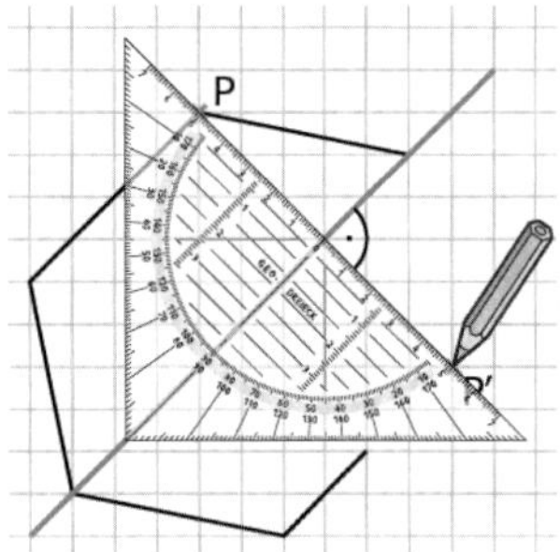

☐

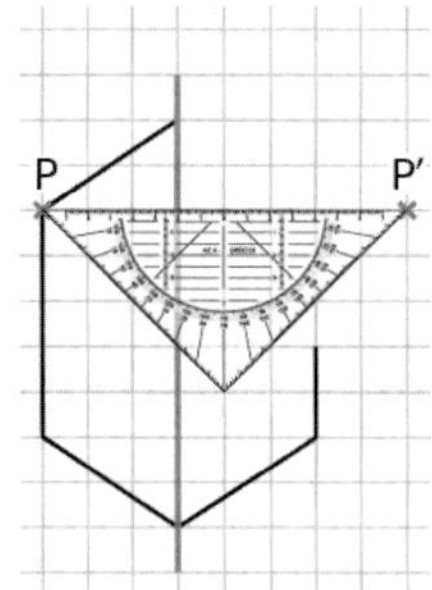

☐

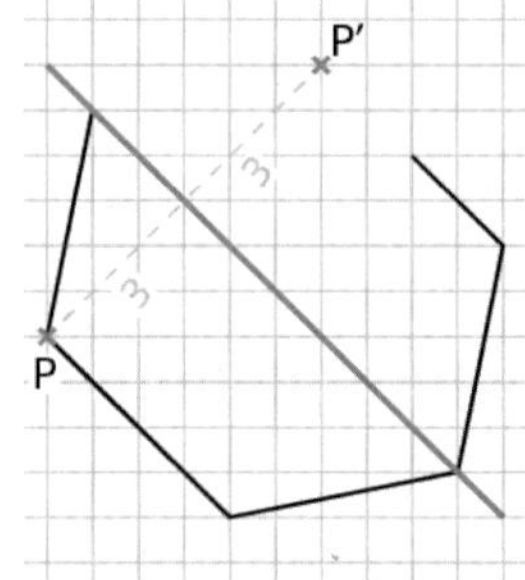

☐

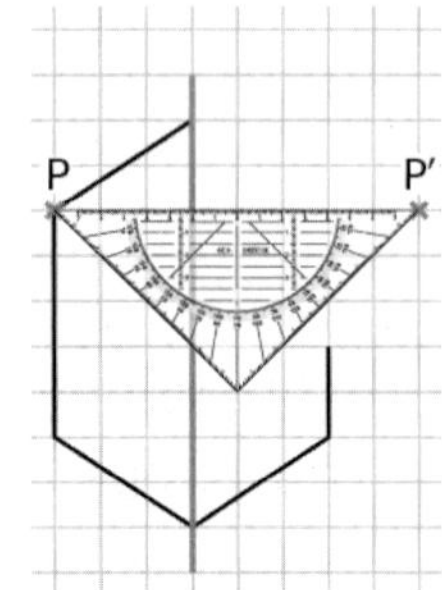

☐

B Setze die Wörter richtig in den Text ein. Ein Kärtchen bleibt übrig.

Achsenspiegelung | achsensymmetrisch | Bildpunkt | denselben | Symmetrieachse

Bei einer ______________________ wird jeder Punkt an der Symmetrieachse gespiegelt. Der Punkt P und sein ______________________ P′ haben ______________________ Abstand zur Symmetrieachse.

Die Verbindungsstrecke verläuft senkrecht zur ______________________________ .

Erklären und bewerten

C Erkläre, wie du bei einer Achsenspiegelung eines Vierecks an einer Symmetrieachse vorgehst.
Bringe dazu die Sätze in die richtige Reihenfolge.

Dann übertrage ich den Abstand von A zu g auf die andere Seite der Symmetrieachse.	Zum Schluss verbinde ich die Bildpunkte.
Mit den anderen Eckpunkten des Vierecks verfahre ich genauso.	Ich zeichne eine Senkrechte zur Symmetrieachse g durch den Eckpunkt A.

1. ____
2. ____
3. ____
4. ____

D Kreuze die richtigen Aussagen an.

☐ Bei einer Achsenspiegelung sind Punkt und Bildpunkt gleich weit von der Symmetrieachse entfernt.
☐ Bei einer Achsenspiegelung ist jede Bildstrecke größer als die ursprüngliche Strecke.
☐ Bei einer Achsenspiegelung ist jeder Winkel genauso groß wie sein Bildwinkel.
☐ Jede Figur hat mindestens eine Symmetrieachse.

Abbildungen: imprint, Zusmarshausen
Text: Sabine Kliemann

Lösungen Begriffstraining: Symmetrie – Achsenspiegelung, sym014

A

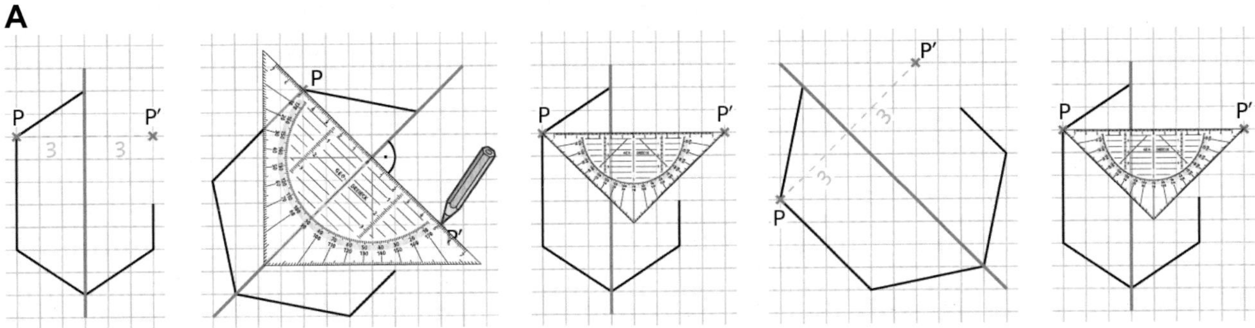

☒ ☒ ☐ ☒ ☐

B Bei einer **Achsenspiegelung** wird jeder Punkt an der Symmetrieachse gespiegelt. Der Punkt P und sein **Bildpunkt** P′ haben **denselben** Abstand zur Symmetrieachse.
Die Verbindungsstrecke verläuft senkrecht zur **Symmetrieachse**.

C 1. Ich zeichne eine Senkrechte zur Symmetrieachse g durch den Eckpunkt A.
2. Dann übertrage ich den Abstand von A zu g auf die andere Seite der Symmetrieachse.
3. Mit den anderen Eckpunkten des Vierecks verfahre ich genauso.
4. Zum Schluss verbinde ich die Bildpunkte.

D ☒ Bei einer Achsenspiegelung sind Punkt und Bildpunkt gleich weit von der Symmetrieachse entfernt.
☐ Bei einer Achsenspiegelung ist jede Bildstrecke größer als die ursprüngliche Strecke.
☒ Bei einer Achsenspiegelung ist jeder Winkel genauso groß wie sein Bildwinkel.
☐ Jede Figur hat mindestens eine Symmetrieachse.

Abbildungen: imprint, Zusmarshausen
Text: Sabine Kliemann

SP Begriffstraining: Symmetrie – Achsensymmetrie

die Achsensymmetrie	achsensymmetrisch	die Symmetrieachse

Erkennen und benennen

A Welche Bilder sind achsensymmetrisch? Kreuze an.

☐  ☐  ☐  ☐  ☐  ☐ 

☐  ☐  ☐  ☐  ☐  ☐ 

B Setze die Wörter richtig in den Text ein.

Symmetrieachse | eine | achsensymmetrisch | Achsensymmetrie | mehrere

Niki hat zum Geburtstag einen Blumenstrauß geschenkt bekommen.

Viele Blüten und Blätter der Blumen in Nikis Blumenstrauß sind ______________________.

Bei der ______________________ gibt es eine Linie, die wie ein Spiegel funktioniert. Diese Linie heißt auch ______________________ Niki stellt fest, dass einige Blüten nur ______________________ Symmetrieachse und andere Blüten ______________________ Symmetrieachsen haben.

Erklären und bewerten

C In dem Begriff „Achsensymmetrie“ stecken die Worte „Achse“ und „Symmetrie“. Erkläre.

____

____

____

D Kim sollte die Symmetrieachse in die Figuren einzeichnen. Bei welchen Figuren hat Kim das richtig gemacht? Kreuze an.

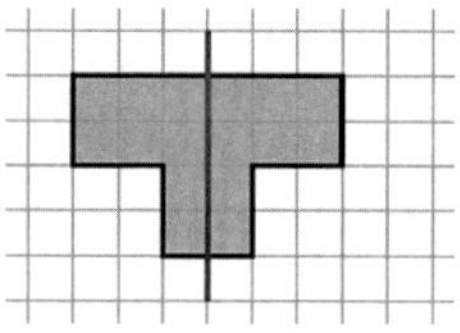 ☐ 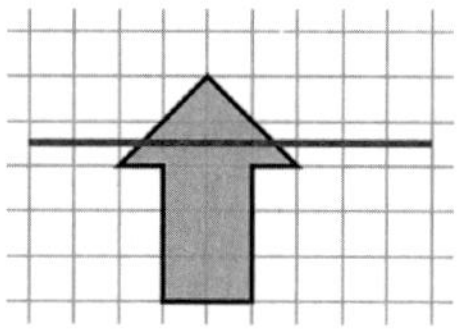 ☐ 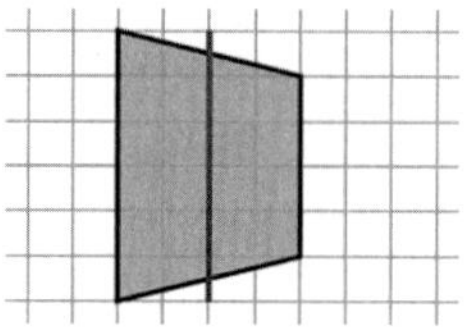 ☐ 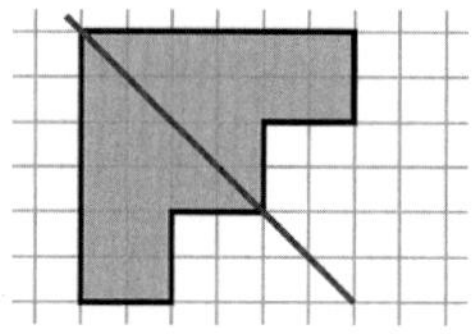 ☐ 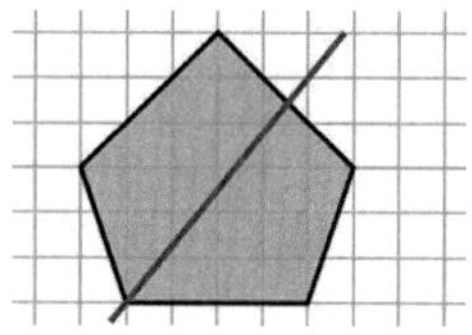 ☐

Abbildungen: Helmut Holtermann, Dannenberg; imprint, Zusmarshausen; tiff.any GmbH & Co. KG, Berlin
Text: Sabine Kliemann

Lösungen Begriffstraining: Symmetrie – Achsensymmetrie, sym015

A

☐  ☒  ☐  ☒  ☐  ☐ 

☐  ☐  ☒  ☒  ☒  ☐ 

B Niki hat zum Geburtstag einen Blumenstrauß geschenkt bekommen.
Viele Blüten und Blätter der Blumen in Nikis Blumenstrauß sind **achsensymmetrisch**.
Bei der **Achsensymmetrie** gibt es eine Linie, die wie ein Spiegel funktioniert. Diese Linie heißt auch **Symmetrieachse** Niki stellt fest, dass einige Blüten nur **eine** Symmetrieachse und andere Blüten **mehrere** Symmetrieachsen haben.

C Mögliche Antwort:
Wenn man eine Figur über einer Achse faltet und beide Seiten der Figur beim Falten genau aufeinanderpassen, liegt eine Symmetrie vor. Diese Symmetrie nennt man Achsensymmetrie.

D

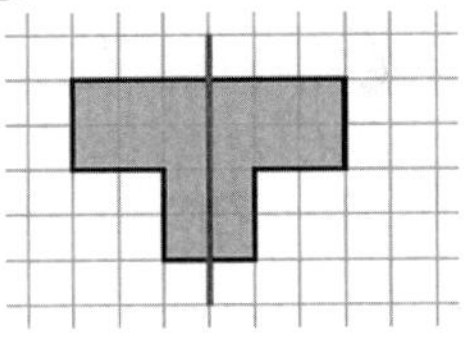 ☒

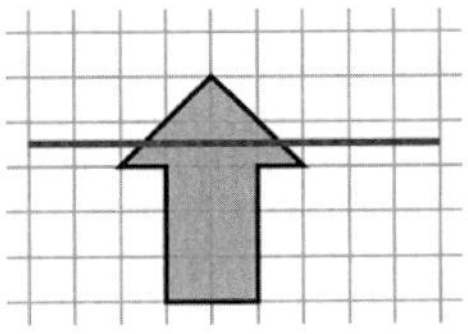 ☐

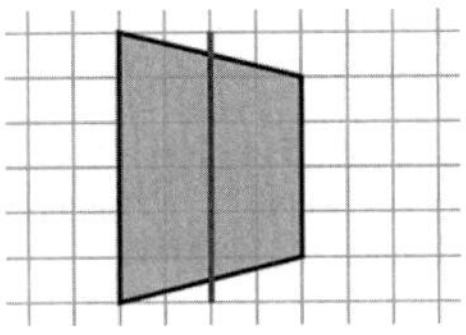 ☐

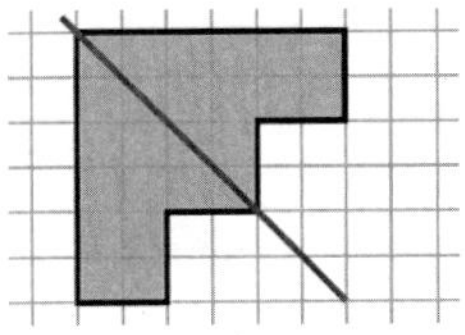 ☒

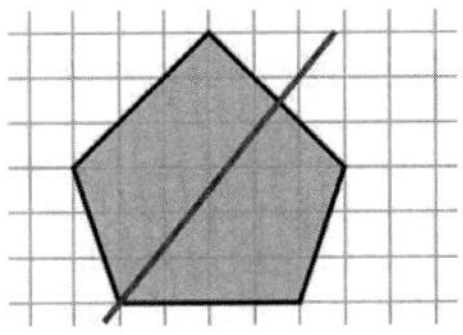 ☐

Abbildungen: Helmut Holtermann, Dannenberg; imprint, Zusmarshausen; tiff.any GmbH & Co. KG, Berlin
Text: Sabine Kliemann

SP Symmetrie – Figuren mit besonderen Eigenschaften

1 Beschreibe die Figuren mithilfe der Begriffe in ganzen Sätzen.

achsensymmetrisch	**parallel verschoben**	**punktsymmetrisch**	**Spirale**

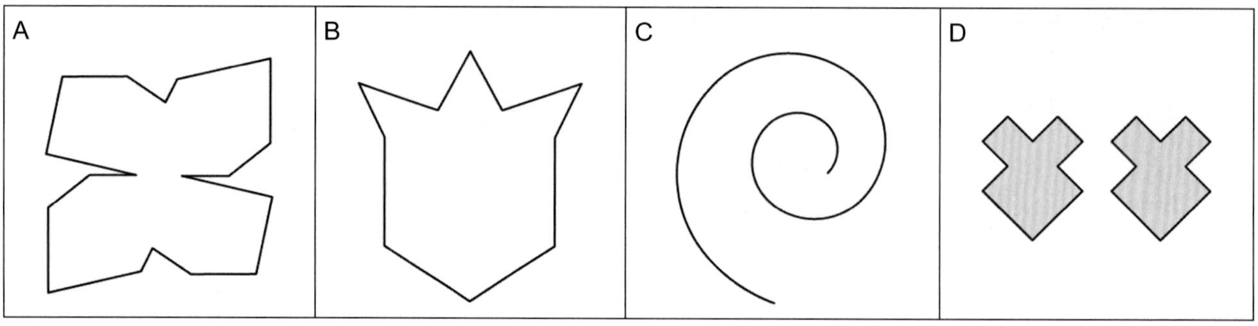

Beginne den ersten Satz mit „Die Figur in A …"

2 Beschreibe, wie man das achsensymmetrische Spiegelbild einer Figur zeichnen kann.
Benutze die Teile des Satzpuzzles.

- Spiegle zuerst
- zur achsensymmetrischen Figur.
- Ein Punkt und sein gespiegelter Punkt
- die Eckpunkte.
- haben von der Symmetrieachse denselben Abstand.
- Verbinde die Eckpunkte

3 Fülle die Lücken. Konjugiere die Verben vor dem Einsetzen.

drehen	**heißen**	**verlaufen**	**abbilden**	**liegen**

Punktspiegelung

Eine Figur ______________ punktsymmetrisch, wenn sie durch eine halbe Drehung auf sich selbst ______________ wird. Der Punkt, um den die Figur ______________ wird, heißt Symmetriezentrum. Punkt und gedrehter Punkt ______________ auf einer Geraden, die durch das Symmetriezentrum ______________.

Abbildungen: imprint, Zusmarshausen
Text: Hermann Gora

Lösungen Symmetrie – Figuren mit besonderen Eigenschaften, sym011

1 Die Figur in A ist punktsymmetrisch. Das Symmetriezentrum liegt in der Mitte der Figur. Figur B ist achsensymmetrisch mit einer senkrechten Spiegelachse. Bei Figur C handelt es sich um eine Spirale. Die Figur in D ist parallel verschoben.

2 Spiegle zuerst die Eckpunkte. Ein Punkt und sein gespiegelter Punkt haben von der Symmetrieachse denselben Abstand. Verbinde die Eckpunkte zur achsensymmetrischen Figur.

3 Eine Figur **heißt** punktsymmetrisch, wenn sie durch eine halbe Drehung auf sich selbst **abgebildet** wird. Der Punkt, um den die Figur **gedreht** wird, heißt Symmetriezentrum. Punkt und gedrehter Punkt **liegen** auf einer Geraden, die durch das Symmetriezentrum **verläuft**.

Text: Hermann Gora

SP Begriffstraining: Symmetrie – Punktsymmetrie und Punktspiegelung

die Punktsymmetrie	das Drehzentrum	punktsymmetrisch	die Punktspiegelung

Erkennen und benennen

A Welche Figuren sind punktsymmetrisch? Kreuze an und kreise das Drehzentrum ein.

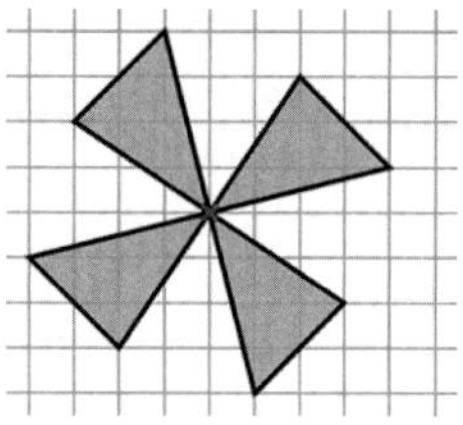
☐

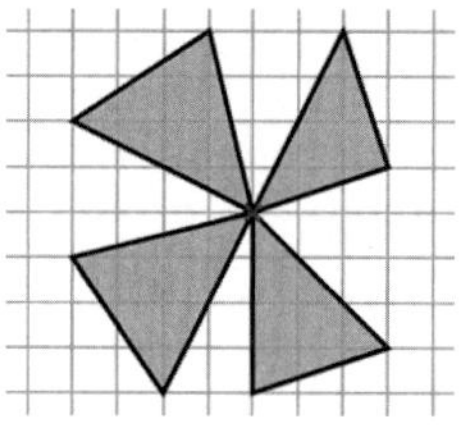
☐

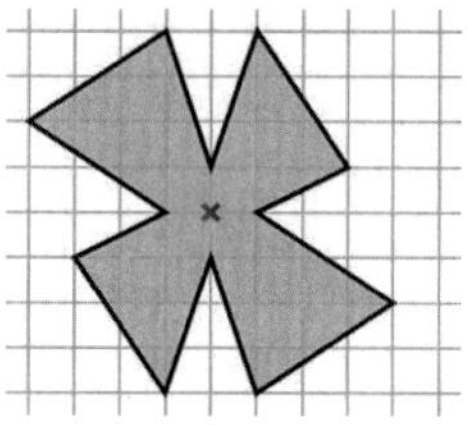
☐

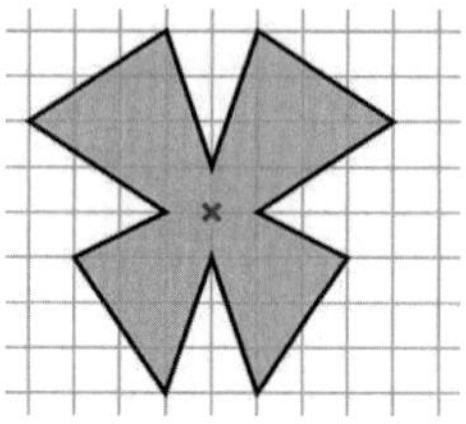
☐

B Setze die Wörter richtig in den Text ein.

Drehzentrum | Punktspiegelung | Punkt P | Geodreieck | Punkt P′ | 180°

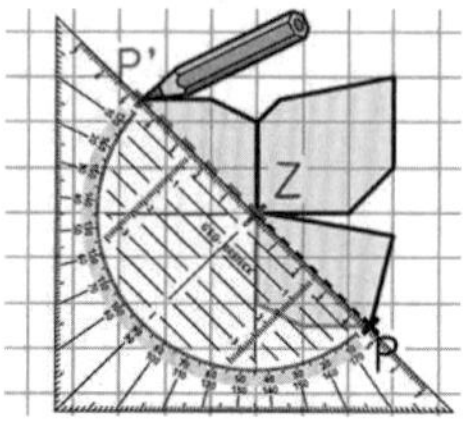

Eine ______________ ist eine Drehung um ______________.

Der Punkt Z, um den die Figur gedreht wird, ist das ______________.

Zum Zeichnen lege das ______________ so an, dass du den Abstand

vom Drehzentrum Z zum ______________ misst.

Dann übertrage den Abstand auf die andere Seite und zeichne den ______________.

Erklären und bewerten

C Erkläre, welche Rolle das Drehzentrum bei der Punktspiegelung spielt.

____

____

____

____

____

D Stimmen die Aussagen? Kreuze an.

Bei einer punktsymmetrischen Figur

- sind alle Punkte gleich weit vom Drehzentrum entfernt, ☐ richtig ☐ falsch
- liegen Punkt, Drehzentrum und gespiegelter Punkt auf einer geraden Linie, ☐ richtig ☐ falsch
- sieht die Figur nach der Punktspiegelung wieder genauso aus wie vorher. ☐ richtig ☐ falsch

Abbildungen: imprint, Zusmarshausen; Rudolf Hungreder, Leinfelden-Echterdingen
Text: Sabine Kliemann

Lösungen Begriffstraining: Symmetrie – Punktsymmetrie und Punktspiegelung, sym016

A

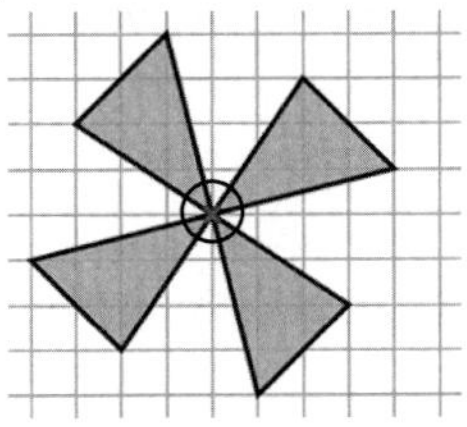

☒

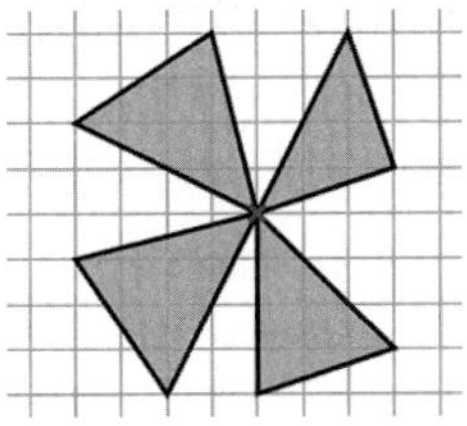

☐

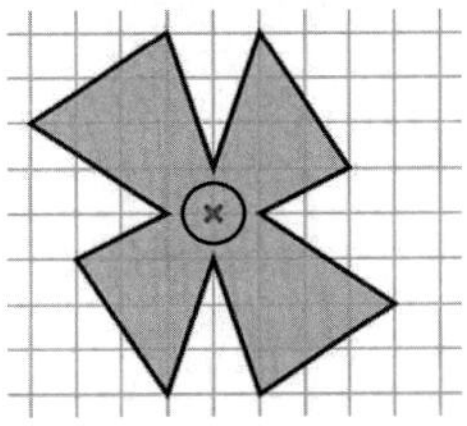

☒

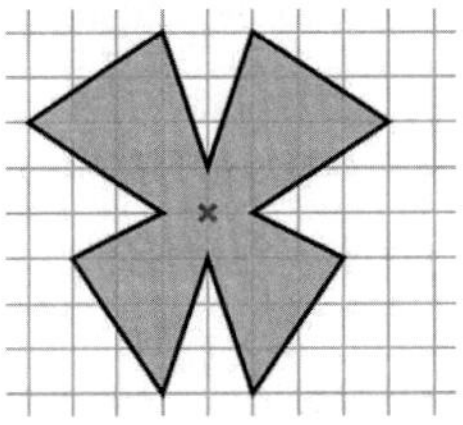

☐

B Eine **Punktspiegelung** ist eine Drehung um **180°**.
Der Punkt Z, um den die Figur gedreht wird, ist das **Drehzentrum**.
Zum Zeichnen lege das **Geodreieck** so an, dass du den Abstand vom Drehzentrum Z zum **Punkt P** misst.
Dann übertrage den Abstand auf die andere Seite und zeichne den **Punkt P′**.

C Mögliche Antwort:
Bei der Punktspiegelung wird jeder Punkt am Symmetriezentrum gespiegelt. Der Abstand des Punkts und seines gespiegelten Punkts zum Symmetriezentrum ist gleich groß.

D Bei einer punktsymmetrischen Figur

• sind alle Punkte gleich weit vom Drehzentrum entfernt,	☐ richtig	☒ falsch
• liegen Punkt, Drehzentrum und gespiegelter Punkt auf einer geraden Linie,	☒ richtig	☐ falsch
• sieht die Figur nach der Punktspiegelung wieder genauso aus wie vorher.	☒ richtig	☐ falsch

Abbildungen: imprint, Zusmarshausen
Text: Sabine Kliemann

SP Begriffstraining: Teilbarkeit – Endziffernregeln und Quersummenregeln

die Quersumme	der Rest	die Endziffernregeln	die Quersummenregeln

Erkennen und benennen

A Bringe die Satzteile in die richtige Reihenfolge und notiere den Satz.

Ziffern der Zahl | Ich berechne die | indem ich alle | addiere | Quersumme einer Zahl

____

B Kreuze an, mit welcher Teilbarkeitsregel du die Teilbarkeit überprüfen würdest.

a) Ist 16 teilbar durch 2?
☐ Endziffernregel
☐ Quersummenregel

b) Ist 15 teilbar durch 3?
☐ Endziffernregel
☐ Quersummenregel

c) Ist 513 teilbar durch 9?
☐ Endziffernregel
☐ Quersummenregel

d) Ist 1116 teilbar durch 5 und 9?
☐ Endziffernregel
☐ Quersummenregel

e) Ist 115 teilbar durch 2 und 4?
☐ Endziffernregel
☐ Quersummenregel

f) Ist 1013 teilbar durch 3 und 9?
☐ Endziffernregel
☐ Quersummenregel

C Verbinde passend.

Eine Zahl ist durch eine andere Zahl nicht teilbar,	wenn die letzte Stelle eine gerade Zahl ist.
Eine Zahl ist durch 10 teilbar,	wenn beim Teilen ein Rest übrig bleibt.
Eine Zahl ist durch 2 teilbar,	wenn die Quersumme durch 9 teilbar ist.
Eine Zahl ist durch 9 teilbar,	wenn die letzte Stelle eine Null ist.

Erklären und bewerten

D Beschreibe, wann du die Endziffernregeln und wann du die Quersummenregeln anwendest.

Die Endziffernregeln	Die Quersummenregeln

Text: Wolfram Schmidt

Lösungen Begriffstraining: Teilbarkeit – Endziffernregeln und Quersummenregeln, tlbr012

A Ich berechne die Quersumme einer Zahl, indem ich alle Ziffern der Zahl addiere.

B a) Ist 16 teilbar durch 2?
☒ Endziffernregel
☐ Quersummenregel

b) Ist 15 teilbar durch 3?
☐ Endziffernregel
☒ Quersummenregel

c) Ist 513 teilbar durch 9?
☐ Endziffernregel
☒ Quersummenregel

d) Ist 1116 teilbar durch 5 und 9?
☒ Endziffernregel
☒ Quersummenregel

e) Ist 115 teilbar durch 2 und 4?
☒ Endziffernregel
☐ Quersummenregel

f) Ist 1013 teilbar durch 3 und 9?
☐ Endziffernregel
☒ Quersummenregel

C Diese Satzteile gehören zusammen:

Eine Zahl ist durch eine andere Zahl nicht teilbar,	wenn beim Teilen ein Rest übrig bleibt.
Eine Zahl ist durch 10 teilbar,	wenn die letzte Stelle eine Null ist.
Eine Zahl ist durch 2 teilbar,	wenn die letzte Stelle eine gerade Zahl ist.
Eine Zahl ist durch 9 teilbar,	wenn die Quersumme durch 9 teilbar ist.

D Individuelle Lösungen, zum Beispiel:

Die Endziffernregeln

Mit den Endziffernregeln kann ich die Teilbarkeit einer Zahl durch 2, 4, 5 und 10 feststellen.

Die Quersummenregeln

Mithilfe der Quersummenregeln kann ich die Teilbarkeit einer Zahl durch 3 und 9 feststellen.

Text: Wolfram Schmidt

SP Begriffstraining: Teilbarkeit – Primzahlen und Primfaktoren

die Primzahl	der Teiler
der Primfaktor	die Primfaktorzerlegung

Erkennen und benennen

A Kreise die Primzahlen ein.

1 **3** **4** **7** **9** **11** **12** **15** **19**

B Vervollständige die Sätze. Ein Begriff wird zweimal verwendet.

Primzahlen | Primfaktorzerlegung | Faktoren | Primfaktoren

________________ haben nur zwei Teiler. Bei der ________________ werden Zahlen in Produkte zerlegt. Die ________________ der Produkte sind alle ________________.

Deshalb nennt man sie ________________.

C Kreise die Zahlen ein, die vollständig in Primfaktoren zerlegt worden sind.

$30 = 2 \cdot 3 \cdot 5$ | $12 = 2 \cdot 6$ | $15 = 3 \cdot 5$ | $18 = 2 \cdot 9$ | $24 = 2 \cdot 2 \cdot 2 \cdot 3$ | $25 = 5 \cdot 5$

D Bringe die Satzteile in die richtige Reihenfolge.

die keine Primzahl | hat eine Primfaktorzerlegung | und größer als 1 ist | Jede Zahl

____

Erklären und bewerten

E Erkläre, woran du eine Primzahl erkennst.

____

____

F Die Primfaktorzerlegung von größeren Zahlen erfolgt schrittweise. Zeige das an einem Beispiel.

____

____

____

____

____

____

Text: Wolfram Schmidt

Lösungen Begriffstraining: Teilbarkeit – Primzahlen und Primfaktoren, tlbr013

A

1 (3) 4 (7) 9 (11) 12 15 (19)

B **Primzahlen** haben nur zwei Teiler. Bei der **Primfaktorzerlegung** werden Zahlen in Produkte zerlegt. Die **Faktoren** der Produkte sind alle **Primzahlen**.
Deshalb nennt man sie **Primfaktoren**.

C

(30) $= 2 \cdot 3 \cdot 5$	$12 = 2 \cdot 6$	(15) $= 3 \cdot 5$	$18 = 2 \cdot 9$	(24) $= 2 \cdot 2 \cdot 2 \cdot 3$	(25) $= 5 \cdot 5$

D Die richtige Reihenfolge der Satzteile lautet:
Jede Zahl, die keine Primzahl und größer als 1 ist, hat eine Primfaktorzerlegung.

E Individuelle Lösungen, zum Beispiel:
Ich erkenne eine Primzahl an der Anzahl ihrer Teiler. Sie hat immer nur zwei Teiler.

F Individuelle Lösungen, zum Beispiel die Zahl 36 in ihre Primfaktoren zerlegen:
1. Ich suche ein Produkt das 36 ergibt.
$36 = 6 \cdot 6$
2. Ich prüfe, ob die beiden Faktoren Primzahlen sind oder ob ich sie weiter zerlegen kann.
6 kann ich zerlegen in $6 = 2 \cdot 3$
Also kann ich 36 zerlegen in:
$36 = 2 \cdot 3 \cdot 2 \cdot 3$
3. Da 2 und 3 Primzahlen sind, ist die Primfaktorzerlegung fertig.
$36 = 2 \cdot 2 \cdot 3 \cdot 3$

Text: Wolfram Schmidt

SP Begriffstraining: Teilbarkeit – Teiler und Vielfache

der Teiler	die Teilermenge	das Vielfache	die Vielfachenmenge

Erkennen und benennen

A Kennzeichne die Teiler der Zahl 12 mit einem Kreis. Kennzeichne die Vielfachen der Zahl 12 mit einem Rechteck.

36 **1** **24** **98** **6** **48** **2**

60 **4** **8** **12** **72** **3** **84**

B Vervollständige die Sätze. Ein Wort bleibt übrig. Manche Wörter brauchst du mehrfach.

unendlich | sechs | Teilermenge | Teiler | acht | Vielfachen | Vielfachenmenge

12 ist ein ________________ von 24, da 24 durch 12 ohne Rest teilbar ist.

Zur __________________________ von 24 gehören 1; 2; 3; 4; 6; 8; 12 und 24. Die Zahl 24 hat also insgesamt ________________ Teiler. Die Vielfachen einer Zahl bilden die __________________________.

In einer Vielfachenmenge können ________________ viele ________________ enthalten sein.

Mit den Punkten am Ende einer __________________________ wird gezeigt, dass es noch ________________ viele weitere Vielfache gibt.

Erklären und bewerten

C Erkläre, warum du alle Teiler einer Zahl aufschreiben kannst, aber nicht alle Vielfachen einer Zahl.

____

____

____

D a) Erkläre, was T_{10} bedeutet. ____

____

b) Erkläre, was V_{10} bedeutet. ____

____

c) Vergleiche T_{10} und V_{10} miteinander.

____

____

____

Text: Wolfram Schmidt

Lösungen Begriffstraining: Teilbarkeit – Teiler und Vielfache, tlbr014

A

36 1 24 98 6 48 2

60 4 8 12 72 3 84

B 12 ist ein **Teiler** von 24, da 24 durch 12 ohne Rest teilbar ist.
Zur **Teilermenge** von 24 gehören 1; 2; 3; 4; 6; 8; 12 und 24. Die Zahl 24 hat also insgesamt **acht** Teiler. Die Vielfachen einer Zahl bilden die **Vielfachenmenge**.
In einer Vielfachenmenge können **unendlich** viele **Vielfachen** enthalten sein.
Mit den Punkten am Ende einer **Vielfachenmenge** wird gezeigt, dass es noch **unendlich** viele weitere Vielfache gibt.

C Individuelle Lösungen, zum Beispiel:
In der Teilermenge kann ich alle Teiler einer Zahl aufschreiben, weil es immer nur eine bestimmte Anzahl von Teilern gibt. Jede Teilermenge hat eine endliche Anzahl von Teilern.
In der Vielfachenmenge einer Zahl kann ich nicht alle Vielfachen aufschreiben, weil es davon unendlich viele gibt.

D Individuelle Lösungen, zum Beispiel:
a) T_{10} ist die Abkürzung für die Menge aller Teiler der Zahl 10.
b) V_{10} ist die Abkürzung für die Menge aller Vielfachen der Zahl 10.
c) T_{10} ist eine endliche Menge mit den vier Teilern 1; 2; 5 und 10. V_{10} ist die Menge der Vielfachen der Zahl 10 mit unendlich vielen Vielfachen.

Text: Wolfram Schmidt

SP Textpuzzle – Balkendiagramm zeichnen

1. Schneide die Felder aus.
2. Ordne die Diagramme in der richtigen Reihenfolge untereinander.
3. Lege die passenden Erklärungen daneben. Zu jedem Bild gehören eine Überschrift und zwei Textteile.
4. Klebe alles in dein Heft.

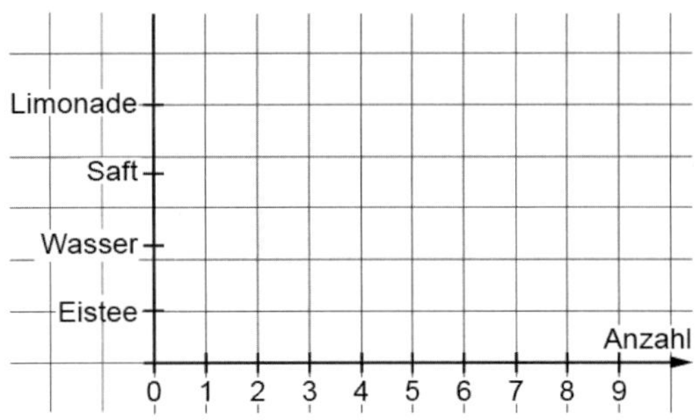

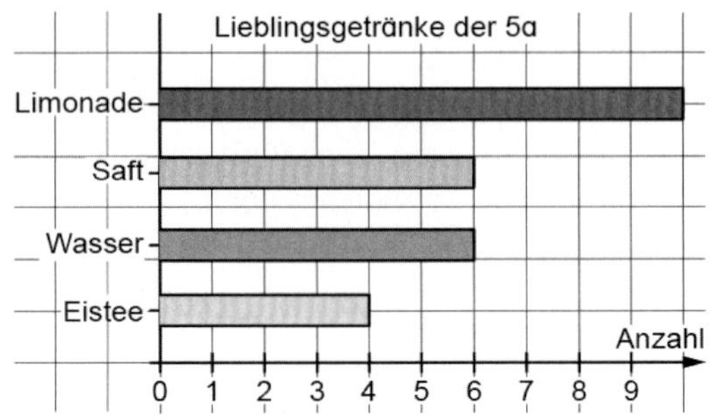

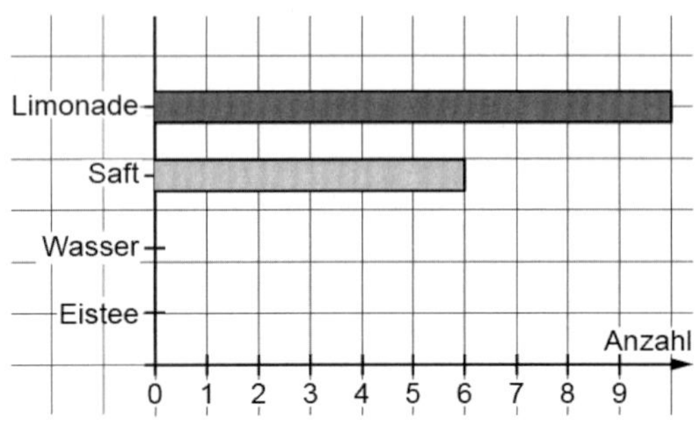

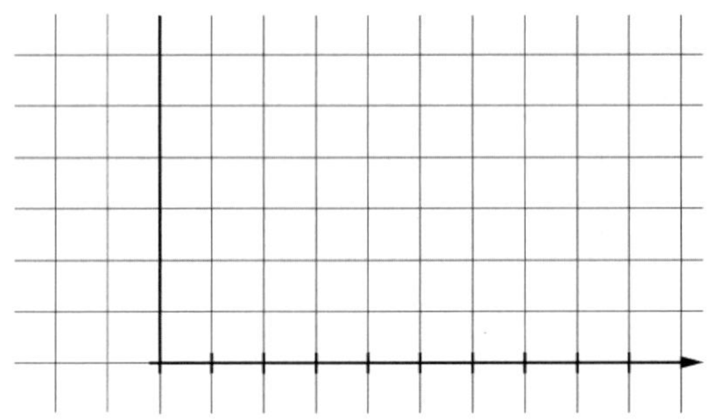

Achsen beschriften

Diagramm fertigstellen

Achsen zeichnen

Balken zeichnen

Zeichne die Balken.
Achte auf die richtige Länge.

Schreibe eine Überschrift über das Diagramm.

Überlege, wie lang die Achsen sein müssen.
Wie viele Antworten gibt es? (Hochachse)
Wie oft kommt jede Antwort vor? (Rechtsachse)

Beschrifte eine Achse mit Zahlen. Beginne bei 0 und zähle in gleichmäßigen Abständen, zum Beispiel in 1er-Schritten 1; 2; 3; ... oder in 10er-Schritten 10; 20; 30; ...

Beschrifte eine Achse mit den Antworten.

Prüfe noch einmal, ob alles richtig ist.

Zeichne alle Balken gleich breit.
Färbe die Balken mit verschiedenen Farben.

Zeichne die Achsen mit einem Lineal.
Teile die Zahlenachse in gleich große Abschnitte.

Abbildungen: imprint, Zusmarshausen
Text: Daniela Hesse

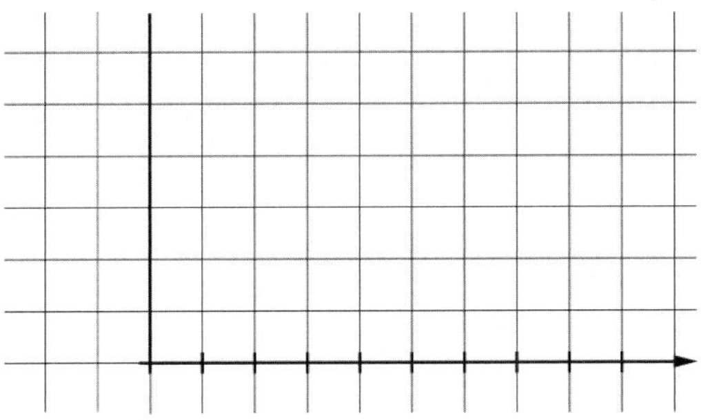

Achsen zeichnen

Überlege, wie lang die Achsen sein müssen.
Wie viele Antworten gibt es? (Hochachse)
Wie oft kommt jede Antwort vor? (Rechtsachse)

Zeichne die Achsen mit einem Lineal.
Teile die Zahlenachse in gleich große Abschnitte.

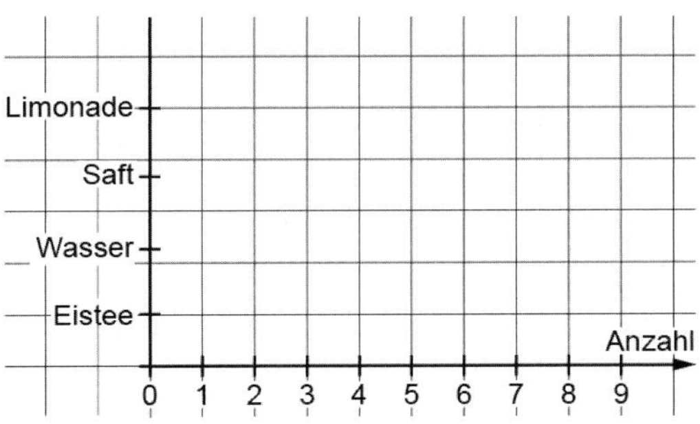

Achsen beschriften

Beschrifte eine Achse mit Zahlen. Beginne bei 0 und zähle in gleichmäßigen Abständen, zum Beispiel in 1er-Schritten 1; 2; 3; ... oder in 10er-Schritten 10; 20; 30; ...

Beschrifte eine Achse mit den Antworten.

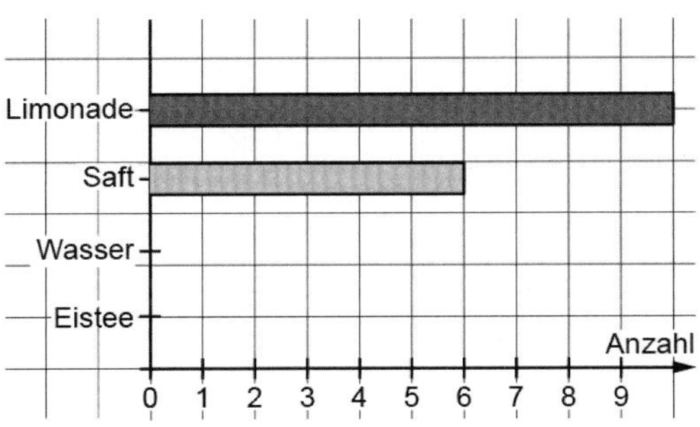

Balken zeichnen

Zeichne die Balken.
Achte auf die richtige Länge.

Zeichne alle Balken gleich breit.
Färbe die Balken mit verschiedenen Farben.

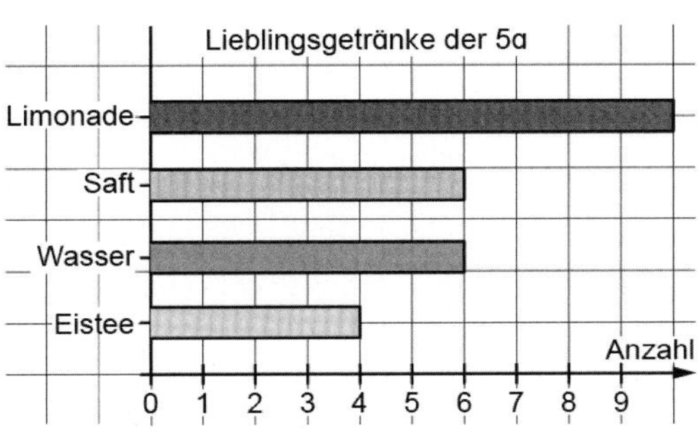

Diagramm fertigstellen

Schreibe eine Überschrift über das Diagramm.

Prüfe noch einmal, ob alles richtig ist.

Abbildungen: imprint, Zusmarshausen
Text: Daniela Hesse

Textverständnis – Ein Logical-Rätsel

SP **1**

In der Schule am Mühlbach wird ab der 1. Klasse Englisch unterrichtet. Hierüber freut sich vor allem Tilda, die gerade eingeschult wurde. Ihr acht Jahre älterer Bruder liebt es dagegen, knifflige Matheaufgaben zu lösen. Manchmal denkt er sich auch eigene Zahlenrätsel aus, die er dann seiner Lehrerin Frau Altmann stellt. Noah ist der mittlere der drei Geschwister und wird ebenfalls von einer Lehrerin unterrichtet. Er möchte später ein Studium bei der Polizei aufnehmen und muss nach der 10. Klasse auf ein Gymnasium wechseln.

a) Lies den Text durch und unterstreiche alle wichtigen Informationen.
b) Löse das Logical mit Hilfe des Textes.

		Schulform			Fach			Lehrkraft		
		Grundschule	Gesamtschule	Gymnasium	Mathematik	Deutsch	Englisch	Frau Altmann	Herr Wolters	Frau Kessler
Kind	Noah									
	Alex									
	Tilda									
Lehrkraft	Frau Altmann									
	Herr Wolters									
	Frau Kessler									
Fach	Mathematik									
	Deutsch									
	Englisch									

c) Formuliere jeweils einen Antwortsatz.

(1) Von wem wird Tilda unterrichtet? ______________________________

____

(2) Welche Schulform besucht Alex? ______________________________

____

(3) Was ist Noahs Lieblingsfach? ______________________________

____

(4) Wer unterrichtet Mathematik? ______________________________

Text: Dr. Andreas Thiemer

Lösung: Textverständnis – Ein Logical-Rätsel, gr065

In der Schule am Mühlbach wird ab der 1. Klasse Englisch unterrichtet. Hierüber freut sich vor allem Tilda, die gerade eingeschult wurde. Ihr acht Jahre älterer Bruder liebt es dagegen, kniffelige Matheaufgaben zu lösen. Manchmal denkt er sich auch eigene Zahlenrätsel aus, die er dann seiner Lehrerin Frau Altmann stellt. Noah ist der mittlere der drei Geschwister und wird ebenfalls von einer Lehrerin unterrichtet. Er möchte später ein Studium bei der Polizei aufnehmen und muss nach der 10. Klasse auf ein Gymnasium wechseln.

b)

		Schulform			Fach			Lehrkraft		
		Grundschule	Gesamtschule	Gymnasium	Mathematik	Deutsch	Englisch	Frau Altmann	Herr Wolters	Frau Kessler
Kind	Noah	O	X	O	O	X	O	O	O	X
	Alex	O	O	X	X	O	O	X	O	O
	Tilda	X	O	O	O	O	X	O	X	O
Lehrkraft	Frau Altmann	O	O	X	X	O	O			
	Herr Wolters	X	O	O	O	O	X			
	Frau Kessler	O	X	O	O	X	O			
Fach	Mathematik	O	O	X						
	Deutsch	O	X	O						
	Englisch	X	O	O						

c) (1) Der Lehrer von Tilda ist Herr Wolters.
(2) Alex ist auf einem Gymnasium.
(3) Das Lieblingsfach von Noah ist Deutsch.
(4) Mathematik wird von Frau Altmann unterrichtet.

Text: Dr. Andreas Thiemer

Name: Klasse: Datum: krp010

Lernduo: Volumen des Quaders

SP

A	B
Erklärt euch gegenseitig, wie ihr die Antwort findet.	
1 Wie berechnest du das Volumen eines Quaders? Erkläre.	**2** Wie berechnest du das Volumen eines Würfels? Erkläre.
3 Das Volumen des Würfels beträgt 27 cm^3. Erkläre. 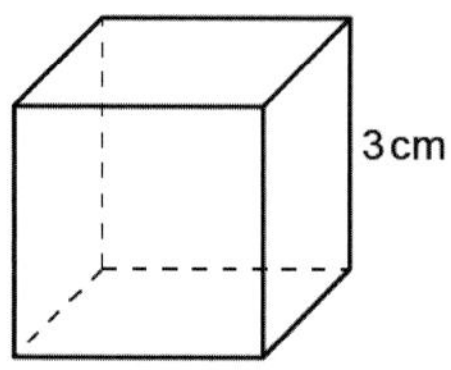	**4** Das Volumen des Quaders beträgt 24 cm^3. Erkläre. 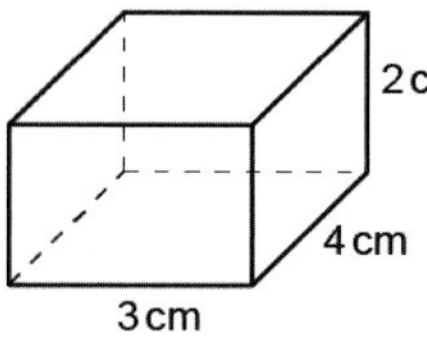
5 Welcher Körper hat das größere Volumen? Berechne und erkläre. 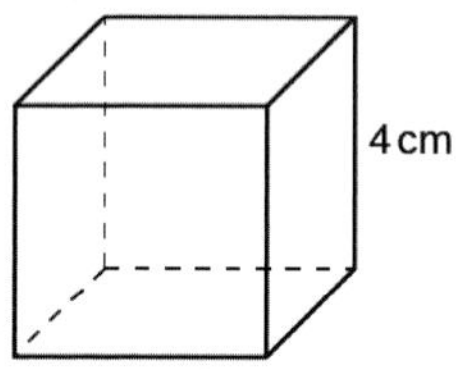 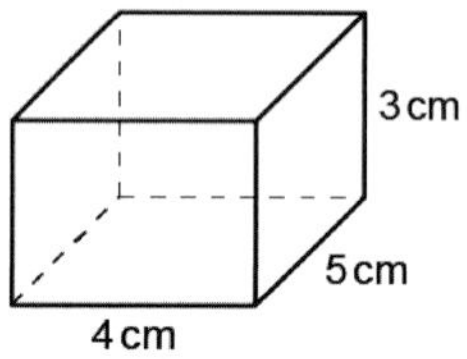	**6** Welcher Körper hat das größere Volumen? Berechne und erkläre. 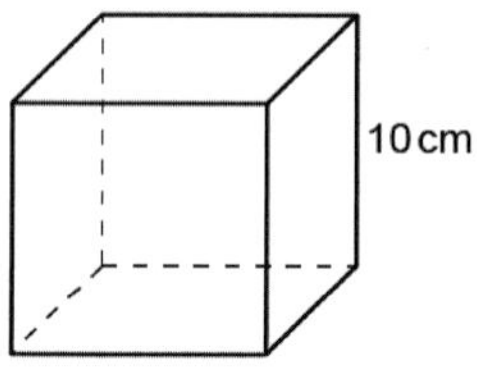 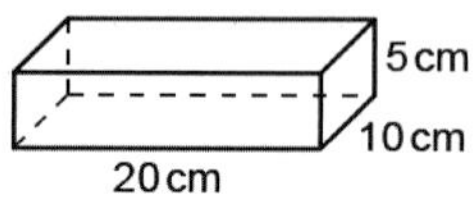
7 Gib mögliche Maße für einen Quader an, der das gleiche Volumen hat, wie der Quader in Aufgabe 5.	**8** Gib mögliche Maße für einen Quader an, der das gleiche Volumen hat, wie der Quader in Aufgabe 6.

Lösungen A	Lösungen B
1 Das Volumen eines Quaders berechnet man, indem die drei unterschiedlich langen Kantenlängen miteinander multipliziert werden.	**2** Das Volumen eines Würfels berechnet man, indem die Kantenlänge dreimal mit sich selbst multipliziert wird.
3 Die Kantenlänge muss dreimal mit sich selbst multipliziert werden: $V = 3\,cm \cdot 3\,cm \cdot 3\,cm = 27\,cm^3$	**4** Die drei unterschiedlich langen Kantenlängen müssen miteinander multipliziert werden: $V = 3\,cm \cdot 2\,cm \cdot 4\,cm = 24\,cm^3$
5 Berechnung der Volumen der Körper: Würfel: $V = 4\,cm \cdot 4\,cm \cdot 4cm = 64\,cm^3$ Quader: $V = 4\,cm \cdot 3\,cm \cdot 5\,cm = 60\,cm^3$ Der Würfel hat das größere Volumen.	**6** Berechnung der Volumen der Körper: Würfel: $V = 10\,cm \cdot 10\,cm \cdot 10\,cm = 1000\,cm^3$ Quader: $V = 20\,cm \cdot 5\,cm \cdot 10\,cm = 1000\,cm^3$ Beide Körper haben das gleiche Volumen.
7 Mögliche Maße eines Quaders mit $V = 60\,cm^3$ sind: 5 cm; 2 cm; 6 cm $V = 5\,cm \cdot 2\,cm \cdot 6\,cm = 60\,cm^3$	**8** Mögliche Maße eines Quaders mit $V = 1000\,cm^3$ sind: 25 cm; 4 cm; 10 cm $V = 25\,cm \cdot 4\,cm \cdot 10\,cm = 1000\,cm^3$

Abbildungen: imprint, Zusmarshausen
Text: Daniela Hesse

Lernduo: Winkelarten

SP

A	B
Erklärt euch gegenseitig, wie ihr die Antwort findet.	

1 Zeige den Scheitel des Winkels.

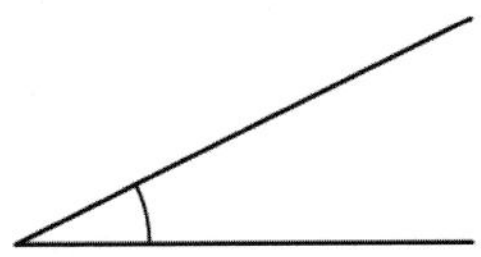

2 Zeige die Schenkel des Winkels.

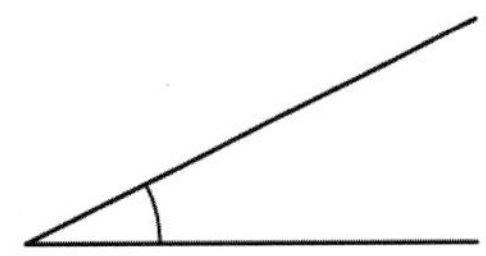

3 Ordne die Winkelart einer Zeichnung zu. Nicht alle genannten Winkelarten gibt es.

a) spitzer Winkel b) großer Winkel
c) rechter Winkel d) überstumpfer Winkel

4 Ordne die Winkelart einer Zeichnung zu. Nicht alle genannten Winkelarten gibt es.

a) gestreckter Winkel b) kleiner Winkel
c) stumpfer Winkel d) linker Winkel

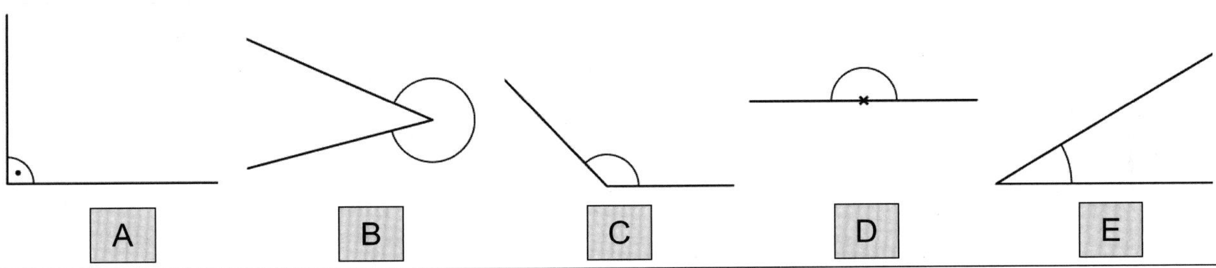

5 Benenne die Winkelart.

a) 40 ° b) 90 °
c) 130 ° d) 300 °

6 Benenne die Winkelart.

a) 200 ° b) 110 °
c) 45 ° d) 180 °

7 Richtig oder falsch? Begründe.

Zwei rechte Winkel bilden zusammen einen gestreckten Winkel.

8 Richtig oder falsch? Begründe.

Ein rechter Winkel ist ein besonderer spitzer Winkel.

Lösungen A

1

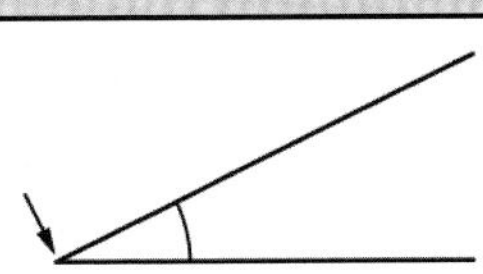

3 a) spitzer Winkel → E
b) großer Winkel → Diese Winkelart gibt es nicht.
c) rechter Winkel → A
d) überstumpfer Winkel → B

5 a) spitzer Winkel b) rechter Winkel
c) stumpfer Winkel d) überstumpfer Winkel

7 Richtig. $90° + 90° = 180°$

Lösungen B

2

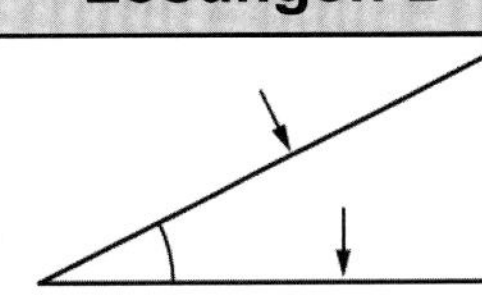

4 a) gestreckter Winkel → D
b) kleiner Winkel → Diese Winkelart gibt es nicht.
c) stumpfer Winkel → C
d) linker Winkel → Diese Winkelart gibt es nicht.

6 a) überstumpfer Winkel b) stumpfer Winkel
c) spitzer Winkel d) gestreckter Winkel

8 Falsch. Ein rechter Winkel ist genau 90° groß. Ein spitzer Winkel ist kleiner als 90°.

Abbildungen: imprint, Zusmarshausen
Text: Daniela Hesse

Name: Klasse: Datum: wnk001

SP Begriffstraining: Winkel – Grundbegriffe

der Winkel	der Schenkel	der Scheitel	der Winkelbogen

Erkennen und benennen

A Zeichne in die Abbildung Winkel ein, die du erkennen kannst.

B Ergänze die Begriffe.

Scheitel | Winkelbogen | Schenkel

a)

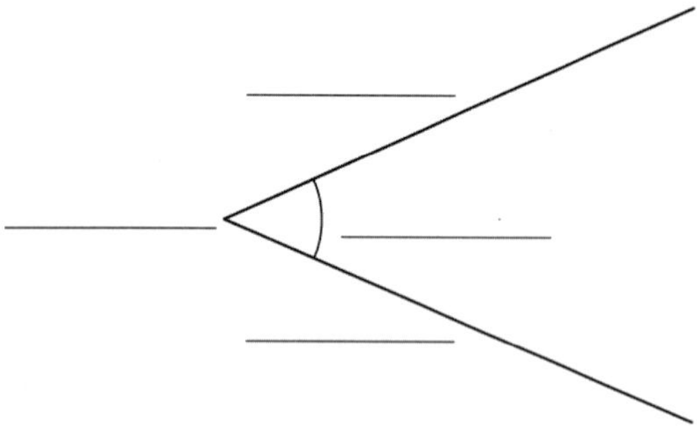

b) Ein Winkel wird durch zwei ________________ begrenzt. Sie beginnen in einem gemeinsamen Punkt, dem ________________.

Winkel werden durch einen ________________ gekennzeichnet.

C Winkel werden mit kleinen griechischen Buchstaben bezeichnet. Ordne die Aussprache dem entsprechenden griechischen Buchstaben zu.

α	β	γ	δ	ε
Epsilon	Gamma	Alpha	Delta	Beta

Erklären und bewerten

D Erkläre, woran du einen Winkel erkennst.

____

____

____

____

Abbildungen: imprint, Zusmarshausen; ShutterStock.com RF, New York (Kersti Lindstrom)
Text: Wolfram Schmidt

Lösungen Begriffstraining: Winkel – Grundbegriffe, wnk001

A Individuelle Lösungen, zum Beispiel:

B a)

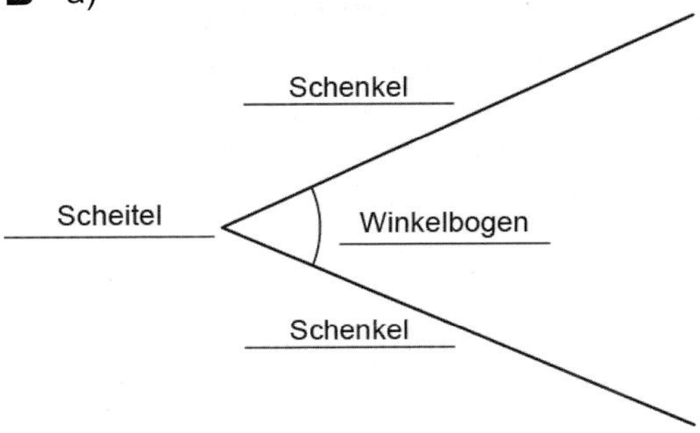

b) Ein Winkel wird durch zwei **Schenkel** begrenzt. Sie beginnen in einem gemeinsamen Punkt, dem **Scheitel**.
Winkel werden durch einen **Winkelbogen** gekennzeichnet.

C

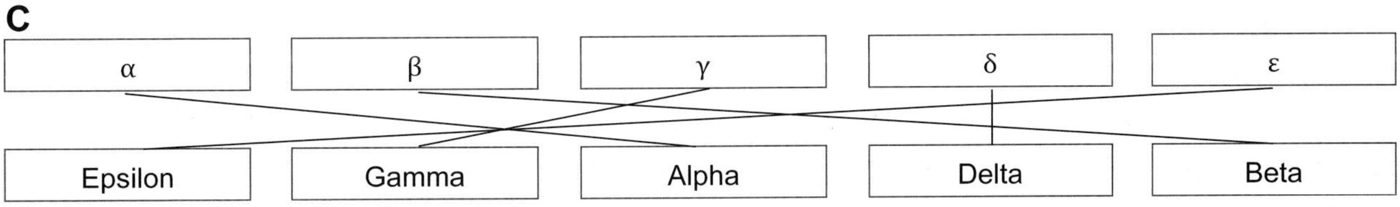

D Individuelle Lösungen, zum Beispiel:
Ein Winkel wird von zwei Schenkeln begrenzt, die einen gemeinsamen Berührpunkt haben. Den Berührpunkt nennt man Scheitel.

Abbildungen: imprint, Zusmarshausen; ShutterStock.com RF, New York (Kersti Lindstrom)
Text: Wolfram Schmidt

SP Begriffstraining: Winkel – Winkelarten

die Winkelarten	**der spitze Winkel**	**der rechte Winkel**
der stumpfe Winkel	**der gestreckte Winkel**	**der überstumpfe Winkel**
der Vollwinkel		

Erkennen und benennen

A Verbinde jeden Winkel mit der passenden Winkelart und der passenden Beschreibung.

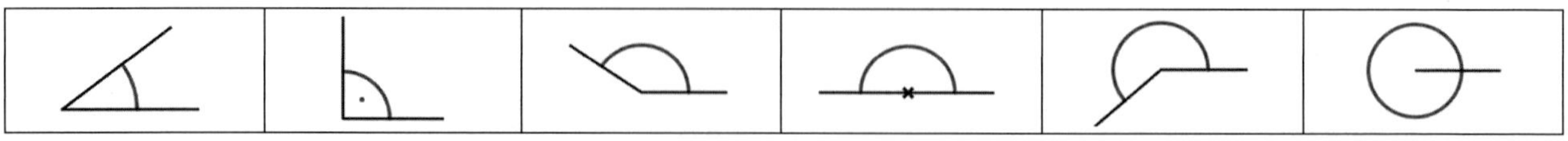

der rechte Winkel	der spitze Winkel	der stumpfe Winkel	der gestreckte Winkel	der Voll-winkel	der überstumpfe Winkel

kleiner als der rechte Winkel	90° groß	doppelt so groß wie der gestreckte Winkel	doppelt so groß wie der rechte Winkel	größer als der gestreckte Winkel, kleiner als der volle Winkel	größer als der rechte Winkel, kleiner als der ge-streckte Winkel

B Auf welche Winkelart trifft die Aussage zu? Kreuze an.

a) Der Winkel ist kleiner als 180°.
- ☐ spitzer Winkel
- ☐ rechter Winkel
- ☐ stumpfer Winkel
- ☐ gestreckter Winkel
- ☐ überstumpfer Winkel
- ☐ Vollwinkel

b) Der Winkel ist größer als 90°.
- ☐ spitzer Winkel
- ☐ rechter Winkel
- ☐ stumpfer Winkel
- ☐ gestreckter Winkel
- ☐ überstumpfer Winkel
- ☐ Vollwinkel

c) Der Winkel ist kleiner als 91°.
- ☐ spitzer Winkel
- ☐ rechter Winkel
- ☐ stumpfer Winkel
- ☐ gestreckter Winkel
- ☐ überstumpfer Winkel
- ☐ Vollwinkel

d) Der Winkel ist kleiner als ein rechter Winkel.
- ☐ spitzer Winkel
- ☐ rechter Winkel
- ☐ stumpfer Winkel
- ☐ gestreckter Winkel
- ☐ überstumpfer Winkel
- ☐ Vollwinkel

e) Der Winkel ist größer als ein gestreckter Winkel.
- ☐ spitzer Winkel
- ☐ rechter Winkel
- ☐ stumpfer Winkel
- ☐ gestreckter Winkel
- ☐ überstumpfer Winkel
- ☐ Vollwinkel

f) Der Winkel ist 200° groß.
- ☐ spitzer Winkel
- ☐ rechter Winkel
- ☐ stumpfer Winkel
- ☐ gestreckter Winkel
- ☐ überstumpfer Winkel
- ☐ Vollwinkel

Erklären und bewerten

C Beschreibe, wie sich spitze und stumpfe Winkel unterscheiden.

____

____

____

Abbildungen: imprint, Zusmarshausen
Text: Wolfram Schmidt

Lösungen Begriffstraining: Winkel – Winkelarten, wnk003

A

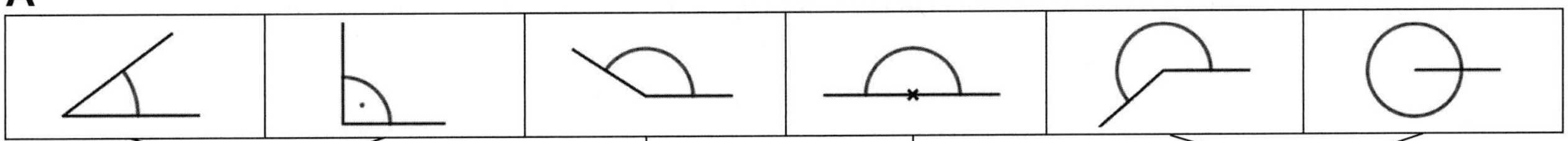

der rechte Winkel	der spitze Winkel	der stumpfe Winkel	der gestreckte Winkel	der Vollwinkel	der überstumpfe Winkel
kleiner als der rechte Winkel	90° groß	doppelt so groß wie der gestreckte Winkel	doppelt so groß wie der rechte Winkel	größer als der gestreckte Winkel, kleiner als der volle Winkel	größer als der rechte Winkel, kleiner als der gestreckte Winkel

B a) Der Winkel ist kleiner als 180°.

☒ spitzer Winkel
☒ rechter Winkel
☒ stumpfer Winkel
☐ gestreckter Winkel
☐ überstumpfer Winkel
☐ Vollwinkel

b) Der Winkel ist größer als 90°.

☐ spitzer Winkel
☐ rechter Winkel
☒ stumpfer Winkel
☒ gestreckter Winkel
☒ überstumpfer Winkel
☒ Vollwinkel

c) Der Winkel ist kleiner als 91°.

☒ spitzer Winkel
☒ rechter Winkel
☐ stumpfer Winkel
☐ gestreckter Winkel
☐ überstumpfer Winkel
☐ Vollwinkel

d) Der Winkel ist kleiner als ein rechter Winkel.

☒ spitzer Winkel
☐ rechter Winkel
☐ stumpfer Winkel
☐ gestreckter Winkel
☐ überstumpfer Winkel
☐ Vollwinkel

e) Der Winkel ist größer als ein gestreckter Winkel.

☐ spitzer Winkel
☐ rechter Winkel
☐ stumpfer Winkel
☐ gestreckter Winkel
☒ überstumpfer Winkel
☒ Vollwinkel

f) Der Winkel ist 200° groß.

☐ spitzer Winkel
☐ rechter Winkel
☐ stumpfer Winkel
☐ gestreckter Winkel
☒ überstumpfer Winkel
☐ Vollwinkel

C Individuelle Lösungen, zum Beispiel:
Spitze Winkel sind immer kleiner als rechte Winkel. Stumpfe Winkel sind immer größer als rechte Winkel.

Abbildungen: imprint, Zusmarshausen
Text: Wolfram Schmidt

SP Begriffstraining: Winkel – Winkel messen und zeichnen

das Geodreieck	die Gradeinteilung	die Skala

Erkennen und benennen

A Ordne die Begriffe mit Pfeilen der Abbildung des Geodreiecks richtig zu.

äußere Gradskala	**innere Gradskala**	**Nullpunkt**	**Längenskala**	**parallele Hilfslinien**

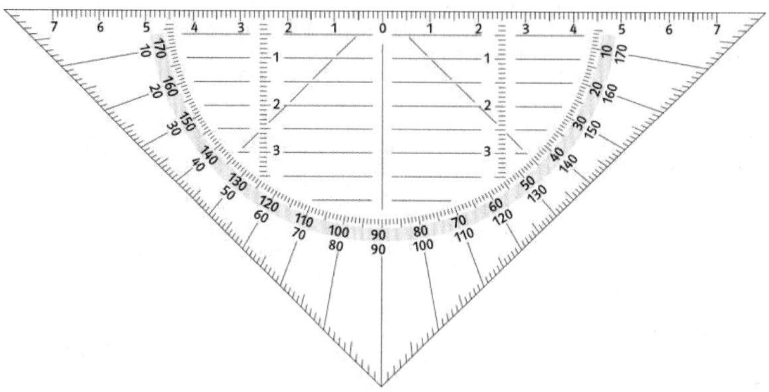

B Beschreibe, wann du welche der beiden Gradskalen auf dem Geodreieck benutzt.

innere Gradskala	Winkel, der nach rechts geöffnet ist	Winkel, der nach links geöffnet ist	äußere Gradskala

Wenn ich die Größe eines Winkels messe, benutze ich ______________________________

____

Erklären und bewerten

C Erkläre, warum es auf einem Geodreieck zwei Gradskalen gibt.

____

____

____

D Bringe die Satzteile in die richtige Reihenfolge. Sie beschreiben, worauf du beim Messen von Winkeln mit dem Geodreieck achten musst.

☐	Dann wähle ich die Gradskala,	☐	des Geodreiecks auf den
☐	Scheitel des Winkels.	1	Ich lege den Nullpunkt
☐	die beim angelegten Schenkel	☐	mit 0 Grad beginnt.

Abbildungen: Uwe Alfer Kråksmåla, Alsterbro
Text: Wolfram Schmidt

Lösungen Begriffstraining: Winkel – Winkel messen und zeichnen, wnk002

A

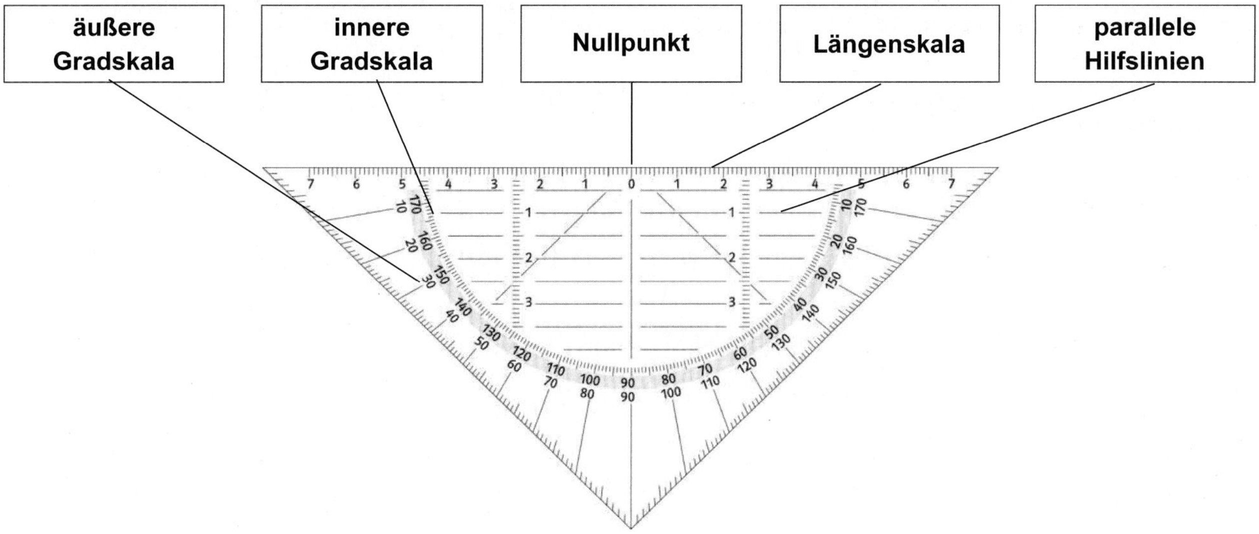

B Individuelle Lösungen, zum Beispiel:
Wenn ich die Größe eines Winkels messe, benutze ich die innere Gradskala für Winkel, die nach links geöffnet sind (im Uhrzeigersinn). Die äußere Gradskala benutze ich für Winkel, die nach rechts geöffnet sind (gegen den Uhrzeigersinn).

C Individuelle Lösungen, zum Beispiel:
Zwei Gradskalen erleichtern mir das Messen. Es ist dann egal, in welche Richtung der Winkel geöffnet ist.

D

4	Dann wähle ich die Gradskala,	2	des Geodreiecks auf den
3	Scheitel des Winkels.	1	Ich lege den Nullpunkt
5	die beim angelegten Schenkel	6	mit 0 Grad beginnt.

SP Begriffstraining: Zahldarstellung – Stellenwerte in Zahlsystemen

der Stellenwert	**das dezimale Stellenwertsystem**
die ägyptischen Hieroglyphen	**die römischen Zahlen**

Erkennen und benennen

A Markiere die „Tausenderstelle“ mit einem Kreis und die „Zehnerstelle“ mit einem Rechteck.

a)	b)	c)	d)	e)	f)
13125	**7831**	**20703**	**345678**	**9111**	**463**

B Verbinde die Zahldarstellungen mit den richtigen Bezeichnungen.

Dezimalzahlen	**Ägyptische Hieroglyphen**	**Römische Zahlen**

MDLV	**1234**	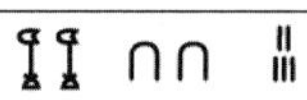	**DCCCV**

C Setze die Wörter an der richtigen Stelle ein.

dezimalen | größeren Stelle | Zehnfache | rechts | Ziffer

Im ____________________ Stellenwertsystem hängt der Wert einer ____________________ von der Stelle ab, an der sie steht. Von ____________________ nach links beträgt der Wert der ____________________ immer das ____________________ der vorherigen Stelle.

Erklären und bewerten

D Erkläre, wie im antiken Ägypten große Zahlen dargestellt wurden.

____

____

____

____

E Nenne Unterschiede zwischen den römischen Zahlen und unserem dezimalen Stellenwertsystem.

Römische Zahlen	Dezimales Stellenwertsystem

Abbildungen: imprint, Zusmarshausen
Text: Wolfram Schmidt

Lösungen Begriffstraining: Zahldarstellung – Stellenwerte in Zahlsystemen, natz034

A a) **1(3)1[2]5** b) **(7)8[3]1** c) **2(0)7[0]3** d) **3 4(5)6[7]8** e) **(9)1[1]1** f) **4[6]3**

B

Dezimalzahlen	Ägyptische Hieroglyphen	Römische Zahlen

MDLV	1234		DCCCV

C Im **dezimalen** Stellenwertsystem hängt der Wert einer **Ziffer** von der Stelle ab, an der sie steht. Von **rechts** nach links beträgt der Wert der **größeren Stelle** immer das **Zehnfache** der vorherigen Stelle.

D Individuelle Lösungen, zum Beispiel:
Im antiken Ägypten gab es Zahlzeichen für alle Vielfachen der Zehn (= Zehnerpotenzen).
Für jede Zahl wurden die Zahlzeichen der Größe nach so oft aufgeschrieben, wie sie in der Zahl benötigt wurden.
Beispiel: Die Zahl 4500 wurde durch vier Tausenderzeichen und fünf Hunderterzeichen dargestellt.

E Individuelle Lösungen, zum Beispiel:

Römische Zahlen
Zahlzeichen für die Eins (I), die Fünf (V), die Zehn (X), 50 (L),100 (C), 500 (D) und 1000 (M)
Die Größe einer Zahl wird durch die Zahlzeichen und ihre Häufigkeit dargestellt, beginnend mit dem Größten von links nach rechts.
Wurde in einer Römischen Zahl ein Zahlzeichen viermal benötigt, so wurde das kleinere Zahlzeichen vor das nächstgrößere gestellt.
Beispiel: Die 9 wurde statt mit „VIIII“ durch „IX“ (bedeutet 10 minus 1) dargestellt.
Es gibt keine Stellenwerte.

Es gibt keine Null.

Dezimales Stellenwertsystem
zehn Ziffern von 0 bis 9

Wert einer Ziffer hängt von der Stelle ab, an der sie steht.

Die Stellenwerte sind von rechts nach links: Einer, Zehner, Hunderter, Tausender, usw.

Jeder Stellenwert ist zehnmal so groß wie der rechts danebenstehende.
Wenn eine Stelle nicht besetzt ist, wird eine Null geschrieben.

Abbildungen: imprint, Zusmarshausen
Text: Wolfram Schmidt

SP Begriffstraining: Zahlenfolgen

die Zahlenfolge	die Bildungsregel	die Figurenfolge	das Folgenglied

Erkennen und benennen

A Schreibe die Begriffe von oben an die richtige Stelle. Setze die Zahlenfolge fort.

⌘ ⌘⌘⌘⌘ ⌘⌘⌘⌘⌘ ⌘⌘⌘⌘⌘⌘⌘⌘

1 4 5 8

+3 +1 +3 +1

B Setze die Wörter richtig in den Text ein.

Folgenglieder | Zahlenfolge | Bildungsregel

Willst du eine ______________________ fortführen, musst du zuerst die ______________________

finden. Damit kannst du die nächsten ______________________ bestimmen.

Erklären und bewerten

C Erkläre, wie du die Bildungsregel für eine Zahlenfolge herausfindest.

____

____

____

____

____

____

D Verbinde die Satzteile, die zusammengehören.

Für jede Zahlenfolge	können unendlich fortgesetzt werden.
Wenn in einer Zahlenfolge die Folgenglieder immer kleiner werden,	kannst du eine Bildungsregel finden.
Figurenfolgen mit wachsenden Figuren	dann endet sie irgendwann bei Null oder geht in die negativen Zahlen über.

Text: Wolfram Schmidt

Lösungen Begriffstraining: Zahlenfolgen, natz035

A

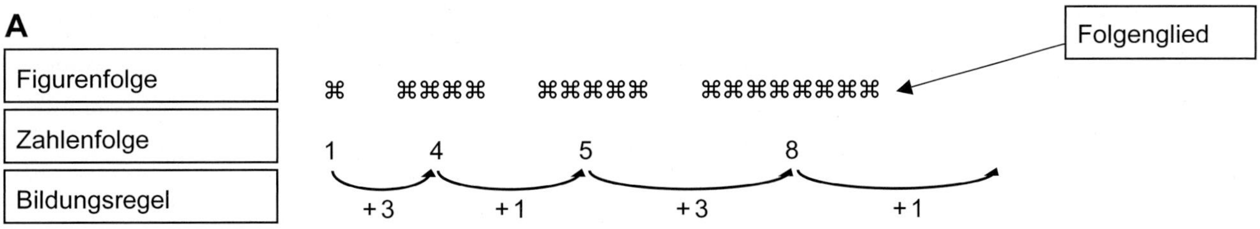

B Willst du eine **Zahlenfolge** fortführen, musst du zuerst die **Bildungsregel** finden. Damit kannst du die nächsten **Folgenglieder** bestimmen.

C Individuelle Lösungen, zum Beispiel:
Ich überprüfe von Folgenglied zu Folgenglied, was sich ändert und durch welche Rechnung sich das nächste Folgenglied berechnen lässt.

D

Für jede Zahlenfolge	können unendlich fortgesetzt werden.
Wenn in einer Zahlenfolge die Folgenglieder immer kleiner werden,	kannst du eine Bildungsregel finden.
Figurenfolgen mit wachsenden Figuren	dann endet sie irgendwann bei Null oder geht in die negativen Zahlen über.

Text: Wolfram Schmidt

Lernduo: Zeitspanne und Zeitpunkt

SP

A	B
1 Was ist ein Zeitpunkt? Erkläre am Beispiel.	**2** Was ist eine Zeitspanne? Erkläre am Beispiel.

Fahrt von Köln nach Bochum

	Zeit	Dauer
Köln Hbf	08:28	1:05
Bochum Hbf	09:33	

Erklärt euch gegenseitig, wie ihr die Antwort findet.

3 Erkläre den Rechenweg.

Köln Hbf 08:28 Uhr
+ **32** min
09:00 Uhr
+ **33** min
Bochum Hbf 09:33 Uhr

Dauer insgesamt:
$32\,\text{min} + 33\,\text{min} = 65\,\text{min} = 1\,\text{h}\,5\,\text{min}$

4 Erkläre den Rechenweg.

Köln Hbf 08:28 Uhr
+ **1** h
09:28 Uhr
+ **5** min
Bochum Hbf 09:33 Uhr

Dauer insgesamt:
$1\,\text{h} + 5\,\text{min} = 1\,\text{h}\,5\,\text{min}$

5 Rechne und erkläre.
Ein RE fährt von Hannover nach Bremen.
Die Fahrt dauert 1 h 19 min.
a) Die Abfahrt ist um 15:20 Uhr.
Bestimme die Ankunftszeit.
b) Heute braucht der Zug 10 min länger.
Bestimme die Dauer der Fahrt.

6 Rechne und erkläre.
Ein IC fährt von Berlin nach Wolfsburg.
Die Fahrt dauert 1 h 26 min.
a) Die Abfahrt ist um 16:34 Uhr.
Bestimme die Ankunftszeit.
b) Ein ICE fährt 20 min schneller als der IC.
Bestimme die Dauer der Fahrt.

Lösungen A

1 Die Abfahrtszeit und die Ankunftszeit sind Zeitpunkte.

5 a) Der Zug kommt um 16:39 Uhr an.

15:20 Uhr
+ **1** h
16:20 Uhr
+ **19** min
16:39 Uhr

b) Die Fahrt dauert 1 h 29 min.
$1\,\text{h}\,19\,\text{min} + 10\,\text{min} = 1\,\text{h}\,29\,\text{min}$

Lösungen B

2 Die Dauer der Fahrt ist eine Zeitspanne. Sie gibt an, wie viel Zeit zwischen zwei Zeitpunkten vergeht.

6 a) Der Zug kommt um 18:00 Uhr an.

16:34 Uhr
+ **1** h
17:34 Uhr
+ **26** min
18:00 Uhr

b) Die Fahrt dauert 1 h 6 min.
$1\,\text{h}\,26\,\text{min} - 20\,\text{min} = 1\,\text{h}\,6\,\text{min}$

Text: Daniela Hesse

Handlungsorientierung

Projekte – Einführungsbogen Lehrkraft

Zielsetzung der Projekte
Während der Projekte erhalten die Lernenden die Gelegenheit, mathematisches Grundwissen in unterschiedlichen Kontexten anzuwenden und zu entdecken. Eigenverantwortliches Handeln und Lernen sowie der Ausbau kommunikativer Fähigkeiten stehen im Mittelpunkt.

Übersicht
Die Projekte sind jeweils für 8 Unterrichtsstunden angelegt, in denen in Kleingruppen gearbeitet wird. Der Zeitabstand der Stunden kann flexibel angelegt werden. Ergänzt wird die Gruppenarbeit durch Einzelarbeit zu Hause. Jede Gruppe erarbeitet ein Endprodukt und stellt dies am Ende vor.

Der Bewertungsbogen und das Projekttagebuch
Der *Bewertungsbogen* dient der Dokumentation der Arbeit in den Projekten sowie der Bewertung der Endprodukte. Es steht Ihnen frei, das Gesamtergebnis am Ende des Projekts in Form einer Note, eines Kommentars, eines Smileys o. Ä. festzulegen. Der Bewertungsbogen schafft für die Lernenden Transparenz und kann in der letzten Zeile jeder Rubrik noch um ein weiteres, eigenes Kriterium ergänzt werden. Das *Projekttagebuch* dient als strukturelle Hilfe für die Lernenden. Es unterstützt die Vernetzung von Gruppen- und Einzelarbeit.

Die Projektplanung – Tipps und Tricks
Die Einteilung der Gruppen sowie die Themenvergabe kann anhand der *Projektübersicht* selbstorganisiert oder durch die Lehrperson erfolgen. Die Umsetzung der Projekte kann anhand der *Projektplanung* besprochen werden. Je nach Vorwissen ist es sinnvoll, auf die Themen „Zeitmanagement", „Materialrecherche" und „Gruppenarbeit" einzugehen.

Einstieg in das Projekt „Geburtstag planen"
Um Ideen für eine Geburtstagsfeier zu sammeln, können die Lernenden von ihren Geburtstagsfeiern berichten. Als Anlass kann eine allgemeine Geburtstagsfeier für die Kinder der Klasse, der Geburtstag der Lehrkraft, der Geburtstag eines berühmten Mathematikers (z. B. Gauß: 30.04.1777) oder der einer anderen berühmten Person genommen werden. Besprechen Sie, was zur Vorbereitung einer Geburtstagsfeier dazugehört und wie der Geburtstag innerhalb des Projekts gefeiert werden soll.

Einstieg in das Projekt „Im Zoo"
Zu Beginn des Projekts können mathematische Hintergründe im Zoo-Kontext gesammelt werden. Es bietet sich an, die Projektarbeit anhand eines real existierenden Zoos in der Nähe der Schule stattfinden zu lassen.

Einstieg in das Projekt „Sportwettbewerb"
Um Ideen für den Sportwettbewerb zu sammeln, kann nach den Lieblingssportarten der Lernenden oder nach Sportarten, die sie schon immer einmal ausprobieren wollten, gefragt werden. Besprechen Sie, was zur Planung eines Sportfestes dazugehört. Sicherlich werden hierbei schon selbstständig einige mathematische Inhalte entdeckt. Besprechen Sie auch, wann das Sportfest stattfinden soll (Datum, Zeitrahmen), wo es stattfinden soll (Schulhof, Sporthalle, Stadion …) und wer alles teilnimmt (Klasse, Jahrgang, Schule …).

Während der Projekte
Während der Projekte arbeiten die Lernenden möglichst selbstständig. Das Formulieren mathematischer Fragen und das Entdecken mathematischer Kontexte kann zusätzlich unterstützt werden. Geben Sie den Gruppen bei Bedarf Tipps, was ein mögliches Endprodukt bzw. Ergebnis sein könnte. Regelmäßiges Feedback und die Dokumentation der Gruppenarbeit im Bewertungsbogen können hilfreiche Rückmeldungen für die Kinder sein.

Der Abschluss der Projekte
Als Abschluss der Projekte bietet sich eine möglichst praktische Umsetzung der erarbeiteten Endprodukte an. Sollte die Möglichkeit nicht bestehen, können die Ergebnisse in Form eines Museumsrundgangs präsentiert werden. Mögliche Endprodukte sind in der *Projektübersicht* ersichtlich.

Text: Maria Lenk

Projekt – Bewertungsbogen

	☺	☺	😐	☹	Kommentar
Die eigene Projektarbeit					
Du arbeitest selbstständig.					
Du entwickelst und formulierst eigene Ideen.					
Du bist aktiv und investierst Zeit und Mühe.					
Du gehst sicher mit mathematischen Inhalten um.					
Du teilst deine Zeit gut ein.					
Ergebnis der eigenen Projektarbeit:					
Die Arbeit in der Gruppe					
Du formulierst deine Überlegungen in der Gruppe für andere nachvollziehbar.					
Du gehst auf die anderen in der Gruppe ein.					
Du hilfst anderen.					
Du bringst die Gruppe mit eigenen Ideen voran.					
Du hilfst der Gruppe, die Zeit gut einzuteilen.					
Ergebnis der Gruppenarbeit:					
Das Endprodukt					
Du gehst sicher mit mathematischen Inhalten um.					
Du formulierst richtig und angemessen.					
Du veranschaulichst deine Ergebnisse sinnvoll.					
Du beantwortest Fragen richtig.					
Ergebnis des Endproduktes:					

Gesamtergebnis: ______________________________

____

____

Abbildungen: Rudolf Hungreder, Leinfelden-Echterdingen
Text: Maria Lenk

Projekttagebuch

Projekt / Thema: ______

Name: ______

Gruppe: ______

Was wir vorhaben:

______

______

Ich habe schon gemacht:	Ich bereite für das nächste Mal vor:
Datum: ______	Datum: ______
Datum: ______	Datum: ______
Datum: ______	Datum: ______
Datum: ______	Datum: ______
Datum: ______	Datum: ______
Datum: ______	Datum: ______
Datum: ______	Datum: ______
Datum: ______	Datum: ______

Text: Maria Lenk

Projektübersicht: Geburtstag planen

Mögliche Themen	Mathematische Inhalte	Materialrecherche / -bedarf	Mögliches Endprodukt
(1) Muffins, Pizza oder Burger			
Rezepte planen, Zutaten umrechnen, Einheiten anpassen	• Brüche • Einheiten • Schätzen • Runden	Rezepte • im Internet • in Koch- und Backbüchern • in Zeitschriften	• Rezeptbuch • Video-Koch-anleitung • Fotostrecke: Schritt-für-Schritt-Anleitung
(2) Kuchen gerecht teilen			
Essen (Kuchen, Pizza, Gummibärchen etc.) auf verschiedene Personenanzahlen verteilen	• Brüche • Einheiten • Runden • Flächen	Zutaten für einen Kuchen, Waage	Kuchen backen und eine Erklärung oder Durchführung des Aufteilens (ggf. mit Waage).
(3) Was kostet der Spaß?			
Getränke, Snacks und Dekoration planen; Zutaten zusammenstellen; Mengen festlegen; Kosten vergleichen	• Geld • Brüche • Schätzen • Runden • Einheiten	Kosten ermitteln (Supermarkt, Internet)	• Einkaufsliste • Budgetplanung
(4) Geschenke schön verpackt			
Verpackungen für Geschenke und Muster von Geschenkverpackungen untersuchen und entwerfen; Kosten, Form und Inhalte vergleichen	• Körper • Körpernetze • Einheiten • Schätzen • Geld	Papierbögen, Geschenkpapier, Kartons, etc.	• verschiedene Geschenkverpackungen • Muster für Geschenkverpackungen
(5) Die mathematische Schatzsuche			
Planen der Schatzsuche, Aufstellen von Rätseln, Gestalten einer Schatzkarte, Aussuchen des Schatzes	• Grundrechenarten • Längen • Schätzen • Zeiten • Runden	ggf. Stadtplan, Anregungen für mögliche Rätsel im Internet oder in Büchern sammeln	• Schatzkarte und weiteres Material zur Schatzsuche • Anleitung der Schatzsuche • Rätsel mit Lösungen
(6) Der Geburtstag im Minutentakt			
Alter in Jahre, Monate, Tage umrechnen; Zeitabstände ermitteln; Schaltjahre und Kalendersysteme untersuchen; Wochentag des Geburtstags ermitteln	• Zeitangaben in verschiedene Einheiten umwandeln • Kalendersysteme • Umgang mit großen Zahlen	Kalender aus dem Geburtstagsjahr	• eigener Kalender mit eigenen Zeiteinheiten • Geburtstags-kalender

Text: Maria Lenk

Projektplanung: Geburtstag planen – Tipps und Tricks

Erinnert ihr euch an die letzte Geburtstagsfeier? Was gab es zu essen und zu trinken?
Was hat das Essen gekostet? Welches Geschenk war am schönsten verpackt? Hinter all diesen Fragestellungen steckt Mathematik. Sicherlich fallen euch noch viel mehr Fragen zum Geburtstag ein.
In diesem Projekt habt ihr die Möglichkeit, diese zu untersuchen.
Teilt euch zunächst in Gruppen ein und findet euer Thema.

Die einzelnen Phasen der Projektarbeit:

Arbeit in der Gruppe

- Verschafft euch einen Überblick.
  → Was sollt und wollt ihr untersuchen?
- Besprecht das Vorgehen.
  → Achtet auf eine klare Kommunikation.
- Verteilt die Arbeit gerecht.
  → Beachtet Stärken und Schwächen.
- Arbeitet mathematisch:
  → Formuliert Berechnungen und Zusammenhänge.
  → Überarbeitet Ideen und berücksichtigt neue Überlegungen.
- Besprecht die Aufgaben für zu Hause.

→ Was ist ein mögliches Endprodukt?

⬅ ➡

Einzelarbeit

- Verschaffe dir einen Überblick:
  → Was ist deine Aufgabe?
  → Wie viel Zeit brauchst du dafür?
- Bereite die nächste Gruppenarbeit vor:
  → Recherchiere.
  → Arbeite mathematisch.
  → Formuliere neue Ideen.
- Überarbeite und korrigiere bestehende Überlegungen.
- Bring die vorbereiteten Materialien in die nächste Gruppenphase mit.

→ Was kann/muss ich für den Projektabschluss noch vorbereiten?

Der Abschluss des Projekts

Überlegt euch, in welcher Form ihr eure Ergebnisse vorstellen wollt. Beachtet dabei:
✓ Was könnte ein mögliches Endprodukt sein?
✓ Was müsst ihr dazu noch klären? Welche Fragen könnten auftauchen?
✓ Kann jedes Gruppenmitglied eure Überlegungen erklären?

Und hier noch einige Tipps für eure Projektarbeit:

Zeitmanagement

Projektdauer:
8 Stunden Gruppenarbeit + Einzelarbeit zu Hause

Was wollt ihr wann erledigen? Seid ihr gut in der Zeit? Achtet auf das Datum des Projektabschlusses und die verbleibende Zeit.

Recherchieren

Findet weiteres Material: Recherchiert im Internet. Vergleicht die Angaben, wenn ihr verschiedene Quellen findet. Schlagt auch in Büchern nach.

Fragen stellen

Welche Aspekte eures Themas interessieren euch besonders? Welche mathematischen Zusammenhänge könnt ihr darin entdecken? Formuliert auch Fragen, auf die es keine eindeutigen Antworten gibt.

Viel Spaß bei eurem Projekt!

Text: Maria Lenk

Projekt: Geburtstag planen (1) – Muffins, Pizza oder Burger

Vorbereitung ist alles. Um die Gäste beim Geburtstag gut zu verpflegen, kümmert ihr euch um die Rezepte. Ein Rezept für eine Pizza ist bereits vorgegeben.

Pizza-Rezept

für 4 Personen

Zutaten
250 g Mehl
1 TL Salz
1 EL Olivenöl
1 Tüte Trockenhefe
150 ml lauwarmes Wasser

3 EL Crème fraîche
2 EL Tomatenmark
Salz, Pfeffer
Belag nach Geschmack
180 g geriebener Käse

Mehl, Salz und Öl in eine Schüssel geben.

Die Hefe im warmen Wasser auflösen und zu den anderen Zutaten geben. Alles zusammen zu einem glatten Teig verkneten. Der Teig darf nicht mehr an den Händen kleben. Wenn er zu klebrig ist, noch etwas Mehl hinzufügen.
Den Teig 15 Minuten ruhen lassen.
Das Backblech mit Backpapier auslegen.
Den Teig ausrollen und auf das Backpapier legen.
Crème fraîche und Tomatenmark verrühren, mit Salz und Pfeffer würzen und gleichmäßig auf dem Teig verteilen.
Den Teig nicht zu dick belegen und Käse darüber streuen.

Ofen auf 250 °C vorheizen (ganz wichtig: Ober- und Unterhitze, keine Umluft!). Das Blech in die unterste Schiene stellen und ca. 13 Minuten backen.

1 a) Wie viele Personen sind eingeladen?

____

b) Rechnet das Pizza-Rezept auf die Anzahl der Personen um.
c) Welche Probleme ergeben sich beim Umrechnen?

____
____
____
____
____

Pizza-Rezept

für _____ Personen

Zutaten:

____________	____________
____________	____________
____________	____________
____________	____________
____________	____________
____________	____________
____________	____________

2 Sucht weitere Rezepte und passt sie an die Anzahl der Gäste an. Verbessert die Rezepte bei Bedarf.

3 Welche mathematischen Probleme treten auf? Für welche Fragestellungen braucht ihr Mathematik? Formuliert Fragen, die ihr mithilfe von Mathematik beantworten könnt.

Schaut auch mal bei den Gruppen „Kuchen gerecht teilen“ und „Was kostet der Spaß?“ ***vorbei.***

Text: Maria Lenk

Projekt: Geburtstag planen (2) – Kuchen gerecht teilen

Neben Kuchen und Pizza sollen auch Gummibärchen oder Säfte auf der Geburtstagsparty gerecht aufgeteilt werden.

1 Hier wurden drei Kuchen unterschiedlich geteilt. Vergleicht die drei vorgeschlagenen Aufteilungsvarianten.

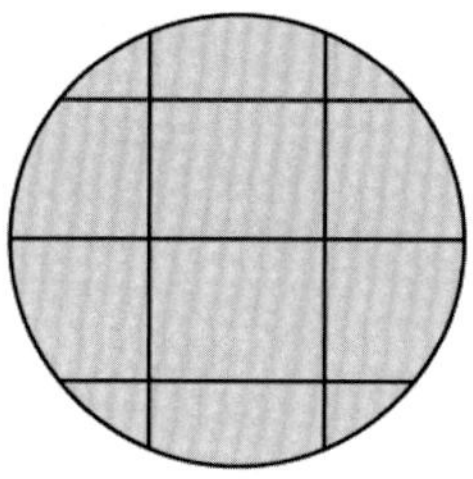

Variante 1

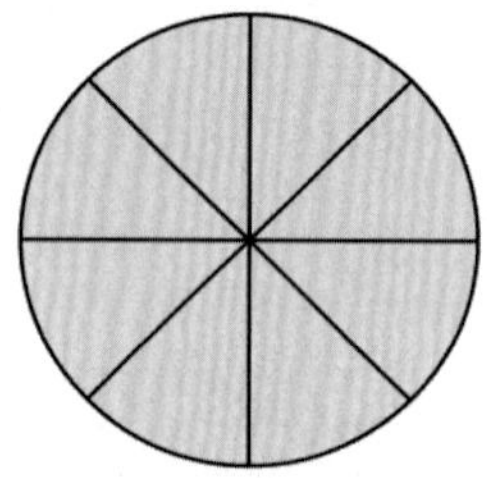

Variante 2

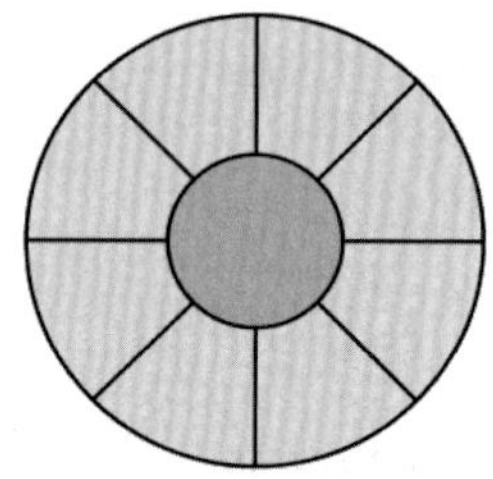

Variante 3

a) Welche Vor- und Nachteile haben die einzelnen Varianten?

b) Weshalb wurde so geteilt? Welche Variante ist gerecht?

2 Wie könnte man einen runden Kuchen gerecht aufteilen? Entwerft eigene Varianten.

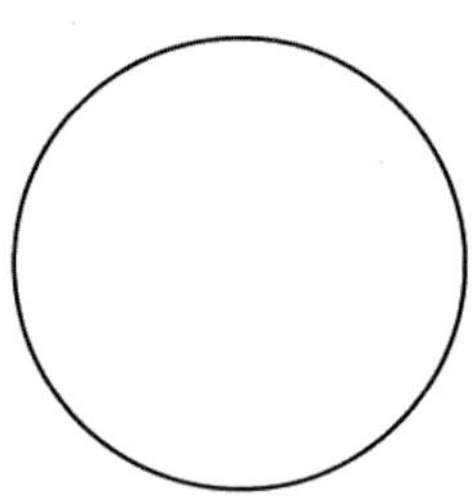

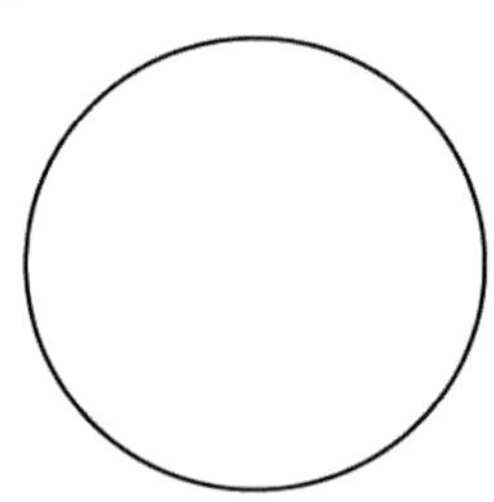

3 Sicherlich gibt es auf dem Geburtstag nicht nur Kuchen zu verteilen. Welche Dinge könnt ihr noch gerecht aufteilen? Was müsst ihr berücksichtigen?

4 Welche mathematischen Probleme treten auf? Für welche Fragestellungen braucht ihr Mathematik? Formuliert Fragen, die ihr mithilfe von Mathematik beantworten könnt.

Schaut auch mal bei den Gruppen „Was kostet der Spaß?" und „Muffins, Pizza oder Burger" ***vorbei.***

Abbildungen: imprint, Zusmarshausen
Text: Maria Lenk

Projekt: Geburtstag planen (3) – Was kostet der Spaß?

Für eine gelungene Geburtstagsparty benötigt man Getränke, Snacks, Dekoration und vieles mehr.
Plant einen Großeinkauf.

1 Der Einkaufszettel ist nicht vollständig.

Einkaufszettel
Apfelsaft
Orangensaft
Wasser
Fanta
Marshmallows
Gummibärchen
Chips
Servietten

Party-Einkauf

a) Ergänzt den Einkaufszettel durch die jeweiligen Mengen.
b) Wie viel Geld wollt ihr maximal ausgeben?

c) Recherchiert und überschlagt eure Ausgaben.

2 Welche mathematischen Probleme treten auf? Für welche Fragestellungen braucht ihr Mathematik? Formuliert Fragen, die ihr mithilfe von Mathematik beantworten könnt.

Schaut auch mal bei den Gruppen „Muffins, Pizza oder Burger" und „Kuchen gerecht teilen" ***vorbei.***

Text: Maria Lenk

Projekt: Geburtstag planen (4) – Geschenke schön verpackt

Mit das spannendste einer Geburtstagsparty sind oft die Geschenke. Aber wie kann man Geschenke sinnvoll und schön verpacken? Und welche mathematischen Aspekte spielen eine Rolle?

1 Hier ist eine Bastelvorlage für eine mögliche Geschenkverpackung abgebildet.

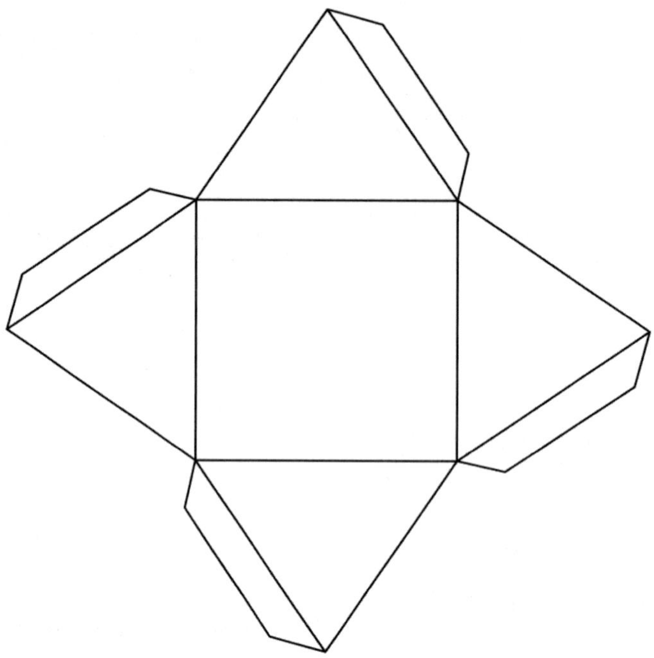

a) Welcher Körper ergibt sich beim Basteln der Verpackung?

b) Was könnte man darin verpacken?

2 Verpackt euer Mathematikbuch. Probiert verschiedene Varianten aus. Bei welcher benötigt ihr am wenigsten, bei welcher am meisten Papier?

3 Entwerft eigene Verpackungen und vergleicht diese.

4 Welche mathematischen Probleme treten auf? Für welche Fragestellungen braucht ihr Mathematik? Formuliert Fragen, die ihr mithilfe von Mathematik beantworten könnt.

Abbildungen: imprint, Zusmarshausen
Text: Maria Lenk

Name: Klasse: Datum: proj009

Projekt: Geburtstag planen (5) – Die mathematische Schatzsuche

Eine Schatzsuche ist ein tolles Spiel für eine Geburtstagsparty. Aber nicht nur die Teilnahme an einer Schatzsuche, auch das Planen der Schatzsuche macht Spaß.
Plant eine Schatzsuche. Bedenkt, dass es eine mathematische Schatzsuche sein soll.

1 Ausschnitt einer Schatzkarte:

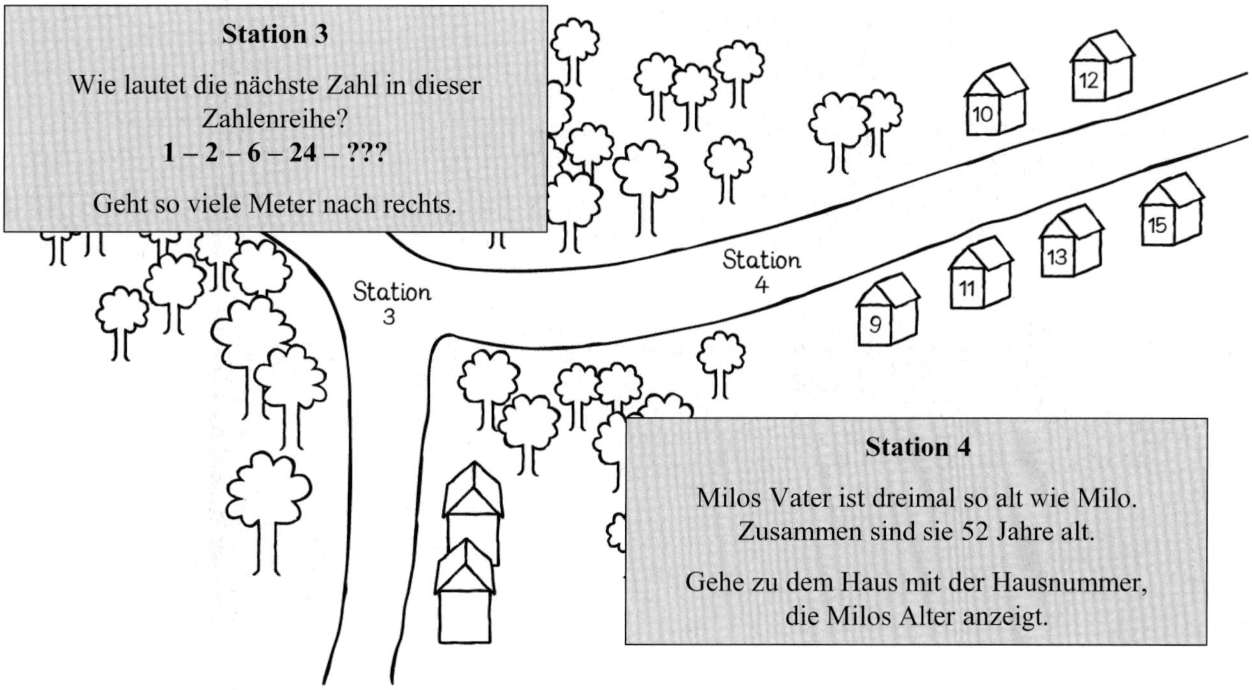

Löst die mathematischen Rätsel (Station 3 und Station 4) auf der Schatzkarte.

2 Gestaltet eine eigene Schatzsuche.
Beachtet bei der Planung:
- Wo soll die Schatzsuche entlanggehen?
- Wie viele Personen nehmen teil?
- Wie lange soll die Schatzsuche dauern?

Gibt es noch weitere Aspekte, die ihr bei der Planung berücksichtigen wollt?

Erstellt eine Schatzsuche mit mathematischen Rätseln und plant euren Weg.

Schaut auch mal bei den Gruppen „Der Geburtstag im Minutentakt", „Kuchen gerecht teilen" und „Geschenke schön verpackt" ***vorbei.***

Abbildungen: Rudolf Hungreder, Leinfelden-Echterdingen
Text: Maria Lenk

Projekt: Geburtstag planen (6) – Der Geburtstag im Minutentakt

Die Geburtstagsfeier ist ein besonderer Tag im Jahr. Aber auch der Geburtstag selbst, der Tag, die Stunde und die Minute, in der ihr geboren seid, ist ein besonderer Moment. Wie lange es vom Jahresbeginn bis zu eurem Geburtstag dauert, erarbeitet ihr in diesem Projekt.

Ausschnitt eines Kalenders:

Januar

1	2	3	4	5	6	7	8	9	10	11	12	13	14	15	16	17	18	19	20	21	22	23	24	25	26	27	28	29	30	31

Februar

1	2	3	4	5	6	7	8	9	10	11	12	13	14	15	16	17	18	19	20	21	22	23	24	25	26	27	28	29

März

1	2	3	4	5	6	7	8	9	10	11	12	13	14	15	16	17	18	19	20	21	22	23	24	25	26	27	28	29	30	31

Geburt von Tobi:
12. März, 13:45 Uhr

1 Wie viel Zeit ist seit dem 1. Januar bis zur Geburt von Tobi vergangen? Gebt die gesamte Zeitspanne in Tagen, Stunden und Minuten an. Rechnet die Zeitspanne in Sekunden um.

2 Warum ist der 29. Februar grau geschrieben?

3 An welchem Wochentag seid ihr geboren? Sucht einen Kalender, der euch die Frage beantwortet. Berechnet die Zeitspanne in Tagen, Stunden und Minuten, die vom 1. Januar bis zu eurem Geburtstag verstrichen ist.

4 a) Welchen Geburtstag feiert ihr? Legt das Geburtsjahr, das Datum und die Uhrzeit fest.
b) Sucht im Internet nach einem passenden Kalender und druckt diesen aus.
c) Formuliert weitere mathematische Fragestellungen und bearbeitet diese. Recherchiert, falls nötig, nach weiteren passenden Materialien.

Text: Maria Lenk

Projektübersicht: Im Zoo

Mögliche Themen	Mathematische Inhalte	Materialrecherche / -bedarf	Mögliches Endprodukt
(1) Wo geht's lang?			
Längen und Größen schätzen, Planquadrate anlegen, Wege planen, eigenen Lageplan entwerfen	• Längen • Gitternetz • Schätzen • Runden	Lageplan des zu besuchenden Zoos	• eigener Lageplan • Lageplan eines Zoos mit eingezeichneten Wegen und passender Legende
(2) Die Ticket-Checker			
Eintrittspreise, Tages- und Jahreskarten etc. vergleichen	• Geld • Anteile • Zeiten	Ticketpreise des zu besuchenden Zoos	• eigene Preisliste für einen Zoo
(3) Die Anfahrt			
Planen der Anfahrt zum Zoo: Verkehrsmittel vergleichen; Zeiten, Wege und Längen vergleichen	• Zeiten • Längen • Karten	Stadtplan, Busplan, etc.	• Anfahrtsbeschreibung für eine Internetseite • Planung der Anfahrt zum Zoo für einen Schulausflug
(4) Der mathematische Elefant			
Alter, Gewicht, Futtermengen, Platzbedarf etc. verschiedener Tiere vergleichen	• Gewicht • Zeiten • Einheiten	Informationen zu verschiedenen Tierarten aus dem Internet oder Zoo-Broschüren	• Quartett • Zooführer • Audioguide für ausgewählte Stationen eines Zoos
(5) Zoo-Zeiten			
Öffnungszeiten, Zeiten einer Führung, Zeiten für verschiedene Tickets vergleichen und in unterschiedlichen Zeiteinheiten angeben	• Zeiten • Längen • Geld • Diagramme • Runden	Informationen zu Öffnungszeiten und Angeboten des zu besuchenden Zoos	• Planung eines Zoobesuchs
(6) Zoo-Geschichte			
Geschichtliche Entwicklung des Zoos, Zeitspannen vergleichen, Zeitstrahl erstellen	• Zeiten • Zeitstrahl • Schätzen	Informationen zur Geschichte des zu besuchenden Zoos	• Zeitstrahl (Plakat o.Ä.) • Der Zoo der Zukunft
(7) Wie viele Streifen hat ein Zebra?			
Muster verschiedener Tiere untersuchen, geometrische Formen entdecken, vergleichen, zeichnen	• Symmetrien • Parallele / Senkrechte • Formen • Flächen	Fotos von Zebras und anderen Tieren	• Kunstausstellung mit verschiedenen Tiermustern

Text: Maria Lenk

Projektplanung: Im Zoo – Tipps und Tricks

Im Zoo gibt es viel zu entdecken: Wie viel wiegt ein Elefant? Wie viele Streifen hat ein Zebra?
Wie viel Platz braucht eine Giraffe? Und wie viel verdient eigentlich ein Tierpfleger?
Hinter all diesen Fragestellungen steckt Mathematik. Sicherlich fallen euch noch viel mehr Fragen zum Zoo ein.
In diesem Projekt habt ihr die Möglichkeit, diese zu untersuchen.
Teilt euch zunächst in Gruppen ein und findet euer Thema.

Die einzelnen Phasen der Projektarbeit:

Arbeit in der Gruppe

- Verschafft euch einen Überblick.
  → Was sollt und wollt ihr untersuchen?
- Besprecht das Vorgehen.
  → Achtet auf eine klare Kommunikation.
- Verteilt die Arbeit gerecht.
  → Beachtet Stärken und Schwächen.
- Arbeitet mathematisch:
  → Formuliert Berechnungen und Zusammenhänge.
  → Überarbeitet Ideen und berücksichtigt neue Überlegungen.
- Besprecht die Aufgaben für zu Hause.

→ Was ist ein mögliches Endprodukt?

⬅ ➡

Einzelarbeit

- Verschaffe dir einen Überblick:
  → Was ist deine Aufgabe?
  → Wie viel Zeit brauchst du dafür?
- Bereite die nächste Gruppenarbeit vor:
  → Recherchiere.
  → Arbeite mathematisch.
  → Formuliere neue Ideen.
- Überarbeite und korrigiere bestehende Überlegungen.
- Bring die vorbereiteten Materialien in die nächste Gruppenphase mit.

→ Was kann/muss ich für den Projektabschluss noch vorbereiten?

Der Abschluss des Projekts

Überlegt euch, in welcher Form ihr eure Ergebnisse vorstellen wollt. Beachtet dabei:
- ✓ Was könnte ein mögliches Endprodukt sein?
- ✓ Was müsst ihr dazu noch klären? Welche Fragen könnten auftauchen?
- ✓ Kann jedes Gruppenmitglied eure Überlegungen erklären?

Und hier noch einige Tipps für eure Projektarbeit:

Zeitmanagement

Projektdauer:
8 Stunden Gruppenarbeit + Einzelarbeit zu Hause

Was wollt ihr wann erledigen? Seid ihr gut in der Zeit? Achtet auf das Datum des Projektabschlusses und die verbleibende Zeit.

Recherchieren

Findet weiteres Material: Recherchiert im Internet. Vergleicht die Angaben, wenn ihr verschiedene Quellen findet. Schlagt auch in Büchern nach.

Fragen stellen

Welche Aspekte eures Themas interessieren euch besonders? Welche mathematischen Zusammenhänge könnt ihr darin entdecken? Formuliert auch Fragen, auf die es keine eindeutigen Antworten gibt.

Viel Spaß bei eurem Projekt!

Text: Maria Lenk

Projekt: Im Zoo (1) – Wo geht's lang?

Im Zoo gibt es viel zu entdecken. Und natürlich möchte man nichts verpassen. Da ist es immer gut, auf den Lageplan zu schauen.

Lageplan eines Zoos

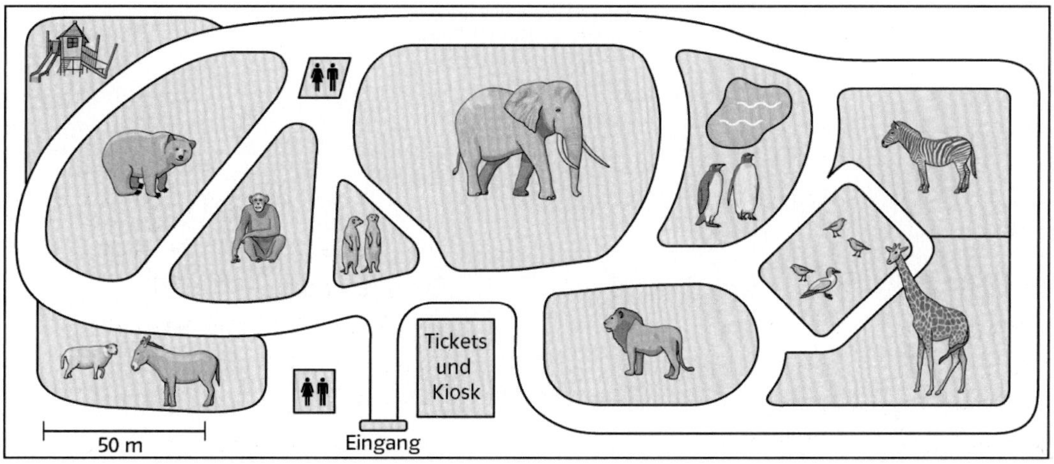

1 a) Teilt den Lageplan mithilfe eines Gitternetzes in Felder ein. Beschriftet das Gitternetz.
b) Ordnet jedem Tiergehege die passenden Gitterfelder zu.

____

____

____

2 a) Welcher Weg ist am besten für einen Gast, der die Affen, die Zebras und die Giraffen sehen möchte? Diskutiert verschiedene Möglichkeiten.

____

____

____

b) Zeichnet einen Weg, der an allen Tierarten vorbeiführt.
Auf welche Schwierigkeiten stoßt ihr beim Bearbeiten dieser Aufgaben? Wie könnt ihr sie lösen?

____

____

____

3 a) Besorgt euch einen Lageplan eines Zoos in eurer Nähe.
b) Formuliert eigene mathematische Fragestellungen und bearbeitet diese.
c) Ist der Zoo sinnvoll aufgebaut? Findet ggf. Alternativen.

Schaut auch mal bei der Gruppe „Die Anfahrt" ***vorbei.***

Abbildungen: Rudolf Hungreder, Leinfelden-Echterdingen
Text: Maria Lenk

Projekt: Im Zoo (2) – Die Ticket-Checker

Ein Zoobesuch ist immer ein Highlight. Es lohnt sich meistens, vorher einzelne Ticketpreise zu vergleichen, um das beste Angebot zu ermitteln.

Preise eines Zoos

Eintrittspreise

	Erwachsene (ab 18)	**Kinder** (6–18)	**Ermäßigte** Studenten, Rentner
Tagesticket	**22€**	**11€**	**18€**
Kurzticket (1 h)	**14€**	**8€**	**12€**
Abendticket (ab 18:00 Uhr)	**18€**	**11€**	**16€**
Jahresticket	**95€**	**50€**	**85€**

Familienticket (max. 2 Erwachsene und 4 Kinder): 50€

Gruppenticket (ab 10 Erwachsene): 20€ pro Person

Kindergeburtstag (max. 8 Kinder und 2 Erwachsene): 90€

Schulklasse (ab 20 Schulkinder inkl. eine Lehrkraft): 10€ pro Schulkind

1 a) Was ist das günstigste Gruppenangebot für einen Tag mit 8 Erwachsenen und 3 Kindern?

____

____

b) Gebt an, ab wie vielen Besuchen sich ein Jahresticket lohnt.

____

____

c) Sind die Preisabstufungen für Erwachsene und Kinder bei allen Tickets gleich? Erklärt.

____

____

MK **2** Recherchiert im Internet nach Informationen zu den Tickets eines Zoos in eurer Nähe. Vergleicht die Angebote. Formuliert weitere mathematische Fragestellungen und Aufgaben und bearbeitet sie.

3 Für welche Gruppen sollte es Rabatt geben? Überlegt euch eigene Ticketpreise.

Schaut auch mal bei den Gruppen „Zoo-Zeiten" und „Die Anfahrt" ***vorbei.***

Text: Maria Lenk

Projekt: Im Zoo (3) – Die Anfahrt

Ein Zoobesuch ist immer spannend. Leider liegt der Zoo meist nicht direkt vor der Haustür. Aber wie kommt man am besten hin? Mit dem Fahrrad? Zu Fuß? Oder welche Alternativen gibt es noch? Findet es heraus.

Kartenausschnitt zum Zoo

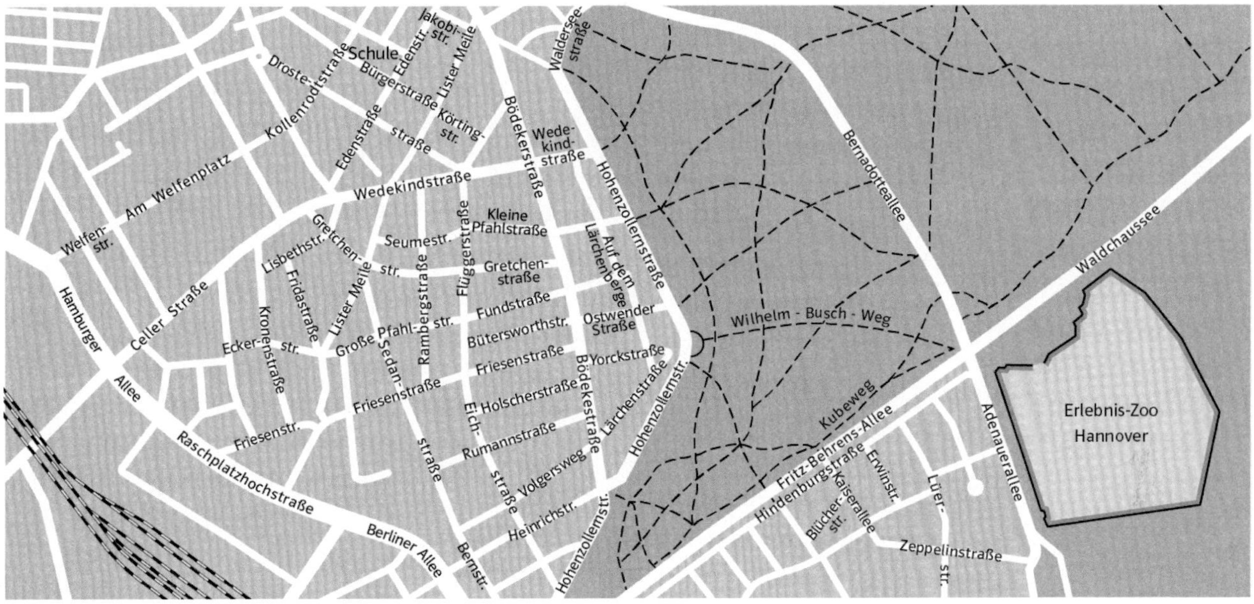

1 a) Markiert auf der Karte den Zoo und die Schule.

b) Überlegt, wie man von der Schule zum Zoo kommt. Zeichnet unterschiedliche Wege in die Karte ein.

c) Vergleicht die gefundenen Wege und wählt den besten aus. Nach welchen Kriterien entscheidet ihr?

____

____

____

d) Erstellt eine Wegbeschreibung.

____

____

____

____

____

2 Wählt einen Zoo in eurer Umgebung.

MK a) Besorgt euch einen Stadtplan und recherchiert nach Informationen zu den öffentlichen Verkehrsmitteln.

b) Vergleicht verschiedene Möglichkeiten, um von eurer Schule zu dem Zoo zu kommen.

c) Welche Aspekte sind wichtig?

Schaut auch mal bei den Gruppen „Zoo-Zeiten" und „Die Ticket-Checker" ***vorbei.***

Abbildungen: Rudolf Hungreder, Leinfelden-Echterdingen
Text: Maria Lenk

Projekt: Im Zoo (4) – Der mathematische Elefant

Der Elefant ist ein beeindruckendes Tier. Schon der tägliche Futterbedarf ist gigantisch.
Können da andere Tiere mithalten? Findet es heraus.

Quartettkarte mit Informationen zum Elefanten

Elefant	
Gewicht	6000 kg
Maximalgeschwindigkeit	40 000 m in 60 min
Täglicher Futterbedarf	200 000 g
Lebenserwartung	720 Monate

1 Sind die Kategorien und Angaben der Quartettkarte eurer Meinung nach geeignet? Entwerft eine neue Karte.

Elefant	

2 Recherchiert nach Angaben zu anderen Tieren und vergleicht diese miteinander.
Auf welche mathematischen Fragestellungen und Probleme stoßt ihr dabei? Formuliert diese und löst sie gemeinsam.

Schaut auch mal bei der Gruppe „Wie viele Streifen hat ein Zebra?“ ***vorbei.***

Abbildungen: Rudolf Hungreder, Leinfelden-Echterdingen
Text: Maria Lenk

Projekt: Im Zoo (5) – Zoo-Zeiten

Im Zoo gibt es viel zu entdecken. Da sollte man ein bisschen Zeit mitbringen.
Wie viel Zeit braucht ihr für einen Zoobesuch? Und welche Möglichkeiten bietet euch der Zoo, diesen zu erkunden?

Informationen zu den Zeiten eines Zoos

Öffnungszeiten:	Mo – Fr von 10:00 Uhr bis 19:00 Uhr Sa, So von 10:00 Uhr bis 21:00 Uhr
Fütterungen:	täglich zwischen 16:00 Uhr und 16:30 Uhr
Führungen:	Gruppenführung: 1,5 h Blitzführung: 1 h Workshop Schulklasse: 3 h
Tickets:	Tagesticket: 12 € (Erwachsene), 8 € (Kinder) Kurzticket – eine Stunde: 6 € (Erwachsene), 4 € (Kinder) Abendkarte – bis 2 h vor Schließung: 6 € (Erwachsene), 4 € (Kinder)

1 Wie lange hat der Zoo in einem Jahr geöffnet? Gebt die Zeit in Tagen, Stunden und in Minuten an. Gibt es Tage, bei denen man davon ausgehen kann, dass der Zoo nicht geöffnet hat?

2 Am Wochenende können die Gruppenführung, Blitzführung und der Workshop gleichzeitig stattfinden. Zwischen jeder Führung gibt es eine Pause von 15 Minuten. Wie viele Führungen finden am Wochenende statt?

3 Unter der Woche kann immer nur eine Führung zur gleichen Zeit stattfinden. Zwischen jeder Führung gibt es eine Pause von 15 Minuten. Überlegt euch einen Wochenplan, sodass alle Führungen möglichst gleich häufig stattfinden.

MK **4** Recherchiert im Internet nach Informationen zu den Öffnungszeiten eines Zoos in eurer Umgebung. Überlegt euch weitere mathematische Fragestellungen und Aufgaben und bearbeitet diese.

Schaut auch mal bei den Gruppen „Zoo-Geschichten" und „Die Anfahrt" ***vorbei.***

Text: Maria Lenk

Projekt: Im Zoo (6) – Zoo-Geschichte

Im Zoo gibt es viel zu entdecken. Doch seit wann gibt es Zoos? Wie sind sie entstanden und wie haben sie sich entwickelt? Bei diesem Projekt findet ihr es heraus.

Zeitstrahl: Entwicklung eines Zoos

1953
Gründung eines Streichelzoos: Eröffnung am 3. Juni

1965
Ausweiten des Angebots: Kiosk, Führungen, Fütterungen, nicht nur Tiere für den Streichelzoo

1980
Erweiterung: Zukauf neuer Flächen – doppelt so viel Platz!

1992
Neubau Affenhaus
Bauphase: Januar – Mai
30. Mai: Einzug der Affen

2014
Neugestaltung des Zoos: naturnahe, artgerechte Modernisierung

1 a) Wie lange gibt es den Zoo bereits?

____

____

b) Wie lange hat der Bau des Affenhauses gedauert?

____

____

c) Wie viel Zeit ist zwischen der Eröffnung des Zoos und der Eröffnung des Affenhauses verstrichen? Gebt die Zeit in Jahren, Monaten, Wochen und Tagen an.

____

____

____

____

MK **2** a) Recherchiert nach Informationen zur geschichtlichen Entwicklung eines Zoos in eurer Umgebung.
b) Welche wichtigen Etappen in der Entwicklung sind hervorzuheben?
c) Überlegt euch weitere mathematische Fragestellungen und Aufgaben und bearbeitet diese.

Schaut auch mal bei der Gruppe** „Wo geht's lang?" **vorbei.

Abbildungen: Rudolf Hungreder, Leinfelden-Echterdingen
Text: Maria Lenk

Projekt: Im Zoo (7) – Wie viele Streifen hat ein Zebra?

Bei manchen Tieren im Zoo hat man das Gefühl, dass sich die Natur besonders viel Mühe gegeben hat.
Das Zebra fällt durch das besondere Muster auf.

1 a) Beschreibt das Muster und mögliche Symmetrien. Verwendet mathematische Fachbegriffe.

____

____

____

____

b) Zeichnet das Muster des Zebras vereinfacht unter Verwendung geometrischer Formen nach. Ihr könnt auch nur einen Teil des Musters zeichnen.

MK **2** a) Recherchiert nach weiteren Bildern von Zebras oder anderen Tieren.
b) Vergleicht die Muster der Tiere. Formuliert mathematische Fragestellungen und Aufgaben zu den Mustern.
c) Zeichnet eigene Muster.

Abbildungen: Rudolf Hungreder, Leinfelden-Echterdingen
Text: Maria Lenk

Projektübersicht: Sportwettbewerb

Mögliche Themen	Mathematische Inhalte	Materialrecherche / -bedarf	Mögliches Endprodukt
(1) Die Platzplanung			
Platzbedarf ermitteln, Größen abschätzen, Platz ausmessen und aufteilen	• Einheiten, Flächen • Schätzen • Dezimalzahlen	Zollstock, Maßband, Kreide / Kreidespray, Markierungsteller	• Plan / Karte (Plakat) • Platzaufteilung der „echten“ Sportstätte
(2) Der Turnierplan			
Turnierpläne verstehen, Turnierpläne erstellen, Zeitplanung	• einfache Kombinatorik • Wahrscheinlichkeiten, Brüche • Daten	Plakat	Turnierplan (Plakat, Umsetzung)
(3) Die Spielfelder			
Spielfelder nachzeichnen, Spielfeld entwickeln, Spielfeldmarkierungen auf dem Platz auftragen	• Längen, Flächen • Formen • Zeichnen • Kreis	Kreidespray, Zollstock, Maßband, Schnur, Plakat	• Spielfeldmarkierungen auf dem Sportplatz • Plakat mit Spielfeldentwürfen
(4) Verpflegung beim Sport			
Flüssigkeitsmengen addieren und abschätzen, Einkauf planen (Anzahl der benötigten Wasserflaschen), Kosten abschätzen und planen	• Volumen • Rechnen mit Dezimalzahlen • Diagramme • Geld	Kosten ermitteln (Internet, Supermarkt)	• Einkaufsliste • Budgetplanung
(5) Der Staffellauf			
Planung und Abmessung der Teilstrecken, Aufteilung der Gruppen, Zeitplanung	• Längen • Zeiten • Formen • Kombinatorik	ggf. Plan der Sportstätte, Maßband, Zollstock, Kreidespray	• Markierungen an der Laufstrecke • Ansage der einzelnen Zeitfenster beim Fest
(6) Die Zeitplanung			
Planung der Sportdisziplinen, Erstellung des Zeitplans für das Sportfest	• Umgang mit Zeitangaben • Schätzen • Runden	Plakat	• Zeitplan • Ansage der einzelnen Zeitfenster beim Fest
(7) Die Gewinnermittlung			
Wertung der einzelnen Sportarten, Planung der Gesamtwertung	• Dezimalzahlen vergleichen • Brüche • Kombinatorik	Plakat	• Übersicht über die Wertungssysteme der einzelnen Sportarten
(8) Die Ehrung			
Planung und Bau eines Podiums zur Ehrung der Gewinnerinnen und Gewinner, Gestalten von Medaillen / Pokalen, Budgetplanung	• Geometrische Körper • Längen, Flächen • Geld	Baumaterial Podium, Material für Medaillen / Pokale / Urkunden	• Podium • Medaillen / Pokale / Urkunden

Text: Maria Lenk

Projektplanung: Sportwettbewerb – Tipps und Tricks

Es gibt unzählige Sportarten mit den unterschiedlichsten Regeln, Punktesystemen, Spielfeldern etc. Auf einem Sportfest gibt es die Möglichkeit, neue Sportarten auszuprobieren oder sich im Altbekannten zu messen. Aber wie wird ermittelt, wer gewonnen hat? Wie viel Wasser muss bereitgestellt werden? Und wie können Spielfeldmarkierungen aufgebracht werden? Hinter all diesen Fragestellungen steckt Mathematik. Sicherlich fallen euch noch viel mehr Fragen zum Sportfest ein. In diesem Projekt habt ihr die Möglichkeit, diese zu untersuchen.
Teilt euch zunächst in Gruppen auf und findet euer Thema.

Die einzelnen Phasen der Projektarbeit:

Arbeit in der Gruppe

- Verschafft euch einen Überblick.
  → Was sollt und wollt ihr untersuchen?
- Besprecht das Vorgehen.
  → Achtet auf eine klare Kommunikation.
- Verteilt die Arbeit gerecht.
  → Beachtet Stärken und Schwächen.
- Arbeitet mathematisch:
  → Formuliert Zusammenhänge.
  → Überarbeitet Ideen und berücksichtigt neue Überlegungen.
- Besprecht die Aufgaben für zu Hause.

→ Was ist ein mögliches Endprodukt?

⬅ ➡

Einzelarbeit

- Verschaffe dir einen Überblick:
  → Was ist deine Aufgabe?
  → Wie viel Zeit brauchst du dafür?
- Bereite die nächste Gruppenarbeit vor:
  → Recherchiere.
  → Arbeite mathematisch.
  → Formuliere neue Ideen.
- Überarbeite und korrigiere bestehende Überlegungen.
- Bring die vorbereiteten Materialien in die nächste Gruppenphase mit.

→ Was kann / muss ich für den Projektabschluss noch vorbereiten?

Der Abschluss des Projekts

Überlegt euch, in welcher Form ihr eure Ergebnisse vorstellen wollt. Beachtet dabei:
✓ Was könnte ein mögliches Endprodukt sein?
✓ Was müsst ihr dazu noch klären? Welche Fragen könnten auftauchen?
✓ Kann jedes Gruppenmitglied eure Überlegungen erklären?

Und hier noch einige Tipps für eure Projektarbeit:

Zeitmanagement

Projektdauer:
8 Stunden Gruppenarbeit + Einzelarbeit zu Hause

Was wollt ihr wann erledigen? Seid ihr gut in der Zeit? Achtet auf das Datum des Projektabschlusses und die verbleibende Zeit.

Recherchieren

Findet weiteres Material: Recherchiert im Internet. Vergleicht die Angaben, wenn ihr verschiedene Quellen findet. Schlagt auch in Büchern nach.

Fragen stellen

Welche Aspekte eures Themas interessieren euch besonders? Welche mathematischen Zusammenhänge könnt ihr darin entdecken? Formuliert auch Fragen, auf die es keine eindeutigen Antworten gibt.

Viel Spaß bei eurem Projekt!

Text: Maria Lenk

Projekt: Sportwettbewerb (1) – Die Platzplanung

Die Planung eines Sportwettbewerbs erfordert viel Organisation. Aber das entscheidende ist doch: Wo soll der Wettbewerb stattfinden? Auf dem Schulhof? In einem Stadion? Danach kann geplant werden, welche Events wo stattfinden können und was überhaupt möglich ist.

Wo soll euer Wettbewerb stattfinden? ____________________________________

1 Erstellt einen Plan der Sportstätte (Schulhof, Stadion, Sportgelände, …). Vermesst dazu die Sportstätte.

2 Plant die einzelnen Stationen des Sportfestes. Sprecht euch mit der Gruppe „Die Zeit-Planenden" ab, welche Sportarten geplant sind. Wie viel Platz benötigt ihr für die einzelnen Sportarten? Berücksichtigt auch den Platzbedarf für Verpflegungsstände, die Ehrung der Personen, die gewonnen haben und ähnliches. Tragt dies in die Tabelle ein.

Sportart	Platzbedarf	Weitere Anmerkungen
Staffellauf		

3 Zeichnet in eurem Plan ein, wo welches Event stattfinden soll. Welche Aspekte müsst ihr dabei berücksichtigen? Welche Sportarten können nicht gleichzeitig ausgetragen werden?

4 Formuliert weitere Fragen, dir ihr mithilfe der Mathematik bearbeiten könnt und findet Antworten.

Schaut auch mal bei den Gruppen „Die Spielfelder", „Der Staffellauf" und „Die Zeitplanung" ***vorbei.***

Text: Maria Lenk

Projekt: Sportwettbewerb (2) – Der Turnierplan

Viele Sportarten werden im Turniermodus ausgetragen. Dies kennt ihr sicherlich beispielsweise von Welt- und Europameisterschaften. Wie mithilfe eines solchen Turnierplans das beste Team ermittelt werden kann, hängt von der Turnierplanung ab.

Beispiel Turnierplan:

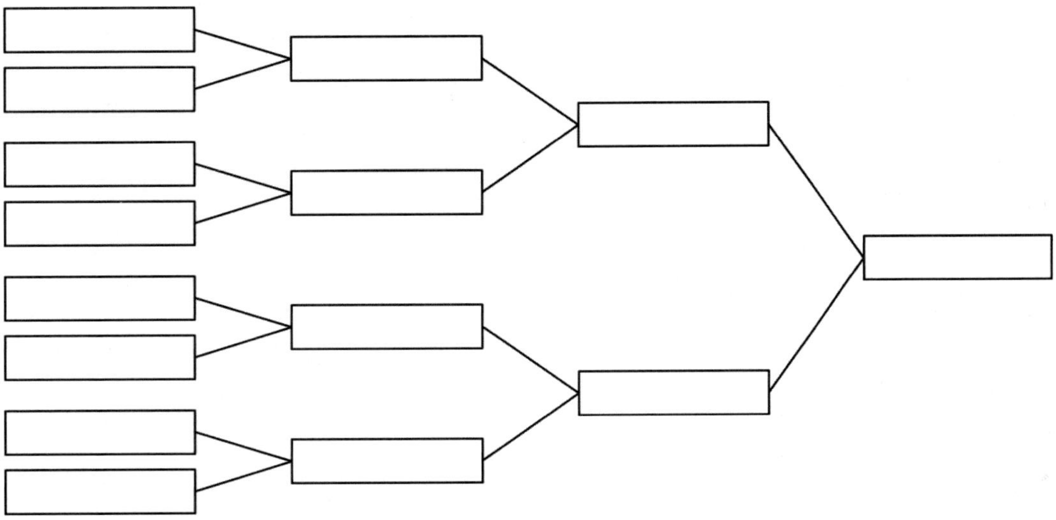

1 Einen einfachen Turnierplan für 8 Teams seht ihr oben.

a) Beschreibt kurz, wie nach diesem Plan das gewonnene Team ermittelt werden kann.

____

____

____

b) Wie viele mögliche finale Kombinationen gibt es? ____________________

c) Welche Vor- und Nachteile hat dieser Plan?

____

____

____

MK **2** Welche Varianten von Turnierplänen gibt es noch? Recherchiert.

3 Überlegt euch nun, welche Sportart bei eurem Wettbewerb als Turnier ausgetragen werden soll. Entwickelt einen Turnierplan. Sollen dabei alle Plätze ausgespielt werden? Wie viel Zeit ist für das Turnier vorgesehen? Welche Aspekte wollt ihr bei der Planung noch berücksichtigen?

4 Formuliert weitere Fragen, die ihr mithilfe der Mathematik bearbeiten könnt und findet Antworten.

Schaut auch mal bei den Gruppen „Die Spielfelder" und „Die Zeitplanung" ***vorbei.***

Abbildungen: imprint, Zusmarshausen
Text: Maria Lenk

Projekt: Sportwettbewerb (3) – Die Spielfelder

Viele Teamsportarten benötigen ein spezielles Spielfeld. Die Markierungen haben dabei bestimmte Bedeutungen und verraten manchmal schon einiges über die Sportart.

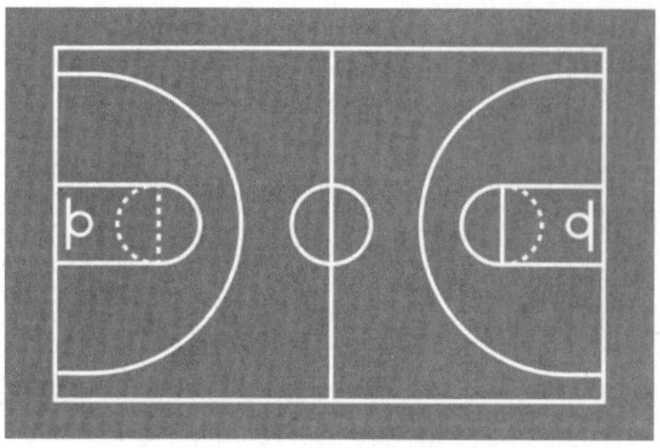

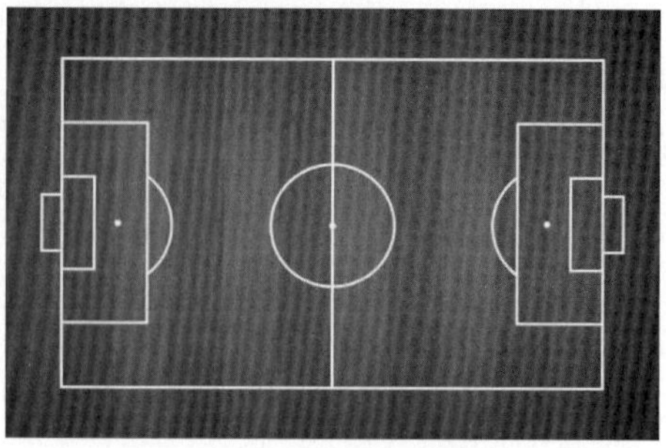

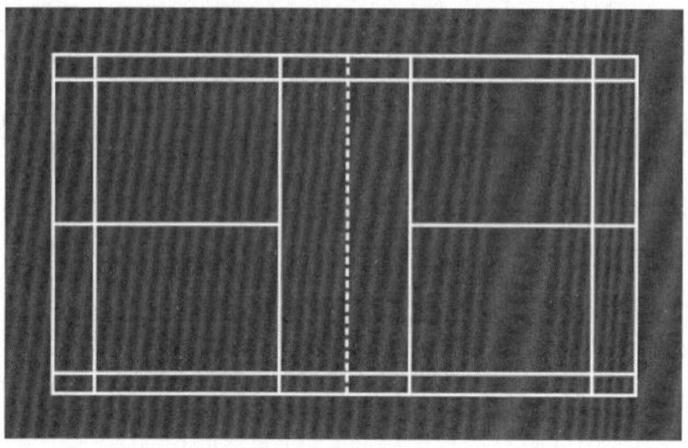

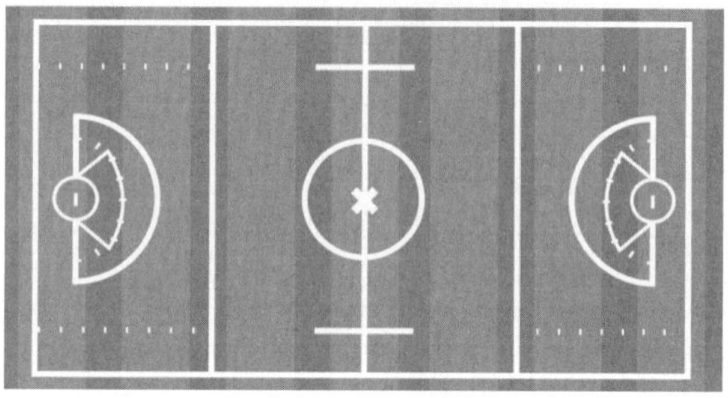

1 Oben seht ihr die Spielfelder von vier Sportarten.

a) Um welche Sportarten handelt es sich? Ergänzt die Überschriften.

MK b) Welche Größen haben die einzelnen Spielfelder? Recherchiert im Internet und tragt die Größen in den Abbildungen ein.

2 Die Spielfeldmarkierungen müssen auf dem Platz aufgetragen werden.

a) Sucht euch ein Spielfeld aus und zeichnet es auf ein Blatt Papier.

b) Das Spielfeld ist in echt deutlich größer. Auf welche Probleme stoßt ihr beim Auftragen der Markierungen? Wie könnt ihr sie lösen?

3 Die Größe und die Markierungen der Spielfelder der obigen Sportarten sind bereits festgelegt. Entwickelt ein neues Spiel und überlegt euch, wie das Spielfeld dazu aussehen soll. Welche Aspekte müsst ihr dabei berücksichtigen?

4 Formuliert weitere Fragen, die ihr mithilfe der Mathematik bearbeiten könnt und findet Antworten.

Schaut auch mal bei den Gruppen „Die Platzplanung“ und „Die Zeitplanung“ ***vorbei.***

Abbildungen: ShutterStock.com RF, New York (Paul Stringer); ShutterStock.com RF, New York (Lifestyle Graphic); ShutterStock.com RF, New York (theerakit); ShutterStock.com RF, New York (MarcoVector)
Text: Maria Lenk

Projekt: Sportwettbewerb (4) – Verpflegung beim Sport

Ein Sportwettbewerb ist anstrengend für Körper und Geist! Da ist es wichtig, den Körper mit ausreichend Essen und Trinken zu versorgen. Ihr kümmert euch in diesem Projekt um die Verpflegung.

Diagramm zu den empfohlenen Trinkmengen:

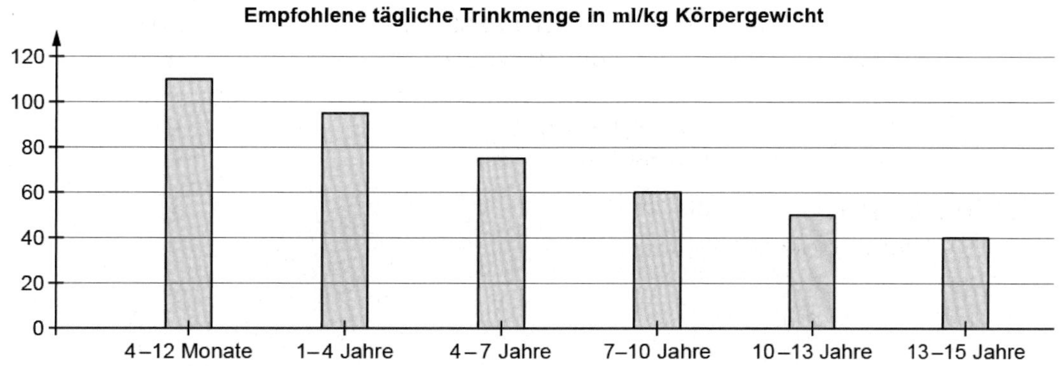

1 Die deutsche Gesellschaft für Ernährung formuliert Empfehlungen zur täglichen Trinkmenge bei Kindern.
a) Wie viele Liter solltest du danach täglich trinken?

b) Überlege, was du pro Tag trinkst. Addiere die einzelnen Mengen und vergleiche mit der Empfehlung.

2 Plant, welche Getränke und welche Mengen ihr am Verpflegungsstand anbieten wollt. Welche Aspekte wollt ihr dabei berücksichtigen?

3 Neben Getränken soll es auch ein Angebot an gesundem Essen geben.
a) Überlegt, welche Verpflegung ihr anbieten wollt. Welche Mengen benötigt ihr? Wie geht ihr bei der Schätzung vor?
b) Plant euer Budget. Wie viel könnt ihr ausgeben? Soll das Essen verkauft oder verschenkt werden?
c) Welche weiteren Aspekte wollt ihr berücksichtigen?

4 Formuliert weitere Fragen, die ihr mithilfe der Mathematik bearbeiten könnt und findet Antworten.

Schaut auch mal bei der Gruppe „Die Platzplanung" ***vorbei.***

Abbildungen: imprint, Zusmarshausen
Text: Maria Lenk

Projekt: Sportwettbewerb (5) – Der Staffellauf

Bei einem Sportwettbewerb sind verschiedenste Sportarten vertreten. Der Staffellauf vereint Teamdisziplin und Einzeldisziplin. Bei der Planung eines Staffellaufs muss einiges beachtet werden.

Um in eurem Projekt arbeiten zu können, solltet ihr euch zunächst über einige Grundgrößen einigen:

– Wo soll der Staffellauf stattfinden? ______________________________

– Wie lang sind die Teilstrecken? ______________________________

Laufstrecken im Stadion:

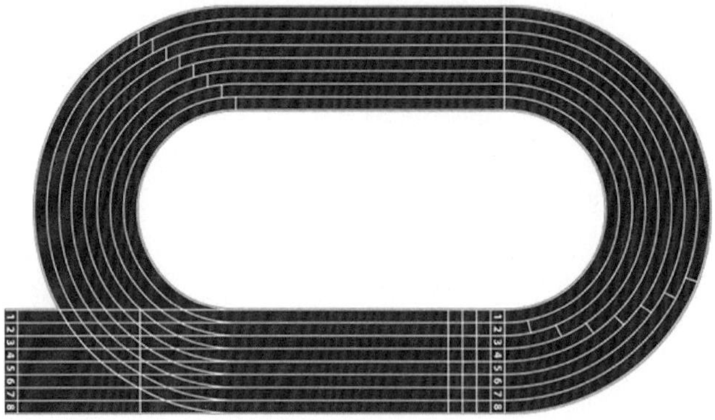

1 Die Aufteilung der Strecken ist beim Staffellauf eine der ersten Planungsüberlegungen. Oben seht ihr die klassische Laufbahn in einem Stadion.

a) Erläutert, wie die aufgezeichneten Markierungen zustande kommen.

____

____

____

b) Wie könnten die Laufstrecken beim Staffellauf in einem Stadion aufgeteilt werden? Auf welche Fragen stoßt ihr dabei?

____

____

____

2 Passt die Aufteilung der Laufstrecken nun auf eure Sportstätte an. Welche Schwierigkeiten treten auf?

3 Auch die Reihenfolge, in der die einzelnen Teilnehmenden einer Gruppe starten, muss vor Beginn festgelegt werden. Wie viele Möglichkeiten der Platzierung der einzelnen Gruppenmitglieder gibt es bei einer 3er-Staffel? Wie viele gibt es bei einer 4er-Staffel? Was wollt ihr bei der Festlegung berücksichtigen?

4 Formuliert weitere Fragen, die ihr mithilfe der Mathematik bearbeiten könnt und findet Antworten.

Schaut auch mal bei den Gruppen „Die Platzplanung" und „Die Zeitplanung" ***vorbei.***

Abbildungen: ShutterStock.com RF, New York (Yuliyan Velchev)
Text: Maria Lenk

Projekt: Sportwettbewerb (6) – Die Zeitplanung

Damit beim Sportwettbewerb kein Chaos ausbricht, braucht es eine Fachgruppe, die die Zeit im Blick hat und plant, wann welche Sportart ausgetragen wird.

1 Welcher Zeitraum steht für euer Sportfest zur Verfügung?

___

2 Plant, welche Sportarten auf eurem Fest ausgetragen werden sollen. Berücksichtigt dabei auch, dass die Gruppe „Der Turnierplan“ ein Turnier plant, die Gruppe „Staffellauf“ einen Staffellauf organisiert und die Gruppe „Spielfelder“ ein Spiel entwickelt.

___ ___ ___

___ ___ ___

Sportfest der 6. Klassen:

08:00–08:20 Uhr	Ankunft und Begrüßung
08:20–08:30 Uhr	Umziehen
08:30–10:00 Uhr	Austragung des Fußball-Turniers Sportspiele an den Geräten für wartende Teams
10:00–11:00 Uhr	freie Austragung der Einzeldisziplinen an verschiedenen Stationen
11:00–12:00 Uhr	Staffellauf 6a und 6b; Völkerball 6c und 6d
12:00–12:45 Uhr	Mittagspause
12:45–13:15 Uhr	Staffellauf 6c und 6d; Völkerball 6a und 6b
13:15–14:00 Uhr	Abschluss und Ehrung der Gewinnerinnen und Gewinner

3 Oben seht ihr den Zeitplan eines Sportfestes. Erscheint euch die Zeiteinteilung sinnvoll? Was würdet ihr ändern?

___

___

4 Erstellt einen eigenen Zeitplan. Berücksichtigt dabei den Zeitrahmen eures Sportfestes und die von euch geplanten Disziplinen. Nimmt jedes Kind an jeder Disziplin teil? Welche Aspekte wollt ihr noch berücksichtigen?
Könnt ihr alle geplanten Disziplinen in dem Zeitrahmen umsetzen? Sprecht euch auch mit der Gruppe „Die Platzplanung“ ab. Führt gegebenenfalls Anpassungen durch.

Wenn ihr euch unsicher bei der Zeitplanung seid, wendet euch z. B. an eure Sportlehrkräfte. Sie können euch sagen, wie lange z. B. die Austragung des Weitsprungs bei einer Klasse dauert.

5 Formuliert weitere Fragen, die ihr mithilfe der Mathematik bearbeiten könnt und findet Antworten.

Schaut auch mal bei der Gruppe „Die Platzplanung“ ***vorbei.***

Text: Maria Lenk

Projekt: Sportwettbewerb (7) – Die Gewinnermittlung

Beim Sprint ist es einfach: Wer zuerst ins Ziel läuft, hat gewonnen. Bei anderen Sportarten ist es hingegen manchmal gar nicht so einfach, den ersten Platz zu ermitteln.

Drei-Punkte-Wertung Volleyball:

3 Gewinnsätze	
Punkte bei einem Gewinn 3 : 0 oder 3 : 1	**3**
Punkte bei einer Niederlage 1 : 3 oder 0 : 3	**0**
Punkte bei einem Gewinn 3 : 2	**2**
Punkte bei einer Niederlage 2 : 3	**1**

1 Oben seht ihr eine Übersicht zur Drei-Punkte-Wertung beim Volleyball.

a) Wie viele Punkte werden pro Spiel vergeben?

b) Erklärt die Drei-Punkte-Wertung. Recherchiert falls nötig dazu im Internet.

c) Welche Vor- und Nachteile hat die Drei-Punkte-Wertung?

d) Für welche Sportarten ist die Drei-Punkte-Wertung geeignet?

2 Überlegt nun, welche Sportarten am Sportfest ausgetragen werden. Wie kann jeweils eine Wertung stattfinden? Nehmen Kinder am Sportwettbewerb teil, die körperliche Schwierigkeiten haben, bestimmte Sportarten zu bewältigen? Wie wollt ihr deren Leistung bei der Gewinnermittlung fair berücksichtigen?
Wie könnt ihr den ersten Platz des gesamten Sportfests ermitteln? Entwickelt verschiedene Varianten zur Gewinnermittlung und vergleicht sie. Welche erscheint euch am besten?

3 Formuliert weitere Fragen, die ihr mithilfe der Mathematik bearbeiten könnt und findet Antworten.

Schaut auch mal bei den Gruppen „Der Staffellauf" und „Die Ehrung" ***vorbei.***

Text: Maria Lenk

Projekt: Sportwettbewerb (8) – Die Ehrung

Der krönende Abschluss eines Sportfestes ist die Ehrung der Personen, die gewonnen haben. Ihr seid dafür verantwortlich, dass sie wertschätzend und kreativ abläuft.

Podium:

1 Oben seht ihr ein klassisches Podium für eine Ehrung der Personen, die gewonnen haben.

a) Zeichnet ein Schrägbild des Podiums.

b) Überlegt nun, wie groß das Podium werden soll. Sollen Einzelpersonen oder ganze Teams darauf stehen? Tragt die benötigten Maße im Schrägbild ein.

c) Überlegt nun, wie ihr das Podium selbst bauen könnt. Wie viel Material benötigt ihr dafür? Welche Kosten entstehen?

2 Auch das Verleihen von Urkunden, Pokalen oder Medaillen gehört zur Ehrung der Personen, die gewonnen haben. Wie wollt ihr diese gestalten? Welche Formen könnt ihr verwenden? Welches Budget steht euch zur Verfügung?

3 Formuliert weitere Fragen, die ihr mithilfe der Mathematik bearbeiten könnt und findet Antworten.

Schaut auch mal bei den Gruppen „Die Gewinnermittlung" und „Die Zeitplanung" ***vorbei.***

Abbildungen: ShutterStock.com RF, New York (Igor Kyrlytsya)
Text: Maria Lenk

Aktiv: Brüche gleichnamig machen – Ein Exit-Game

1 Ihr wollt raus aus diesem ekligen Keller, in dem Ihr gefangen seid? Der einzige Ausgang ist die Tür. Drei Schlösser müsst ihr knacken. Addiert immer drei passende Brüche. Das Ergebnis ist vorgegeben. Ihr dürft jeden Bruch nur einmal verwenden. Drei Brüche sind schon eingefügt.

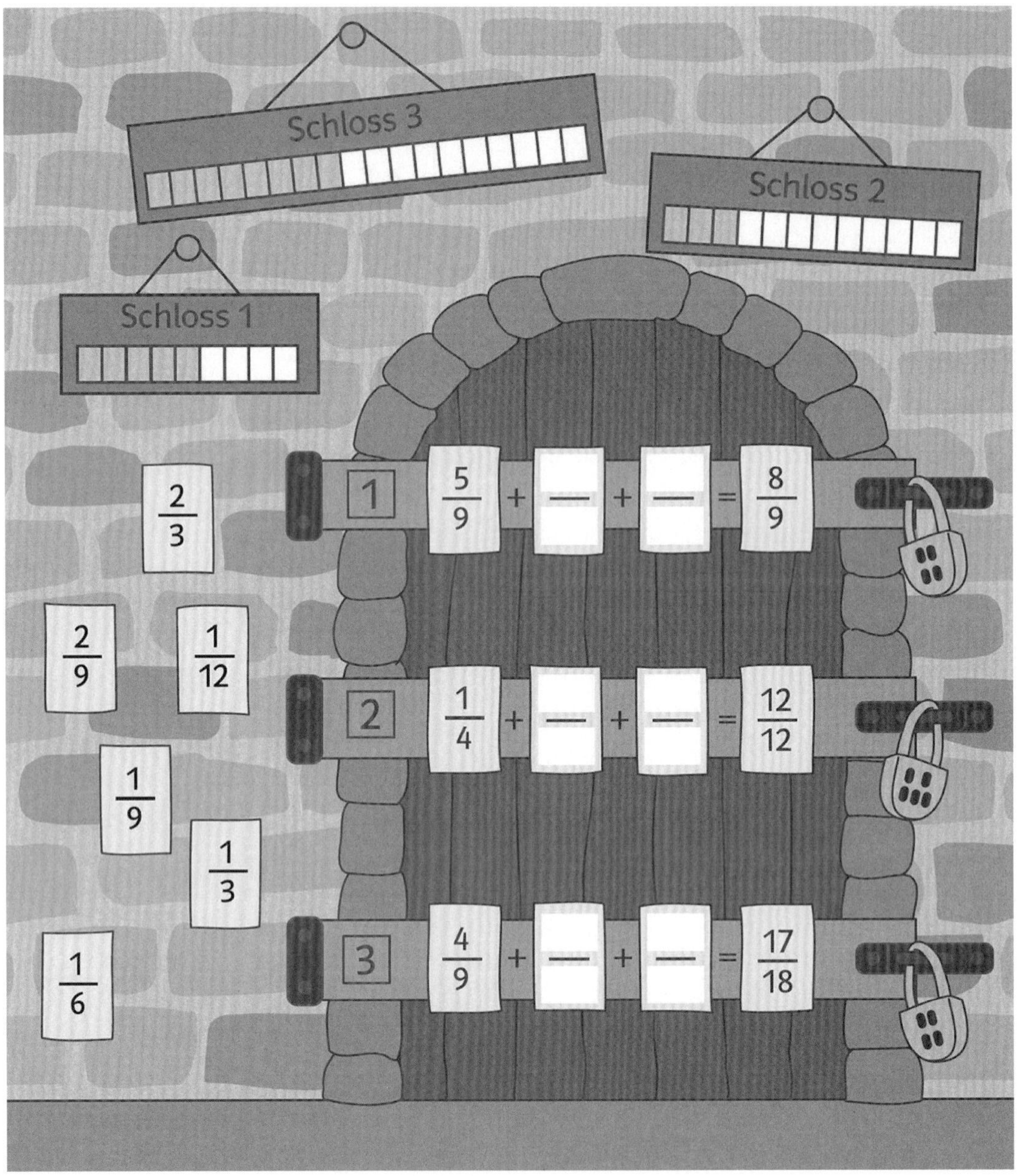

Hier sind die Schlösser von oben nochmal abgebildet. Um die richtigen Summanden zu finden, könnt ihr die Bruchteile markieren.

Schloss 1

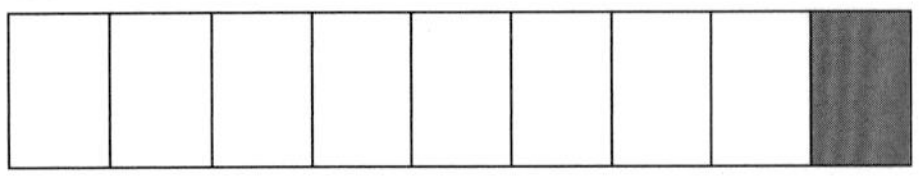

Schloss 2

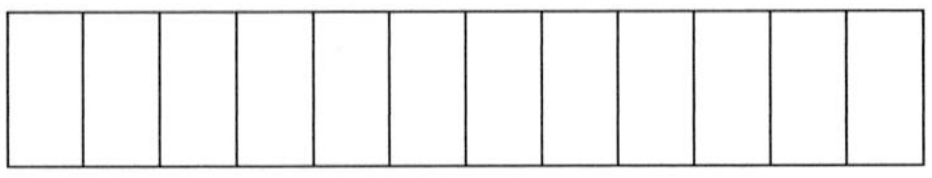

Schloss 3

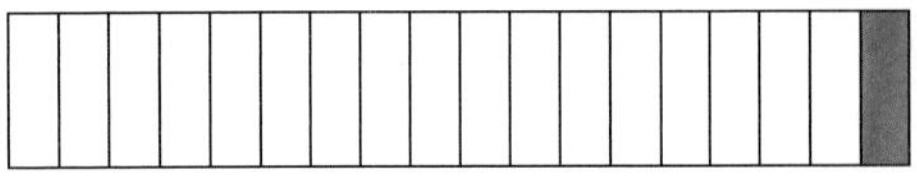

Abbildungen: tiff.any GmbH & Co. KG, Berlin
Text: Mareike Helmis

Lösungen Aktiv: Brüche gleichnamig machen – Ein Exit-Game, brch024

1 Schloss 1

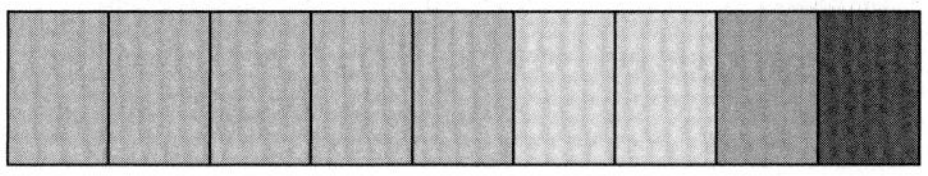

$\frac{5}{9} + \frac{2}{9} + \frac{1}{9} = \frac{8}{9}$

Schloss 2

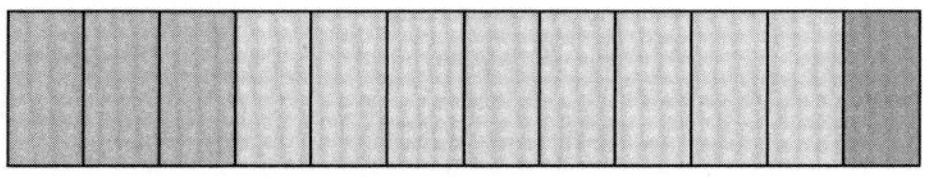

$\frac{1}{4} + \frac{2}{3} + \frac{1}{12} = \frac{3}{12} + \frac{8}{12} + \frac{2}{12} = \frac{12}{12}$

Schloss 3

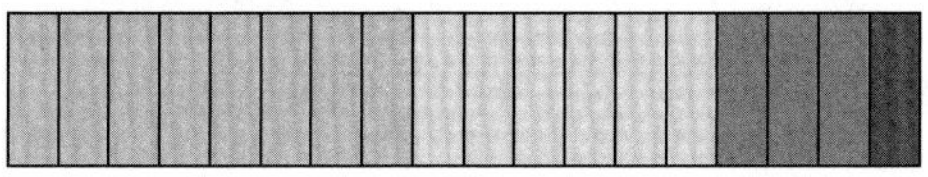

$\frac{4}{9} + \frac{1}{3} + \frac{1}{6} = \frac{8}{18} + \frac{6}{18} + \frac{3}{18} = \frac{17}{18}$

Text: Mareike Helmis

Aktiv: Brüche gleichnamig machen – Kuchen bitte!

1 Auf dem Schulfest wurde an drei Ständen Kuchen verkauft. Leider konnte nicht der gesamte Kuchen verkauft werden. Auf den gleich großen Kuchenblechen sind folgende Reste übrig geblieben.

Stand 1 Stand 2 Stand 3

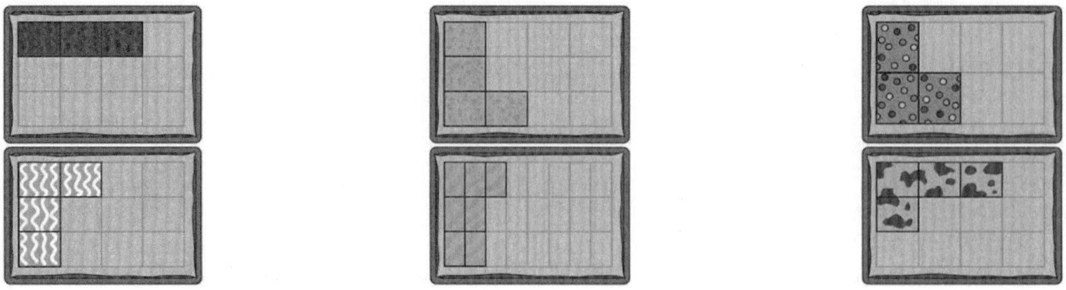

a) Zum Aufräumen werden die Stücke an jeden Stand auf einem Blech zusammengepackt. Zeichnet dieses Kuchenblech mit den restlichen Kuchenstücken.

SP b) Gebt an, welcher Anteil des ganzen Blechkuchens an jedem Stand übrig geblieben ist. Beschreibt eure Vorgehensweise.

c) Gebt an, wie viel Kuchen insgesamt beim Schulfest übrig geblieben ist.

Abbildungen: tiff.any GmbH & Co. KG, Berlin
Text: Mareike Helmis

Lösungen Aktiv: Brüche gleichnamig machen – Kuchen bitte!, brch027

1 a) Stand 1

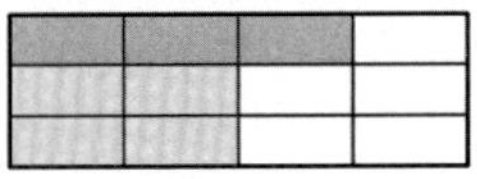

Stand 2

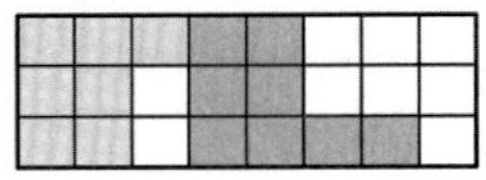

Stand 3

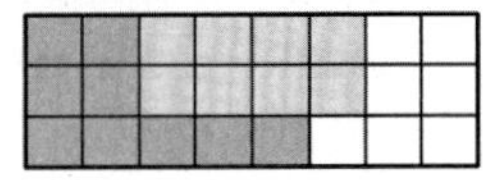

b) An Stand 1 sind $\frac{7}{12}$ übrig geblieben.

An Stand 2 sind $\frac{15}{24}$ übrig geblieben.

An Stand 3 sind $\frac{17}{24}$ übrig geblieben.

Individuelle Lösung, zum Beispiel:
Bei Stand 1 waren beide Kuchen in gleich große Stücke geschnitten. Deshalb konnte ich die Anzahl einfach übertragen und abzählen.
Bei Stand 2 und 3 waren die Kuchen in unterschiedlich große Stücke geschnitten. Deshalb musste ich eine Unterteilung der Kuchen finden, in die beide Bruchteile der Kuchen passen.
Deshalb habe ich die Kuchen in 24 gleich große Teile geschnitten und dann jeweils die Anteile eingezeichnet.

c) Wenn Stand 1 ebenfalls in 24 Teile unterteilt wird, dann sind da $\frac{14}{24}$ übriggeblieben.

Dann sind insgesamt
$\frac{14}{24} + \frac{15}{24} + \frac{17}{24} = \frac{46}{24} = 1\frac{22}{24}$ übrig geblieben, das sind fast zwei ganze Kuchen.

Abbildungen: imprint, Zusmarshausen
Text: Mareike Helmis

Name: Klasse: Datum: brch009

Aktiv: Brüche – Mit Bruchstreifen vergleichen (1)

Zum Vergleichen von Brüchen kann man Bruchstreifen verwenden. Du kannst die Bruchstreifen selbst basteln oder eine Vorlage dafür verwenden.

Bruchstreifen basteln

Du brauchst kariertes DIN-A4-Papier, Lineal, Schere und einen Stift.

(1) Stelle sechs 24 cm lange Streifen aus Papier her.

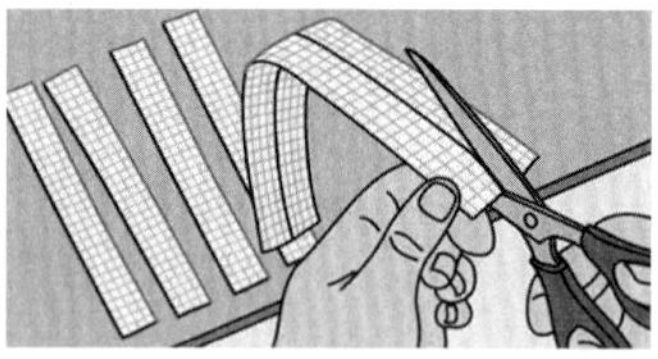

(2) Teile die Streifen in gleich große Teile ein. Dazu teile einen Streifen in 2 gleich große Teile ein. Die anderen Streifen teile in 3, in 4, in 6 und einen Streifen in 8 gleich große Teile ein. Miss und zeichne möglichst genau.

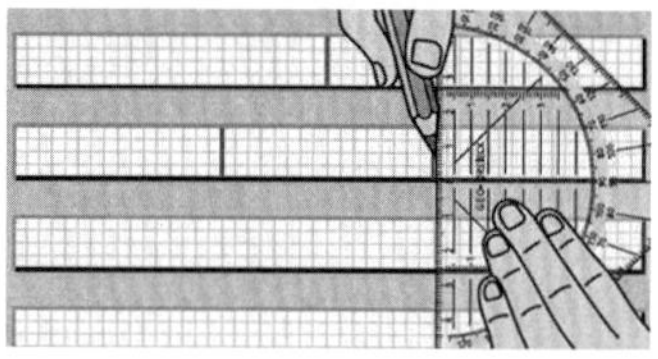

(3) Beschrifte die Streifen mit den Brüchen.

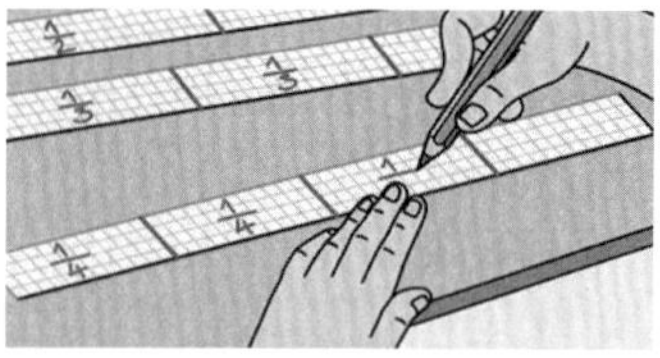

1 a) Bastle sechs Bruchstreifen.

b) Vergleiche $\frac{1}{2}$ und $\frac{5}{8}$. Welcher Bruch ist größer?

____

____

c) Erklärt euch gegenseitig, wie ihr vorgegangen seid.

SP

____

Brüche mithilfe von Bruchstreifen vergleichen

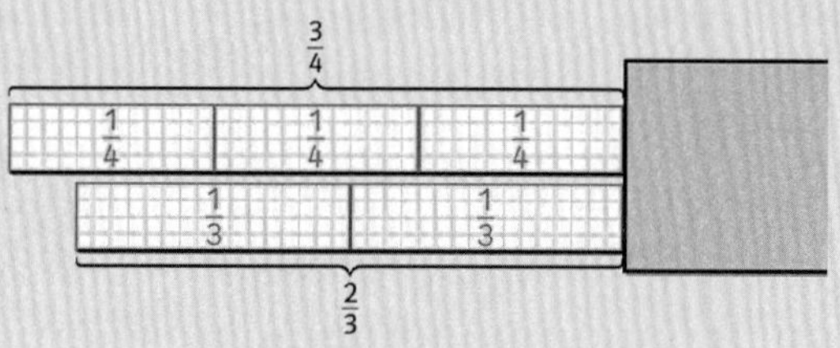

$\frac{3}{4}$ ist größer als $\frac{2}{3}$.

____

____

____

____

____

____

____

____

2 Vergleiche die Brüche mithilfe deiner Bruchstreifen.
Welcher Bruch ist größer? Setze <, = oder > ein.

a) $\frac{1}{2}$ ☐ $\frac{3}{5}$ b) $\frac{2}{3}$ ☐ $\frac{3}{4}$ c) $\frac{2}{6}$ ☐ $\frac{1}{8}$ d) $\frac{5}{6}$ ☐ $\frac{2}{3}$ e) $\frac{2}{4}$ ☐ $\frac{2}{5}$ f) $\frac{2}{8}$ ☐ $\frac{1}{4}$

Abbildungen: tiff.any GmbH & Co. KG, Berlin
Text: Mareike Helmis

Name: Klasse: Datum:

Aktiv: Brüche – Mit Bruchstreifen vergleichen (2)

$\frac{1}{2}$	$\frac{1}{3}$	$\frac{1}{4}$	$\frac{1}{5}$	$\frac{1}{6}$	$\frac{1}{7}$	$\frac{1}{8}$	$\frac{1}{9}$	$\frac{1}{10}$
$\frac{1}{2}$	$\frac{1}{3}$	$\frac{1}{4}$	$\frac{1}{5}$	$\frac{1}{6}$	$\frac{1}{7}$	$\frac{1}{8}$	$\frac{1}{9}$	$\frac{1}{10}$
	$\frac{1}{3}$	$\frac{1}{4}$	$\frac{1}{5}$	$\frac{1}{6}$	$\frac{1}{7}$	$\frac{1}{8}$	$\frac{1}{9}$	$\frac{1}{10}$
		$\frac{1}{4}$	$\frac{1}{5}$	$\frac{1}{6}$	$\frac{1}{7}$	$\frac{1}{8}$	$\frac{1}{9}$	$\frac{1}{10}$
			$\frac{1}{5}$	$\frac{1}{6}$	$\frac{1}{7}$	$\frac{1}{8}$	$\frac{1}{9}$	$\frac{1}{10}$
				$\frac{1}{6}$	$\frac{1}{7}$	$\frac{1}{8}$	$\frac{1}{9}$	$\frac{1}{10}$
					$\frac{1}{7}$	$\frac{1}{8}$	$\frac{1}{9}$	$\frac{1}{10}$
						$\frac{1}{8}$	$\frac{1}{9}$	$\frac{1}{10}$
							$\frac{1}{9}$	$\frac{1}{10}$
								$\frac{1}{10}$

Abbildungen: imprint, Zusmarshausen
Text: Dr. Andreas Thiemer

Lösungen Aktiv: Brüche – Mit Bruchstreifen vergleichen (1) und (2), brch009

1 a) Individuelle Lösung

b) $\frac{5}{8}$ ist größer als $\frac{1}{2}$.

c) Individuelle Lösung, zum Beispiel:
Ich wähle die beiden Bruchstreifen für Halbe und Achtel aus und lege sie untereinander.
Ich schiebe die beiden Bruchstreifen so unter ein Blatt, dass beim einen Bruchstreifen $\frac{1}{2}$ sichtbar ist und beim anderen Bruchstreifen $\frac{5}{8}$. Dann sehe ich, welcher Bruchstreifen länger ist.

2 a) $\frac{1}{2} < \frac{3}{5}$ b) $\frac{2}{3} < \frac{3}{4}$ c) $\frac{2}{6} > \frac{1}{5}$ d) $\frac{5}{6} > \frac{2}{3}$ e) $\frac{2}{4} > \frac{2}{5}$ f) $\frac{2}{8} = \frac{1}{4}$

Text: Mareike Helmis

Aktiv: Brüche falten

Brüche lassen sich durch Falten auf einfache Weise darstellen.

1. **Schneide** die Kärtchen entlang der Linien aus.
2. **Falte** die Kärtchen so, dass 4 bzw. 5 gleich große Flächen entstehen.
3. **Färbe** jeweils ein Teilstück. Orientiere dich dabei an den entstandenen Faltlinien.
4. **Überlege** dir zwei weitere Brüche, die du faltest und anschließend einfärbst und beschriftest.
5. **Klebe** die gefalteten Brüche in dein Heft ein.

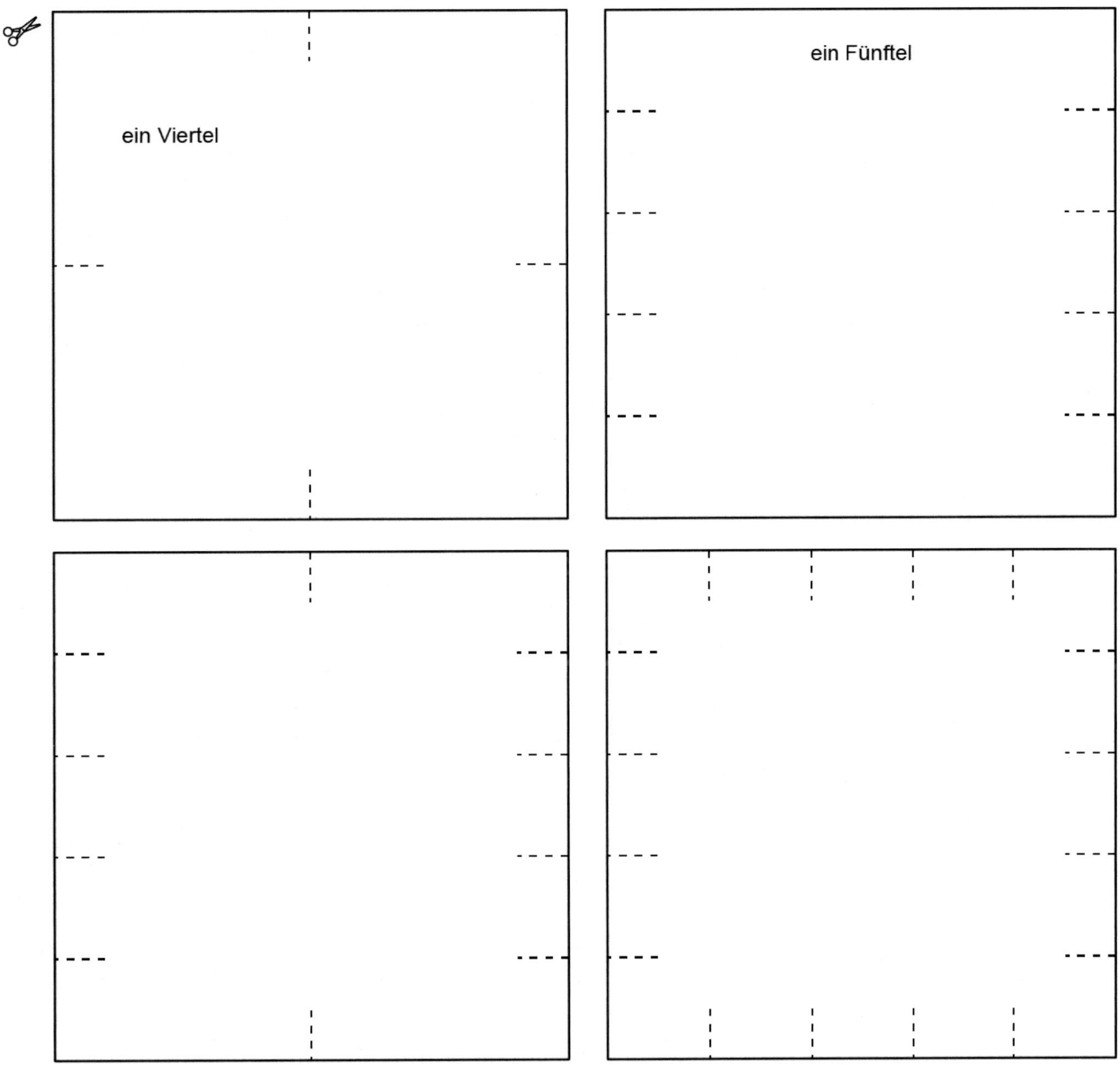

Abbildungen: imprint, Zusmarshausen
Text: Dr. Andreas Thiemer

Aktiv: Ebene Figuren – Drehsymmetrische Kreise (1)

1 Alles dreht sich

Viele Dinge können sich drehen.

a) Sammelt Fotos oder zeichnet Gegenstände oder Muster mit Drehungen.

SP b) Vergleicht gemeinsam eure Fotos und Zeichnungen.

- Was ist unterschiedlich?
- Was ist bei allen gleich oder ähnlich?
- Beschreibt die Symmetrieeigenschaften der Bilder.

Abbildungen: stock.adobe.com, Dublin (Pete Saloutos); stock.adobe.com, Dublin (Frank Triebs)
Text: Sabine Kliemann

Aktiv: Ebene Figuren – Drehsymmetrische Kreise (2)

2 Kreisel basteln

a) Stelle Kreisel her. Zeichne auf Pappe Kreise mit gleichmäßigen Mustern und male sie farbig an. Schneide die Pappkreise aus und stecke Zahnstocher durch den Mittelpunkt.

Du kannst auch die Vorlage unten nutzen. Male den Kreis mit einem gleichmäßigen Muster aus. Dann schneide ihn aus und klebe ihn auf Pappe.

SP b) Beschreibe, wie sich die Farben und Formen beim Drehen des Kreisels ändern.

____

____

____

____

____

____

____

____

____

Vorlage

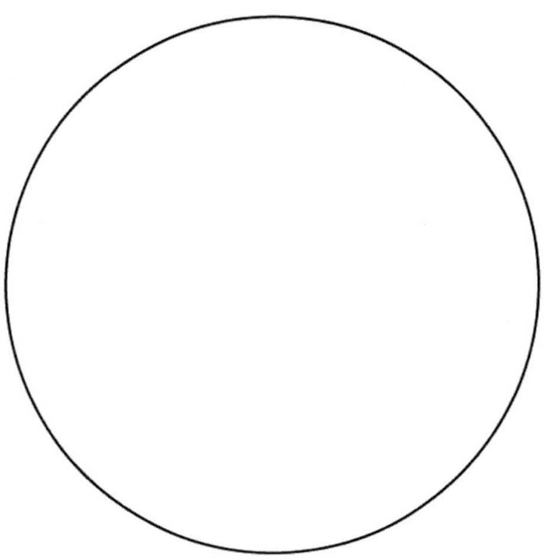

Abbildungen: imprint, Zusmarshausen; KOMA AMOK ®, Stuttgart; Blühdorn GmbH, Fellbach
Text: Sabine Kliemann

Lösungen Aktiv: Ebene Figuren – Drehsymmetrische Kreise (1) und (2), ebf021

1 Alles dreht sich

a) Individuelle Lösungen

b) Individuelle Lösung, zum Beispiel:

Dreht man die Gegenstände um ihren Mittelpunkt, entsteht immer wieder das gleiche Bild.
Die einzelnen Kugeln, Fächer usw. haben immer den gleichen Abstand zum Mittelpunkt. Damit ein Gegenstand wieder das gleiche Bild ergibt, müssen unterschiedlich starke Drehungen durchgeführt werden. Während bei einem Steuerrad eine Achteldrehung genügt, müsste die Schwimmerin mit einer Sechsteldrehung gedreht werden.
Die Figur ist aus einer gleichen Teilfigur aufgebaut, die mehrfach gedreht wird, bis sie wieder zum Ausgangspunkt kommt. Die Figur nennt man dann drehsymmetrisch.

2 Kreisel basteln

a) Individuelle Lösungen

b) Individuelle Lösung, zum Beispiel:

Unser Auge nimmt bei der Drehung die einzelnen Farben nicht mehr wahr. Es entsteht eine Vermischung, die in Abhängigkeit von den gewählten Formen und Farben unterschiedlich ist.
Tipp: Besonders eindrucksvoll ist dieser Effekt bei zwei Grundfarben.

Text: Sabine Kliemann

Aktiv: Ebene Figuren – Kreisbilder (1)

1 Mandalas

Das Wort Mandala stammt aus dem Sanskrit (altindische Sprache) und bedeutet Kreis. Mandalas sind besondere Kreisbilder. Traditionell stellt das geometrische Muster eines Mandalas den Kosmos oder Gottheiten in himmlischen Welten dar. Jede Einteilung hat deshalb eine besondere Bedeutung.

Bedeutung der Einteilung

Eins: Einheit und Ganzheit

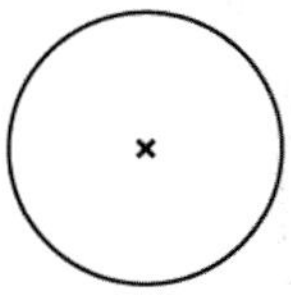

Zwei: Gegensätzlichkeit und Zusammenhalt

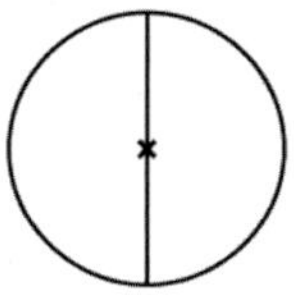

Drei: Energie und Dreieinigkeit Gottes

Vier: Ordnung und vier Elemente Feuer, Wasser, Luft und Erde

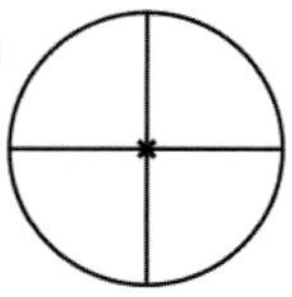

Fünf: Gesundheit und Lebenslust

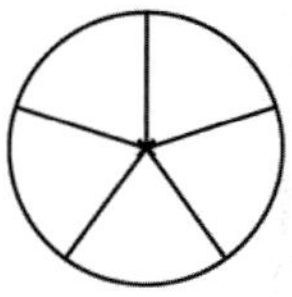

Sechs: Ausgewogenheit und Zufriedenheit

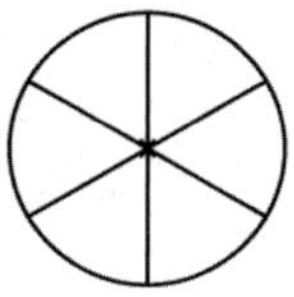

Zehn: Realität und Vielheit (10 Finger)

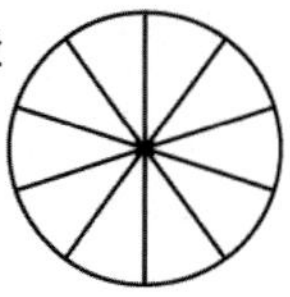

Zwölf: kosmische Ordnung

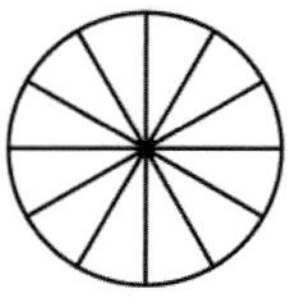

a) Ergänze die Tabelle: In wie viele Teile ist das Mandala eingeteilt? Wie groß ist dann der Winkel jedes Kreisausschnitts?

	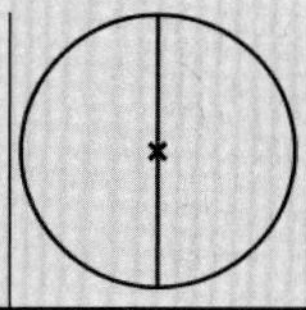		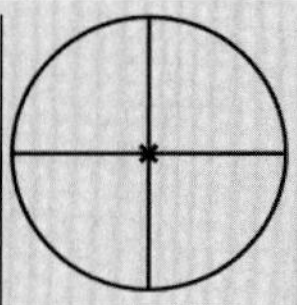				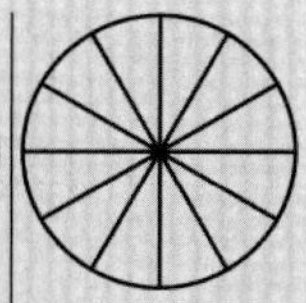
In wie viele Teile ist das Mandala eingeteilt?	2						
Wie groß ist der Winkel eines Kreisausschnitts?	180° (Halbkreis)						

b) Teile die Kreise in die angegebene Anzahl gleich großer Kreisausschnitte. Gib die Winkelgröße eines Kreisausschnitts an.

(1) in drei Kreisausschnitte

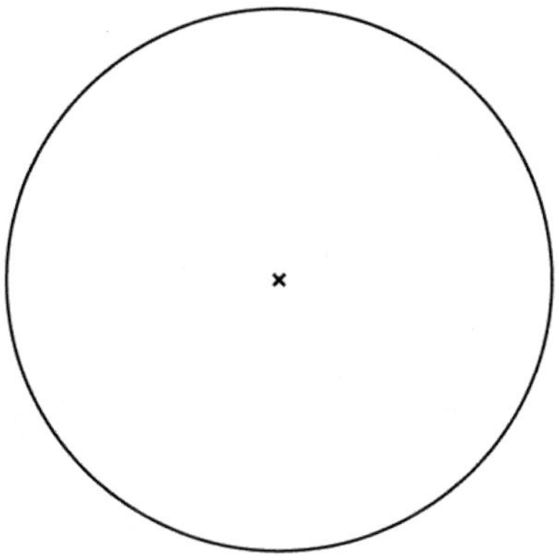

(2) in neun Kreisausschnitte

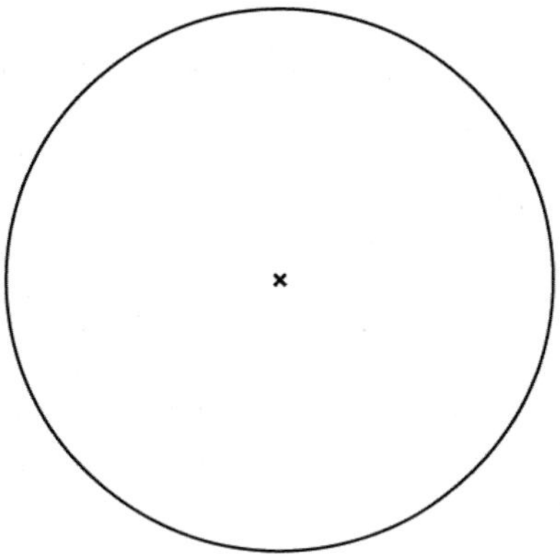

(3) in acht Kreisausschnitte

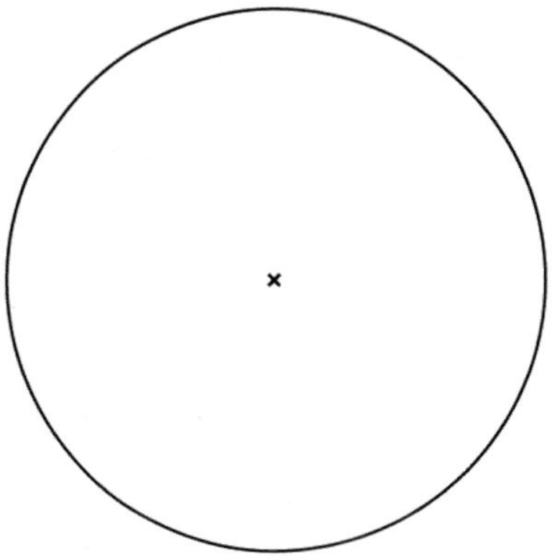

Winkelgröße eines Kreisausschnitts:

______________________ ______________________ ______________________

Abbildungen: imprint, Zusmarshausen
Text: Sabine Kliemann

Aktiv: Ebene Figuren – Kreisbilder (2)

c) Wie viele Kreisausschnitte mit dem Winkel 72° und dem Radius $r = 4\,\text{cm}$ ergeben einen Kreis? Zeichne.

__________ Kreisausschnitte mit einem Winkel von 72° ergeben einen ganzen Kreis.

SP d) Wie kannst du einen Kreis schnell in sechs Kreisausschnitte unterteilen? Beschreibe.

Abbildungen: imprint, Zusmarshausen
Text: Sabine Kliemann

Aktiv: Ebene Figuren – Kreisbilder (3)

e) Erfinde ein eigenes Kreisbild, das in mehrere Kreisausschnitte unterteilt ist. Zeichne es hier in den Kreis. Gestalte es farbig. Macht eine Ausstellung mit euren Kreisbildern.

Abbildungen: imprint, Zusmarshausen
Text: Sabine Kliemann

Aktiv: Ebene Figuren – Kreisbilder (4)

2 Achsensymmetrische Kreisbilder

a) Untersuche das Kreisbild auf Achsensymmetrie. Zeichne die Symmetrieachse(n) ein.

(1)

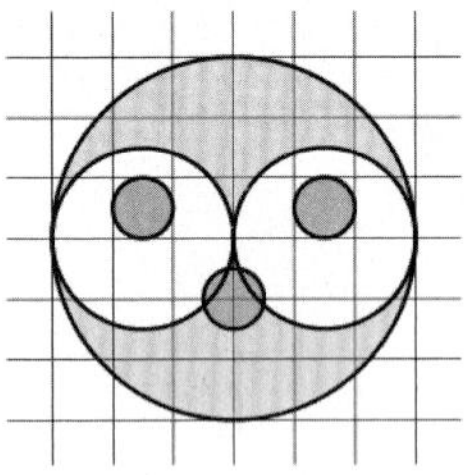

(2)

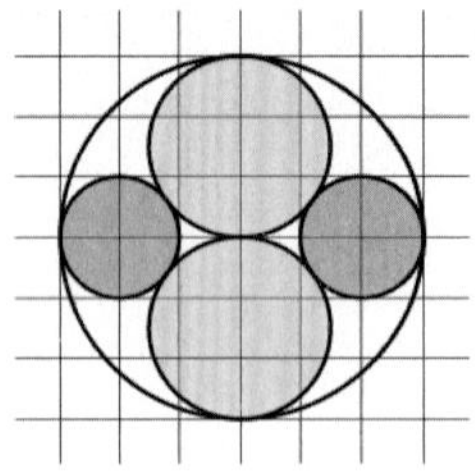

(3)

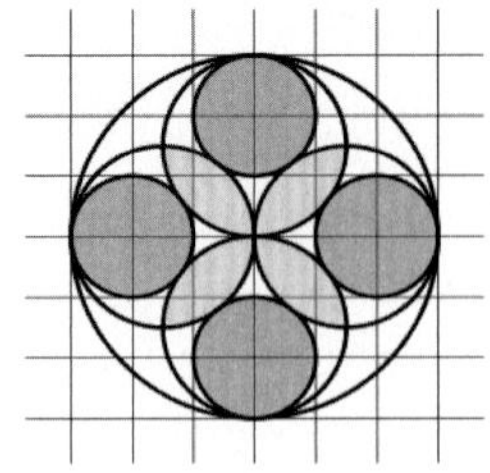

Anzahl Symmetrieachsen

____________ ____________ ____________

b) Zeichne in den Kreis ein achsensymmetrisches Kreisbild.

(4) mit einer Symmetrieachse

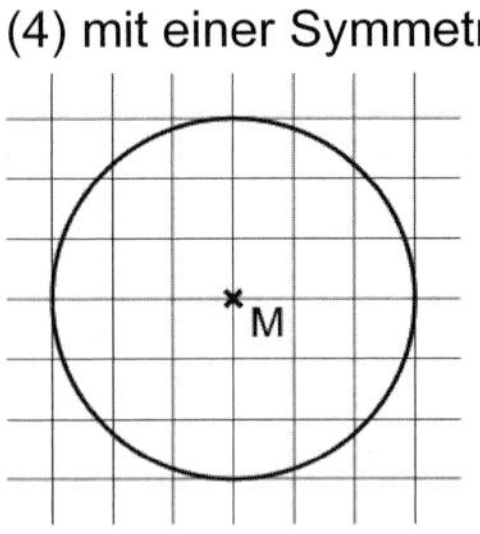

(5) mit zwei Symmetrieachsen

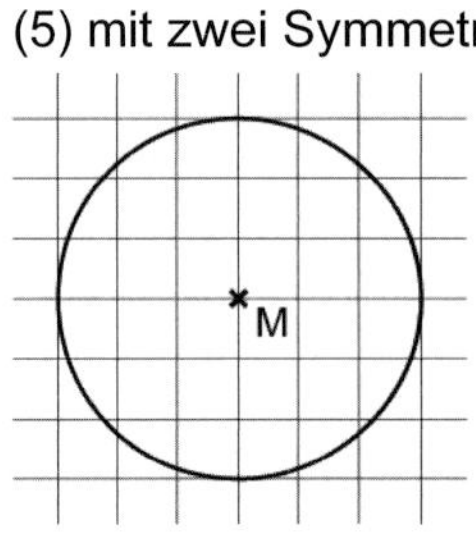

(6) mit keiner Symmetrieachse

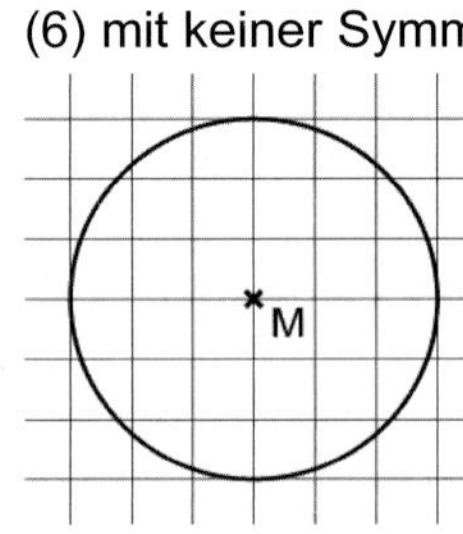

c) Zeichne ein achsensymmetrisches Kreisbild mit dem Radius $r = 5\,\text{cm}$. Du kannst dein Bild auch farbig ausmalen.

Abbildungen: imprint, Zusmarshausen
Text: Sabine Kliemann

Aktiv: Ebene Figuren – Kreisbilder (5)

SP **3 Große Kreisbilder**

Zeichnet mit Kreide auf dem Schulhof große Kreise.

a) Beschreibt, wie ihr vorgeht.

b) Auf was müsst ihr achten? Was ist schwierig?

Abbildungen: Blühdorn GmbH, Fellbach
Text: Sabine Kliemann

Lösungen Aktiv: Ebene Figuren – Kreisbilder (1), (2), (3), (4) und (5), ebf020

1 a)

	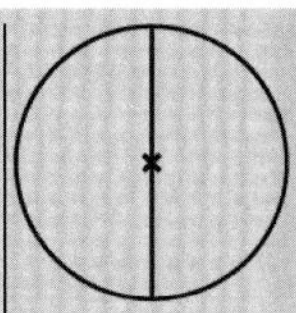	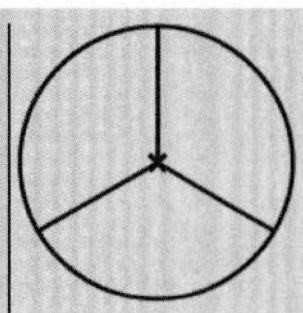	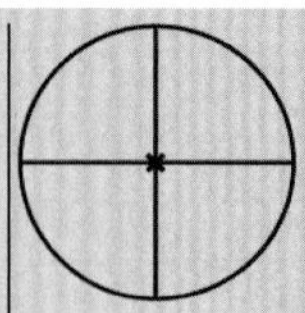	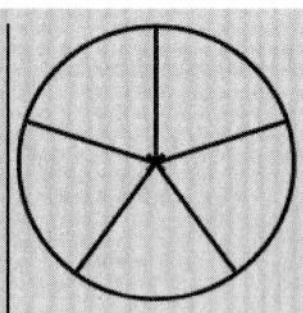	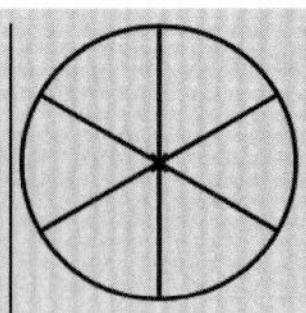		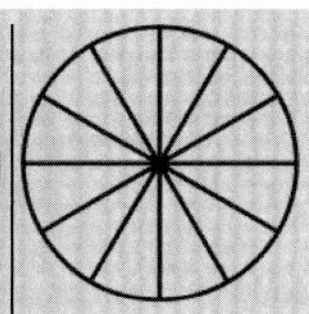
In wie viele Teile ist das Mandala eingeteilt?	2	3	4	5	6	10	12
Wie groß ist der Winkel eines Kreisausschnitts?	180° (Halbkreis)	120°	90°	72°	60°	36°	30°

b) (1) in drei Kreisausschnitte

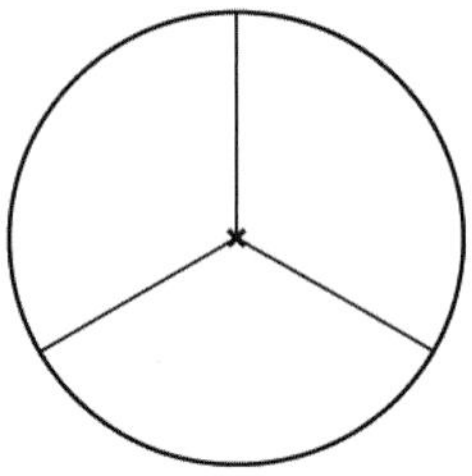

(2) in neun Kreisausschnitte

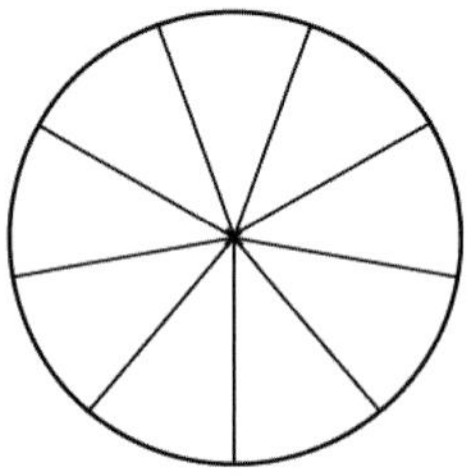

(3) in acht Kreisausschnitte

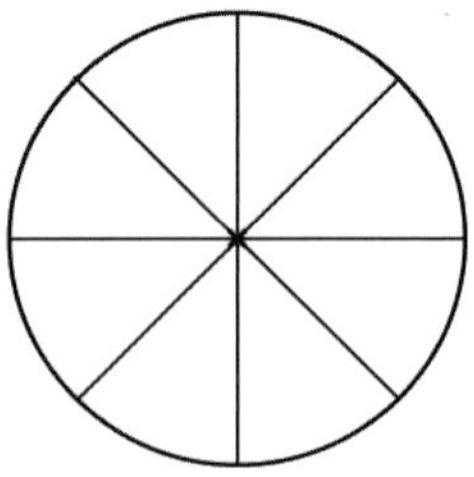

Winkelgröße eines Kreisausschnitts:

120° 40° 45°

c) Fünf Kreisausschnitte mit einem Winkel von 72° ergeben einen ganzen Kreis.

d) Individuelle Lösung, zum Beispiel:

Ich halbiere den Kreis. An den Schnittpunkten steche ich mit dem Zirkel ein und zeichne einen Kreis mit dem Radius des ursprünglichen Kreises. Dann ziehe ich eine Linie von den Schnittpunkten auf dem Kreis zum Mittelpunkt. Jetzt habe ich 6 gleich große Kreisabschnitte.

e) Individuelle Lösungen

2 a) (1)

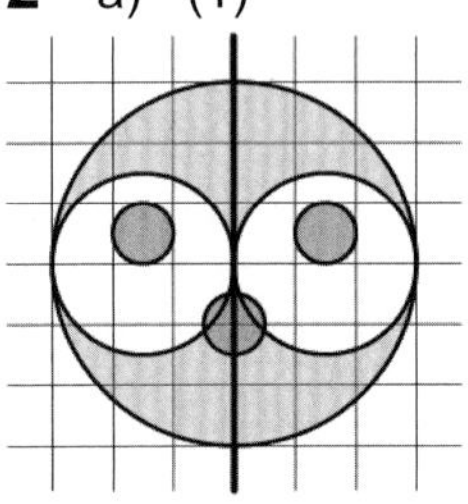

(2)

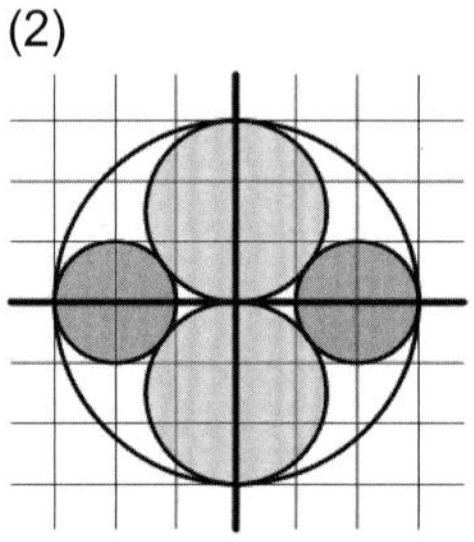

(3)

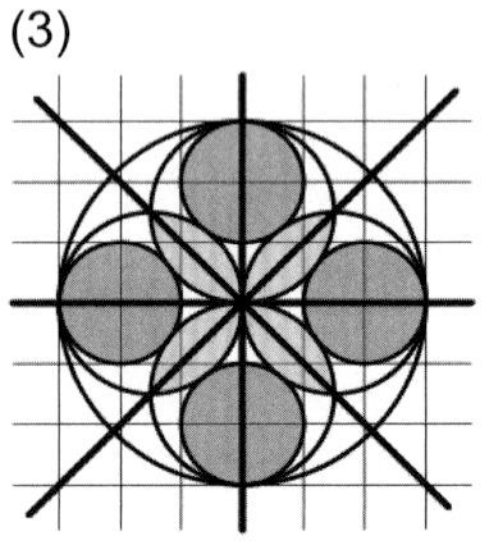

Anzahl Symmetrieachsen

1 2 4

b) Individuelle Lösung

Tipp: Zeichne einen kleinen Kreis ein und spiegle ihn an einer Symmetrieachse innerhalb des großen Kreises.

c) Individuelle Lösung

Abbildungen: imprint, Zusmarshausen
Text: Sabine Kliemann

Lösungen Aktiv: Ebene Figuren – Kreisbilder (1), (2), (3), (4) und (5), ebf020

3 Individuelle Lösungen, zum Beispiel:

a) Man braucht Kreide (oder eine andere Markiermöglichkeit) und eine Schnur oder ein Seil.
Die Kreide wird zuerst an eine Schnur gebunden. Eine Person hält das Ende der Schnur (ohne Kreide) am Boden fest. Die andere Person zeichnet bei gespannter Schnur den Kreis.
Die Person in der Mitte markiert am Anfang den Punkt auf dem Boden, sodass man später den Mittelpunkt sieht.

b) Um große Kreise auf dem Schulhof mit Kreide zu zeichnen, muss man mindestens zu zweit sein.
Die Person in der Mitte muss sehr gut festhalten, damit der Anfangspunkt immer der gleiche Punkt ist.
Die Person außen muss dafür sorgen, dass die Schnur immer gespannt ist.
Schwierig ist es, die Spannung der Schnur zu halten, da man sich bewegt.

Text: Sabine Kliemann

Aktiv: Geometrische Grundbegriffe – Das Gitternetz eines Stadtplans lesen

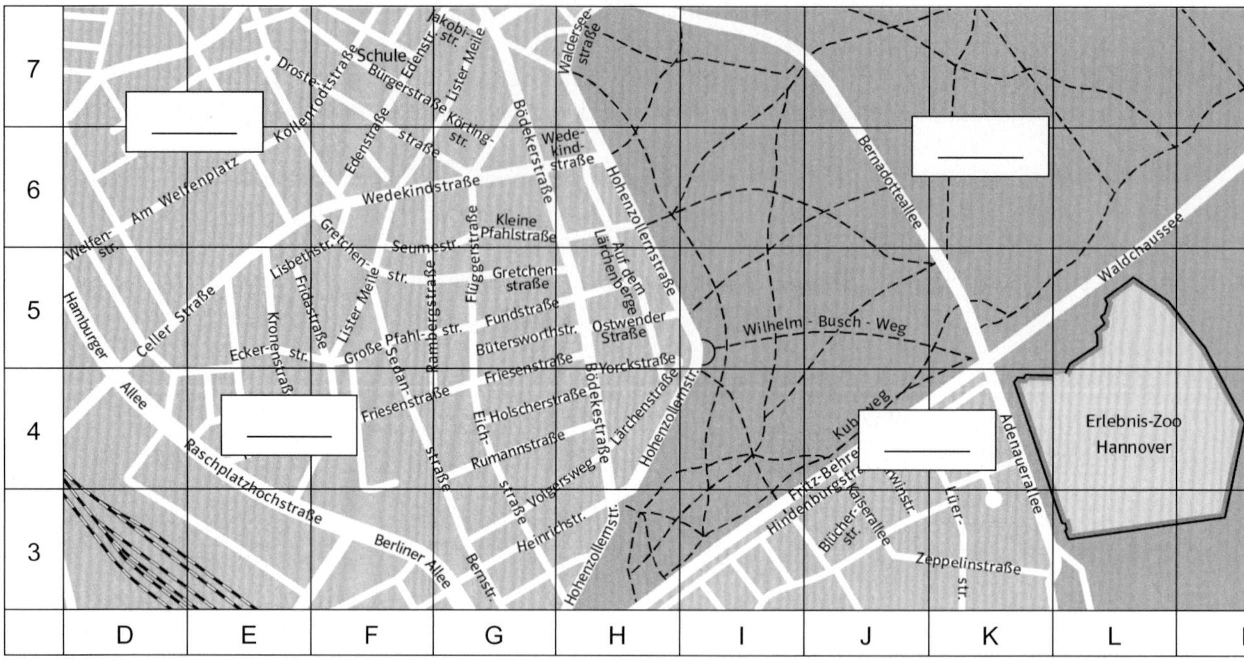

Stadtplan Hannover

1 Suche die Straßen im Stadtplan und ergänze das Gitterfeld in den Kärtchen.

a) Lister Meile — F__

b) Ostwender Straße — H__

c) Kleine Pfahlstraße — __6

d) Eckerstraße — __5

2 Notiere im Stadtplan die Namen der Kinder an den Straßen, in denen sie wohnen.

Jörg:
Adenauerallee

Hannah:
Bernadotteallee

Jan:
Friesenstraße

Maja:
Kollenrodtstraße

3 Nennt euch abwechselnd eine Straße und sucht sie auf dem Stadtplan.
Wer findet am schnellsten das Gitterfeld?

Straßenname	Gitterfeld

Abbildungen: Rudolf Hungreder, Leinfelden-Echterdingen
Text: Hermann Gora

Lösungen Aktiv: Geometrische Grundbegriffe – Das Gitternetz eines Stadtplans lesen, gr013

1 a) F 5 b) H 5 c) G 6 d) E 5

2

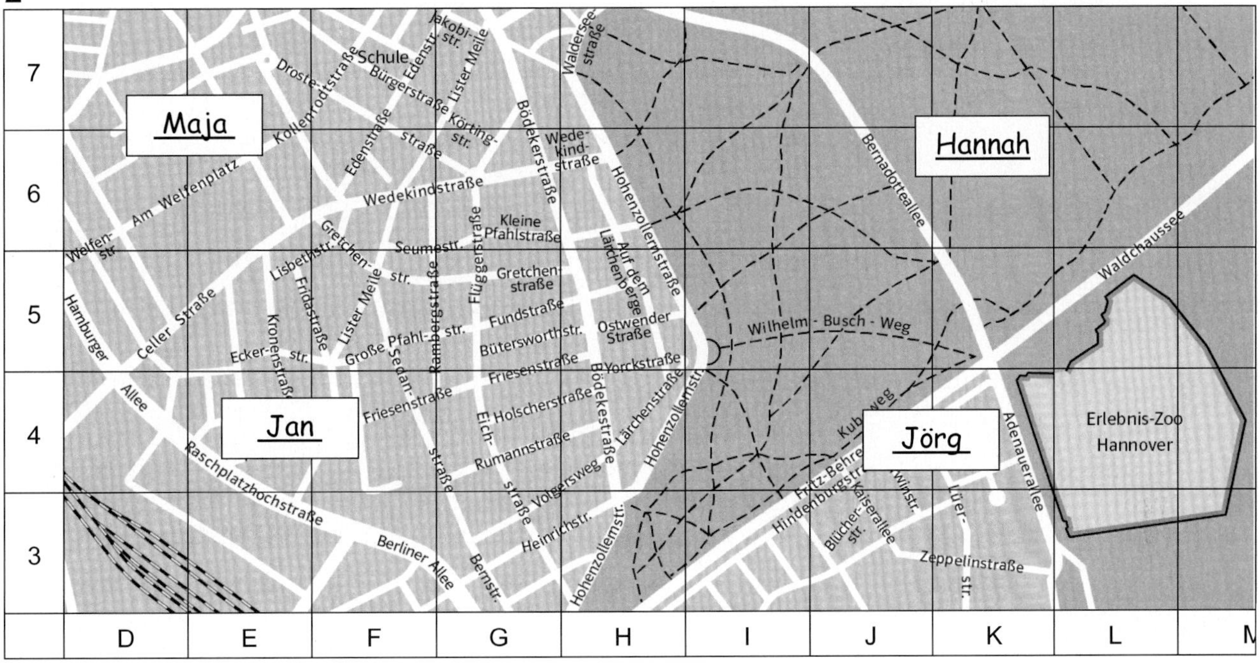

Stadtplan Hannover

3 Individuelle Lösungen

Abbildungen: Rudolf Hungreder, Leinfelden-Echterdingen
Text: Hermann Gora

Name: Klasse: Datum: gr014

Aktiv: Geometrische Grundbegriffe – Hannover erkunden

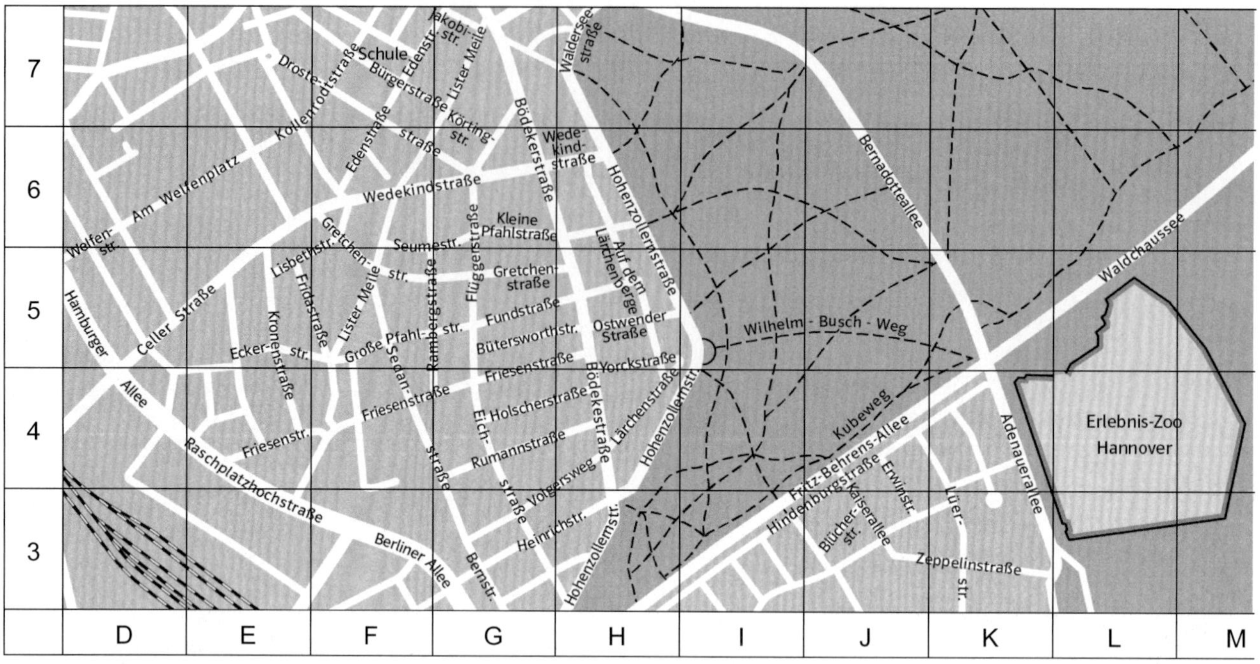

Stadtplan Hannover

1 Gib die Gitterfelder der Orte und Straßen an.

a) Schule

b) Gretchenstraße

c) Wilhelm-Busch-Weg

d) Erlebnis-Zoo Hannover

2 a) Notiere auf dem Stadtplan die Namen der Kinder an den Straßen, in denen sie wohnen.

Jan: Kollenrodtstraße F7
Susi: Yorckstraße H5
Frida: Bernadotteallee J6
Lukas: Friesenstraße F4
Tina: Große Pfahlstraße F5
Hilal: Volgersweg G3
Maik: Zeppelinstraße K3
Oskar: Welfenstraße D6
Luca: Kronenstraße E5

b) Wer hat den kürzesten Schulweg?

SP c) Wer hat den längsten Schulweg? Beschreibe den Weg.

Abbildungen: Rudolf Hungreder, Leinfelden-Echterdingen
Text: Hermann Gora

Lösungen Aktiv: Geometrische Grundbegriffe – Hannover erkunden, gr014

1 a) F7

b) F5; F6; G5; H5

c) I5; J5; K5

d) K3; K4; L3; L4; L5; M3; M4; M5

2 a)

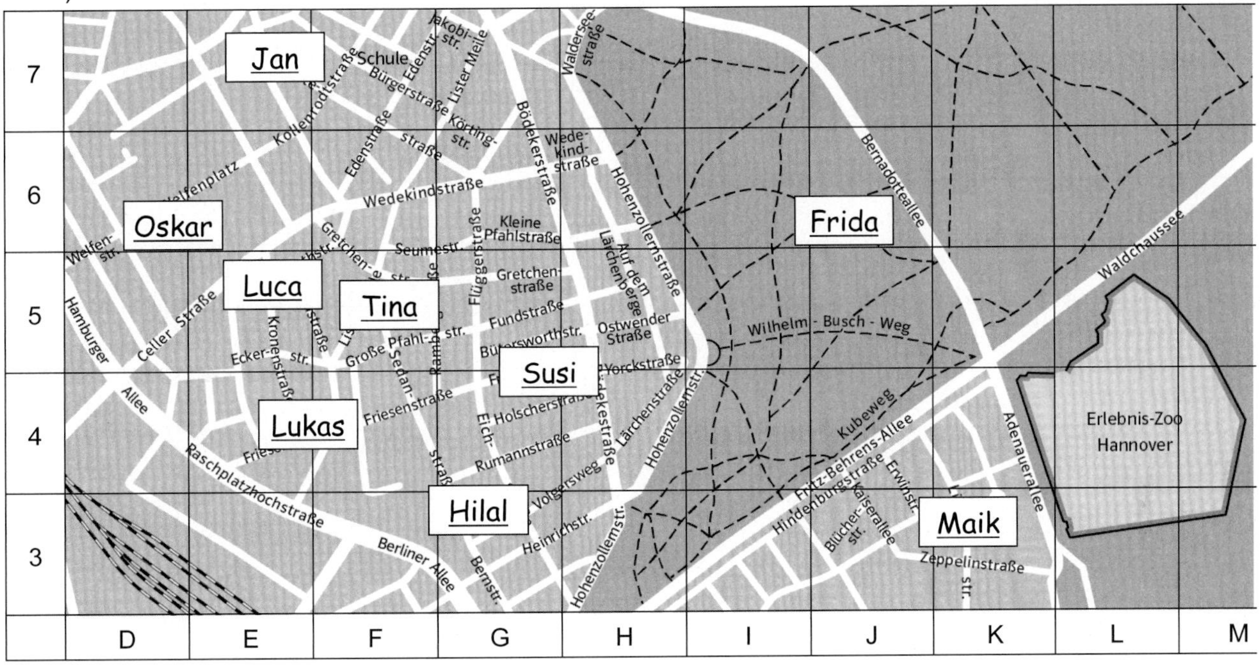

Stadtplan Hannover

b) Den kürzesten Schulweg hat Jan.

c) Den längsten Schulweg hat Maik aus der Zeppelinstraße.

Individuelle Lösung der Wegbeschreibung, zum Beispiel:

An der Kreuzung, an der die Adenauerallee zur Bernadotteallee wird, biegt Maik auf den Wilhelm-Busch-Weg ab. Am Ende des Wilhelm-Busch-Wegs biegt er rechts in die Hohenzollernstraße ab. Er läuft am Ende der Hohenzollernstraße weiter in die Jakobistraße. Nach der Jakobistraße biegt er links in die Edenstraße ein und hat die Schule erreicht.

Abbildungen: Rudolf Hungreder, Leinfelden-Echterdingen
Text: Hermann Gora

Aktiv: Größen – Tierische Vergleiche (1)

1 Tierisch gut

a) Schätzt zuerst die Größen und recherchiert im Internet die tatsächlichen Größen.

Tier	So alt wird das Tier:		So viel wiegt das Tier:		So schnell kann sich das Tier bewegen:	
	Schätzung	tatsächliche Größe	Schätzung	tatsächliche Größe	Schätzung	tatsächliche Größe
Das Pferd				750 kg		
Der Wellensittich						40 km/h
Der Igel				700 g		
Der Feldhase		12 Jahre				
Die Katze						45 km/h
Der Hamster		2 – 3 Jahre				4 km/h

b) Bei welchen Tieren habt ihr gut geschätzt? Bei welchen waren die Schätzwerte schlecht?

c) Beschreibt, was euch beim Schätzen geholfen hat.

d) Schreibt auf, welche Haustiere ihr habt.

e) Ergänzt eure Haustiere oder andere Tiere in der Tabelle.

Text: Matthias Römer, Wolfram Schmidt

Aktiv: Größen – Tierische Vergleiche (2)

f) Sortiert die Tiere nach ihrem Gewicht.

Tier	So alt wird das Tier:	So viel wiegt das Tier:	So schnell kann sich das Tier bewegen:

g) Sortiert die Tiere nach der Lebenserwartung.

Tier	So alt wird das Tier:	So viel wiegt das Tier:	So schnell kann sich das Tier bewegen:

Text: Matthias Römer, Wolfram Schmidt

Aktiv: Größen – Tierische Vergleiche (3)

2 Wer gewinnt?
Ergänzt die Karten mit Daten und weiteren Tieren. Schneidet die Karten aus und spielt.

Die Spielregeln

(1) Mischt die Karten. Verteilt die Karten gleichmäßig an alle Spielenden, sodass alle gleich viele Karten haben.
(2) Bilde einen Stapel aus deinen Karten. Alle deine Karten sind verdeckt. Nur die oberste Karte ist aufgedeckt.
(3) Es beginnt die Person links neben der gebenden Person. Ein Merkmal wird angesagt (Gewicht, Alter oder Geschwindigkeit). Alle nennen ihren Wert.
(4) Wer den höchsten Wert hat, gewinnt die Karten der anderen Personen und legt sie unter den eigenen Stapel. Bei gleichem Wert werden die Karten in die Mitte gelegt. Spielt eine Entscheidungsrunde.
(5) Wer keine Karten mehr hat, scheidet aus.
(6) Gewonnen hat, wer alle Karten besitzt. Oder ihr könnt einen Zeitpunkt für das Ende des Spiels vereinbaren. Dann gewinnt der, der die meisten Karten hat.

Das Pferd	**Der Wellensittich**	**Die Katze**

Alter:	Alter:	Alter:
Gewicht: 750 kg	Gewicht:	Gewicht:
Geschwindigkeit:	Geschwindigkeit: 40 km/h	Geschwindigkeit: 45 km/h
Alter:	Alter:	Alter:
Gewicht:	Gewicht:	Gewicht:
Geschwindigkeit:	Geschwindigkeit:	Geschwindigkeit:
Alter:	Alter:	Alter:
Gewicht:	Gewicht:	Gewicht:
Geschwindigkeit:	Geschwindigkeit:	Geschwindigkeit:

Abbildungen: Getty Images Plus, München (BiancaGrueneberg iStock); ShutterStock.com RF, New York (BESTWEB); ShutterStock.com RF, New York (jurra8)
Text: Matthias Römer, Wolfram Schmidt

Lösungen Aktiv: Größen – Tierische Vergleiche (1), (2) und (3), gr047

1 Tierisch gut

a) Individuelle Lösungen bei den Schätzungen.

Tier	So alt wird das Tier:		So viel wiegt das Tier:		So schnell kann sich das Tier bewegen:	
	Schätzung	tatsächliche Größe	Schätzung	tatsächliche Größe	Schätzung	tatsächliche Größe
Das Pferd		25–30 Jahre		750 kg		70 km/h
Der Wellensittich		5–8 Jahre		25 g		40 km/h
Der Igel		5–6 Jahre		700 g		2 km/h
Der Feldhase		12 Jahre		3,8 kg		80 km/h
Die Katze		12–18 Jahre		5 kg		45 km/h
Der Hamster		2–3 Jahre		150 g		4 km/h
Das Kaninchen		8–10 Jahre		3 kg		50 km/h
Der Großpudel		12–15 Jahre		28 kg		48 km/h

b) Individuelle Lösungen

c) Individuelle Lösungen, zum Beispiel:

Beim Schätzen hat mir eine Vergleichsgröße geholfen. Eine Katze ist schwerer als 1 kg Zucker.
Ein Hamster ist leichter als 1 kg Zucker.

d) und e) Individuelle Lösungen

f) Sortierung nach Gewicht

Tier	So alt wird das Tier:	So viel wiegt das Tier:	So schnell kann sich das Tier bewegen:
Der Wellensittich	5–8 Jahre	25 g	40 km/h
Der Hamster	2–3 Jahre	150 g	4 km/h
Der Igel	5–6 Jahre	700 g	2 km/h
Das Kaninchen	8–10 Jahre	3 kg	50 km/h
Der Feldhase	12 Jahre	3,8 kg	80 km/h
Die Katze	12–18 Jahre	5 kg	45 km/h
Der Großpudel	12–15 Jahre	28 kg	48 km/h
Das Pferd	25–30 Jahre	750 kg	70 km/h

g) Sortierung nach Alter

Tier	So alt wird das Tier:	So viel wiegt das Tier:	So schnell kann sich das Tier bewegen:
Der Hamster	2–3 Jahre	150 g	4 km/h
Der Igel	5–6 Jahre	700 g	2 km/h
Der Wellensittich	5–8 Jahre	25 g	40 km/h
Das Kaninchen	8–10 Jahre	3 kg	50 km/h
Der Feldhase	12 Jahre	3,8 kg	80 km/h
Der Großpudel	12–15 Jahre	28 kg	48 km/h
Die Katze	12–18 Jahre	5 kg	45 km/h
Das Pferd	25–30 Jahre	750 kg	70 km/h

2 Individuelle Lösungen

Text: Matthias Römer, Wolfram Schmidt

Aktiv: Größen Zeit – Laura Dekker Weltumsegelung (1)

Laura Dekker ist die jüngste Weltumseglerin aller Zeiten. Sie ist 2010 mit 15 Jahren allein auf ihrem Segelboot „Guppy“ einmal um die ganze Welt gesegelt. Auf der Karte sind Lauras Stationen eingezeichnet.

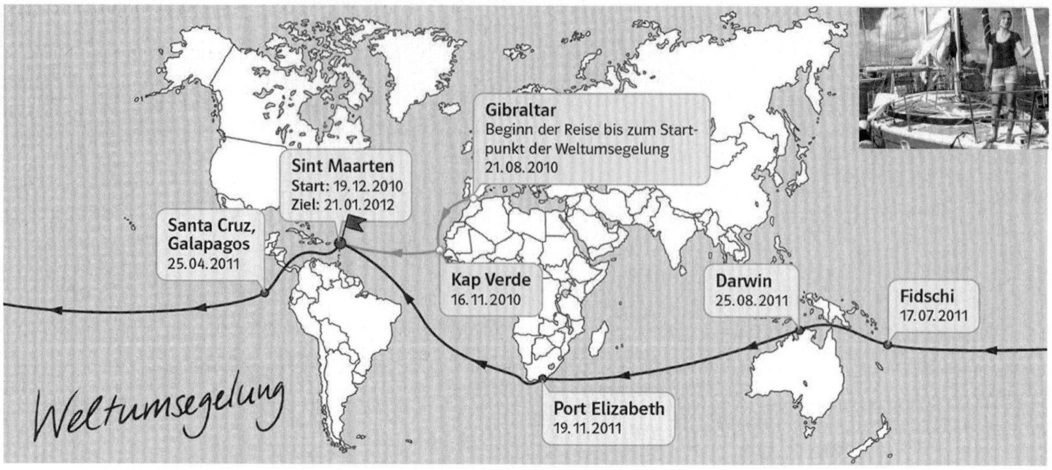

AUGUST 2010

M	D	M	D	F	S	S
						1
2	3	4	5	6	7	8
9	10	11	12	13	14	15
16	17	18	19	20	21	22
23	24	25	26	27	28	29
30	31					

SEPTEMBER 2010

M	D	M	D	F	S	S
		1	2	3	4	5
6	7	8	9	10	11	12
13	14	15	16	17	18	19
20	21	22	23	24	25	26
27	28	29	30			

OKTOBER 2010

M	D	M	D	F	S	S
				1	2	3
4	5	6	7	8	9	10
11	12	13	14	15	16	17
18	19	20	21	22	23	24
25	26	27	28	29	30	31

NOVEMBER 2010

M	D	M	D	F	S	S
1	2	3	4	5	6	7
8	9	10	11	12	13	14
15	16	17	18	19	20	21
22	23	24	25	26	27	28
29	30					

DEZEMBER 2010

M	D	M	D	F	S	S
		1	2	3	4	5
6	7	8	9	10	11	12
13	14	15	16	17	18	19
20	21	22	23	24	25	26
27	28	29	30	31		

SP **1** a) Beschreibt, welche Strecke Laura für die Weltumsegelung gewählt hat.

Abbildungen: tiff.any GmbH & Co. KG, Berlin; Picture-Alliance, Frankfurt/M. (dpa/Jerry Lampen)
Text: Marie Diekgerdes, Ronja Wienewski

Aktiv: Größen Zeit – Laura Dekker Weltumsegelung (2)

b) Laura startete in Gibraltar. Ihre erste Station war Kap Verde. Bestimmt, wie lange Laura von Gibraltar nach Kap Verde unterwegs war.

SP c) Zwischen welchen Stationen war Laura am längsten unterwegs? Erklärt euer Vorgehen.

d) Laura startete und beendete ihre Weltumsegelung in Sint Maarten. Bestimmt, wie lange sie unterwegs war.

e) Laura hat am 20.09. Geburtstag. Gib an, wo sie ihren Geburtstag 2010 gefeiert hat.

Text: Marie Diekgerdes, Ronja Wienewski

Lösungen Aktiv: Größen Zeit – Laura Dekker Weltumsegelung (1) und (2), gr027

1 a) Individuelle Lösungen, zum Beispiel:
Lauras Startpunkt für die Weltumsegelung war Sint Maarten. Um dorthin zu kommen, segelte sie zuvor von Gibraltar an der Westküste Afrikas vorbei nach Südamerika. Sie startete dann die Umsegelung von Sint Maarten aus, segelte über die Galapagos- und Fidschi Inseln nach Darwin in Australien. Von dort segelte sie weiter bis nach Port Elizabeth in Südafrika und schließlich wieder zurück nach Sint Maarten in Südamerika.
b) Laura startete am 21.08.2010 in Gibraltar. Sie erreichte Kap Verde am 16.11.2010.
Wenn man den Start- und Ankunftstag mitzählt, war sie 88 Tage unterwegs:
11 Tage im August
30 Tage im September
31 Tage im Oktober
16 Tage im November.
Zählt man Start- oder Ankunftstag nicht mit, kommt man auf 86 Tage, die Laura auf See war.
c) Man kann zunächst grob die Zeitspannen zwischen den Stationen schätzen, indem man nur auf die Monatsangaben schaut: Laura erreichte Darwin im August und dann erst im November die nächste Station in Port Elizabeth. Sie brauchte für diese Etappe also etwa 5 Monate. Alle anderen Etappen sind sicher kürzer, sodass man die genauen Tage nicht abzählen braucht – die zweitlängste Etappe dauerte „nur“ von Ende April bis Mitte Juli, also weniger als 3 Monate.
d) Laura startete am 19.12.2010 und erreichte ihr Ziel am 21.01.2012.
Vom 19.12.2010 bis 19.12.2011 vergingen ein Jahr, also 365 Tage.
Vom 19.12.2011 bis zum 31.12.2011 waren es 12 Tage und weitere 21 Tage im Januar 2012.
Laura war also $365\text{ Tage} + 12\text{ Tage} + 21\text{ Tage} = 398\text{ Tage}$ unterwegs, zählt man den Start- und Endtag mit.
e) Laura hat ihren Geburtstag irgendwo zwischen Gibraltar und Kap Verde gefeiert, da der 20.09. in den Zeitraum zwischen dem 21.08.2010 (Beginn der Reise in Gibraltar) und dem 16.11.2010 (Zwischenstopp in Kap Verde) fällt.

Text: Marie Diekgerdes, Ronja Wienewski

Aktiv: Größen Zeit – Zeit schätzen

1 Beim Warten auf den Bus kann euch die Zeit sehr lange vorkommen. Jedoch ist eine Minute immer gleich lang.

a) Schätzt die Dauer einer Minute so genau wie möglich, ohne auf die Uhr zu sehen.
Ein Kind kontrolliert mit der Stoppuhr. Notiert eure Schätzwerte.
Wer schätzt am besten?

Am besten hat ________________ geschätzt.

Name des Kindes, das schätzt	Schätzwert (in Sekunden)

b) Stellt euch auf ein Bein und schätzt erneut eine Minute ab. Notiert eure Schätzwerte. Wer schätzt jetzt am besten?

Am besten hat ________________ geschätzt.

Name des Kindes, das schätzt	Schätzwert (in Sekunden) beim Stehen auf einem Bein

SP c) Vergleicht die Schätzwerte aus a) und b). Was ist anders? Erklärt.

SP d) Wer von euch hat am besten geschätzt? Erklärt, wie ihr das herausfindet.

Text: Marie Diekgerdes, Ronja Wienewski

Lösungen Aktiv: Größen Zeit – Zeit schätzen, gr062

1 a) und b) Individuelle Lösungen

c) Individuelle Lösungen, zum Beispiel:

Beim Schätzen „Während man auf einem Bein steht“ vergeht die Zeit gefühlt langsamer. Denn man ist noch damit beschäftigt zu balancieren.

Es kann auch sein, dass es beim 2. Schätzen besser klappt, weil man es schon einmal geübt hat.

d) Individuelle Lösungen, zum Beispiel:

Gibt es ein Kind, das immer am besten geschätzt hat? Nach welcher Strategie hat es geschätzt?

Es könnte zum Beispiel langsam gezählt haben. Diskutiert die beste Strategie.

Text: Marie Diekgerdes, Ronja Wienewski

Aktiv: Negative Zahlen – Temperaturen nehmen ab und zu (1)

1 Das Wasser-Eis-Experiment

Für das Experiment braucht ihr:

- 1 Becherglas
- 1 Thermometer
- einige zerkleinerte Eiswürfel
- 1 Esslöffel Salz

a) Notiert jeweils die gemessene Temperatur.

(1) Füllt den Becher mit Leitungswasser und messt die Temperatur.
Gießt das Wasser wieder aus.

(1) Temperatur Wasser ________ °C

(2) Füllt zerkleinerte Eiswürfel in den Becher und messt die Temperatur. Achtet darauf, dass die Thermometerspitze ganz im Eis eingetaucht ist.

(2) Temperatur Eis ________ °C

(3) Nehmt das Thermometer aus dem Becher, gebt einen Esslöffel Salz auf das Eis und rührt die Mischung kurz um. Steckt das Thermometer wieder in den Becher und beobachtet. Notiert die Temperatur, die sich nach einigen Minuten einstellt.

(3) Temperatur Salz-Eis ________ °C

b) Zeichnet in die Thermometerskala eure Messergebnisse ein. Vervollständigt zuvor die Gradangaben auf der Thermometerskala.

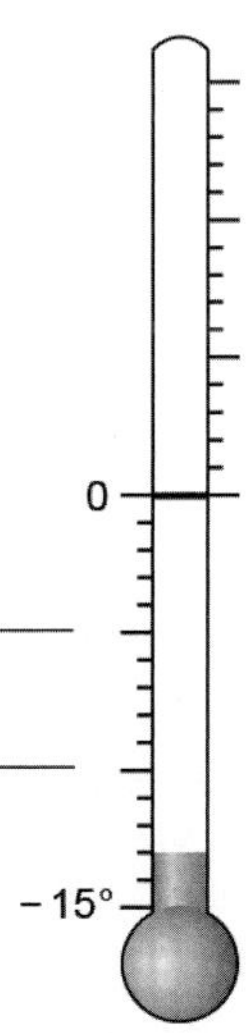

c) Gebt an, wie groß die Temperaturunterschiede bei euren Messergebnissen sind.

Abbildungen: Dr. Regina Puscher, Bremen; Rudolf Hungreder, Leinfelden-Echterdingen
Text: Dr. Regina Puscher, Wolfram Schmidt

Aktiv: Negative Zahlen – Temperaturen nehmen ab und zu (2)

2 Thermometer ablesen

a) Welche Temperaturangabe passt zu welchem Thermometer? Verbinde.

Hannover −4 °C	Brocken (Harz) −9 °C	Köln +2 °C	Münster −5 °C	Stuttgart −1 °C

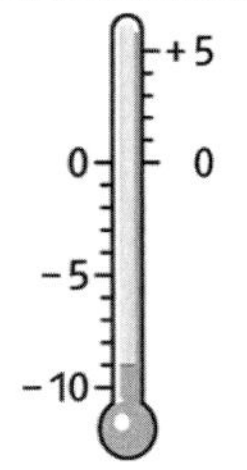
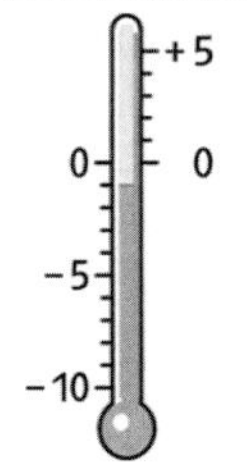
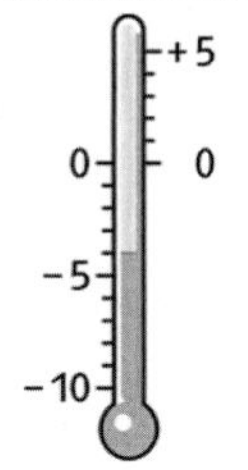
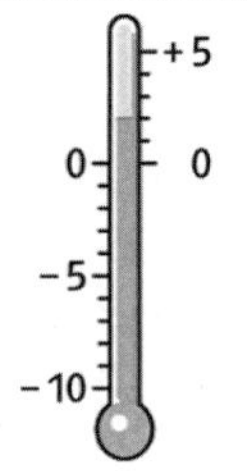
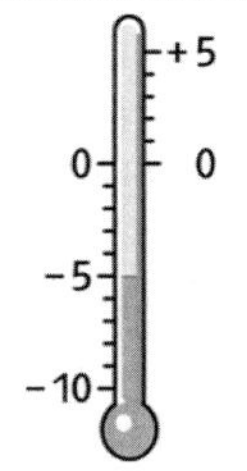

Am wärmsten ist es ______________________________ .

Am kältesten ist es ______________________________ .

b) Nila hat die abgebildeten Thermometerstände während des Urlaubs fotografiert.
Lies die Tagestemperaturen ab.

Wochentag	Montag	Dienstag	Mittwoch	Donnerstag	Freitag
Foto	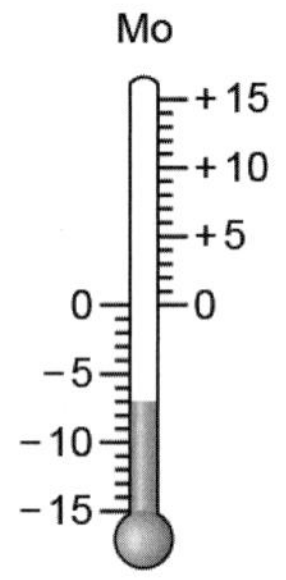	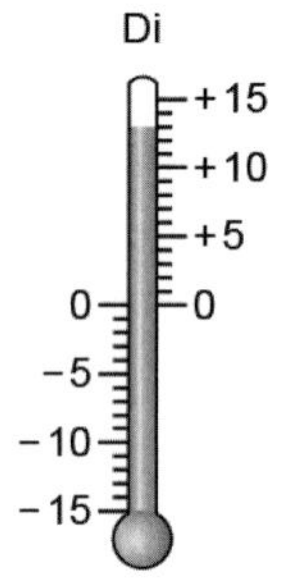	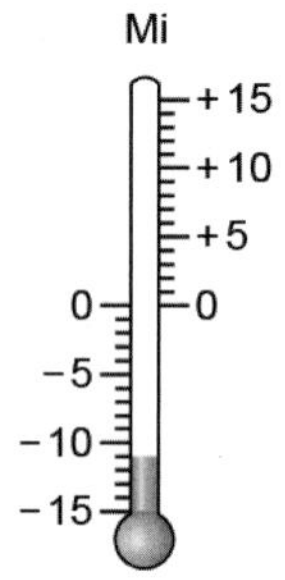	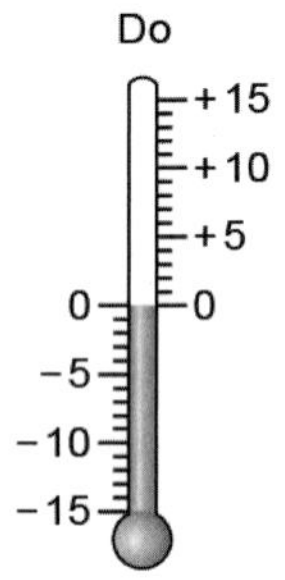	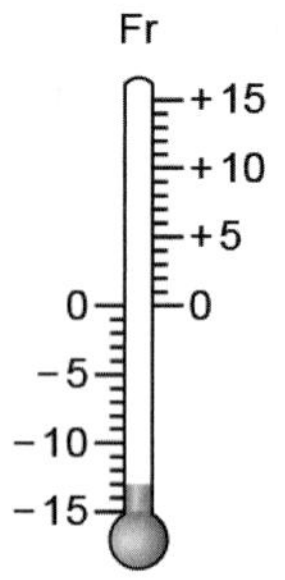
Temperatur in °C					

3 Kälter oder wärmer?

Zeichne jeweils die Temperatur der beiden Tage am entsprechenden Thermometer ein. Verwende zwei verschiedene Farben.

a) Montag: 0 °C
Dienstag: −2 °C

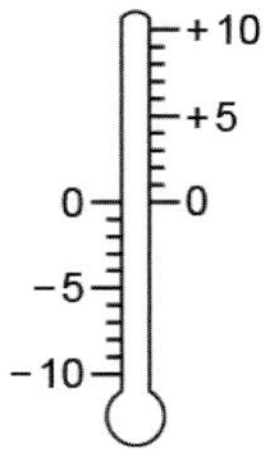

b) Mittwoch: −1 °C
Donnerstag: +4 °C

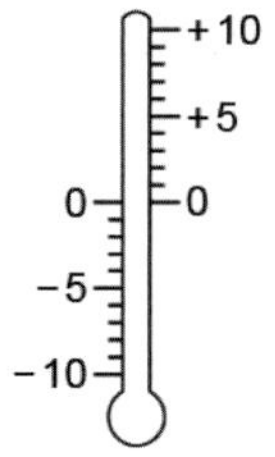

c) Sonntag: −6 °C
Montag: 2 °C höher als am Sonntag

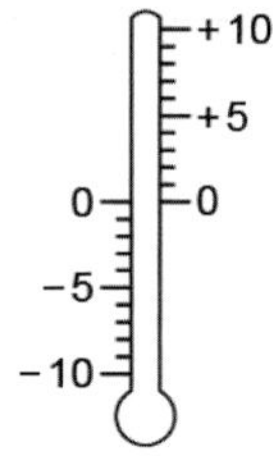

d) Freitag: +3 °C
Samstag: 5 °C niedriger als am Freitag

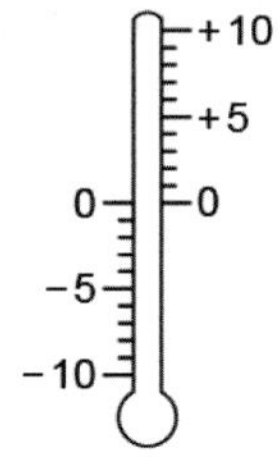

Abbildungen: imprint, Zusmarshausen; topset GmbH, Nürtingen
Text: Dr. Regina Puscher, Wolfram Schmidt

Aktiv: Negative Zahlen – Temperaturen nehmen ab und zu (3)

4 Die Temperatur steigt oder fällt

Markiere den neuen Thermometerstand und schreibe die alte und die neue Temperatur in die Tabelle.

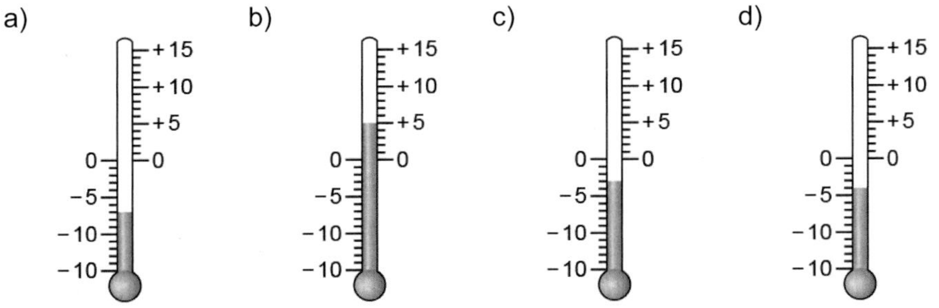

a) Das Thermometer steigt um 3 °C.

b) Das Thermometer fällt um 12 °C.

c) Die neue Temperatur ist 5 °C geringer.

d) Die neue Temperatur ist 8 °C höher.

	Temperatur alt	Temperatur neu
a)		
b)		
c)		
d)		

5 Temperatur-Diagramm zeichnen

Zeichne ein Schaubild, das den Verlauf der Temperaturen während eines Tages angibt.

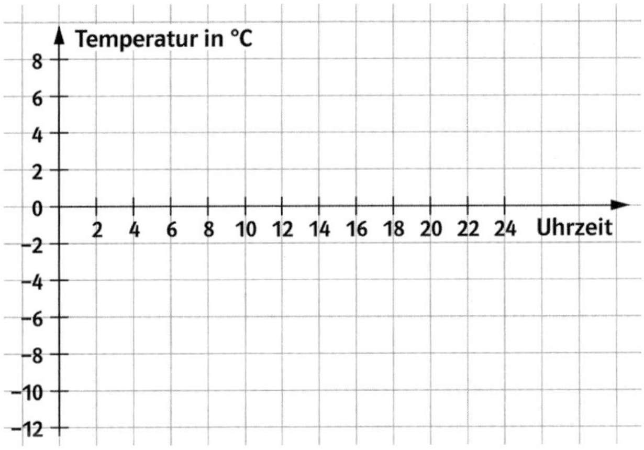

Uhrzeit	00:00	02:00	04:00	06:00	08:00
Temperatur in °C	−7	−8	−10	−12	−6

Uhrzeit	10:00	12:00	14:00	16:00	18:00
Temperatur in °C	−2	+1	+5	+3	−1

Uhrzeit	20:00	22:00	24:00
Temperatur in °C	−2	−4	−6

6 Richtig oder falsch? Kreuze an.

Im Verlauf eines Tages werden unterschiedliche Temperaturen gemessen.

morgens	mittags	abends	nachts
−7 °C	+1 °C	−2 °C	−5 °C

		richtig	falsch
a)	Morgens war es kälter als abends.	☐	☐
b)	Mittags war die Temperatur um 4 °C höher als morgens.	☐	☐
c)	Nachts stand das Thermometer um 2 °C tiefer als morgens.	☐	☐
d)	Die Temperaturveränderung von abends bis nachts war −3 °C.	☐	☐
e)	Nachts war es am kältesten.	☐	☐
f)	Die Temperatur stieg im Verlauf des Tages immer weiter an.	☐	☐

Abbildungen: imprint, Zusmarshausen; topset GmbH, Nürtingen
Text: Dr. Regina Puscher, Wolfram Schmidt

Lösungen zu Aktiv: Negative Zahlen – Temperaturen nehmen ab und zu (1), (2) und (3), gz003

1 a) Individuelle Ergebnisse
Hat das Experiment gut geklappt, sinkt die Temperatur bei (3) deutlich unter 0°C.
b) Individuelle Lösungen

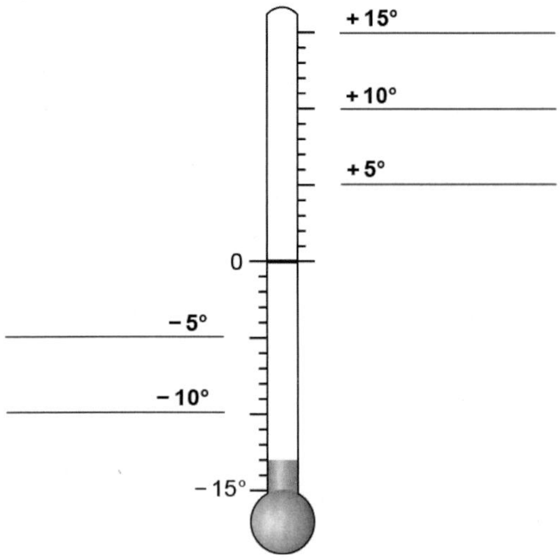

c) Individuelle Lösungen
Ihr könnt die Differenz ausrechnen oder an dem Thermometer abzählen.

2 a)

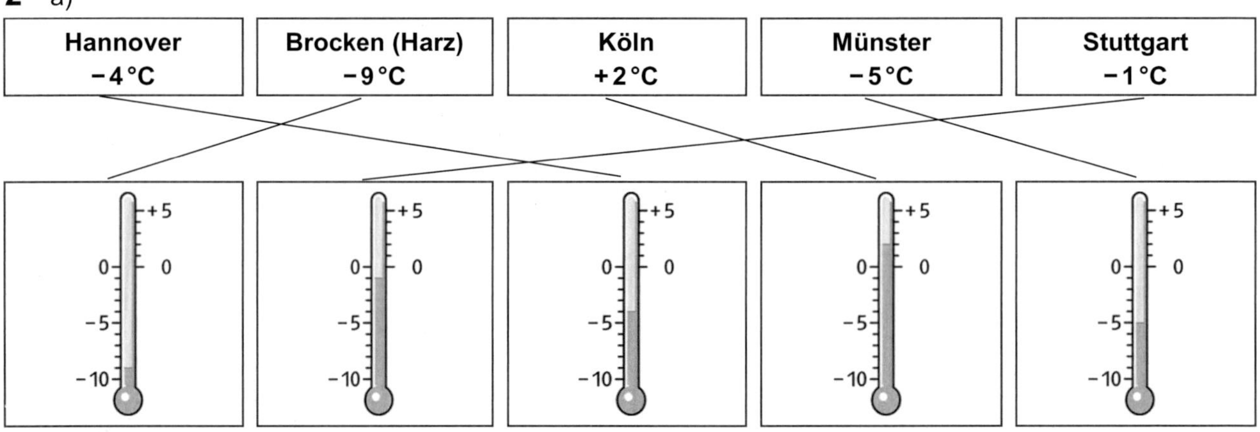

Am wärmsten ist es in Köln.
Am kältesten ist es auf dem Brocken (Harz).
b)

Wochentag	Montag	Dienstag	Mittwoch	Donnerstag	Freitag
Foto	Mo 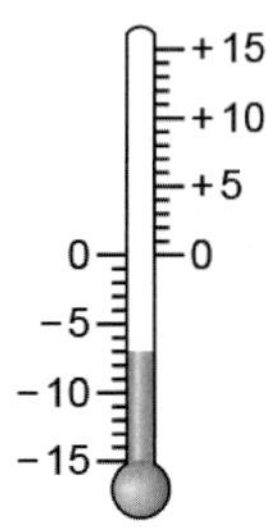	Di 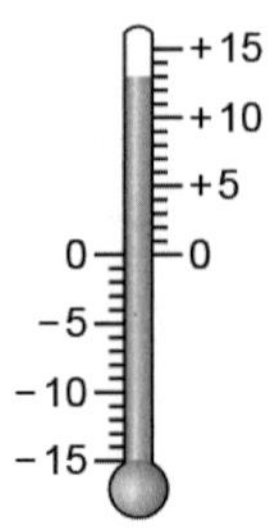	Mi 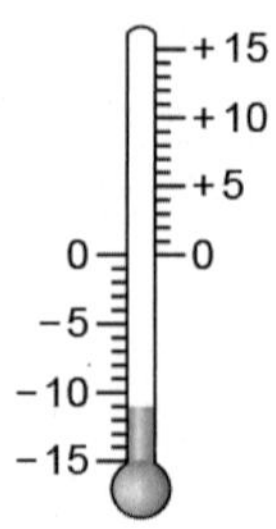	Do 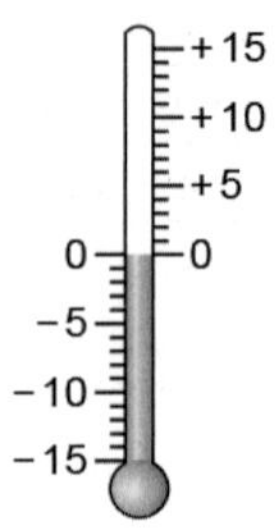	Fr 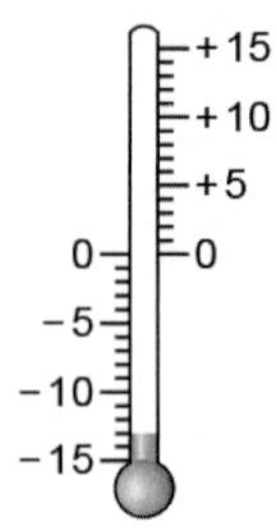
Temperatur in °C	– 7 °C	+ 13 °C	– 11 °C	0 °C	– 13 °C

Abbildungen: imprint, Zusmarshausen; topset GmbH, Nürtingen
Text: Dr. Regina Puscher, Wolfram Schmidt

Lösungen zu Aktiv: Negative Zahlen – Temperaturen nehmen ab und zu (1), (2) und (3), gz003

3 a) b) c) d)

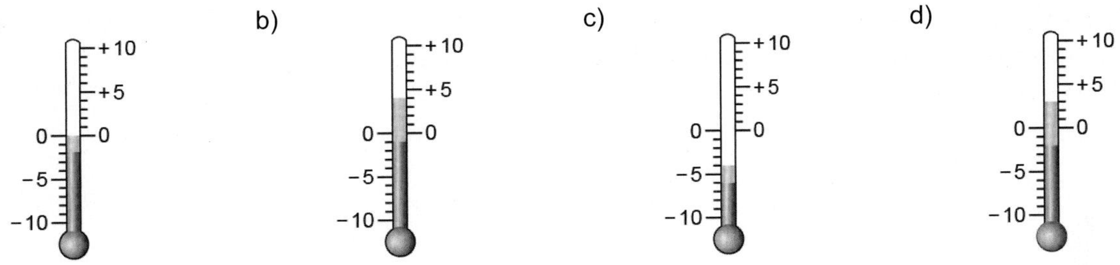

Die helle Säule zeigt die höhere Temperatur.
Die dunkle Säule zeigt die niedrigere Temperatur.

4 Der alte Thermometerstand ist durch die Temperatursäule abgebildet.
Der neue Thermometerstand ist durch einen Strich gekennzeichnet.

a) b) c) d)

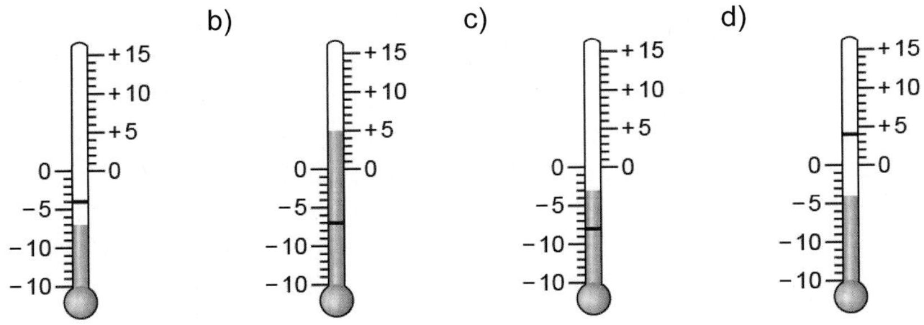

	Temperatur	
	alt	neu
a)	−7 °C	−4 °C
b)	+5 °C	−7 °C
c)	−3 °C	−8 °C
d)	−4 °C	+4 °C

5

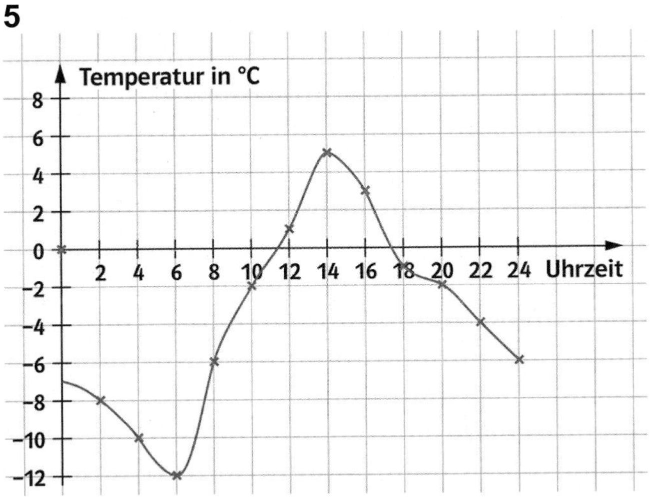

6

		richtig	falsch
a)	Morgens war es kälter als abends.	☒	☐
b)	Mittags war die Temperatur um 4 °C höher als morgens.	☐	☒
c)	Nachts stand das Thermometer um 2 °C tiefer als morgens.	☐	☒
d)	Die Temperaturveränderung von abends bis nachts war −3 °C.	☒	☐
e)	Nachts war es am kältesten.	☐	☒
f)	Die Temperatur stieg im Verlauf des Tages immer weiter an.	☐	☒

Abbildungen: imprint, Zusmarshausen; topset GmbH, Nürtingen
Text: Dr. Regina Puscher, Wolfram Schmidt

Aktiv: Rationale Zahlen – Mit einer Papier-Elle erkunden (1)

1 Alte Maße

Früher haben Menschen Dinge mit anderen Maßen als heute gemessen.

a) Welche alten Maße kennst du? Recherchiere und notiere Beispiele.

____

____

____

b) Beim Stoff kaufen – Ein Rollenspiel für 4 Personen
Material: bunte Tücher oder Stoffe

Stellt euch vor, ihr seid auf einem mittelalterlichen Marktplatz. Eine reiche Kaufmannsfrau möchte Stoff kaufen. Verteilt die Rollen in eurer Gruppe. Spielt die Szene weiter.

Die Rollen	**Die Kaufmannsfrau**	**Der Diener der Kaufmannsfrau**	**Der Tuchhändler**	**Das Kind des Tuchhändlers**
Die Rollenbeschreibung	Dein Mann ist ein reicher Kaufmann. Heute möchtest du drei Ellen Stoff kaufen für ein schönes Kleid. Natürlich willst du nicht zu viel für das Tuch bezahlen.	Du bist der Diener der Kaufmannsfamilie. Du dienst schon lange in der Familie. Die Kaufmannsfrau nimmt dich immer gerne mit zum Stoff kaufen, weil du so groß bist.	Du bist der Tuchhändler. An deinem Stand gibt es wunderschöne Stoffe von nah und fern. Aber natürlich willst du ein gutes Geschäft machen. Deiner Familie soll es gut gehen.	Als Sohn des Tuchhändlers arbeitest du im Geschäft schon mit und hilfst deinem Vater beim Abmessen der Stoffe. Das ist gar nicht so einfach, weil du noch jung und klein bist.
Die Situation	Der blaue Stoff gefällt dir. Du brauchst drei Ellen, sonst ist es zu wenig Stoff für ein schönes Kleid. Am liebsten würdest du die Ellen von deinem großen Diener abmessen lassen. Dann gäbe es ein großes, weites Kleid.	Du willst alles richtig machen und so wie deine Herrin es möchte. Hilf ihr, möglichst günstig einzukaufen.	Du willst Stoff verkaufen und zwar zu einem möglichst hohen Preis. Deshalb ist es dir am liebsten, wenn die Ellen anhand deines kleinen Sohnes abgemessen werden.	Dein Vater weiß am besten, was zu tun ist. Was er sagt, das machst du ohne Widerspruch.
Wer übernimmt die Rolle?				

c) Beschreibe, warum der Tuchhändler möchte, dass das Kind den Stoff abmisst.

____

____

____

____

____

Abbildungen: stock.adobe.com, Dublin (Martina Berg)
Text: Dr. Regina Puscher

Aktiv: Rationale Zahlen – Mit einer Papier-Elle erkunden (2)

2 Die eigene Papier-Elle herstellen

Stelle dein eigenes Maßband, eine Papier-Elle, her.

Material: 1 DIN-A3-Blatt

a) Schneide von der längeren Seite eines DIN-A3-Blatts einen etwa 2 cm breiten Papierstreifen ab. Das ist deine Papier-Elle.

Miss mit deiner Papier-Elle möglichst genau:	gemessene Länge
die Breite eines Schultischs	
die Höhe deines Schulbuchs	
die Breite deines Schulbuchs	
die Länge eines Bleistiftes	

b) Vergleicht eure Messungen. Erklärt die unterschiedlichen Ergebnisse.

____

____

____

c) Sarah, Kim und Jamie haben ihre Papier-Elle vor dem Messen unterteilt.

Sarah

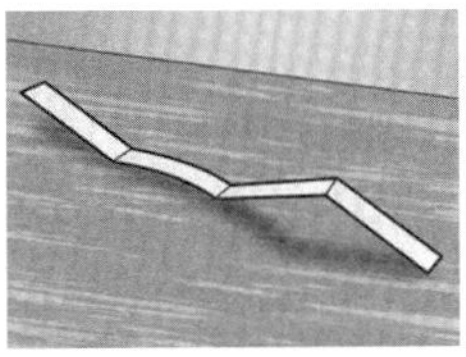

Kim

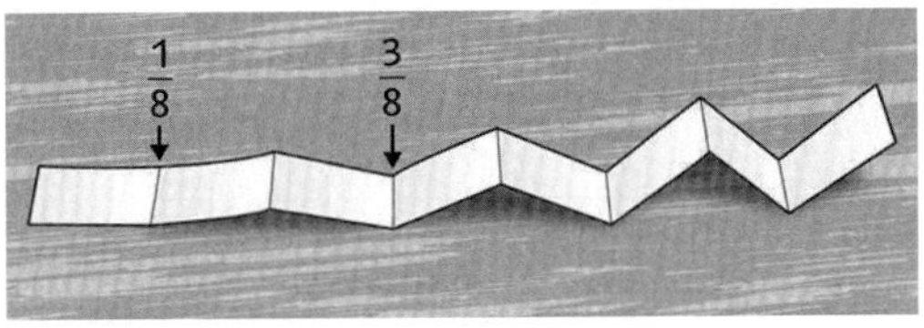

Jamie

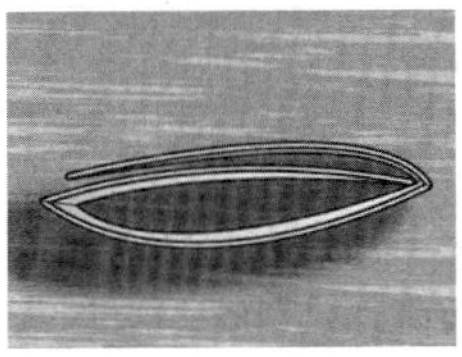

Wie sind sie vorgegangen? Erklärt, warum eine Unterteilung zum Messen sinnvoll ist.

____

____

____

____

d) Unterteilt und beschriftet eure Papier-Ellen so, dass ihr mit ihnen messen könnt.

Miss mit deiner Papier-Elle möglichst genau:	gemessene Länge
die Breite eines Schultischs	
die Höhe deines Schulbuchs	
die Breite deines Schulbuchs	
die Länge eines Bleistiftes	

Abbildungen: Wolfgang Herzig, Essen
Text: Dr. Regina Puscher

Aktiv: Rationale Zahlen – Mit einer Papier-Elle erkunden (3)

3 Unterteilungen in Zehntel und mehr

Material: 1 DIN-A3-Blatt

Um einfacher rechnen zu können, werden Maßeinheiten in Zehntel eingeteilt.
Statt $\frac{1}{10}$; $\frac{2}{10}$; schreiben wir 0,1 und 0,2 usw.
Die Ziffer hinter dem Komma gibt also an, wie viele Zehntel du hast.

a) Stelle eine weitere Papier-Elle her.
Die Papier-Elle soll wieder ein 2-cm-Streifen der längeren Seite eines DIN-A3-Blattes sein. Stelle die Papier-Elle mit einer Zehntel-Unterteilung wie bei Karim her.
Beschrifte diese Papier-Elle mit den Kommazahlen 0,1; 0,2; …

Karim

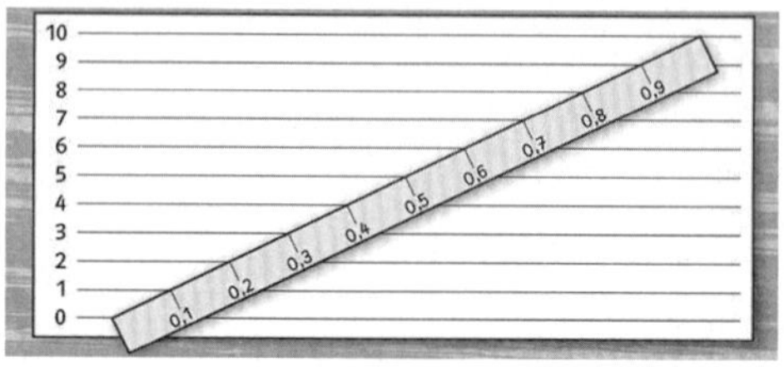

b)

Miss mit deiner Papier-Elle möglichst genau:	gemessene Länge
die Breite eines Schultischs	
die Höhe deines Schulbuchs	
die Breite deines Schulbuchs	
die Länge eines Bleistiftes	

Gib die Ergebnisse möglichst genau an.

c) Auf welche Schwierigkeiten seid ihr gestoßen? Wie habt ihr sie gelöst? Beschreibt.

d) Unterteilt ein Zehntel eurer Papier-Elle weiter.
e) Bestimmt, wie viele kleine Abschnitte ihr erhaltet, wenn alle Zehntel der Papier-Elle so unterteilt wären.

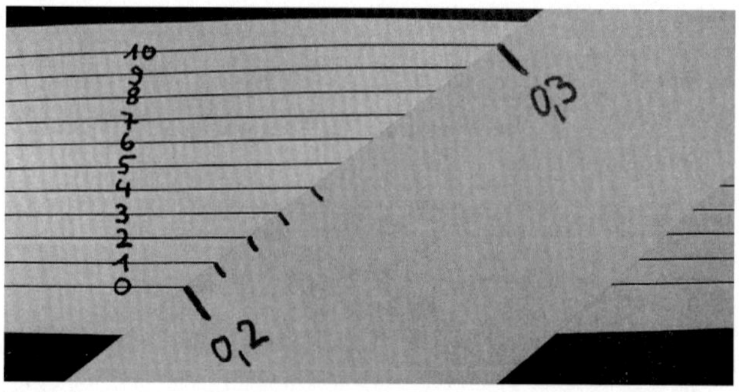

Abbildungen: Wolfgang Herzig, Essen; Rüdiger Vernay, Bremen
Text: Dr. Regina Puscher

Lösungen Aktiv: Rationale Zahlen – Mit einer Papier-Elle erkunden (1), (2) und (3), rz001

1 Alte Maße

a) Individuelle Lösungen zum Beispiel:
Kölner Elle (klein): 57,6 cm; Frankfurter Elle: 57,9 cm; Elle im Königreich Hannover: 58,4 cm;
Bremer Elle: 54,7 cm
Preußische Längenmaße: Die Grundlage für das Berliner Maß bildete nach dem Edikt vom 16. Januar 1713 der Berliner Fuß, für den eine Länge von 137,3 Pariser Linien festgestellt worden war.
Linie $\approx$ 3,226 mm; Zoll = 8 Linien $\approx$ 25,81 mm; Fuß = 12 Zoll $\approx$ 30,9725 cm; Rute = 12 Fuß $\approx$ 3,717 m;
Elle = 295,60 Pariser Linien $\approx$ 66,682 cm

b) Individuelle Lösungen

c) Die Elle des Tuchhändler-Sohns ist kleiner und kürzer als die Elle des Dieners. Wenn mit einer kürzeren Elle gemessen wird, dann gibt es insgesamt weniger Stoff.

2 Die eigene Papier-Elle herstellen

a)–d) Individuelle Lösungen

3 Unterteilungen in Zehntel und mehr

a)–d) Individuelle Lösungen

e) 10 Abschnitte mit jeweils 10 gleich großen Unterabschnitten ergibt insgesamt $10 \cdot 10 = 100$ Abschnitte.

Text: Dr. Regina Puscher

Aktiv: Rechnen mit Dezimalzahlen – Power und Ausdauer (1)

1 Fitness-Armbänder zeigen auch die benötigte Energie beim Sport an. Wenn ihr Sport betreibt, benötigt ihr mehr Energie als beim Sitzen in der Schule mit wenig Bewegung.
Beim Ballspielen benötigt ihr zum Beispiel 5-mal so viel Energie wie beim Sitzen mit wenig Bewegung. Der Energiebedarf wird in Kilokalorien (kcal) gemessen.

Energiebedarf im Vergleich zum Sitzen mit wenig Bewegung

Ballspiele (Fußball, Handball, etc.)	Radfahren (8–12 km/h)	Gehen	Sitzen oder Liegen ohne Bewegung
5-mal so viel	2,5-mal so viel	1,35-mal so viel	0,75-mal so viel

a) Kaya verbraucht ca. 40 kcal, Onno ca. 45 kcal für eine halbe Stunde Sitzen mit wenig Bewegung. Berechnet den Energiebedarf der beiden für eine halbe Stunde Fußballspielen.

SP b) Kaya hat einen doppelten Zahlenstrahl gezeichnet, um den Energiebedarf für eine halbe Stunde Radfahren zu bestimmen.

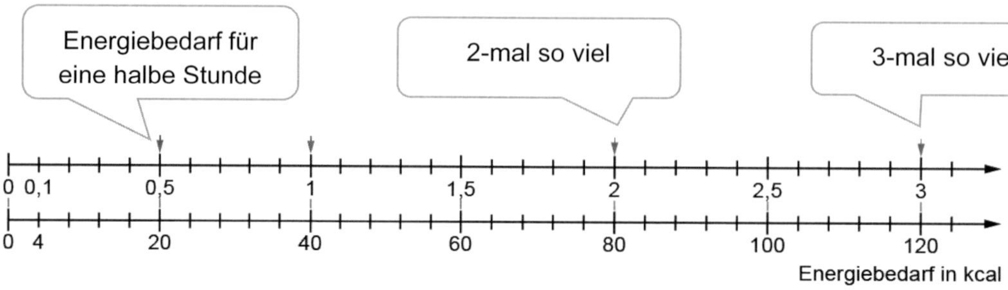

Erklärt, wie Kaya den doppelten Zahlenstrahl nutzen kann, um den Energiebedarf für eine halbe Stunde Radfahren zu bestimmen.

Abbildungen: stock.adobe.com, Dublin (JackF); stock.adobe.com, Dublin (candy1812); stock.adobe.com, Dublin (WavebreakmediaMicro); stock.adobe.com, Dublin (contrastwerkstatt)
Text: Dr. Regina Puscher

Aktiv: Rechnen mit Dezimalzahlen – Power und Ausdauer (2)

c) Nutzt den doppelten Zahlenstrahl aus b), um Kayas Energiebedarf zu bestimmen. Notiert die Rechenwege.

- für eine halbe Stunde Gehen
- für eine halbe Stunde Liegen ohne Bewegung

SP d) Das Ergebnis von $0{,}75 \cdot 40\,\text{kcal}$ ist kleiner als 40 kcal, obwohl ihr 40 doch mit einer Zahl multipliziert habt. Erklärt, warum das so ist.

e) Jeder Mensch verbraucht unterschiedlich viel Energie beim Sitzen mit wenig Bewegung. Wie viel Energie in kcal du selbst in einer Stunde beim Sitzen mit wenig Bewegung brauchst, kannst du so ermitteln:

Jungen Körpergewicht in kg $\cdot$ 1,2 + 44	**Mädchen** Körpergewicht in kg $\cdot$ 0,9 + 47

Bestimme den Energiebedarf eines 50 kg schweren Jungen und eines 50 kg schweren Mädchens für eine Stunde beim Sitzen mit wenig Bewegung.

Junge

Mädchen

Bestimme deinen Energiebedarf.

Text: Dr. Regina Puscher

Aktiv: Rechnen mit Dezimalzahlen – Power und Ausdauer (3)

2 Julia benötigt für eine Tätigkeit im Sitzen mit wenig Bewegung pro Stunde etwa 80 kcal. Elias braucht dafür etwa 88 kcal.

Energiebedarf im Vergleich zum Sitzen mit wenig Bewegung

Volleyball
1,8-mal so viel

Schlafen
0,63-mal so viel

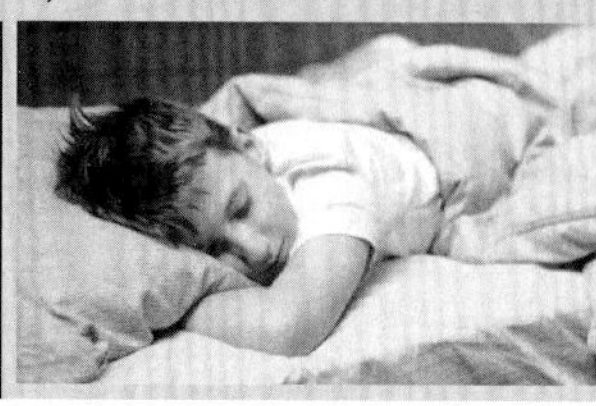

Tanzen
3,7-mal so viel

Schwimmen
4,4-mal so viel

a) Berechne, wie viel Energie Julia und Elias für eine Stunde Volleyball, eine Stunde Schlafen, eine Stunde Tanzen und eine Stunde Schwimmen benötigen.

Energiebedarf für	1 h Sitzen mit wenig Bewegung	1 h Volleyball spielen	1 h Schlafen	1 h Tanzen	1 h Schwimmen
Wievielmal im Vergleich zum Sitzen mit wenig Bewegung?				3,7-mal so viel	4,4-mal so viel
Julia	80 kcal				
Elias	88 kcal				

SP b) Noah benötigt für eine halbe Stunde sitzen mit leichter Tätigkeit 50 kcal, Mila 42 kcal. Beim Fußballspielen brauchen sie fünfmal mehr Energie, beim Gehen 1,35-mal mehr Energie.
Überprüfe die Aussagen.

Um die Energie von 100 g Apfel abzubauen, muss ich etwa eine halbe Stunde gehen, für 0,5 l Cola etwa 2 Stunden.

Noah Mila

Um die Energie von 100 g Schokolade abzubauen, muss ich etwa eine Stunde Fußball spielen.

So viel Energie haben 100 g	
Apfel	58 kcal
Milch	64 kcal
Joghurt	71 kcal
Kartoffeln	76 kcal
Banane	85 kcal
Brathuhn	138 kcal
$\frac{1}{2}$ l Cola	220 kcal
Schokolade	518 kcal
Erdnüsse	580 kcal

Formuliere eine richtige Aussage zu den Daten.

Abbildungen: stock.adobe.com, Dublin (Monkey Business); stock.adobe.com, Dublin (lelechka); stock.adobe.com, Dublin (JackF); stock.adobe.com, Dublin (shock); tiff.any GmbH & Co. KG, Berlin
Text: Dr. Regina Puscher

Lösungen Aktiv: Rechnen mit Dezimalzahlen – Power und Ausdauer (1), (2) und (3), brch025

1 a) Beim Fußballspielen verbraucht man 5-mal so viel Energie.
Kaya $40\,\text{kcal} \cdot 5 = 200\,\text{kcal}$
Ono $45\,\text{kcal} \cdot 5 = 225\,\text{kcal}$
b) Individuelle Lösung, zum Beispiel:
Der obere Zahlenstrahl zeigt an, wievielmal der untere Wert multipliziert wird.
Der untere Zahlenstrahl zeigt den Energieverbrauch an. Wichtig ist, dass beide Zahlenstrahle gleichmäßig eingeteilt sind und dass der Energieverbrauch beim Sitzen unter der 1 steht.
Abgelesen für eine halbe Stunde Radfahren (2,5-mal so viel) ergibt sich für Kaya ein Energieverbrauch von 100 kcal.
c) Abgelesen am doppelten Zahlenstrahl (siehe b):
Energieverbrauch von Kaya für eine halbe Stunde Gehen: 54 kcal
Energieverbrauch von Kaya für eine halbe Stunde Liegen ohne Bewegung: 30 kcal
d) Individuelle Lösung, zum Beispiel:
Bei der Multiplikation mit einer Zahl kleiner als 1 verkleinert sich das Ergebnis, da ich mit einem Anteil multipliziere.
e) Junge: $50 \cdot 1{,}2 + 44 = 60 + 44 = 104$
Mädchen: $50 \cdot 0{,}9 + 47 = 45 + 47 = 92$
Der Energiebedarf eines Mädchen ist im Ruhezustand kleiner als der eines gleich schweren Jungen.
Eigener Energiebedarf individuelle Lösung

2 a)

Energiebedarf für	1 h Sitzen mit wenig Bewegung	1 h Volleyball spielen	1 h Schlafen	1 h Tanzen	1 h Schwimmen
Wievielmal im Vergleich zum Sitzen mit wenig Bewegung?		1,8-mal so viel	0,63-mal so viel	3,7-mal so viel	4,4-mal so viel
Julia	80 kcal	144 kcal	50,4 kcal	296 kcal	352 kcal
Elias	88 kcal	158,4 kcal	55,44 kcal	325,6 kcal	387,2 kcal

b)

Energiebedarf für	30 min Sitzen mit wenig Bewegung	30 min Fußball spielen	30 min Gehen
Wievielmal im Vergleich zum Sitzen mit wenig Bewegung?		5-mal so viel	1,35-mal so viel
Noah	50 kcal	250 kcal	67,5 kcal
Mila	42 kcal	210 kcal	56,7 kcal

Noahs Aussagen sind richtig.
Für eine halben Stunde Gehen benötigt Noah 67,5 kcal. Da hätte er die 58 kcal (für 100 g Apfel) verbraucht.
Für zwei Stunden Gehen benötigt Noah $67{,}5\,\text{kcal} \cdot 4 = 270\,\text{kcal}$. Ein halber Liter Cola hat ca. 220 kcal.
Milas Aussage ist falsch.
Für eine Stunde Fußball spielen benötigt Mila 420 kcal. Da hätte sie die 518 kcal für 100 g Schokolade nicht verbraucht.
Mila müsste rund 75 min Fußball spielen, um die Energie von 100 g Schokolade zu verbrauchen. Denn $210\,\text{kcal} \cdot 2{,}5$ ergibt 525 kcal.

Text: Dr. Regina Puscher

Aktiv: Rechnen mit Dezimalzahlen – Weitsprung der Tiere (1)

1 Fairer Wettkampf – Wer springt am weitesten?
Welches Tier ist der beste Weitspringer? Wie könnten Löwe, Grashüpfer, Rotfuchs, Impala und das Riesenkänguru einen fairen Weitsprungwettbewerb austragen?

MK a) Ergänzt weitere tierische Weitspringer. Sucht Daten und Fotos dazu. Ihr könnt die Karten auch ausschneiden.

		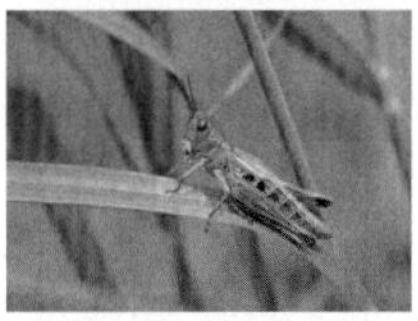	
Das Impala ist eine Antilopenart und lebt in großen Herden in Süd- und Ostafrika.	**Der Rotfuchs** lebt heutzutage nicht nur in Wäldern, sondern auch in Städten, in Schrebergärten oder Parks.	**Der Grashüpfer** lebt von Pflanzen, insbesondere von Gräsern.	**Der Löwe** ist das imposanteste Raubtier Afrikas und kann im Rudel fast jedes Wild erbeuten.
Körperlänge: 1,5 m	Körperlänge: 0,75 m	Körperlänge: 0,02 m	Körperlänge: 1,8 m
Sprungweite: 9 m	Sprungweite: 3 m	Sprungweite: 2 m	Sprungweite: 4,5 m

Das Riesenkängeru lebt in den Steppen Australiens. Es kann mithilfe der mächtigen Hinterbeine eine gewaltige Sprungkraft entwickeln.	____	____	____
Körperlänge: 1,5 m	Körperlänge: ____	Körperlänge: ____	Körperlänge: ____
Sprungweite: 12 m	Sprungweite: ____	Sprungweite: ____	Sprungweite: ____
____	____	____	____
Körperlänge: ____	Körperlänge: ____	Körperlänge: ____	Körperlänge: ____
Sprungweite: ____	Sprungweite: ____	Sprungweite: ____	Sprungweite: ____

Abbildungen: stock.adobe.com, Dublin (dmussman); ShutterStock.com RF, New York (RT Images); stock.adobe.com, Dublin (Gabi Wolf); stock.adobe.com, Dublin (stuporter); stock.adobe.com, Dublin (slowmotiongli)
Text: Dr. Regina Puscher

Aktiv: Rechnen mit Dezimalzahlen – Weitsprung der Tiere (2)

b)

Die Körperlänge des Rotfuchses passt viermal in seine Sprungweite. Das sieht man auch mithilfe einer Rechnung:
$3\,\text{m} : 0{,}75\,\text{m} = 300\,\text{cm} : 75\,\text{cm} = 4$

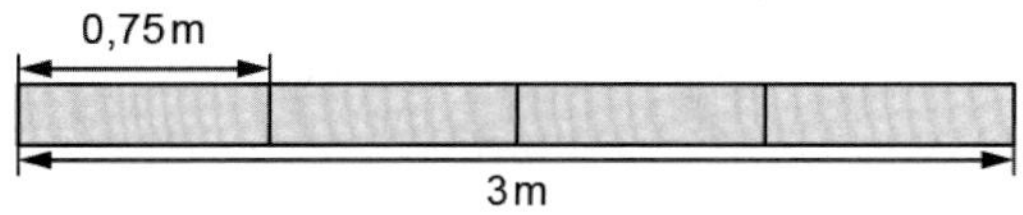

Schreibt solche Rechnungen auch für die anderen Tiere auf. Macht dazu eine Zeichnung.

Tier	Rechnung	Zeichnung
Das Impala		
Der Rotfuchs	$3\,\text{m} : 0{,}75\,\text{m} = 300\,\text{cm} : 75\,\text{cm} = 4$	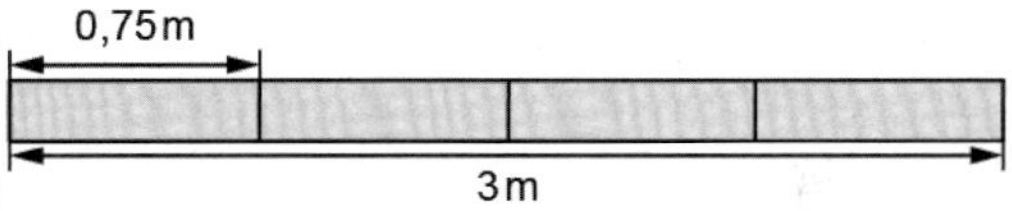
Der Grashüpfer		nicht gut darstellbar, deshalb keine Zeichnung
Der Löwe		
Das Riesen-känguru		
____________ ____________ ____________		

SP c) Erklärt, warum ihr bei den Rechentermen $300 : 75$; $30 : 7{,}5$ und $3 : 0{,}75$ dasselbe Ergebnis erhaltet.

____

____

____

____

Abbildungen: imprint, Zusmarshausen; tiff.any GmbH & Co. KG, Berlin
Text: Dr. Regina Puscher

Aktiv: Rechnen mit Dezimalzahlen – Weitsprung der Tiere (3)

d) Berechnet, wie weit ein Kind von 1,50 m Größe jeweils springen könnte, wenn es das Vielfache seiner Körpergröße wie Rotfuchs, Löwe usw. springen könnte.

Tier	Sprungweite im Verhältnis zu Körpergröße	Sprungweite eines 1,50 m großen Kinds
Das Impala		
Der Rotfuchs	Der Rotfuchs kann **4-mal** soweit springen wie er groß ist.	$1{,}50\,\text{m} \cdot 4 = 6\,\text{m}$
Der Grashüpfer		
Der Löwe		
Das Riesen-känguru		
______ ______ ______		

e) Markiert die Körpergröße und die Sprungweiten auf dem Schulhof.

Text: Dr. Regina Puscher

Lösungen Aktiv: Rechnen mit Dezimalzahlen – Weitsprung der Tiere (1), (2) und (3), brch026

1 a) Individuelle Lösung

b)

Tier	Rechnung	Zeichnung
Das Impala	$9\,\text{m} : 1{,}5\,\text{m} = 90\,\text{dm} : 15\,\text{dm} = 6$	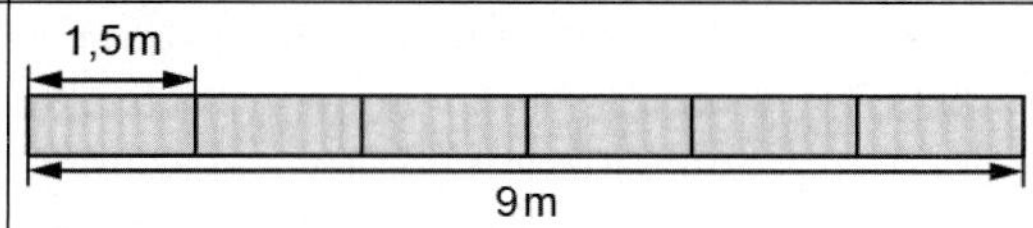
Der Rotfuchs	$3\,\text{m} : 0{,}75\,\text{m} = 300\,\text{cm} : 75\,\text{cm} = 4$	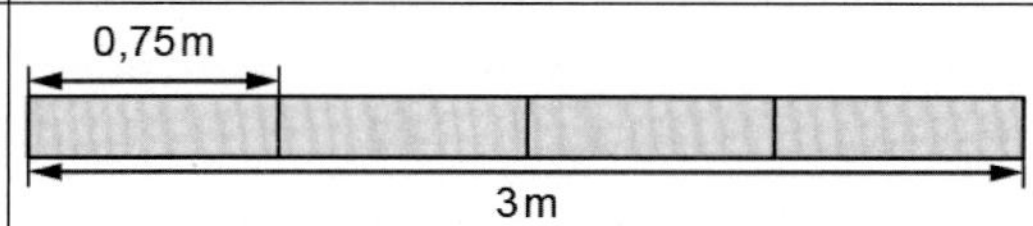
Der Grashüpfer	$2\,\text{m} : 0{,}02\,\text{m} = 200\,\text{cm} : 2\,\text{cm} = 100$	nicht gut darstellbar, deshalb keine Zeichnung
Der Löwe	$4{,}5\,\text{m} : 1{,}8\,\text{m} = 45\,\text{dm} : 18\,\text{dm} = 2{,}5$	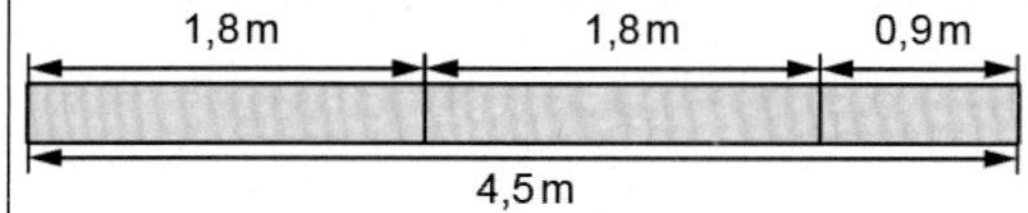
Das Riesen-känguru	$12\,\text{m} : 1{,}5\,\text{m} = 120\,\text{dm} : 15\,\text{dm} = 8$	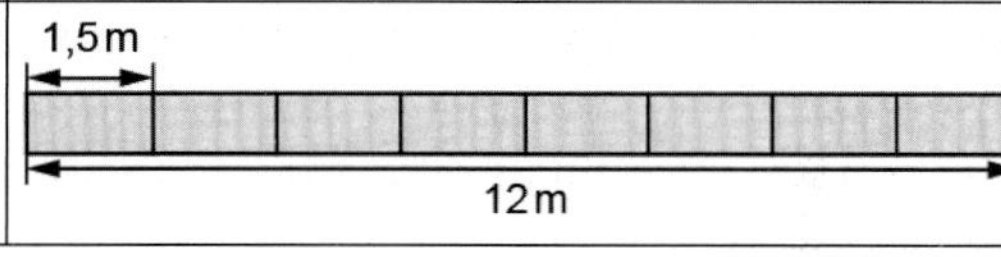

und individuelle Lösung.
Vergleicht mit anderen Kindern, die das gleiche Tier ausgewählt haben.

c) Individuelle Lösungen, zum Beispiel:
Bei allen Termen sind sowohl der Divisor als auch der Dividend durch 10 dividiert worden. Das ist wie Kürzen bei einem Bruch. Das verändert den Quotienten nicht.

$$\frac{\text{Dividend}}{\text{Divisor}} = \frac{\text{Dividend} : 10}{\text{Divisor} : 10}$$

d)

Tier	Sprungweite im Verhältnis zu Körpergröße	Sprungweite eines 1,50 m großen Kinds
Das Impala	Das Impala kann **6-mal** soweit springen, wie es groß ist.	$1{,}50\,\text{m} \cdot 6 = 9\,\text{m}$
Der Rotfuchs	Der Rotfuchs kann **4-mal** soweit springen, wie er groß ist.	$1{,}50\,\text{m} \cdot 4 = 6\,\text{m}$
Der Grashüpfer	Der Grashüpfer kann **100-mal** soweit springen, wie er groß ist.	$1{,}50\,\text{m} \cdot 100 = 150\,\text{m}$
Der Löwe	Der Löwe kann **2,5-mal** soweit springen, wie er groß ist.	$1{,}50\,\text{m} \cdot 2{,}5 = 3{,}75\,\text{m}$
Das Riesen-känguru	Das Riesenkänguru kann **8-mal** so weit springen wie es groß ist.	$1{,}50\,\text{m} \cdot 8 = 12\,\text{m}$

und individuelle Lösungen.

e) Individuelle Lösungen, achtet darauf, dass ihr genügend Platz habt.

Abbildungen: imprint, Zusmarshausen
Text: Dr. Regina Puscher

Aktiv: Rechnen mit natürlichen Zahlen – Napiers Rechenstäbe (1)

Der Mathematiker John Lord Napier of Merchiston (1550 – 1617, lateinisch Neper) erfand eine Multiplikationshilfe: Rechenstäbe mit einer speziellen Beschriftung. Durch geschicktes Zusammenlegen der Stäbe konnte er schnell mehrstellige Zahlen mit einem einstelligen Faktor multiplizieren.
Napier Rechenstäbe haben eine große Bedeutung und Verbreitung zur Vereinfachung der Multiplikation und Division erlangt. Der Grundgedanke der Napier Rechenstäbe wurde später von Wilhelm Schickardt (1592 – 1635) bei der Entwicklung seiner Rechenmaschine aufgegriffen.

Auf jedem Stab stehen die Vielfachen der Zahl. Einer und Zehner sind durch eine schräge Linie getrennt. Es gibt die Stäbe von 0 bis 9.

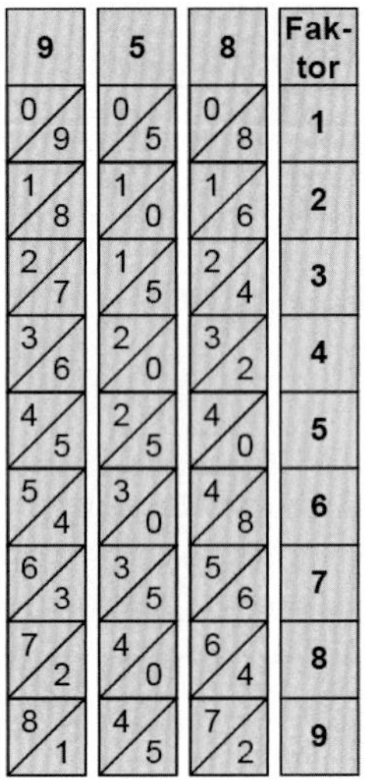

1 a) Stellt (am besten zweimal) mit gleich großen Papierstreifen alle zehn Napier Rechenstäbe her.
Material: Vorlage zum Ausschneiden, Pappe zum Stabilisieren, Klebstoff
b) Beispiel: $958 \cdot 5$
Legt den 9er-, 5er- und 8er-Streifen nebeneinander und daneben den Faktorstreifen.
Die Zahlen in den diagonalen Bereichen werden addiert $(4 + 5)$ und unten aufgeschrieben. Sie sind das Ergebnis der Multiplikation.

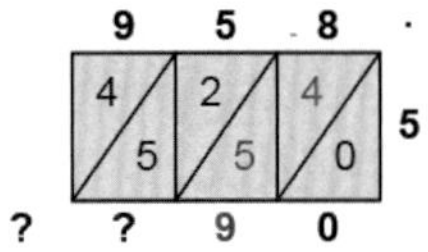

Das vollständige Ergebnis lautet ________________

c) Löst die Aufgaben mithilfe eurer Rechenstäbe.

$958 \cdot 3 =$ ________________ $958 \cdot 7 =$ ________________ $958 \cdot 8 =$ ________________

$37 \cdot 8 =$ ________________ $126 \cdot 7 =$ ________________ $359 \cdot 6 =$ ________________

$88 \cdot 8 =$ ________________ $8 \cdot 888 =$ ________________ $4832 \cdot 5 =$ ________________

d) Stellt euch gegenseitig Multiplikationsaufgaben und löst sie. Kontrolliert mithilfe eurer Napier Rechenstäbe.

Abbildungen: imprint, Zusmarshausen; Mauritius Images, Mittenwald (Classic Image/Alamy)
Text: Wolfram Schmidt

Aktiv: Rechnen mit natürlichen Zahlen – Napiers Rechenstäbe (2)

2 Um zwei mehrstellige Zahlen zu multiplizieren, kannst du wie im Beispiel Zahlengitter anlegen. Die Teilergebnisse schreibst du in die entsprechenden Felder und addierst dann stellengerecht.

Beispiel: $434 \cdot 37 = 16\,058$

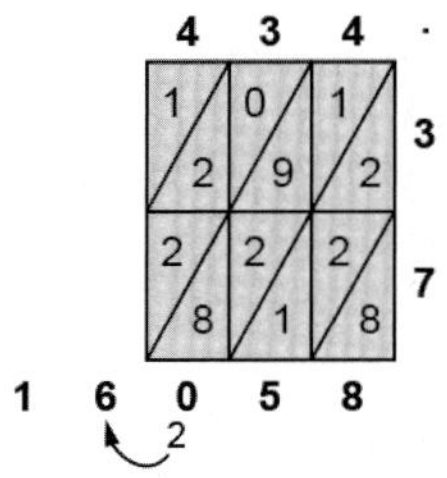

a) $765 \cdot 43 =$ ______________ b) $538 \cdot 26 =$ ______________

3 Die Idee der Napier Rechenstäbe hat sich bis heute bei der schriftlichen Multiplikation erhalten.
Beispiel: $365 \cdot 4$

mit Napiers Rechenstäben

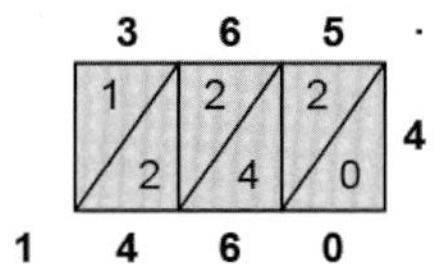

3 6 5 · 4
1 4 6 0

mit schriftlicher Multiplikation

a) Multipliziere schriftlich und kontrolliere mithilfe deiner Napier Rechenstäbe.
$596 \cdot 5$ $596 \cdot 15$

SP b) Multipliziere $365 \cdot 24$ schriftlich. Notiere auch, was du schreibst und dir merkst.

3 6 5 · 2 4

Rechne	Schreibe	Merke
2 · 5 = 10	0	1
2 · 6 = 12, 12 + 1 = 13	3	1
2 · 3 = ...		

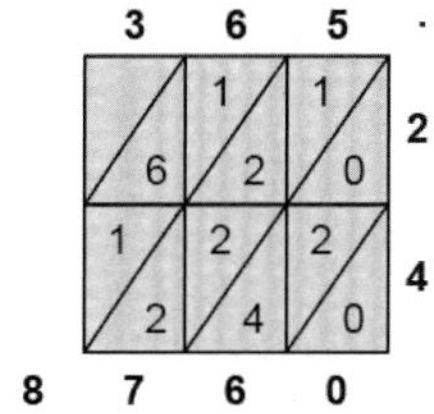

Erkläre, wie deine Teilergebnisse mit den Napier Rechenstäben zusammenhängen.

____

____

____

____

____

____

Abbildungen: imprint, Zusmarshausen; Rudolf Hungreder, Leinfelden-Echterdingen
Text: Wolfram Schmidt

Aktiv: Rechnen mit natürlichen Zahlen – Napiers Rechenstäbe (3), Vorlage zum Ausschneiden

Material: Schere, Klebstoff, Pappe

Du kannst die „Rechenmaschine“, die John Napier zum Multiplizieren erfunden hat, ganz leicht selbst basteln. So funktioniert's:
Schneide den unten abgebildeten Block der Rechenstäbe zuerst nur entlang der äußeren dicken Linie aus.
Klebe alles auf dickere Pappe und schneide danach die einzelnen Stäbe entlang der dicken inneren Linien aus. So erhältst du neun stabile „Zahlenstäbe“ für den 1. Faktor und einen „Faktorstab“ für den 2. Faktor.

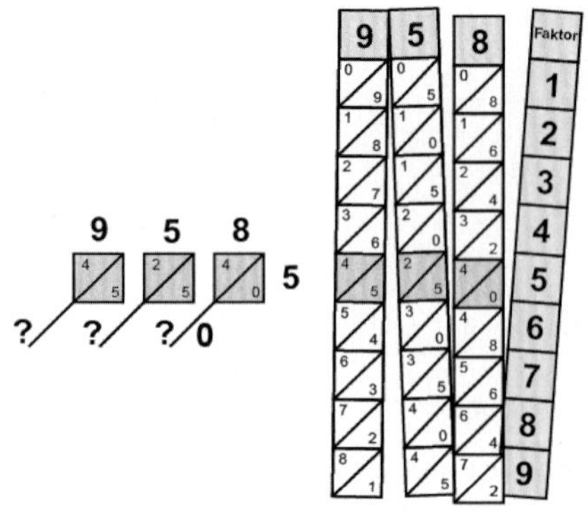

1	2	3	4	5	6	7	8	9	Faktor
0/1	0/2	0/3	0/4	0/5	0/6	0/7	0/8	0/9	1
0/2	0/4	0/6	0/8	1/0	1/2	1/4	1/6	1/8	2
0/3	0/6	0/9	1/2	1/5	1/8	2/1	2/4	2/7	3
0/4	0/8	1/2	1/6	2/0	2/4	2/8	3/2	3/6	4
0/5	1/0	1/5	2/0	2/5	3/0	3/5	4/0	4/5	5
0/6	1/2	1/8	2/4	3/0	3/6	4/2	4/8	5/4	6
0/7	1/4	2/1	2/8	3/5	4/2	4/9	5/6	6/3	7
0/8	1/6	2/4	3/2	4/0	4/8	5/6	6/4	7/2	8
0/9	1/8	2/7	3/6	4/5	5/4	6/3	7/2	8/1	9

Abbildungen: imprint, Zusmarshausen
Text: Wolfram Schmidt

Lösungen Aktiv: Rechnen mit natürlichen Zahlen – Napiers Rechenstäbe (1), (2) und (3), rnatz025

1 a) Individuelle Lösungen

b) Das vollständige Ergebnis lautet **4790**.

c) Addiere die Zahlen in der Diagonalen.

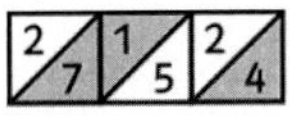

$958 \cdot 3 = 2874$
$37 \cdot 8 = 296$
$88 \cdot 8 = 704$

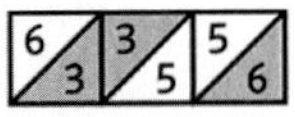

$958 \cdot 7 = 6706$
$126 \cdot 7 = 882$
$8 \cdot 888 = 7104$

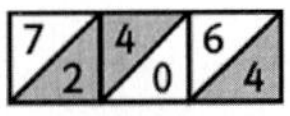

$958 \cdot 8 = 7664$
$359 \cdot 6 = 2154$
$4832 \cdot 5 = 24160$

d) Individuelle Lösungen

2 a) $765 \cdot 43 = 32895$

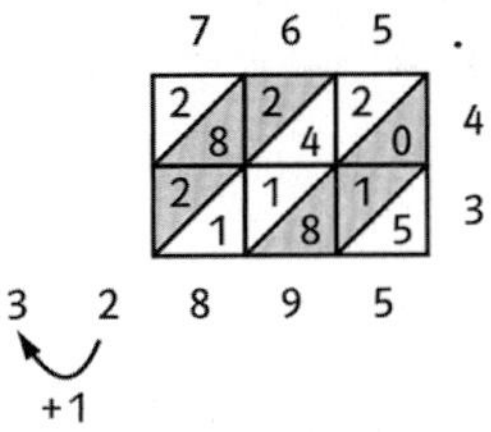

b) $538 \cdot 26 = 13988$

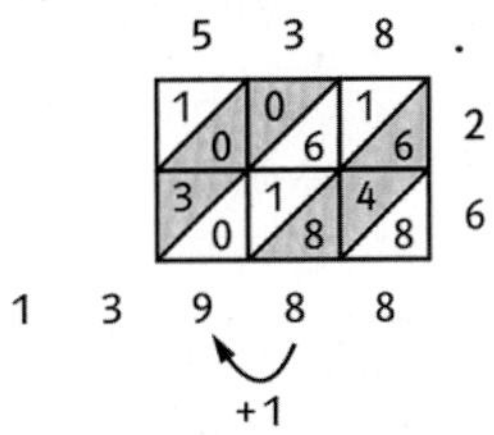

3 a) $596 \cdot 5 = 2980$

$596 \cdot 15 = 8940$

b) $365 \cdot 24 = 8760$

Rechne	Schreibe	Merke
$2 \cdot 5 = 10$	0	1
$2 \cdot 6 = 12;\ 12 + 1 = 13$	3	1
$2 \cdot 3 = 6;\ 6 + 1 = 7$	7	0
$4 \cdot 5 = 20$	0	2
$4 \cdot 6 = 24;\ 24 + 2 = 26$	6	2
$4 \cdot 3 = 12;\ 12 + 2 = 14$	14	0

Individuelle Lösungen, zum Beispiel:
Bei unserer heutigen schriftlichen Multiplikation werden bei jeder Teilmultiplikation nur noch die Einer notiert und die Zehner (die auf Napiers Rechenstäben noch sichtbar sind) als „Behalte-oder Merkziffer" zum nächsten Teilprodukt hinzugezählt.

Abbildungen: imprint, Zusmarshausen; topset GmbH, Nürtingen
Text: Wolfram Schmidt

Aktiv: Rechnen mit natürlichen Zahlen – Multiplizieren mit den Fingern

Abb. 1

Abb. 2

Schon seit Jahrtausenden nehmen die Menschen beim Rechnen die Finger zu Hilfe.
Eigentlich müsste man das kleine Einmaleins nur bis $5 \cdot 5 = 25$ beherrschen. Denn darüber hinaus kann man bequem mit den Fingern multiplizieren. Wie das geht? Schaut euch die Regeln und die Beispiele an.

Regel 1 Beispiel: $8 \cdot 7$

- mit der einen Hand zeige ich, was von 8 über die Fünf hinausgeht (3 Finger)
- mit der anderen Hand zeige ich, was von 7 über Fünf hinausgeht (2 Finger)
- das Ergebnis erhalte ich, wenn ich die ausgestreckten Finger beider Hände als Zehner addiere: $30 + 20 = 50$

und die eingeklappten Finger als Einer multipliziere: $2 \cdot 3 = 6$
Summe: $50 + 6 = 56$

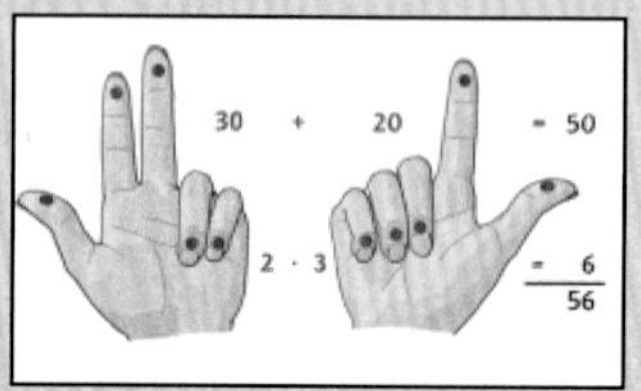

Regel 2 Beispiel: $15 \cdot 12$

- mit beiden Händen die Einer zeigen, die über die Zehn hinausgehen, also 5 und 2 als Zehner addieren: $50 + 20 = 70$
- jetzt die gleichen Finger als Einer multiplizieren $5 \cdot 2 = 10$
- nun noch 100 dazuzählen: 100

Summe: 180

1 Probiert, ob die Regel 1 für alle Zahlen zwischen 5 und 10 funktioniert. Notiert die Zwischenergebnisse wie im Beispiel.

2 Auch für Zahlen, die zwischen 11 und 15 liegen, gibt es einen Multiplikationstrick. Lest euch dazu Regel 2 durch.

SP a) Erklärt euch gegenseitig Regel 2.

b) Multipliziert mithilfe der Regel 2.

$15 \cdot 13$ $12 \cdot 14$ $13 \cdot 11$

Abbildungen: Uwe Alfer Kråksmåla, Alsterbro; tiff.any GmbH & Co. KG, Berlin
Text: Wolfram Schmidt

Lösungen Aktiv: Rechnen mit natürlichen Zahlen – Multiplizieren mit den Fingern, rnatz026

1 Regel 1 gilt für alle Zahlen zwischen 5 und 10.

2 a) Individuelle Lösungen

Tipp: Lest die Regel genau durch und erklärt sie, ohne wieder aufs Blatt zu sehen.

b) $15 \cdot 13 = 195$ $12 \cdot 14 = 168$ $13 \cdot 11 = 143$

Text: Wolfram Schmidt

Aktiv: Teilbarkeit – Aufteilen und Anordnen (1)

Material: Viele gleich große Notizzettel, gut geeignet sind quadratische Zettel oder Klebe-Notizzettel

1 Zahlen aufteilen und als Rechteck anordnen

In der Klasse 5a sollen Fotos von 24 Kindern aufgehängt werden.
Frau Marx schlägt eine Anordnung im Rechteck vor.

a) Ermittelt mithilfe von Notizzetteln möglichst viele Möglichkeiten, die Bilder anzuordnen.
Skizziert hier einige eurer gelegten Anordnungen mit Punkten.

Beispiel:

b) Welche Anordnung findest du am praktischsten, welche am schönsten?

___

___

___

___

___

SP c) Emre meint: "Zwei Anordnungen sind immer irgendwie ähnlich und doch anders." Erläutere, was Emre damit gemeint haben könnte.

___

___

___

___

Abbildungen: tiff.any GmbH & Co. KG, Berlin
Text: Karl Charon, Wolfram Schmidt

Aktiv: Teilbarkeit – Aufteilen und Anordnen (2)

2 Der richtige Schrank – wo bleibt der Rest?

Für die 24 Kinder der Klasse 5a gibt es Schränke mit jeweils 5 Schubladen.
Jedes Kind soll eine Schublade für sich haben.

a) Klebe dir mit Notizzetteln „Schränke“ zusammen. Wie viele Schränke sind für alle 24 Kinder nötig?

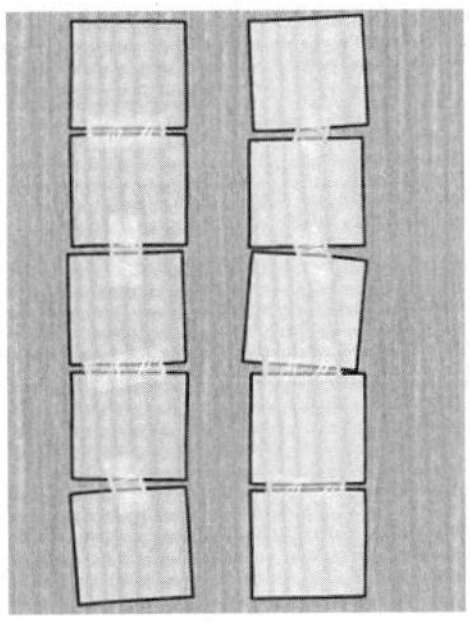

____

____

____

SP b) Entscheide, ob Schränke mit 6, 7 oder 8 Schubladen besser für die Klasse geeignet wären.

____

____

____

____

____

____

3 Quadratzahlen und Primzahlen

Manche Regale sind so gebaut, dass ihre Fächer eine quadratische Anordnung haben.

a) Lege die Regalform mit Notizzetteln nach.

Wie viele Notizzettel benötigst du dafür? __________

b) Lege andere quadratische Anordnungen mit Notizzetteln. Wie viele brauchst du jeweils?

____

c) Wie viele Fächer hat ein quadratisches Regal, das acht Fächer breit ist? __________

Abbildungen: tiff.any GmbH & Co. KG, Berlin
Text: Karl Charon, Wolfram Schmidt

Aktiv: Teilbarkeit – Aufteilen und Anordnen (3)

4 Versucht aus fünf oder 13 Notizzetteln ein Quadrat oder ein Rechteck zu legen. Was fällt euch auf? Tauscht euch darüber aus und schreibt es auf.

SP

____

____

____

____

5 **Quadratzahl – Memory**

Bastelt aus euren Notizzetteln ein Quadratzahl-Memory mit mindestens 10 Paaren.
Beispiel für ein Paar:

$14 \cdot 14$ 196

6 a) Kreuze an, welcher Zahlentyp hier mit Notizzetteln dargestellt ist.

(1)

☐ Primzahl
☐ Quadratzahl

(2)

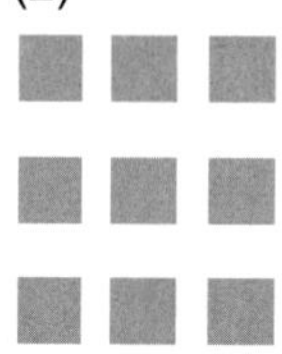

☐ Primzahl
☐ Quadratzahl

(3)

☐ Primzahl
☐ Quadratzahl

(4)

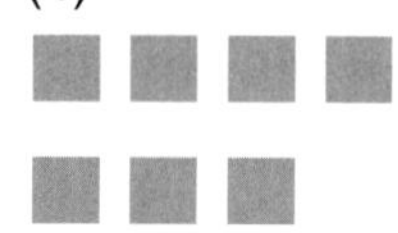

☐ Primzahl
☐ Quadratzahl

b) Bringe die Satzteile in die richtige Reihenfolge. Ein Kärtchen brauchst du nicht.

eine Primzahl | eine Quadratzahl. | multiplizierst, | eine Zahl | mit sich selbst | erhältst du

Wenn du ______________________________________

____

____

____

Text: Karl Charon, Wolfram Schmidt

Lösungen Aktiv: Teilbarkeit – Aufteilen und Anordnen (1), (2) und (3), tlbr015

1 a) Es gibt insgesamt acht Möglichkeiten, die Zettel anzuordnen:
1 × 24 und 24 × 1; 2 × 12 und 12 × 2; 3 × 8 und 8 × 3; 4 × 6 und 6 × 4.
b) Individuelle Lösungen
c) Emre könnte damit gemeint haben, dass es immer zwei Rechteckanordnungen mit gleichen Seitenlängen gibt. Nur sind Länge und Breite vertauscht.

2 a) Es sind fünf Schränke nötig. In einem Schrank bleibt dann ein Fach leer.
b) Für die Klasse wären drei Schränke mit acht Fächern oder vier Schränke mit sechs Fächern geeignet. Dann bliebe kein Fach übrig.

3 a) Man benötigt für dieses Regal $4 \cdot 4 = 16$ Notizzettel.
b) Individuelle Lösungen, zum Beispiel $3 \cdot 3 = 9$ oder $5 \cdot 5 = 25$ oder $6 \cdot 6 = 36$ Notizzettel
c) Das Regal hat $8 \cdot 8 = 64$ Fächer.

4 Es lassen sich mit dieser Anzahl von Zetteln keine Rechtecke legen, außer einreihige, wie 1 × 5 und 1 × 13.
Das bedeutet, dass diese beiden Zahlen nur zwei Teiler haben, nämlich die 1 und sich selbst.

5 Individuelle Lösungen

6 a)

(1)

☒ Primzahl
☐ Quadratzahl

(2)

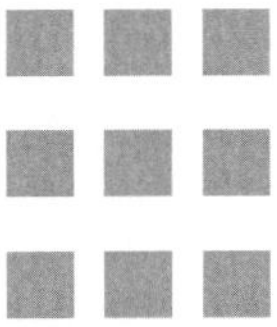

☐ Primzahl
☒ Quadratzahl

(3)

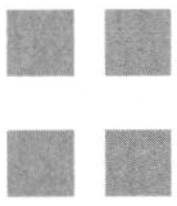

☐ Primzahl
☒ Quadratzahl

(4)

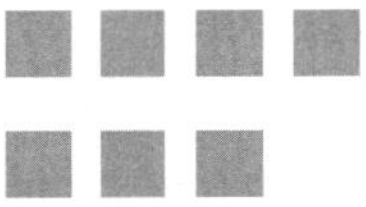

☒ Primzahl
☐ Quadratzahl

b) Wenn du eine Zahl mit sich selbst multiplizierst, erhältst du eine Quadratzahl.

Text: Karl Charon, Wolfram Schmidt

Aktiv: Winkel – Roboter programmieren (1)

1 Drohnen, Roboter und Autos lassen sich so programmieren, dass sie einen vorgegebenen Weg ablaufen oder abfahren können. Dafür gibt es spezielle Programme, mit denen Befehle als Bewegungsanweisungen gegeben werden können.

SP a) Beschreibt, mit welcher Bewegung ein Roboter auf die Befehle reagieren würde.

(1) gehe (4) Schritte

(2) drehe dich ↺

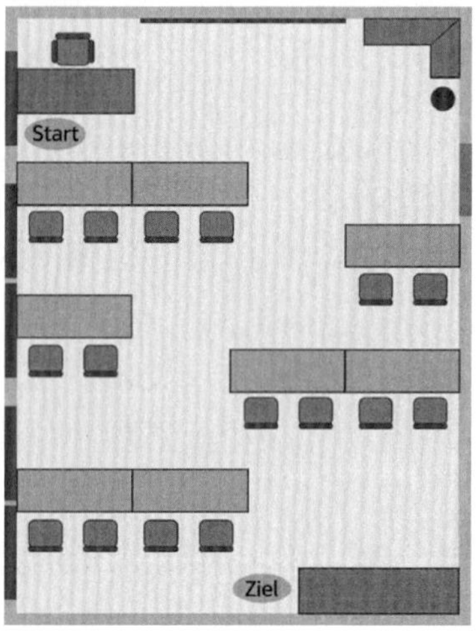

b) Sucht euch einen Startpunkt und einen Zielpunkt in eurem Klassenraum oder auf dem Schulhof aus oder benutzt die Abbildung.
Ein Kind spielt den Roboter. Die anderen geben Befehle, sodass der „Roboter" vom Startpunkt zum Zielpunkt läuft. Notiert die Befehle. Spielt mehrmals.

SP c) Welche Befehle waren leicht zu formulieren und bei welchen gab es Schwierigkeiten? Erklärt.

Abbildungen: imprint, Zusmarshausen; ShutterStock.com RF, New York (Dmytro Zinkevych); tiff.any GmbH & Co. KG, Berlin
Text: Marie Diekgerdes, Ronja Wienewski

Name: Klasse: Datum: wnk005

Aktiv: Winkel – Roboter programmieren (2)

2 Greifroboter können sich im Kreis drehen und zugreifen.
Der Greifroboter soll den Apfel greifen.

a) Beschreibt, welche Bewegungen der Greifroboter machen muss, damit er den Apfel greift.

Situation (1):

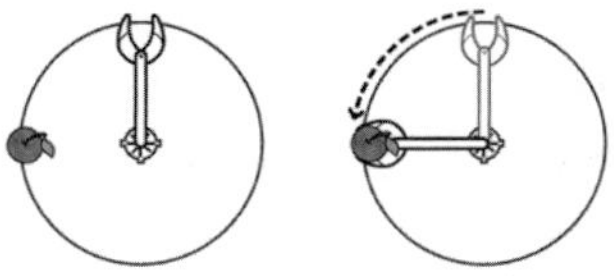

b) Wie muss sich der Greifroboter bewegen? Notiert die Befehle für diese Situationen.

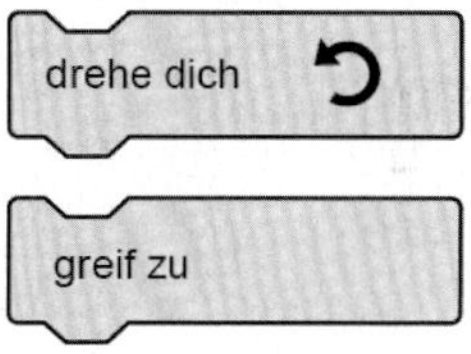

Situation (2)

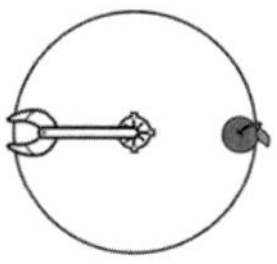

Situation (3)

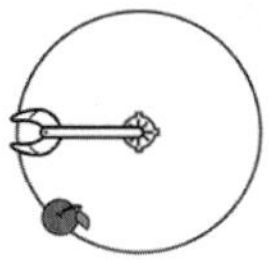

Situation (4)

c) Welche der Bewegungsbefehle waren leicht zu formulieren? Welche waren schwieriger? Erklärt.

d) Greifroboter werden bei Reparaturen im Weltraum, beim Bau von Autos oder bei Operationen im Krankenhaus verwendet. Erklärt, weshalb sie sehr genau zugreifen müssen.

Abbildungen: imprint, Zusmarshausen; stock.adobe.com, Dublin (Shutter2U); tiff.any GmbH & Co. KG, Berlin
Text: Marie Diekgerdes, Ronja Wienewski

Aktiv: Winkel – Roboter programmieren (3)

3 a) Gib an, um wie viel Grad und in welche Richtung sich der Greifroboter drehen muss.

b) Die Bewegung eines Greifroboters wurde aufgezeichnet. Gib an, um wie viel Grad sich der Roboterarm gedreht hat.

SP **4** Elisa programmiert einen Greifroboter. Sie hat zwei Befehle zur Auswahl, um den Greifarm zum Apfel zu drehen.

a) Erkläre den Unterschied zwischen den Befehlen. Trägt Elisa bei beiden dieselbe Gradzahl ein? Erkläre.

b) Gib zwei unterschiedliche Befehle für die Bewegung an.

Abbildungen: imprint, Zusmarshausen; stock.adobe.com, Dublin (Shutter2U); tiff.any GmbH & Co. KG, Berlin
Text: Marie Diekgerdes, Ronja Wienewski

Aktiv: Winkel – Roboter programmieren (4)

SP **5** Ein Greifroboter soll alle Äpfel in einen Eimer legen. Du hast zwei Befehle zur Auswahl. Schreibe die Befehle auf, mit denen der Roboter alle drei Äpfel im Eimer sammelt. Achtung: Der Betonblock versperrt dem Greifroboter den Weg.
Der Greifroboter kann immer nur einen Apfel in der Hand halten.
Finde mehrere Möglichkeiten und beschreibe die Unterschiede.

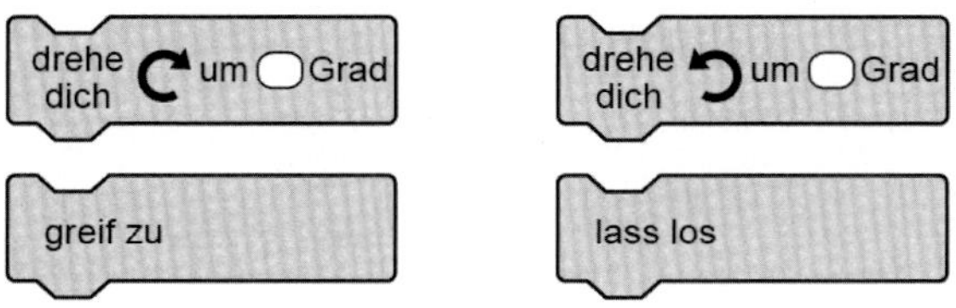

6 Ein Rasenmäh-Roboter fährt 6 m geradeaus, biegt dann in einem Winkel von 100° ab und fährt 5 m weiter.
Zeichne den Weg des Roboters.
1 m Weg des Roboters soll in der Zeichnung 1 cm entsprechen.

Abbildungen: imprint, Zusmarshausen; stock.adobe.com, Dublin (Shutter2U); tiff.any GmbH & Co. KG, Berlin
Text: Marie Diekgerdes, Ronja Wienewski

Lösungen Aktiv: Winkel – Roboter programmieren (1), (2), (3) und (4), wnk005

1 a) (1) Der Roboter geht 4 Schritte in Blickrichtung.
(2) Der Roboter dreht sich nach links.
b) Individuelle Lösungen
c) Individuelle Lösungen, zum Beispiel:
Die Drehungen waren schwieriger zu beschreiben, weil die Drehrichtung noch angegeben werden musste.

2 a) Individuelle Lösung, zum Beispiel:
Der Greifarm muss sich um eine Vierteldrehung nach links drehen und dann zugreifen.
b) Situation (2)
Dreh dich um 180° nach links.
Greif zu.
Situation (3)
Dreh dich um 45° nach links.
Greif zu.
Situation (4)
Dreh dich um 135° nach links.
Greif zu.
c) Individuelle Lösung, zum Beispiel:
Situation (2) war leicht zu formulieren, weil es eine halbe Drehung ist.
Situation (4) war schwieriger, weil die Gradzahl eine andere war, wenn man rechts herum oder links herum dreht.
d) Individuelle Lösungen, zum Beispiel:
Bei Operationen kommt es oft auf eine Genauigkeit von wenigen Millimetern an, sonst wird gesundes Gewebe verletzt.
Im Weltraum muss ein Greifroboter auch mit kleinsten Teilchen wie Schrauben umgehen können. Die sind sehr klein, deshalb muss der Roboter auch sehr genau zugreifen können.

3 a) (1) 80° nach links (2) 270° nach links (3) 310° nach links (4) 40° nach links
b) (1) $\alpha = 90° - 10° = 80°$ (2) $\beta = 250° - 160° = 90°$ (3) $\gamma = 85° - 70° = 15°$ (4) $\delta = 350° - 20° = 330°$

4 a) Individuelle Lösung, zum Beispiel:
Nein, Elisa muss überlegen, welche Gradzahl sie bei welchem Befehl einträgt. Der eine Befehl dreht rechtsherum (oder mit dem Uhrzeigersinn), der andere Befehl dreht linksherum (gegen den Uhrzeigersinn). Wenn Elisa den Greifarm zum Beispiel um 90° nach links drehen will, kann sie entweder den Befehl „drehe dich um 90° linksherum“ oder den Befehl „drehe dich um 270° rechtsherum“ wählen.

b) (1) 80° nach links	(2) 270° nach links	(3) 310° nach links	(4) 40° nach links
280° nach rechts	90° nach rechts	50° nach rechts	320° nach rechts

Text: Marie Diekgerdes, Ronja Wienewski

5 a) Individuelle Lösungen

Die Lösung hängt auch von der Reihenfolge beim Einsammeln der Äpfel ab.

Beispiel-Lösung:

(1) Dreh dich nach rechts um 60°.
Greif zu.
Dreh dich nach links um 170°.
Lass los.

(2) Dreh dich nach rechts um 50°.
Greif zu.
Dreh dich nach links um 50°.
Lass los.

(3) Dreh dich nach links um 90°.
Greif zu.
Dreh dich nach rechts um 90°.
Lass los.

6

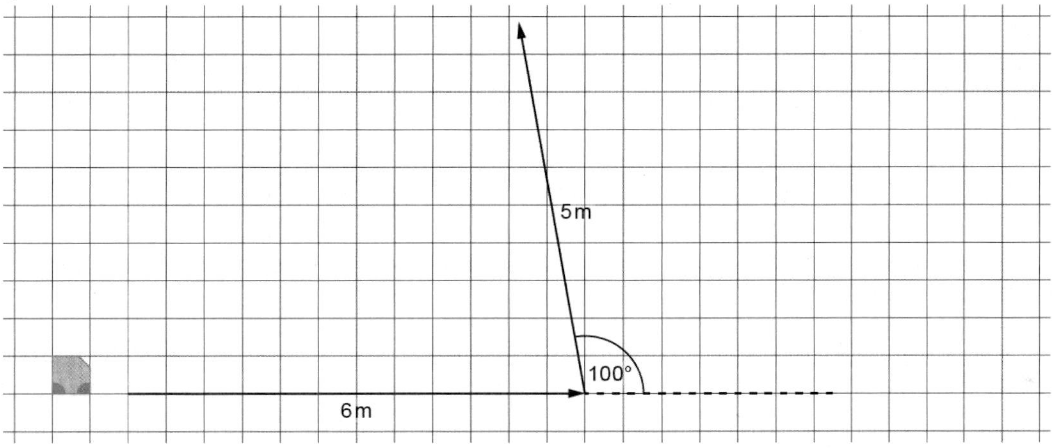

Abbildungen: imprint, Zusmarshausen
Text: Marie Diekgerdes, Ronja Wienewski

Grundlagensicherung

Name: Klasse: Datum: fs000

Führerschein: Vorlage

Schneide die Vorlage entlang der gestrichelten Linien aus und falte danach an der durchgezogenen Linie.

Mathematik Führerschein

Name: ____________________

Klasse: ________

Hier Foto einkleben

hat an der Prüfung zum Mathematikführerschein teilgenommen.

Ort, Datum Lehrkraft

Thema	Erzielte Punkte

Mathematik Führerschein

Name: ____________________

Klasse: ________

Hier Foto einkleben

hat an der Prüfung zum Mathematikführerschein teilgenommen.

Ort, Datum Lehrkraft

Thema	Erzielte Punkte

Mathematik Führerschein

Name: ____________________

Klasse: ________

Hier Foto einkleben

hat an der Prüfung zum Mathematikführerschein teilgenommen.

Ort, Datum Lehrkraft

Thema	Erzielte Punkte

Mathematik Führerschein

Name: ____________________

Klasse: ________

Hier Foto einkleben

hat an der Prüfung zum Mathematikführerschein teilgenommen.

Ort, Datum Lehrkraft

Thema	Erzielte Punkte

Abbildungen: Rudolf Hungreder, Leinfelden-Echterdingen
Text: Hermann Gora, Dr. Andreas Thiemer

Bingo zu den Quadratzahlen

1. Schreibt 16 verschiedene Zahlen zwischen 1 und 20 in beliebiger Reihenfolge auf eine Bingokarte.
2. Die Lehrperson nennt Quadratzahlen zu den Zahlen von 1 bis 20 in einer beliebigen Reihenfolge.
3. Wird eine Quadratzahl genannt und die zugehörige Basis steht auf deiner Bingokarte, streichst du die Basis durch.
4. Die erste Person, die alle Zahlen auf der Karte in einer waagrechten, senkrechten oder diagonalen Linie markiert hat, ruft „Bingo" und hat das Spiel gewonnen.

B	I	N	G	O
I				
N				
G				
O				

B	I	N	G	O
I				
N				
G				
O				

B	I	N	G	O
I				
N				
G				
O				

B	I	N	G	O
I				
N				
G				
O				

Text: Dr. Andreas Thiemer

Führerschein: Brüche darstellen – Training

1 Gib an, welcher Bruchteil gefärbt ist.

a)
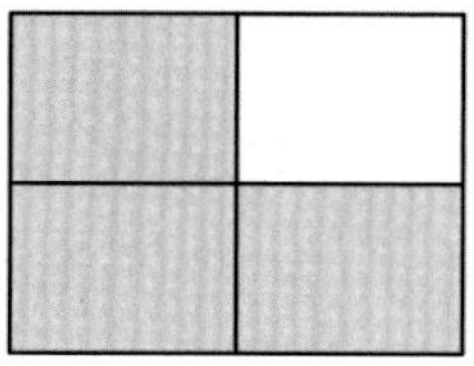

b)
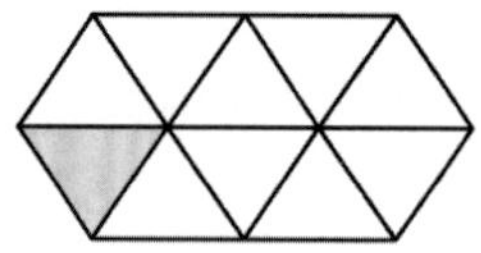

c)
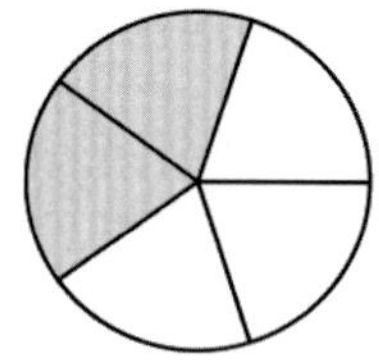

2 Gib an, welcher Bruchteil des Bechers gefüllt ist.

a)
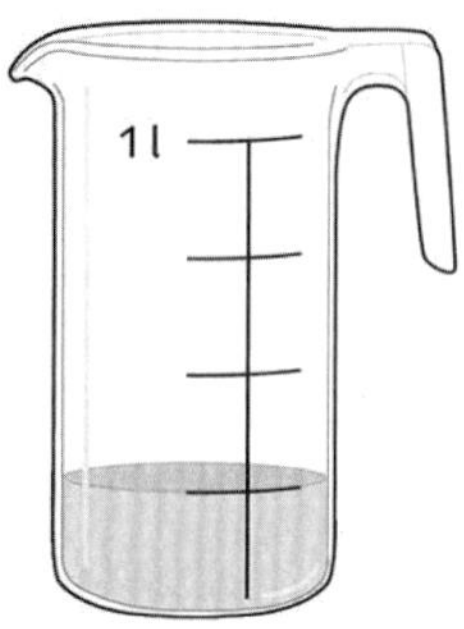

b)
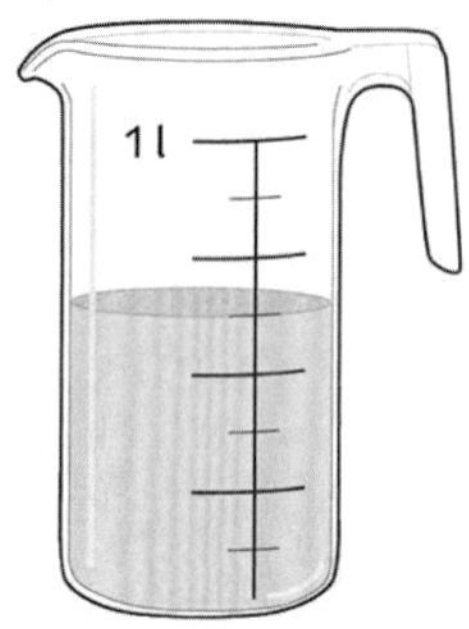

c)
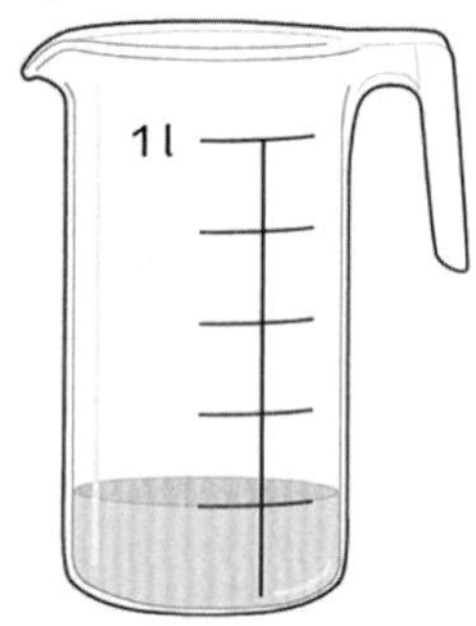

d)
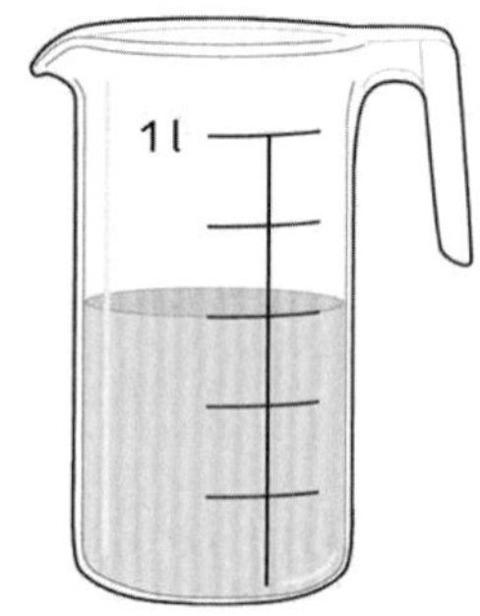

3 Willy meint: „Das ist ein Viertel. Erst wurde der Kreis in vier Teile geteilt und dann ein Teil gefärbt.“
Erkläre, was er nicht beachtet hat.

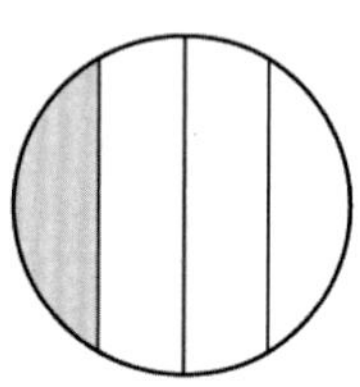

4 a) Färbe die Bruchteile ein: $\frac{1}{2}$; $\frac{2}{5}$; $\frac{4}{10}$; $\frac{5}{20}$; $\frac{10}{20}$

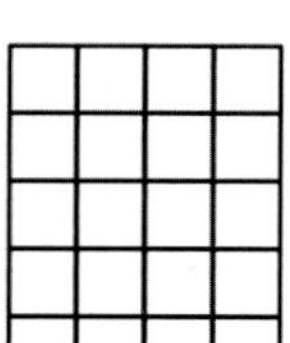
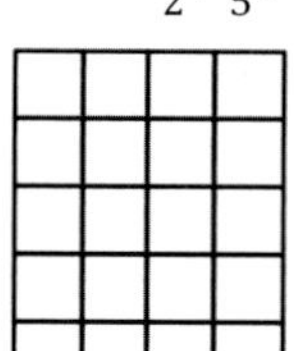
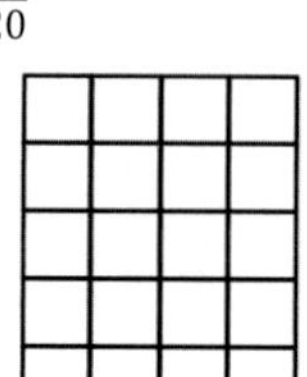
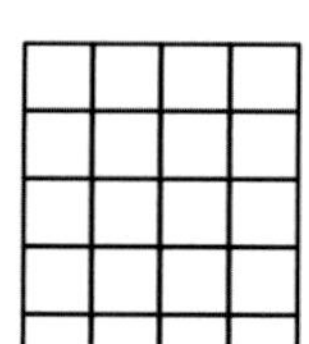
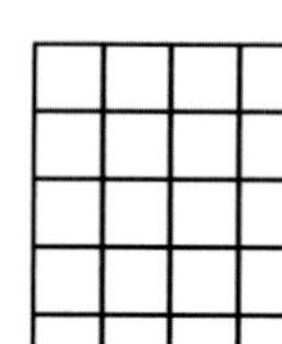

b) Welche Brüche sind gleichwertig?

Abbildungen: imprint, Zusmarshausen; Wolfgang Herzig, Essen
Text: Daniela Hesse

Lösungen Führerschein: Brüche darstellen – Training, brch014

1 a) $\frac{3}{4}$ b) $\frac{1}{10}$ c) $\frac{2}{5}$

2 a) $\frac{1}{4}$ b) $\frac{5}{8}$ c) $\frac{1}{5}$ d) $\frac{3}{5}$

3 Willy hat nicht beachtet, dass die Teile nicht gleich groß sind. Sie sind zwar gleich breit, aber nicht gleich groß.

4 a) Mögliche Lösung:

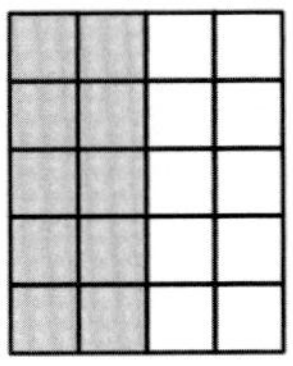

$\frac{1}{2}$

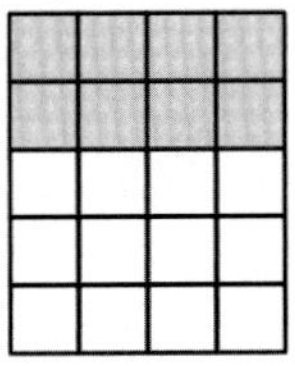

$\frac{2}{5}$

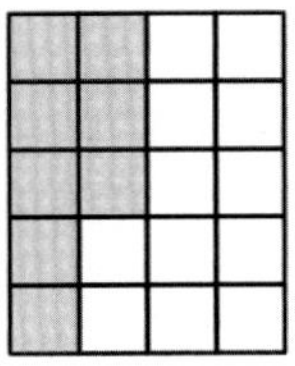

$\frac{4}{10}$

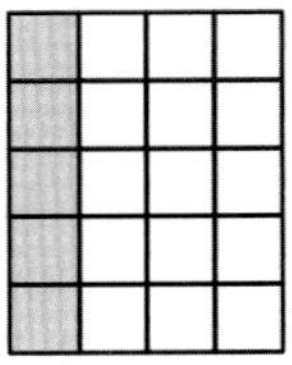

$\frac{5}{20}$

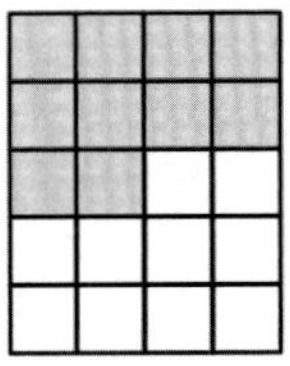

$\frac{10}{20}$

b) $\frac{1}{2} = \frac{10}{20}$ und $\frac{2}{5} = \frac{4}{10}$

Abbildungen: imprint, Zusmarshausen
Text: Daniela Hesse

Führerschein: Brüche darstellen – Prüfung

Kennzeichne richtige Ergebnisse mit „r" für richtig und falsche Ergebnisse mit „f" für falsch.

1 Welcher Bruchteil ist gefärbt? 3 P. 3 P.

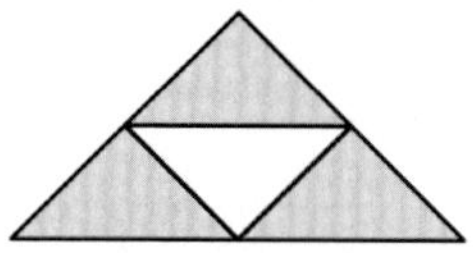

a) $\frac{1}{3}$

b) $\frac{1}{4}$

c) $\frac{3}{4}$

a) ___ f
b) ___ f
c) ___ r

2 Wie viel Wasser befindet sich in der Kanne? 3 P. 3 P.

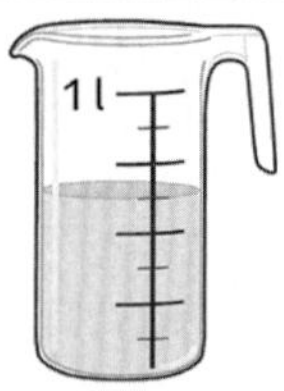

a) $\frac{3}{8}$ l

b) $\frac{3}{5}$ l

c) $\frac{5}{8}$ l

a) ___ f
b) ___ f
c) ___ r

3 In welcher Zeichnung ist $\frac{1}{3}$ dargestellt? 3 P. 3 P.

a)

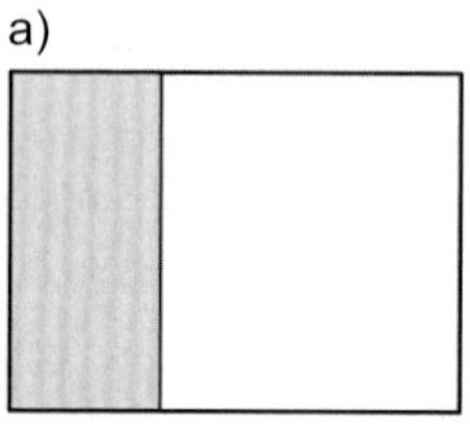

b)

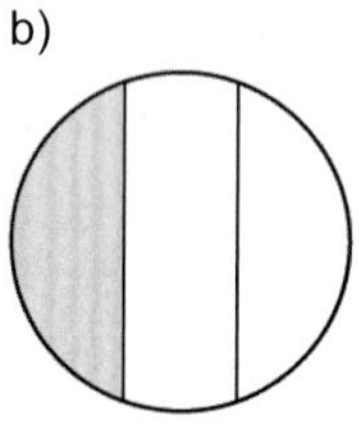

c)

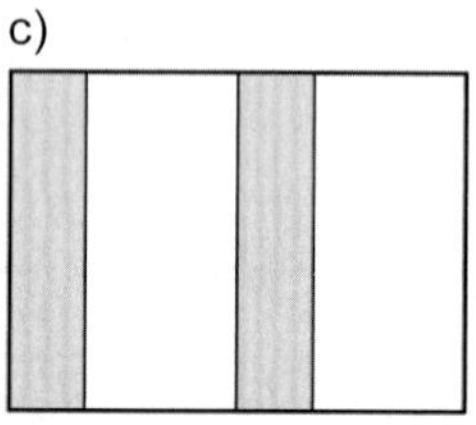

a) ___ r
b) ___ f
c) ___ r

4 Welche Brüche sind gleichwertig? 4 P. 4 P.

a) A und B b) A und C c) C und D d) E und F

A

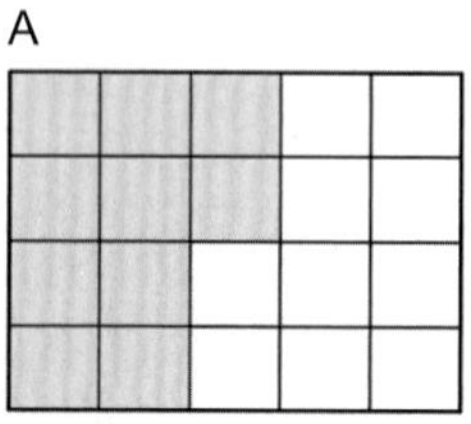

B

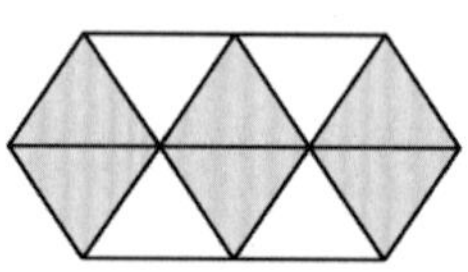

C

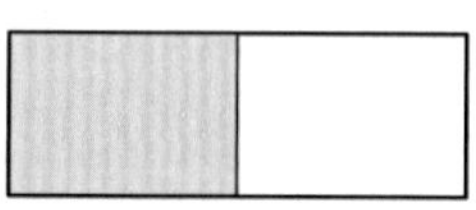

D

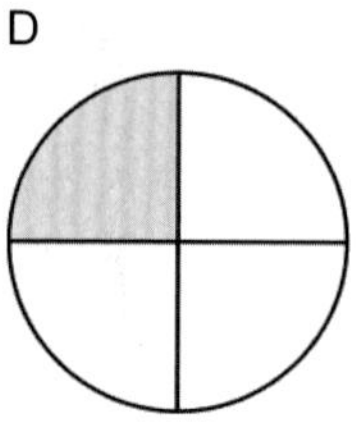

E

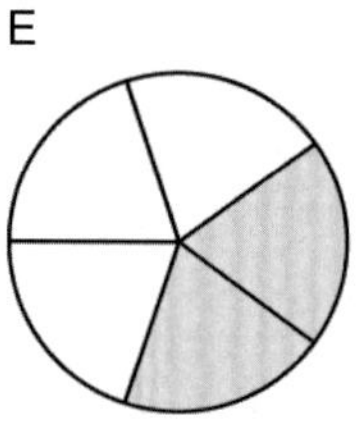

F

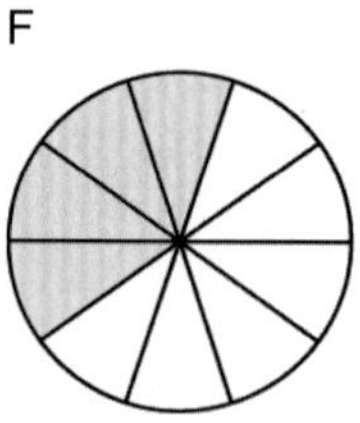

a) ___ f
b) ___ r
c) ___ f
d) ___ r

___ 13 P.

Abbildungen: Wolfgang Herzig, Essen; imprint, Zusmarshausen
Text: Daniela Hesse

Spiel: Brüche vergleichen

Material: Schere, 2 Kopiervorlagen

Bildet Gruppen mit zwei bis vier Personen. Schneidet die Karten entlang der dicken Linien aus. Mischt die Karten und teilt sie gleichmäßig unter euch auf. Bleiben Karten übrig, legt ihr diese beiseite.
Nun wird eine Person bestimmt, die das Spiel beginnt, indem sie eine Karte ausspielt. Danach sind die anderen an der Reihe und spielen ebenfalls eine Karte aus. Den Stich erhält, wer den größten Bruch zuerst ausgespielt hat. Diese Person beginnt die nächste Runde. Gewonnen hat, wer am Schluss die meisten Stiche besitzt.

$\frac{1}{2}$	$\frac{1}{3}$	$\frac{1}{4}$	$\frac{1}{5}$	$\frac{1}{6}$
$\frac{2}{3}$	$\frac{2}{4}$	$\frac{2}{5}$	$\frac{2}{6}$	$\frac{3}{4}$
$\frac{3}{5}$	$\frac{3}{6}$	$\frac{4}{5}$	$\frac{4}{6}$	$\frac{5}{6}$

Abbildungen: imprint, Zusmarshausen
Text: Dr. Andreas Thiemer

Cocktailparty – Brüche darstellen

Zeichne die Anteile der Cocktailrezepte in die Rechtecke darunter.

Paradise Hunter

Zutat	Anteil
Grenadine **(rot)**	$\frac{1}{10}$
Orangensaft **(orange)**	$\frac{3}{10}$
Grapefruitsaft **(pink)**	$\frac{3}{10}$
Ananassaft **(gelb)**	$\frac{3}{10}$

fruchtig

Sunflower

Zutat	Anteil
Limettensirup **(grün)**	$\frac{3}{20}$
Orangensaft **(orange)**	$\frac{5}{20}$
Maracujasaft **(gelb)**	$\frac{12}{20}$

vital

Moonlight

Zutat	Anteil
Mandelsirup **(braun)**	$\frac{20}{100}$
Sahne **(weiß/creme)**	$\frac{10}{100}$
Orangensaft **(orange)**	$\frac{30}{100}$
Maracujasaft **(gelb)**	$\frac{40}{100}$

cremig

Du kannst die Rezepte auch gerne selbst ausprobieren. Hier findest du die Angaben für jeweils einen Cocktail:

- 20 ml Grenadine
- 60 ml Orangensaft
- 60 ml Grapefruitsaft
- 60 ml Ananassaft
- 1 Cocktailkirsche

- 15 ml Limettensirup
- 25 ml Orangensaft
- 60 ml Maracujasaft
- Mineralwasser zum Auffüllen

- 40 ml Mandelsirup
- 20 ml Sahne
- 60 ml Orangensaft
- 80 ml Maracujasaft
- 1 Orangenscheibe

Text: Dr. Andreas Thiemer

Lösungen Cocktailparty – Brüche darstellen, brch005

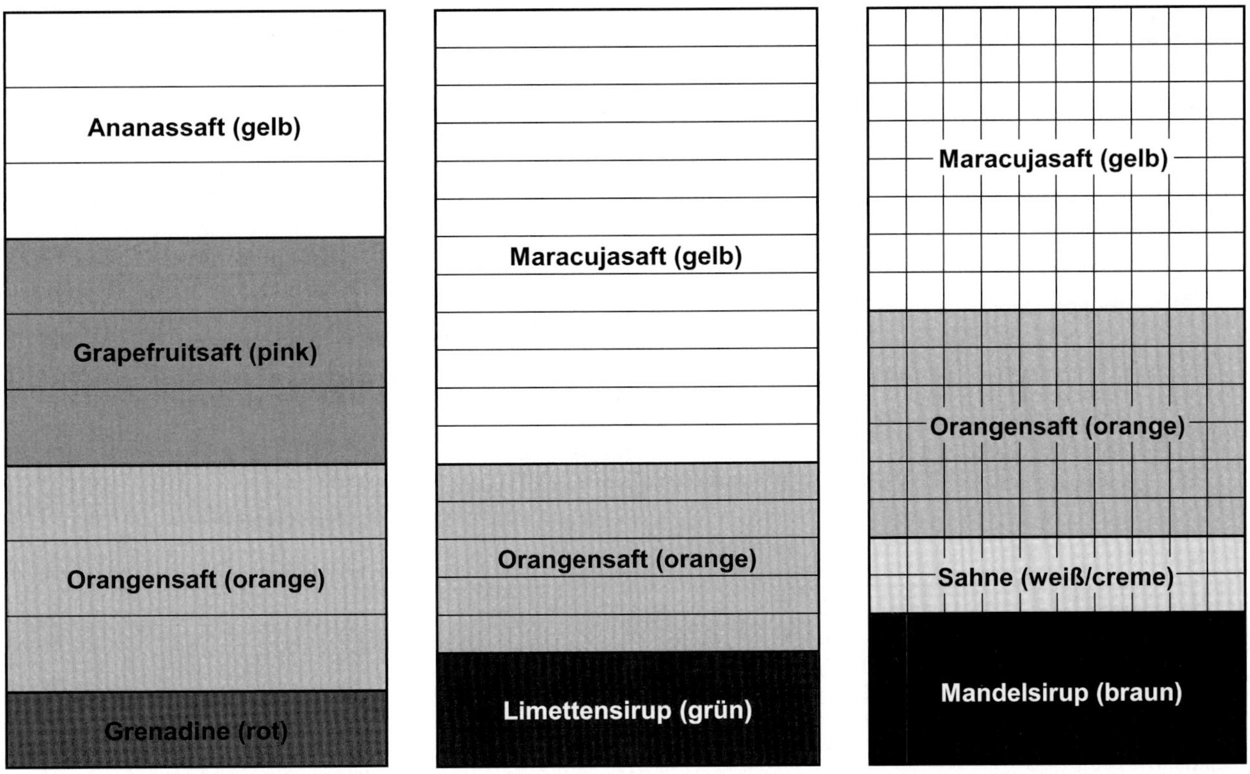

Text: Dr. Andreas Thiemer

Kostenspiel: Die Baustelle (1) – Anleitung

Anzahl der Spielenden: 2–5
Benötigtes Material: Spielwürfel, Spielfiguren
Spieldauer: eine Schulstunde

Regeln:

1. Zu Beginn hast du 10 000 €. Alle beginnen auf Start.
2. Es wird im Uhrzeigersinn gewürfelt. Die jüngste Person beginnt.
3. Die Person, die an der Reihe ist, würfelt und zieht ihre Spielfigur entsprechend viele Kästchen im Uhrzeigersinn.
4. Landet sie auf einem grauen Feld, muss eine Ereigniskarte gezogen werden. Dann berechnet man, falls nötig, die Ausgaben und addiert bzw. subtrahiert sie zu seinen Gesamtausgaben.
   Ist auf einer Ereigniskarte das Symbol 🎲, so würfelt man erneut und setzt die gewürfelte Zahl ein.
   Die Ereigniskarte wird danach wieder unten in den Stapel gelegt.
5. Die Person, die am Ende der Stunde am meisten Geld hat, gewinnt.

Ereigniskarten:

Du musst für die Baustelle 🎲 t Schotter bestellen. Eine Tonne kostet 32,90 €.	Du brauchst mehrere Formulare und musst beim Amt 34,59 € Bearbeitungsgebühr bezahlen.	Du bekommst eine Förderung in Höhe von 400 €.
Der Bagger ist kaputt. Das Ersatzteil kostet 421,80 €. Außerdem musst du für die Mechanikerin 54,60 € pro Stunde bezahlen. Sie braucht 🎲 Stunden.	Deine Arbeitskräfte auf der Baustelle brauchen neue Sicherheitsschuhe. Ein Paar Schuhe kostet 110,90 €. Du beschäftigst 🎲 Arbeitskräfte.	Du hast besonders nachhaltig gewirtschaftet und bekommst von der Stadt einen Bonus in Höhe von 125,00 €.
Du benötigst einen zusätzlichen Lkw. Pro Stunde kostet dieser 120,10 €. Du brauchst ihn für 🎲 Stunden.	Du musst die Miete für dein Büro bezahlen: 425,00 €.	Eine Fachkraft hat Geburtstag. Zur Feier des Tages bringst du 🎲 Stücke Kuchen mit. Ein Stück kostet 1,30 €.

Abbildungen: Rudolf Hungreder, Leinfelden-Echterdingen
Text: Maria Lenk

Kostenspiel: Die Baustelle (2) – Spielfeld

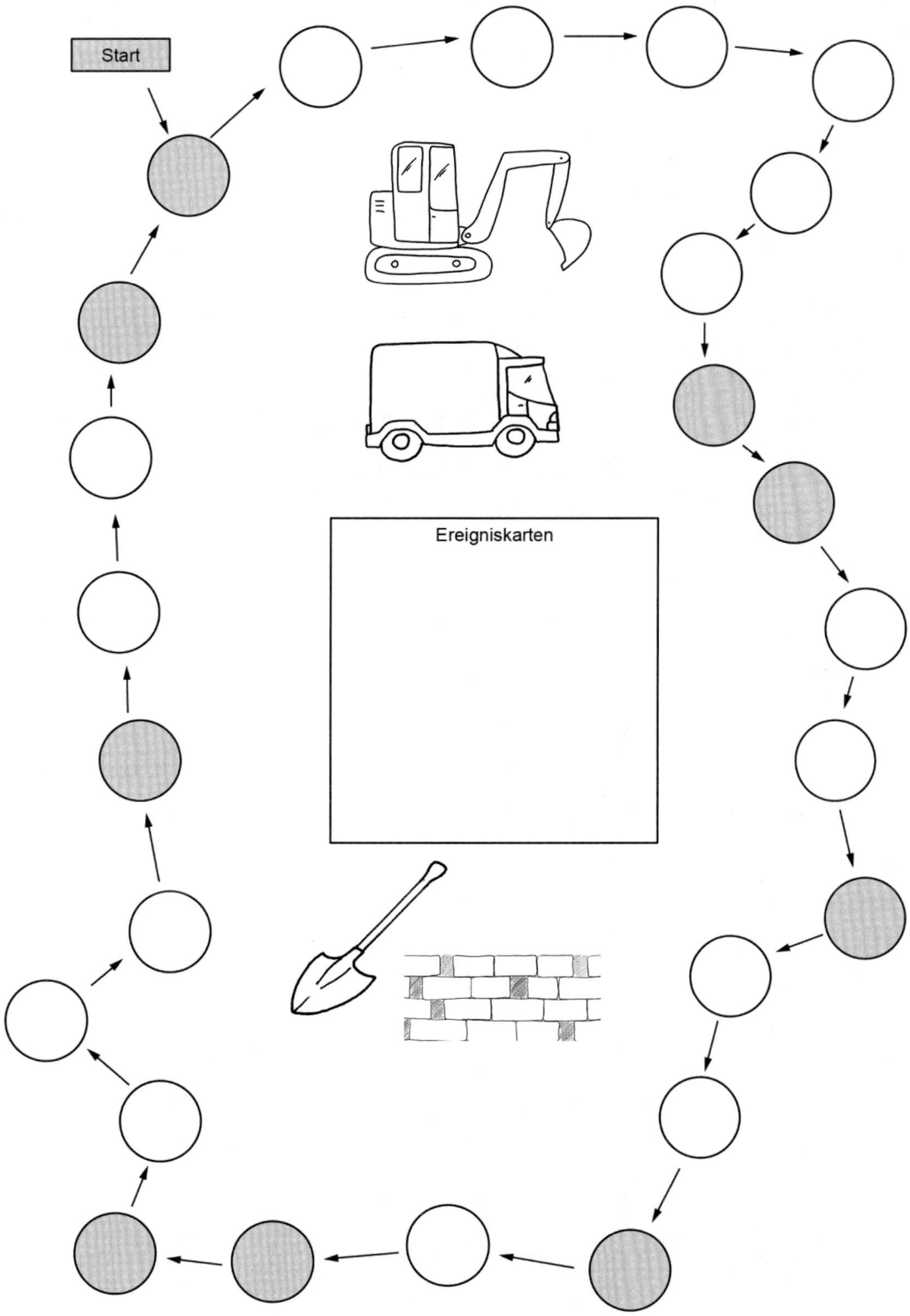

Abbildungen: imprint, Zusmarshausen; Silke Reimers, Mainz; Hendrik Kranenberg, Drolshagen; Katja Rau; Berglen
Text: Maria Lenk

Führerschein: Eigenschaften von Vierecken – Training

1 Ordne zu.

das Rechteck	das symmetrische Trapez	die Raute	das Parallelogramm	der Drachen	das Quadrat

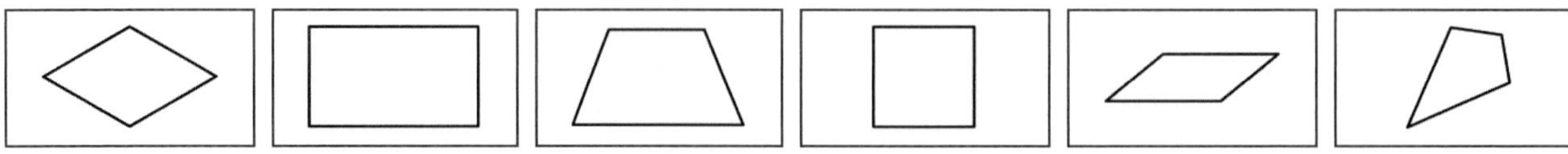

2 Notiere die Vierecke, die die jeweilige Eigenschaft haben.

a) Zwei Paare gegenüberliegender Seiten sind parallel.

___

b) Mindestens ein Paar gegenüberliegender Seiten ist gleich lang.

___

c) Alle Seiten sind gleich lang.

___

d) Zwei Paare benachbarter Seiten sind gleich lang.

___

e) Zwei Paare gegenüberliegender Seiten sind parallel.

___

3 Welche Aussagen sind richtig? Kreuze an.

	richtig	falsch
Ein Drachen hat vier gleich lange Seiten.	☐	☐
Ein Quadrat hat vier rechte Winkel.	☐	☐
Ein symmetrisches Trapez hat ein Paar parallele Seiten.	☐	☐
Ein Rechteck hat gleich lange gegenüberliegende Seiten.	☐	☐

	richtig	falsch
Ein Parallelogramm hat zwei Paare gleich lange benachbarte Seiten.	☐	☐
Eine Raute hat zwei Paare parallele Seiten.	☐	☐
Ein Drachen hat zwei Paare gleich lange Seiten.	☐	☐
Ein Rechteck hat zwei Paare gleich lange parallele Seiten.	☐	☐

Abbildungen: imprint, Zusmarshausen
Text: Hermann Gora

Lösungen Führerschein: Eigenschaften von Vierecken – Training, ebf007

1

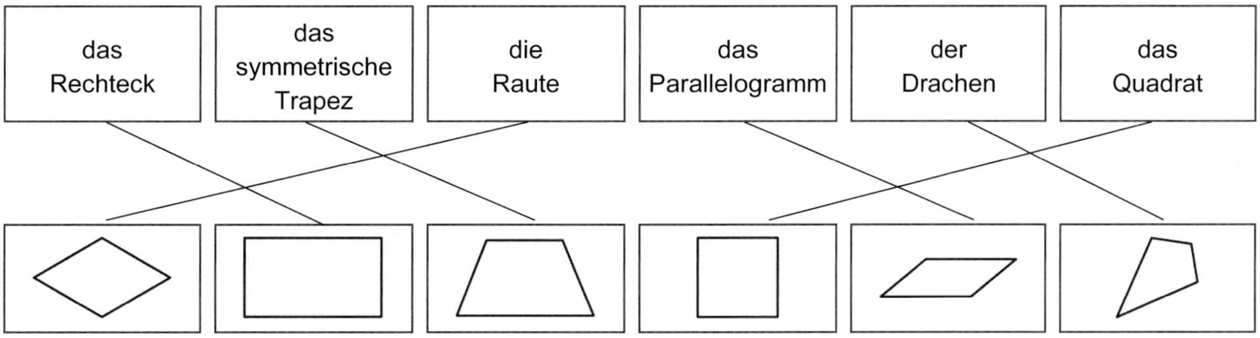

2 a) die Raute; das Rechteck; das Quadrat; das Parallelogramm

b) die Raute; das Rechteck; das symmetrische Trapez; das Quadrat; das Parallelogramm

c) die Raute; das Quadrat

d) die Raute; das Quadrat, der Drachen

e) die Raute; das Rechteck; das Quadrat; das Parallelogramm

3

	richtig	falsch
Ein Drachen hat vier gleich lange Seiten.	☐	☒
Ein Quadrat hat vier rechte Winkel.	☒	☐
Ein symmetrisches Trapez hat ein Paar parallele Seiten.	☒	☐
Ein Rechteck hat gleich lange gegenüberliegende Seiten.	☒	☐

	richtig	falsch
Ein Parallelogramm hat zwei Paare gleich lange benachbarte Seiten.	☐	☒
Eine Raute hat zwei Paare parallele Seiten.	☒	☐
Ein Drachen hat zwei Paare gleich lange Seiten.	☒	☐
Ein Rechteck hat zwei Paare gleich lange parallele Seiten.	☒	☐

Abbildungen: imprint, Zusmarshausen
Text: Hermann Gora

Führerschein: Eigenschaften von Vierecken – Prüfung

Kennzeichne richtige Ergebnisse mit „r“ für richtig und falsche Ergebnisse mit „f“ für falsch.

1	Welches Viereck ist abgebildet?		3 P.	3 P.
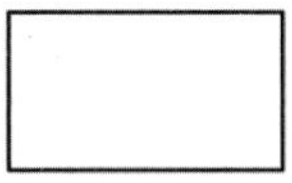	a) eine Raute	a)	___	f
	b) ein Rechteck	b)	___	r
	c) ein Parallelogramm	c)	___	f
2	Welches Viereck ist abgebildet?		3 P.	3 P.
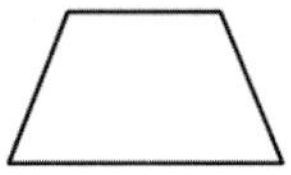	a) ein symmetrisches Trapez	a)	___	r
	b) ein Drachen	b)	___	f
	c) eine Raute	c)	___	f
3	Welche Eigenschaft hat ein Quadrat?		3 P.	3 P.
	a) Zwei Paare gegenüberliegender Seiten sind parallel.	a)	___	r
	b) Zwei Paare gegenüberliegender Seiten sind gleich lang.	b)	___	r
	c) Zwei Paare benachbarter Seiten sind gleich lang.	c)	___	r
4	Welche Eigenschaft hat ein Parallelogramm?		3 P.	3 P.
	a) Zwei Paare gegenüberliegender Seiten sind parallel.	a)	___	r
	b) Zwei Paare gegenüberliegender Seiten sind gleich lang.	b)	___	r
	c) Zwei Paare benachbarter Seiten sind gleich lang.	c)	___	f
5	Bei welchem Viereck sind alle gegenüberliegenden Seiten gleich lang?		3 P.	3 P.
	a) bei einem symmetrischen Trapez	a)	___	f
	b) bei einem Rechteck	b)	___	r
	c) bei einer Raute	c)	___	r
6	Bei welchem Viereck ist ein Paar gegenüberliegender Seiten gleich lang?		3 P.	3 P.
	a) bei einem symmetrischen Trapez	a)	___	r
	b) bei einem Rechteck	b)	___	r
	c) bei einer Raute	c)	___	r
7	Welche Aussage ist richtig?		3 P.	3 P.
	a) Ein Quadrat hat vier gleich lange Seiten.	a)	___	r
	b) Ein symmetrisches Trapez hat zwei Paare parallele Seiten.	b)	___	f
	c) Eine Raute hat vier gleich lange Seiten.	c)	___	r
8	Welche Aussage ist richtig?		3 P.	3 P.
	a) Ein Drachen hat vier gleich lange Seiten.	a)	___	f
	b) Ein Rechteck hat vier rechte Winkel.	b)	___	r
	c) Ein symmetrisches Trapez hat zwei Paare parallele Seiten.	c)	___	f
			______	24 P.

Abbildungen: Imprint, Zusmarshausen
Text: Hermann Gora

Domino: Gemeinsame Teiler finden

Bildet Gruppen mit zwei bis vier Personen. Schneidet alle Dominosteine entlang der dicken Linien aus. Die Steine werden verdeckt auf dem Tisch abgelegt und gemischt. Alle in der Gruppe erhalten zu Beginn des Spiels 6 Steine. Der Startstein wird zufällig gewählt und aufgedeckt. Die übrigen Steine bleiben verdeckt liegen.

Danach muss abwechselnd einer der eigenen Steine nach diesen Regeln angelegt werden:

1. Die Zahl muss einen gleichen Teiler haben, der nicht 1 ist.
2. Die Farben (weiß und grau) müssen sich abwechseln.
3. Nenne alle gemeinsamen Teiler der Zahlen.

Ist dies nicht möglich, so wird – sofern vorhanden – ein weiterer Stein aus dem Vorrat aufgenommen. Gewonnen hat, wer zuerst keine Steine mehr hat.

15	18	6	22	11	17	34	20
10	14	21	16	52	51	24	25
100	44	30	75	12	27	54	49
35	12	28	15	48	51	9	13
26	22	18	39	39	45	27	4
36	66	11	72	30	14	42	75
25	99	42	75	65	51	18	50

Text: Dr. Andreas Thiemer

Führerschein: Größen umrechnen – Training (1)

1 Welche Größen passen? Ordne wie im Beispiel zu.

6900 ct	180 s	6000 kg	1000 ml	150 dm
1 l	1,50 m	3 min	6 t	69 €

2 Welche Größen sind richtig umgerechnet?

	richtig	falsch
2750 ml = 2,75 l	☐	☐
540 min = 6 h	☐	☐
6730 g = 67,30 kg	☐	☐
856 dm = 85,6 m	☐	☐

	richtig	falsch
35,6 km = 3560 m	☐	☐
13 min = 780 s	☐	☐
5,3 kg = 53 g	☐	☐
3 l = 3000 ml	☐	☐

3 Notiere richtig in die Stellenwerttafel. Schreibe in Kommaschreibweise in der angegebenen Einheit.

a) Rechne in Euro um.

	€			ct		Kommaschreibweise
	H	Z	E	Z	E	
54 896 ct						
6 € 4 ct						

b) Rechne in Meter um.

	m			dm	cm	mm	Kommaschreibweise
	H	Z	E				
695 cm							
13 m 4 mm							

c) Rechne in Kilogramm um.

	kg			g			Kommaschreibweise
	H	Z	E	H	Z	E	
8126 g							
2 kg 84 g							

d) Rechne in Liter um.

	l			ml			Kommaschreibweise
	H	Z	E	H	Z	E	
750 ml							
3 l 75 ml							

Abbildungen: Jane Borg, Neu-Anspach; Wolfgang Herzig, Essen; Lutz-Erich Müller, Leipzig; Susann Hesselbarth, Leipzig; Hendrik Kranenberg, Drolshagen
Text: Hermann Gora

Führerschein: Größen umrechnen – Training (2)

4 Notiere richtig in die Stellenwerttafel. Schreibe in der gemischten Schreibweise.

a) Schreibe in € und ct.

	€			ct		Gemischte Schreibweise
	H	Z	E	Z	E	
5628 ct						
724 ct						

b) Schreibe in m und dm.

	m			dm	Gemischte Schreibweise
	H	Z	E		
194 dm					
42 dm					

c) Schreibe in kg und g.

	kg			g			Gemischte Schreibweise
	H	Z	E	H	Z	E	
19 580 g							
1625 g							

d) Schreibe in Liter und ml.

	l			ml			Gemischte Schreibweise
	H	Z	E	H	Z	E	
15 580 ml							
2738 ml							

5 Berechne.

a) 7,73 € + 95 ct b) 2 h + 16 min c) 2,8 km − 842 m d) 9 l − 136 ml

e) 3 h 24 min + 38 min f) 4 m 6 cm + 74 mm g) 8 kg 420 g − 832 g h) 61 356 ml − 21 485 ml

Text: Hermann Gora

Lösungen Führerschein: Größen umrechnen – Training (1) und (2), gr045

1

	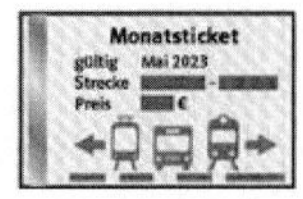			
6900 ct	180 s	6000 kg	1000 ml	150 dm
1 l	1,50 m	3 min	6 t	69 €

2

	richtig	falsch
2750 ml = 2,75 l	☒	☐
540 min = 6 h	☐	☒
6730 g = 67,30 kg	☐	☒
856 dm = 85,6 m	☒	☐

	richtig	falsch
35,6 km = 3560 m	☐	☒
13 min = 780 s	☒	☐
5,3 kg = 53 g	☐	☒
3 l = 3000 ml	☒	☐

3 a)

	€			ct		Kommaschreibweise
	H	Z	E	Z	E	
54 896 ct	**5**	**4**	**8**	**9**	**6**	**548,96 €**
6 € 4 ct			**6**		**4**	**6,04 €**

b)

	m			dm	cm	mm	Kommaschreibweise
	H	Z	E				
695 cm			**6**	**9**	**5**		**6,95 m**
13 m 4 mm		**1**	**3**			**4**	**13,004 m**

c)

	kg			g			Kommaschreibweise
	H	Z	E	H	Z	E	
8126 g			**8**	**1**	**2**	**6**	**8,126 kg**
2 kg 84 g			**2**		**8**	**4**	**2,084 kg**

d)

	l			ml			Kommaschreibweise
	H	Z	E	H	Z	E	
750 ml				**7**	**5**	**0**	**0,750 l**
3 l 75 ml			**3**		**7**	**5**	**3,075 l**

Abbildungen: Jane Borg, Neu-Anspach; Wolfgang Herzig, Essen; Lutz-Erich Müller, Leipzig; Susann Hesselbarth, Leipzig; Hendrik Kranenberg, Drolshagen
Text: Hermann Gora

Lösungen Führerschein: Größen umrechnen – Training (1) und (2), gr045

4 a)

	€			ct		Gemischte Schreibweise
	H	Z	E	Z	E	
5628 ct		5	6	2	8	**56 € 28 ct**
724 ct			7	2	4	**7 € 24 ct**

b)

	m			dm	Gemischte Schreibweise
	H	Z	E		
194 dm		1	9	4	**19 m 4 dm**
42 dm			4	2	**4 m 2 dm**

c)

	kg			g			Gemischte Schreibweise
	H	Z	E	H	Z	E	
19 580 g		1	9	5	8	0	**19 kg 580 g**
1625 g			1	6	2	5	**1 kg 625 g**

d)

	l			ml			Gemischte Schreibweise
	H	Z	E	H	Z	E	
15 580 ml		1	5	5	8	0	**15 l 580 ml**
2738 ml			2	7	3	8	**2 l 738 ml**

5 a) 7,73 € + 95 ct

	7	7	3	ct
+		9	5	ct
	1			
	8	6	8	ct
=	8,	6	8	€

b) 2 h + 16 min

	1	2	0	min
+		1	6	min
	1	3	6	min

c) 2,8 km − 842 m

	2	8	0	0	m
−		8	4	2	m
	1	1	1	1	
	1	9	5	8	m
=	1,	9	5	8	km

d) 9 l − 136 ml

	9	0	0	0	ml
−		1	3	6	ml
	1	1	1	1	
	8	8	6	4	ml
=	8,	8	6	4	l

e) 3 h 24 min + 38 min

	2	4	min		
+	3	8	min		
=	6	2	min		
3	h	+	6	2	min
=	4	h	2	min	

f) 4 m 6 cm + 74 mm

	4	0	6	0	mm
+			7	4	mm
		1			
	4	1	3	4	mm
=	4,	1	3	4	m

g) 8 kg 420 g − 832 g

	8	4	2	0	g
−		8	3	2	g
	1	1	1	1	
	7	5	8	8	g
=	7,	5	8	8	kg

h) 6 l 356 ml − 2 l 485 ml

	6	3	5	6	ml
−	2	4	8	5	ml
	1	1			
	3	8	7	1	ml
=	3,	8	7	1	l

Text: Hermann Gora

Name: Klasse: Datum: gr046

Führerschein: Größen umrechnen – Prüfung

Kennzeichne richtige Ergebnisse mit „r“ für richtig und falsche Ergebnisse mit „f“ für falsch.

1 Welche Größe passt? 3 P. 3 P.

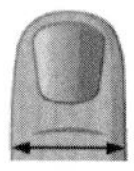

	1 mm	___	f
	10 mm	___	r
	100 mm	___	f

2 Welche Umrechnung ist richtig? 3 P. 3 P.

300 min	3 h	___	f
	5 h	___	r
	9 h	___	f

3 Welche Umrechnung ist richtig? 3 P. 3 P.

15 240 g	0,1524 kg	___	f
	1,5240 kg	___	f
	15,240 kg	___	r

4 Welche Umrechnung ist richtig? 3 P. 3 P.

906 ml	0,906 l	___	r
	9,60 l	___	f
	90,06 l	___	f

5 Welche Umrechnung ist richtig? 3 P. 3 P.

2408 m	2,408 km	___	r
	24,08 km	___	f
	240,8 km	___	f

6 Welcher Eintrag in der Stellenwerttafel ist richtig? 2 P. 2 P.

a) 6084 ct

€			ct	
H	Z	E	H	Z
		6	8	4

b) 6084 ct

€			ct	
H	Z	E	H	Z
	6	0	8	4

a)	___	f
b)	___	r

7 Welche Rechnung ist richtig? 3 P. 3 P.

a) 8,36 € + 9 ct

$$\begin{array}{r} 836\,\text{ct} \\ +\ \ 90\,\text{ct} \\ \hline 926\,\text{ct} \end{array}$$

(Übertrag: 1)

b) 3 h + 24 min

$$\begin{array}{r} 180\,\text{min} \\ +\ \ 24\,\text{min} \\ \hline 204\,\text{min} \end{array}$$

(Übertrag: 1)

c) 3,4 km + 72 m

$$\begin{array}{r} 3400\,\text{m} \\ +\ \ 72\,\text{m} \\ \hline 3472\,\text{m} \end{array}$$

a)	___	f
b)	___	r
c)	___	r

8 Welche Rechnung ist richtig? 3 P. 3 P.

a) 8,2 l + 900 ml = 9100 ml

b) 9,05 kg + 105 g = 1010 g

c) 5 km + 36 m = 5036 m

a)	___	r
b)	___	f
c)	___	r

___ 23 P.

Abbildungen: Rudolf Hungreder, Leinfelden-Echterdingen
Text: Hermann Gora

Name: Klasse: Datum: rnatz008

Führerschein: Kopfrechnen – Training (1)

1 Die Zahlen auf den Lkws geben an, wie viele Kisten geladen wurden. Berechne im Kopf, wie viele Kisten fehlen, damit die Zahl in der Lagerhalle erreicht wird. Trage das Ergebnis in den weißen Lkw ein.

a)

b)

c)

d)
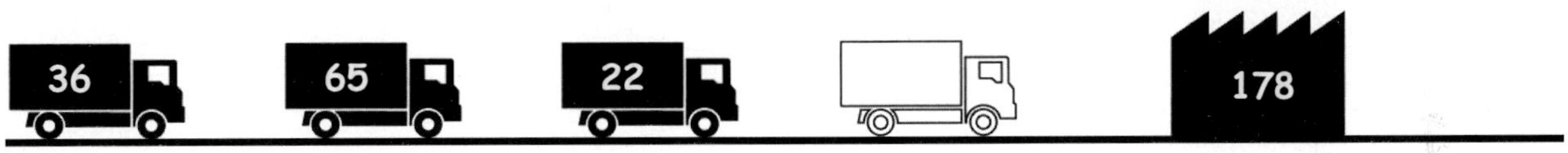

Die Summe aller fehlenden Kisten ist:

2 Trage die fehlenden Zahlen in die Kästchen ein.

a)

3	+		=	17
+		+		+
9	+		=	
=		=		=
	+	19	=	

b)

27	+	17	=	
+		+		+
	+	16	=	37
=		=		=
	+		=	

c)

	+		=	35
+		+		+
	+	9	=	17
=		=		=
14	+		=	

d)

	+	28	=	42
+		–		+
24	–		=	
=		=		=
	+	21	=	

e)

17	+		=	39
+		–		+
	–		=	
=		=		=
35	+		=	54

f)

13	+		=	
+		–		+
	–	5	=	
=		=		=
21	+		=	38

Abbildungen: Rudolf Hungreder, Leinfelden-Echterdingen
Text: Hermann Gora, Dr. Andreas Thiemer

Führerschein: Kopfrechnen – Training (2)

3 Markiere die Blätter in den Farben, die zu einem der Zahlenbäume gehören.
Einige Blätter bleiben übrig. Schreibe ihr Ergebnis in einen leeren Baum und markiere sie in einer Farbe.

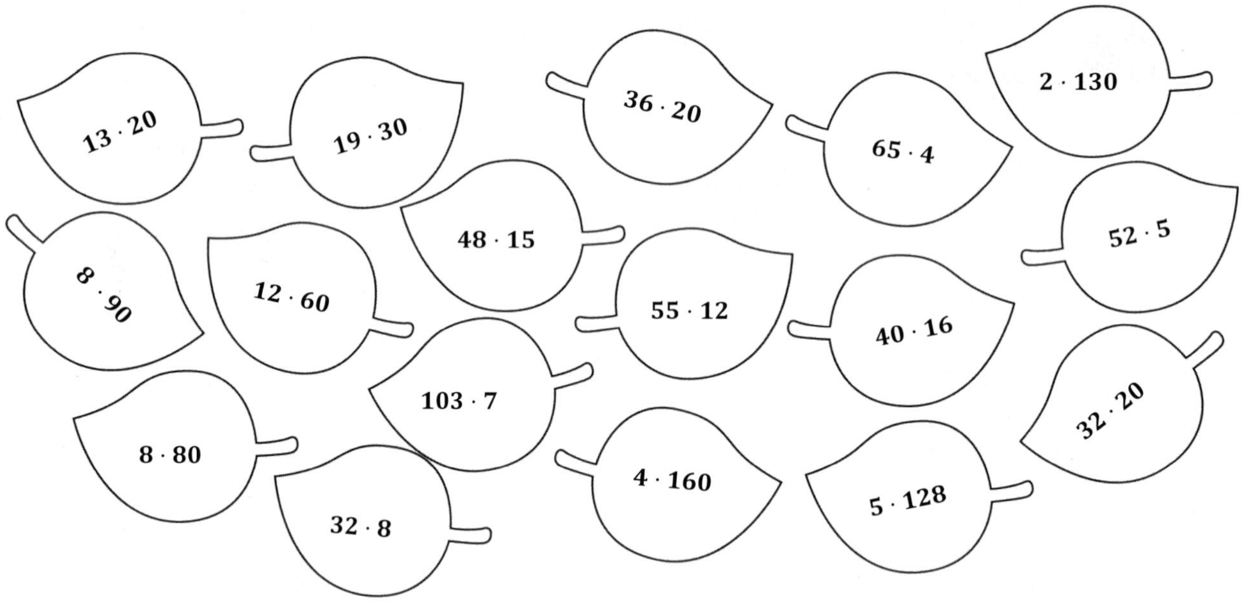

4 Fülle die Kästchen aus.

a) 420 —:7— ☐ —:5— ☐ —:4— ☐ —☐— 1

b) 360 —:5— ☐ —:6— ☐ —:3— ☐ —☐— 2

c) 630 —:5— ☐ —:3— ☐ —:2— ☐ —☐— 3

Abbildungen: Rudolf Hungreder, Leinfelden-Echterdingen
Text: Hermann Gora, Dr. Andreas Thiemer

Lösungen Führerschein: Kopfrechnen – Training (1) und (2), rnatz008

1 a) $\mathbf{10} + 13 + 52 = 75$

b) $13 + \mathbf{40} + 36 = 89$

c) $25 + \mathbf{25} + 30 + 45 = 125$

d) $36 + 65 + 22 + \mathbf{55} = 178$

$\mathbf{10 + 40 + 25 + 55 = 130}$

2

a)

3	+	**14**	=	17
+		+		+
9	+	**5**	=	**14**
=		=		=
12	+	19	=	**31**

b)

27	+	17	=	**44**
+		+		+
21	+	16	=	37
=		=		=
48	+	**33**	=	**81**

c)

6	+	**29**	=	35
+		+		+
8	+	9	=	17
=		=		=
14	+	**38**	=	**52**

d)

14	+	28	=	42
+		−		+
24	−	**7**	=	**17**
=		=		=
38	+	21	=	**59**

e)

17	+	**22**	=	39
+		−		+
18	−	**3**	=	**15**
=		=		=
35	+	**19**	=	54

f)

13	+	**22**	=	**35**
+		−		+
8	−	5	=	**3**
=		=		=
21	+	**17**	=	38

3 Ergebnis 260 (rot): $13 \cdot 20 = 260$; $65 \cdot 4 = 260$; $2 \cdot 130 = 260$; $52 \cdot 5 = 260$

Ergebnis 640 (blau): $8 \cdot 80 = 640$; $4 \cdot 160 = 640$; $40 \cdot 16 = 640$; $32 \cdot 20 = 640$; $5 \cdot 128 = 640$

Ergebnis 720 (orange): $8 \cdot 90 = 720$; $12 \cdot 60 = 720$; $48 \cdot 15 = 720$; $36 \cdot 20 = 720$

übrig gebliebene Blätter: $19 \cdot 30 = 570$; $103 \cdot 7 = 721$; $55 \cdot 12 = 660$; $32 \cdot 8 = 256$

4

a) 420 —: 7→ **60** —: 5→ **12** —: 4→ **3** —**: 3**→ 1

b) 360 —: 5→ **72** —: 6→ **12** —: 3→ **4** —**: 2**→ 2

c) 630 —: 5→ **126** —: 3→ **42** —: 2→ **21** —**: 7**→ 3

Text: Hermann Gora, Dr. Andreas Thiemer

Führerschein: Kopfrechnen – Prüfung

Kennzeichne richtige Ergebnisse mit „r“ für richtig und falsche Ergebnisse mit „f“ für falsch.

1 Es sollen 87 Kisten transportiert werden. Wie viele Kisten muss der weiße Lkw laden? Berechne im Kopf. — 3 P. | 3 P.

14	___	f
24	___	r
34	___	f

2 Bestimme die fehlende Zahl im Kopf. — 3 P. | 3 P.

17	+		=	78

51	___	f
57	___	f
61	___	r

3 Addiere im Kopf. — 3 P. | 3 P.

$56 + 18 + 24 =$

74	___	f
86	___	f
98	___	r

4 Subtrahiere im Kopf. — 3 P. | 3 P.

$196 - 75 - 11 =$

110	___	r
123	___	f
132	___	f

5 Multipliziere im Kopf. — 3 P. | 3 P.

$11 \cdot 23 =$

196	___	f
231	___	f
253	___	r

6 Dividiere im Kopf. — 3 P. | 3 P.

$156 : 12 =$

11	___	f
13	___	r
15	___	f

7 Überprüfe im Kopf. Wo wurde falsch gerechnet? — 3 P. | 3 P.

a) $197 - 36 = 162$ b) $48 \cdot 6 = 292$ c) $365 : 5 = 73$

a)	___	r
b)	___	r
c)	___	f

8 Bestimme alle Ergebnisse im Kopf. — 6 P. | 6 P.

3 —(+7)→ ☐ —(· 5)→ ☐ —(− 8)→ ☐ —(: 3)→ ☐

10	___	r
12	___	f
14	___	r
42	___	r
48	___	f
50	___	r

______	27 P.

Abbildungen: Rudolf Hungreder, Leinfelden-Echterdingen
Text: Hermann Gora, Dr. Andreas Thiemer

Name: Klasse: Datum: gr011

Führerschein: Messen – Training

1 Ordne richtig zu.

1 mm		Finger
2 cm	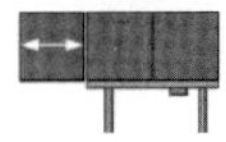	Tafel
1 m	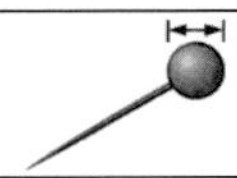	Stecknadel

2 Miss die Gegenstände. Trage deine Ergebnisse in die Tabelle ein.

	Gegenstand	Länge
a)		
b)		
c)	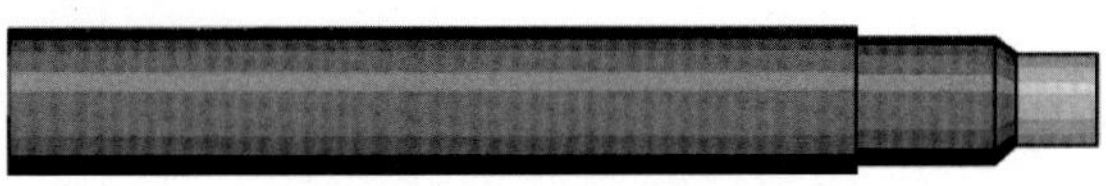	
d)		

3 Ordne die Tiere der Größe nach. Beginne mit dem kleinsten Tier.

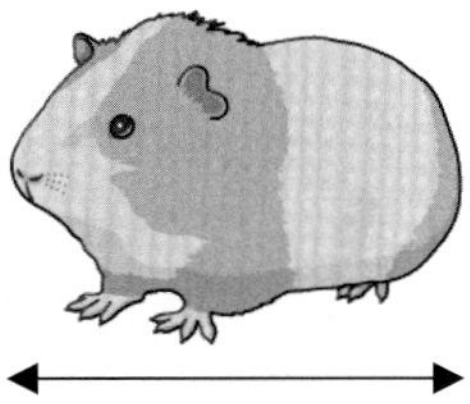

Meerschweinchen 35 cm

Kaninchen 40 cm

Frettchen 38 cm

Katze 46 cm

____

4 Rechne die Längen von Meter (m) in Zentimeter (cm) um.

a) 1 m = ________ b) 8 m = ________ c) 14 m = ________ d) 0,5 m = ________

5 Setze >, < oder = ein.

a) 3 m ☐ 480 cm b) 72 mm ☐ 6 cm c) 1 km ☐ 1000 m

Abbildungen: Rudolf Hungreder, Leinfelden-Echterdingen
Text: Hermann Gora, Dr. Andreas Thiemer

Lösungen Führerschein: Messen – Training, gr011

1

1 mm	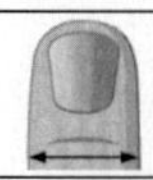	Finger
2 cm	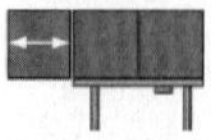	Tafel
1 m	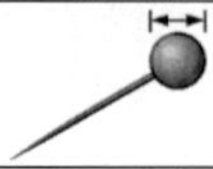	Stecknadel

2 a) Bleistift: 13 cm
b) Münze: 16 mm
c) Patrone: 72 mm
d) Pinzette: 13,5 cm

3 Meerschweinchen 35 cm < Frettchen 38 cm < Kaninchen 40 cm < Katze 46 cm

4 a) $1\,\text{m} = \underline{\mathbf{100\,cm}}$ b) $8\,\text{m} = \underline{\mathbf{800\,cm}}$ c) $14\,\text{m} = \underline{\mathbf{1400\,cm}}$ d) $0{,}5\,\text{m} = \underline{\mathbf{50\,cm}}$

5 a) $3\,\text{m}\ \boxed{<}\ 480\,\text{cm}$ b) $72\,\text{mm}\ \boxed{>}\ 6\,\text{cm}$ c) $1\,\text{km}\ \boxed{=}\ 1000\,\text{m}$

Abbildungen: Rudolf Hungreder, Leinfelden-Echterdingen
Text: Hermann Gora, Dr. Andreas Thiemer

Führerschein: Messen – Prüfung

Kennzeichne richtige Ergebnisse mit „r“ für richtig und falsche Ergebnisse mit „f“ für falsch.

1 Welcher Wert gibt eine Länge an?		3 P.	3 P.
a) 12 s b) 49 kg c) 36 m	a)	___	f
	b)	___	f
	c)	___	r
2 Wie lang ist die Strecke? Miss nach.		3 P.	3 P.
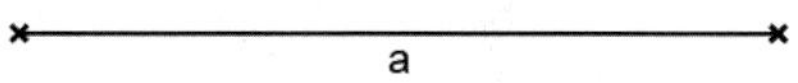	3 cm	___	f
	4 cm	___	f
	5 cm	___	r
3 Welche Strecke ist 5,5 cm lang?		3 P.	3 P.
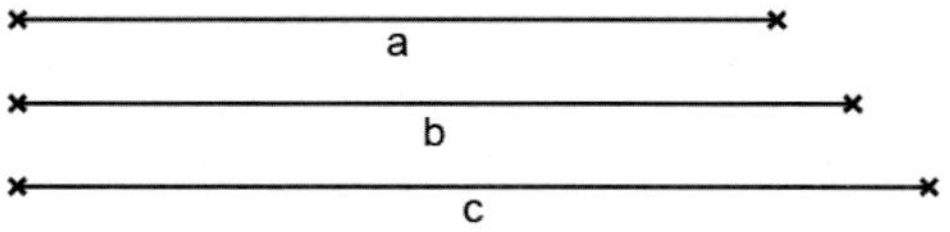	Strecke a	___	f
	Strecke b	___	r
	Strecke c	___	f
4 Wie lang ist der Bleistift? Miss nach.		3 P.	3 P.
	5 cm	___	f
	6 cm	___	r
	7 cm	___	f
5 Welche Längenangabe ist für die Tafel richtig?		3 P.	3 P.
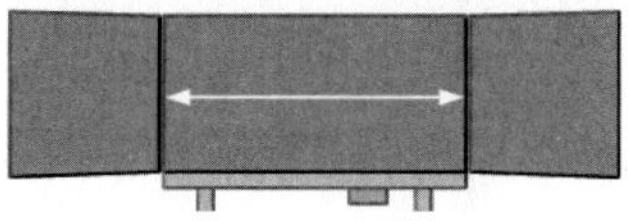	1 m	___	f
	2 m	___	r
	5 m	___	f
6 Wie viele Meter sind 50 cm?		3 P.	3 P.
a) 0,5 m b) 5 m c) 500 m	a)	___	r
	b)	___	f
	c)	___	f
7 Welches Zeichen ist richtig?		3 P.	3 P.
96 mm ☐ 9 cm	<	___	f
	>	___	r
	=	___	f
8 Welche Umrechnung ist richtig?		3 P.	3 P.
a) 200 cm = 2 m b) 3 km = 3000 m c) 60 cm = 6 mm	a)	___	r
	b)	___	r
	c)	___	f
		______	24 P.

Abbildungen: imprint, Zusmarshausen; Rudolf Hungreder, Leinfelden-Echterdingen
Text: Hermann Gora, Dr. Andreas Thiemer

Parallel und senkrecht

1 Überprüfe mithilfe der Kästchen, welche Geraden parallel sind.

a)

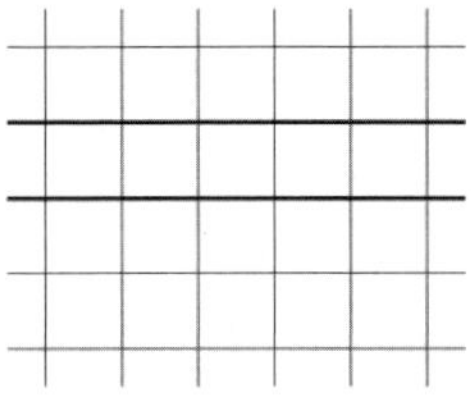

☐ parallel
☐ nicht parallel

b)

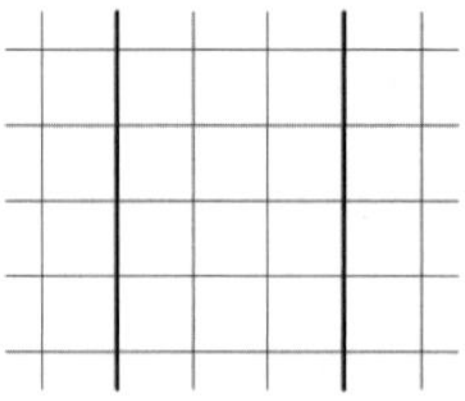

☐ parallel
☐ nicht parallel

c)

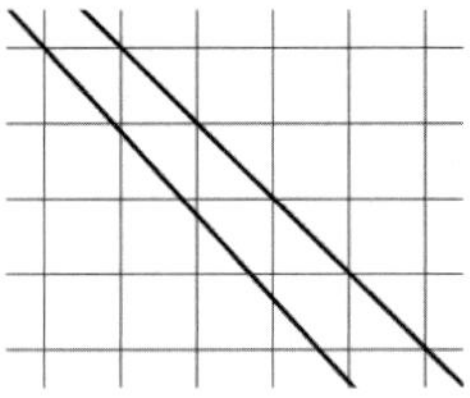

☐ parallel
☐ nicht parallel

2 Überprüfe mithilfe der Kästchen, welche Geraden senkrecht sind.

a)

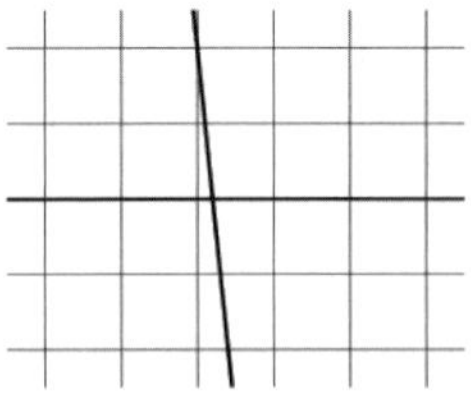

☐ senkrecht
☐ nicht senkrecht

b)

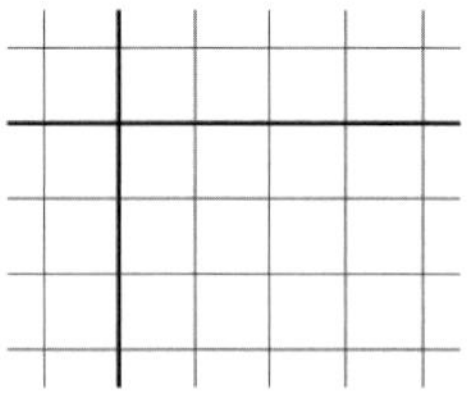

☐ senkrecht
☐ nicht senkrecht

c)

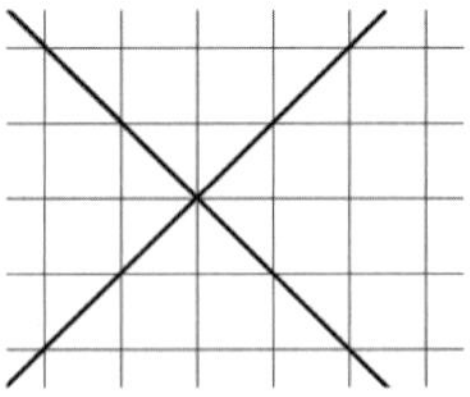

☐ senkrecht
☐ nicht senkrecht

3 Zeichne eine Gerade, die parallel ist.

a)

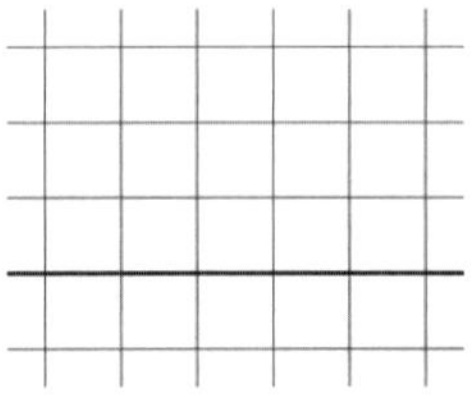

b)

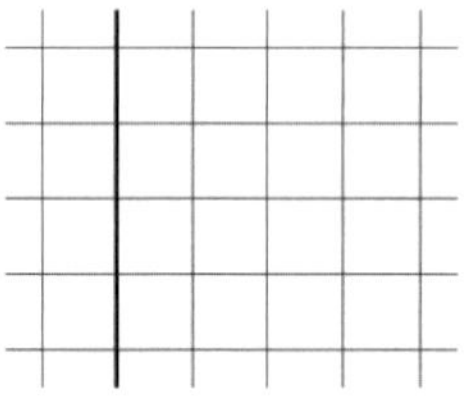

c)

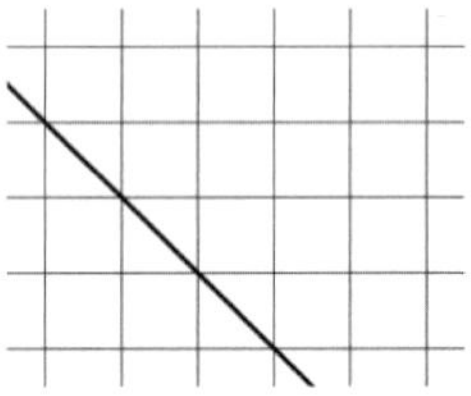

4 Zeichne eine Gerade, die senkrecht ist.

a)

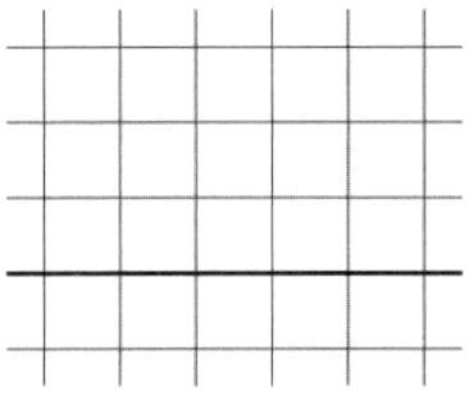

b)

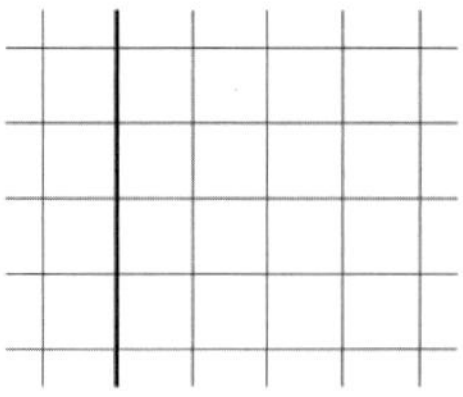

c)

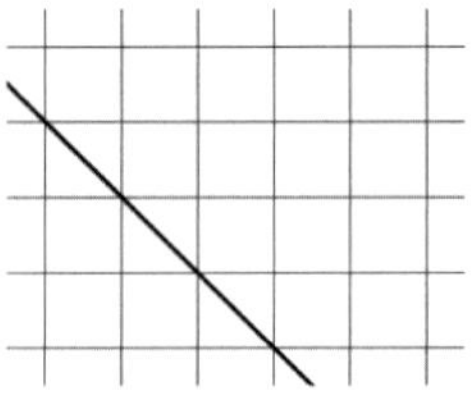

Abbildungen: imprint, Zusmarshausen
Text: Maria Lenk

Lösungen Parallel und senkrecht, geog007

1 a) parallel b) parallel c) nicht parallel

2 a) nicht senkrecht b) senkrecht c) senkrecht

3 Individuelle Lösung

4 Individuelle Lösung

Text: Maria Lenk

Pizzeria – Brüche darstellen

In der Pizzeria wurden Pizzen mit 3; 4; 5 und 6 Stücken serviert. Ordne die Brüche auf den Kärtchen den Pizzen anhand ihres Nenners zu und male die im Zähler angegebene Anzahl an Pizzastücken aus. Schreibe anschließend den dargestellten Bruch auf den dazugehörenden Tisch.

$\frac{1}{4}$ $\frac{5}{6}$ $\frac{2}{5}$ $\frac{3}{3}$ $\frac{4}{4}$ $\frac{1}{3}$ $\frac{3}{5}$ $\frac{2}{3}$ $\frac{4}{5}$ $\frac{2}{4}$ $\frac{1}{6}$ $\frac{3}{4}$

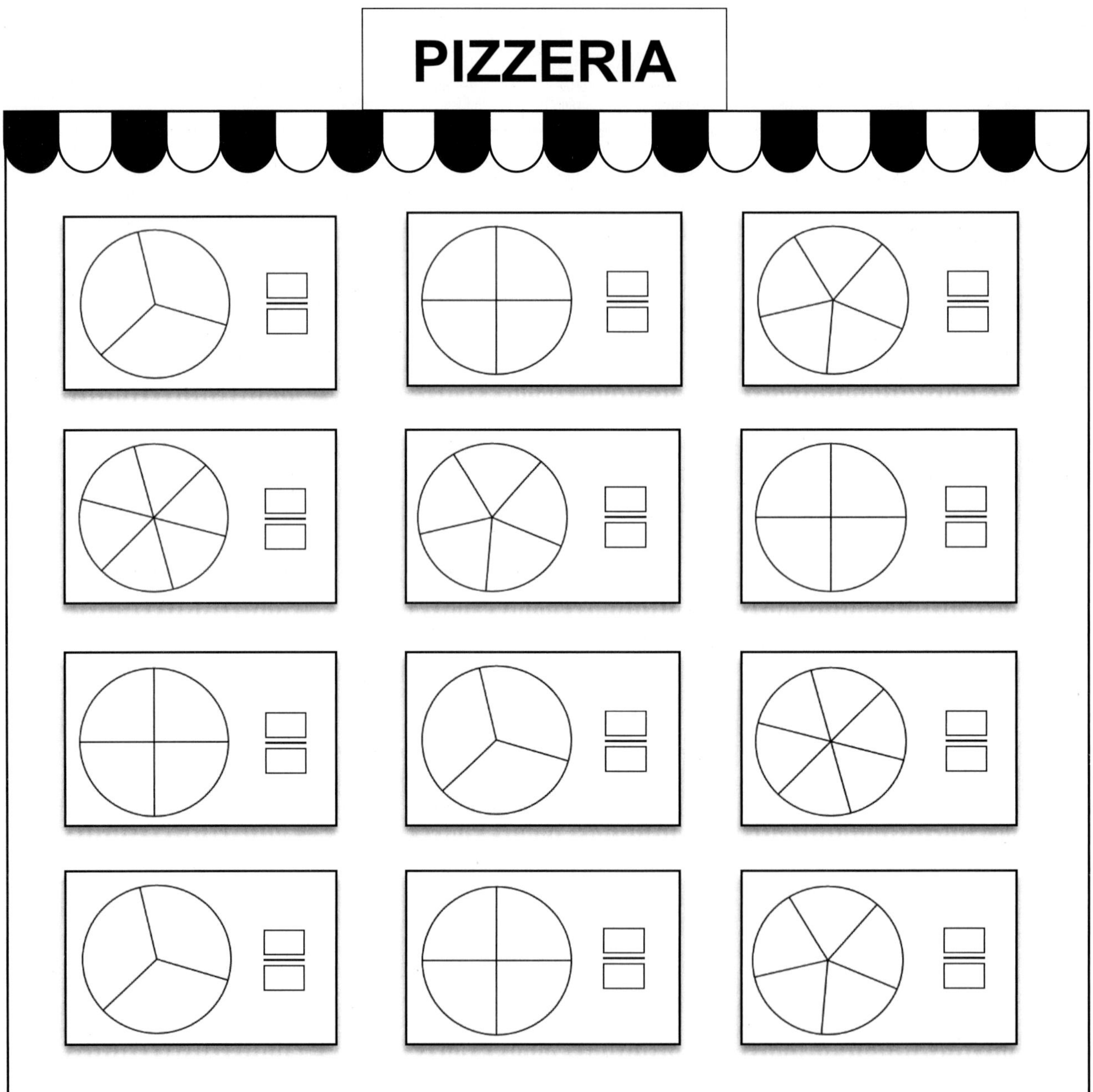

Abbildungen: imprint, Zusmarshausen
Text: Dr. Andreas Thiemer

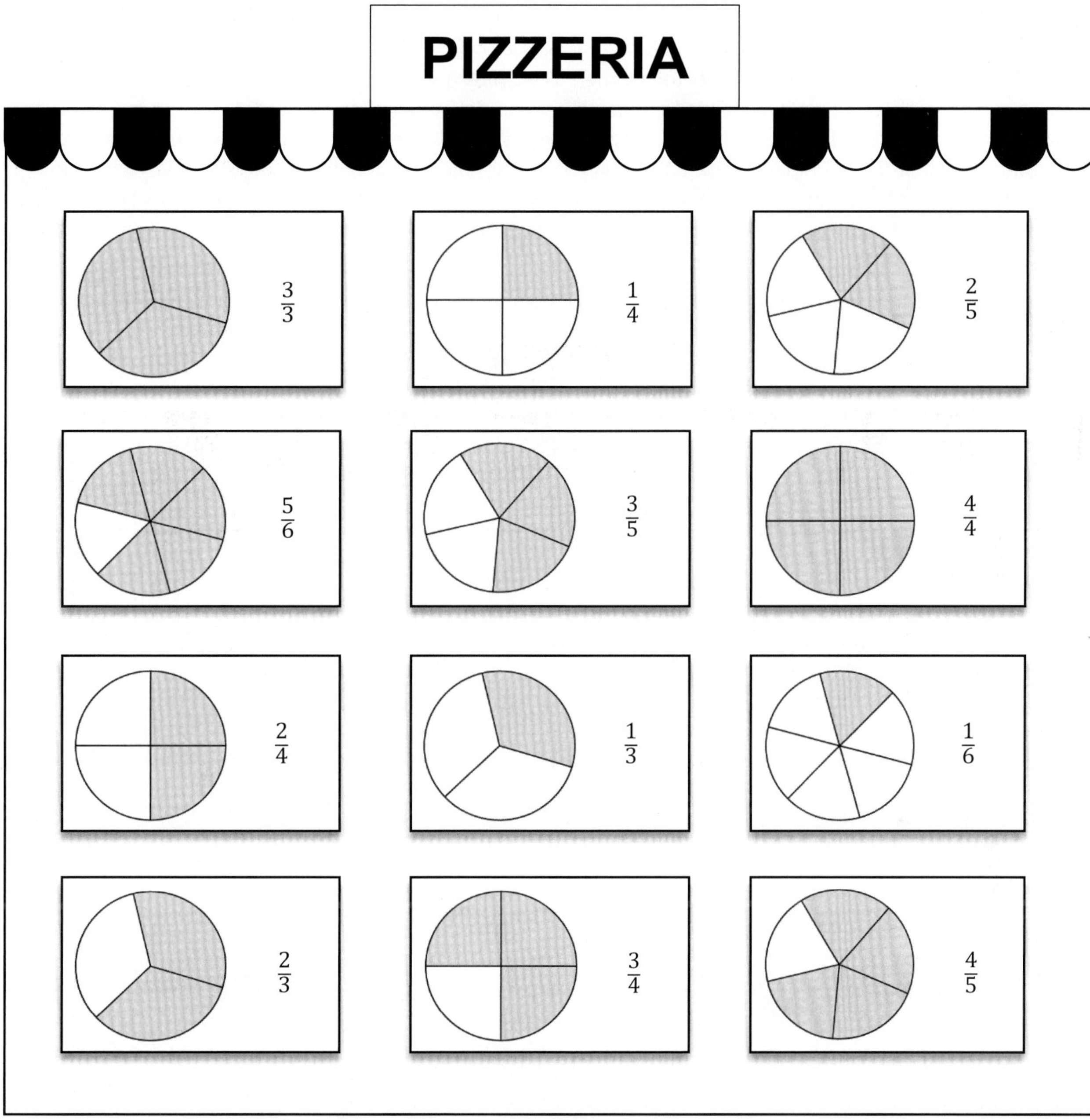

Abbildungen: imprint, Zusmarshausen
Text: Dr. Andreas Thiemer

Spiel: Primzahlen erkennen

Material: Würfel, Spielfiguren

Es können 2 bis 4 Personen an dem Spiel teilnehmen. Die Spielfiguren werden auf das Feld mit der 1 gestellt. Die Startperson würfelt und zieht ihre Spielfigur entsprechend der Augenzahl vor. Endet der Zug auf einer Primzahl, so darf die Figur bis zur nächsten Primzahl vorgerückt werden. Die anderen Personen kontrollieren, ob es sich wirklich um eine Primzahl handelt. Ist dies nicht der Fall, wird die Figur wieder auf die vorherige Position zurückgesetzt und die betreffende Person muss in der nächsten Runde aussetzen. Endet ein Spielzug auf einem Feld mit Pfeil, so muss die Figur in Pfeilrichtung verschoben werden. Gewonnen hat, wer zuerst das Feld mit der 100 erreicht.

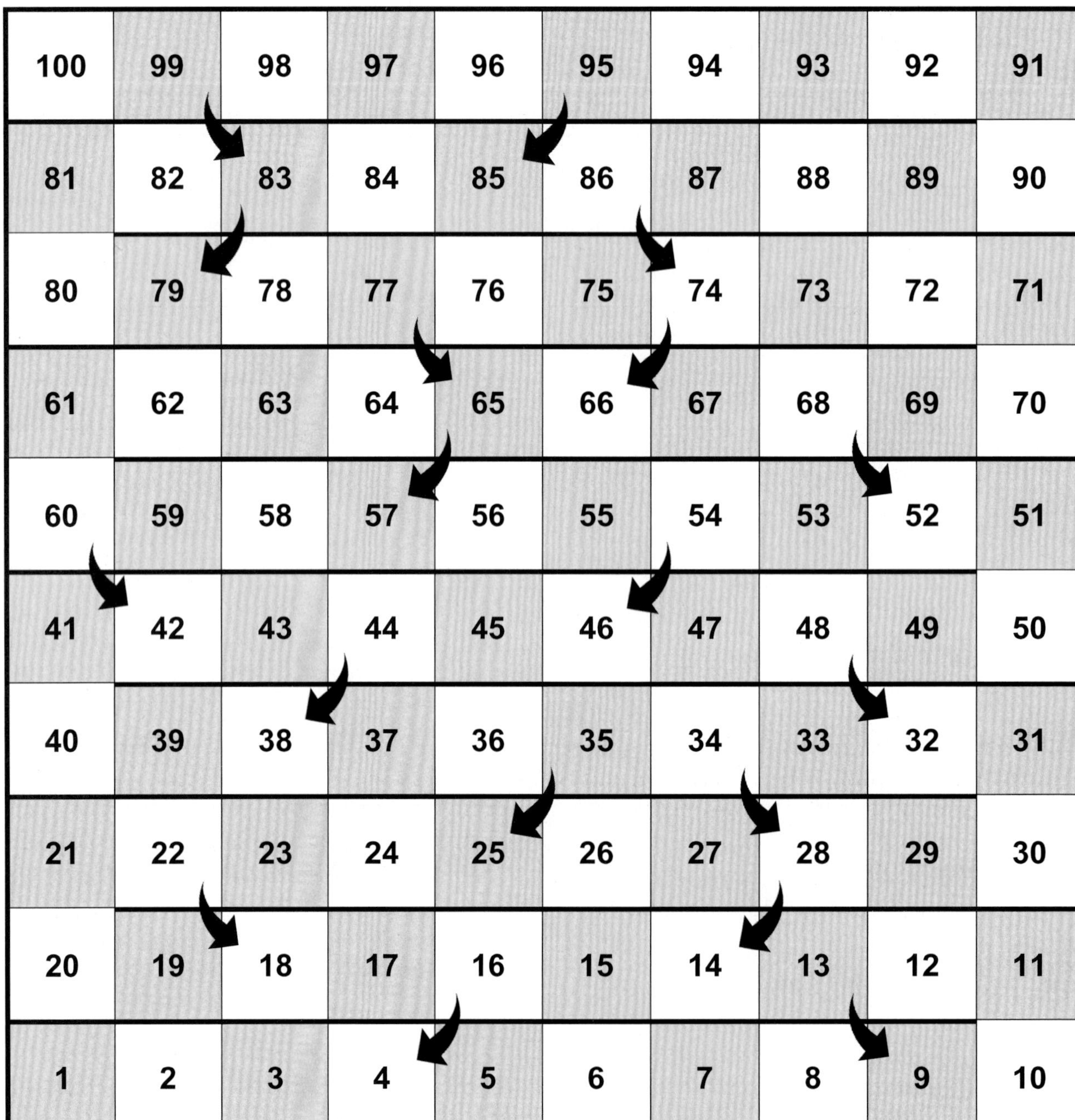

Text: Dr. Andreas Thiemer

Domino: Prozente

Bildet Gruppen mit zwei bis vier Personen. Schneidet alle Dominosteine entlang der dicken Linien aus. Die Steine werden verdeckt auf dem Tisch abgelegt und gemischt. Alle in der Gruppe erhalten zu Beginn des Spiels 6 Steine. Der Startstein wird zufällig gewählt und aufgedeckt. Die übrigen Steine bleiben verdeckt liegen.

Danach muss reihum ein Stein angelegt werden, sodass sich Prozente und Brüche abwechseln. Ist dies nicht möglich, so wird – sofern vorhanden – ein weiterer Stein aus dem Vorrat aufgenommen. Gewonnen hat, wer zuerst keine Steine mehr hat.

80 %	$\frac{30}{100}$	30 %	$\frac{50}{100}$	50 %	$\frac{70}{100}$	70 %	$\frac{80}{100}$
80 %	$\frac{1}{1}$	100 %	$\frac{5}{10}$	50 %	$\frac{3}{10}$	30 %	$\frac{5}{50}$
10 %	$\frac{1}{4}$	25 %	$\frac{3}{4}$	75 %	$\frac{8}{10}$	80 %	$\frac{4}{10}$
40 %	$\frac{14}{100}$	14 %	$\frac{9}{100}$	9 %	$\frac{80}{100}$	80 %	$\frac{5}{10}$
50 %	$\frac{40}{100}$	40 %	$\frac{30}{50}$	60 %	$\frac{1}{10}$	10 %	$\frac{40}{50}$
80 %	$\frac{7}{10}$	70 %	$\frac{1}{100}$	1 %	$\frac{7}{50}$	14 %	$\frac{35}{50}$
70 %	$\frac{9}{100}$	9 %	$\frac{8}{50}$	16 %	$\frac{20}{20}$	100 %	$\frac{8}{10}$

Text: Dr. Andreas Thiemer

Führerschein: Rechtecke und Quadrate – Training

1 Ordne zu. Welche Vierecke sind Rechtecke? Welche Rechtecke sind zusätzlich Quadrate?

a) 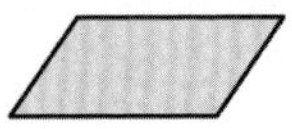
b) 
c) 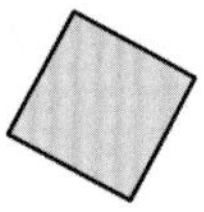
d) 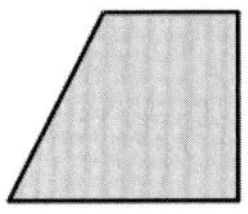
e) 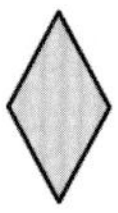
f) 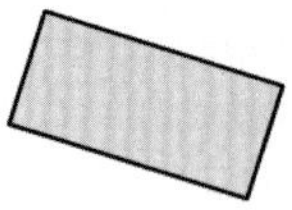

Rechteck	Quadrat

2 Ergänze die Figuren zu einem Rechteck oder Quadrat.

a) 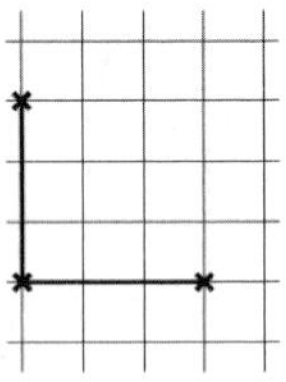
b) 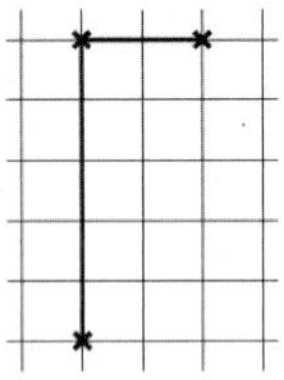
c) 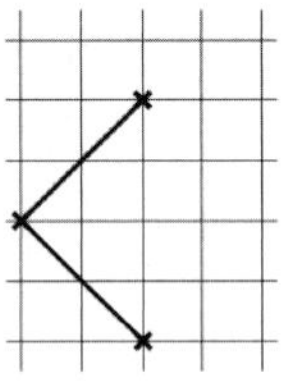
d) 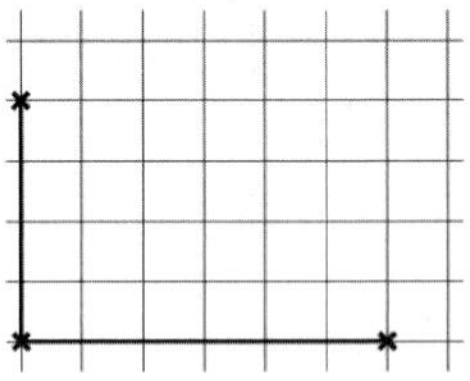
e) 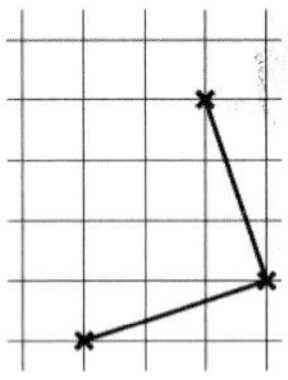
f) 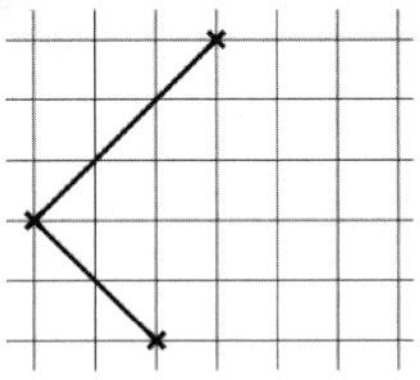

3 Ordne die Formeln zu.

Umfang eines Rechtecks	Flächeninhalt eines Rechtecks	Umfang eines Quadrats	Flächeninhalt eines Quadrats

Seitenlänge · Seitenlänge $= a \cdot a = a^2$	$4 \cdot$ Seitenlänge $= 4 \cdot a$	Länge · Breite $= a \cdot b$	$2 \cdot$ Länge $+ 2 \cdot$ Breite $= 2a + 2b$

4 Gib den Umfang und den Flächeninhalt der abgebildeten Quadrate und Rechtecke an.

a) Quadrat

2 cm

b) Quadrat

3 cm

c) Rechteck

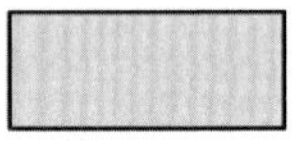

1 cm

3 cm

d) Rechteck

2 cm

4 cm

Abbildungen: imprint, Zusmarshausen
Text: Hermann Gora

Lösungen Führerschein: Rechtecke und Quadrate – Training, ebf005

1

a) b) c) d) e) f)

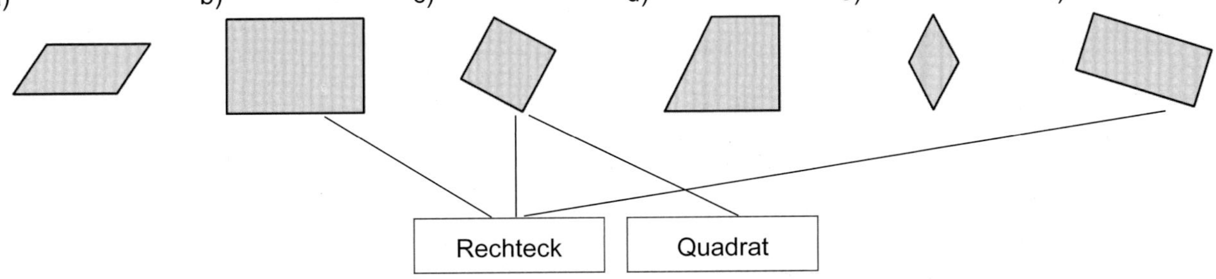

2

a) b) c) d) e) f)

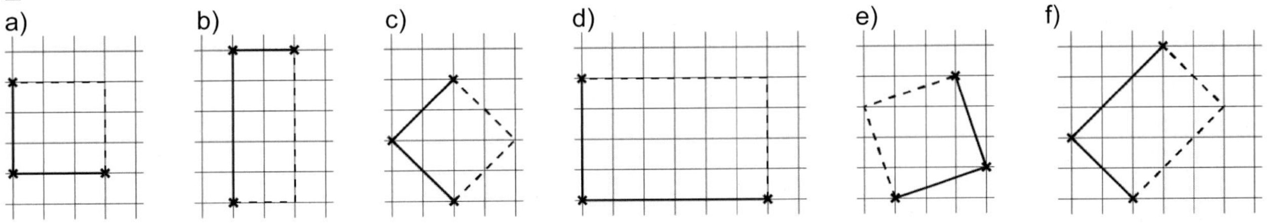

3

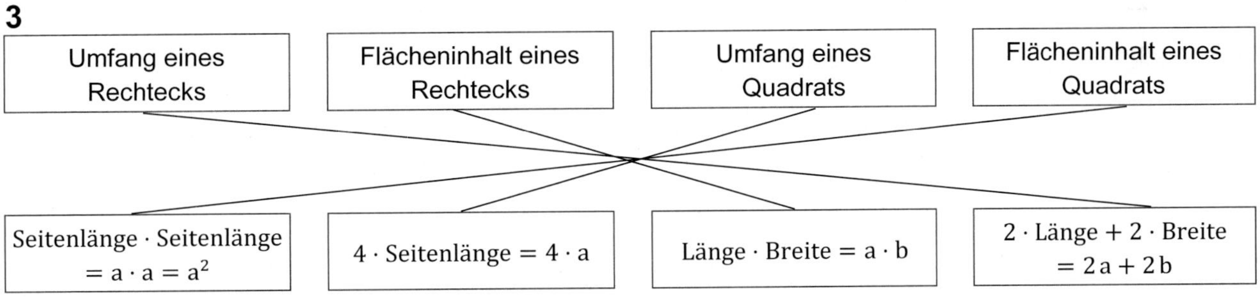

4

a)

$u = 4 \cdot 2$

$u = 8\,cm$

$A = 2 \cdot 2$

$A = 4\,cm^2$

b)

$u = 4 \cdot 3$

$u = 12\,cm$

$A = 3 \cdot 3$

$A = 9\,cm^2$

c)

$u = 2 \cdot 3 + 2 \cdot 1$

$u = 8\,cm$

$A = 3 \cdot 1$

$A = 3\,cm^2$

d)

$u = 2 \cdot 4 + 2 \cdot 2$

$u = 12\,cm$

$A = 4 \cdot 2$

$A = 8\,cm^2$

Abbildungen: imprint, Zusmarshausen
Text: Hermann Gora

Führerschein: Rechtecke und Quadrate – Prüfung

Kennzeichne richtige Ergebnisse mit „r“ für richtig und falsche Ergebnisse mit „f“ für falsch.

1 Welches Viereck ist ein Quadrat? 3 P. 3 P.

a) 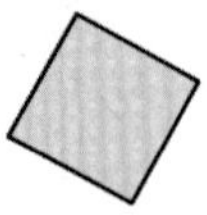 b) 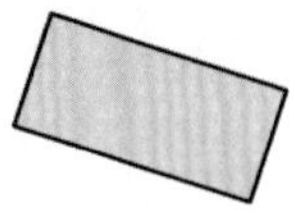 c) 

a)	___	r
b)	___	f
c)	___	r

2 Welches Viereck ist ein Rechteck? 3 P. 3 P.

a)  b) 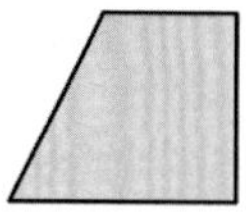 c) 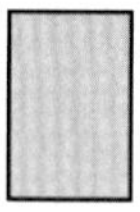

a)	___	r
b)	___	f
c)	___	r

3 Welche Figur kann man zu einem Quadrat ergänzen? 3 P. 3 P.

a) 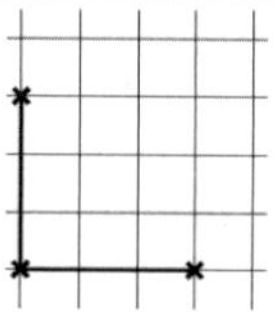 b) 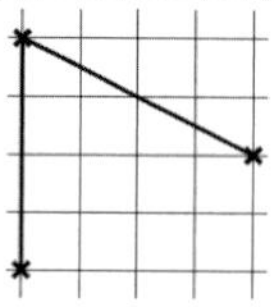 c) 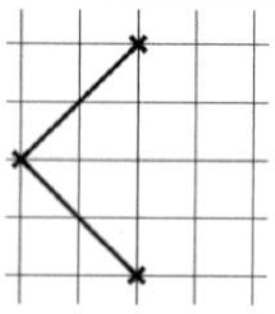

a)	___	r
b)	___	f
c)	___	r

4 Welche Figur kann man zu einem Rechteck ergänzen? 3 P. 3 P.

a) 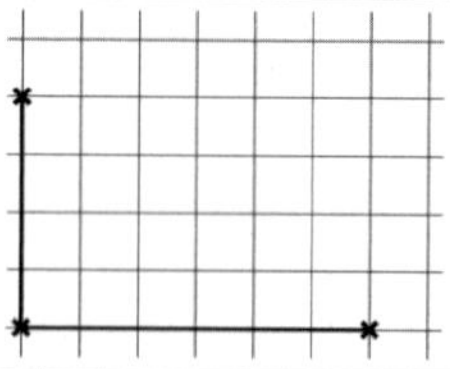 b) 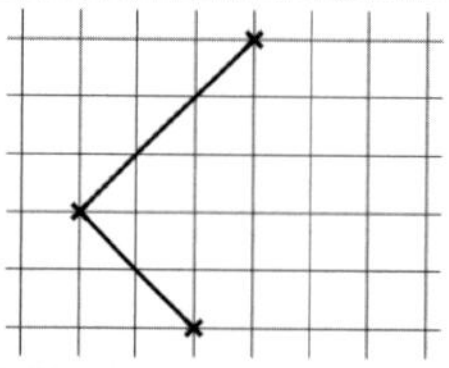 c) 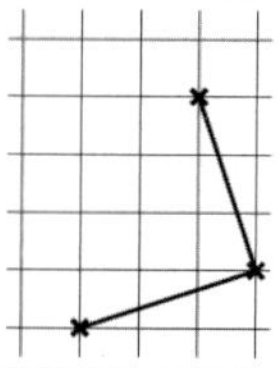

a)	___	r
b)	___	r
c)	___	r

5 Mit welcher Formel kann man den Umfang eines Quadrats berechnen? 3 P. 3 P.

a)	$u = a + a + a + a$; Umfang = Seitenlänge + Seitenlänge + Seitenlänge + Seitenlänge	___	r
b)	$u = 4 \cdot a$; Umfang = 4 · Seitenlänge	___	r
c)	$u = a^4$; Umfang = Seitenlänge · Seitenlänge · Seitenlänge · Seitenlänge	___	f

6 Mit welcher Formel kann man den Flächeninhalt eines Rechtecks berechnen? 3 P. 3 P.

a)	$A = a^2 + b^2$; Flächeninhalt = Länge · Länge + Breite · Breite	___	f
b)	$A = a \cdot b$; Fächeninhalt = Länge · Breite	___	r
c)	$A = 2a + 2b$; Flächeninhalt = 2 · Länge + 2 · Breite	___	f

7 Ein Quadrat hat die Seitenlänge 5 cm. Welcher Flächeninhalt ist richtig? 3 P. 3 P.

a)	25 cm²	___	r
b)	25 cm	___	f
c)	5 cm	___	f

8 Ein Rechteck hat die Seitenlängen 6 cm und 4 cm. Welcher Flächeninhalt ist richtig? 3 P. 3 P.

a)	16 cm²	___	f
b)	24 cm²	___	r
c)	36 cm²	___	f

______ 24 P.

Abbildungen: imprint, Zusmarshausen
Text: Hermann Gora

Führerschein: Sachaufgaben – Training (1)

1 Textverständnis:

Die 19 Kilometer lange Brockenbahn ist eine schmalspurige Eisenbahn. Im Gegensatz zur Normalspur beträgt ihre Spurweite nicht 1435 mm, sondern lediglich 1 Meter. Sie beginnt im Jahr 1898 eröffneten Bahnhof „Drei Annen Hohne" auf einer Höhe von 542 Metern. Von hier aus fahren die zwischen 1954 und 1956 gebauten Dampfloks die Fahrgäste in etwa 50 Minuten auf den Brocken hinauf. Er ist mit rund 1141 Metern der höchste Berg im Harz. Der Endbahnhof auf dem Brocken liegt auf einer Höhe von 1125 Metern.

a) Trage die entsprechenden Informationen aus dem Text in die Tabelle ein.

Jahreszahlen	Entfernungen	Spurweiten	Höhenangaben	Zeiten

b) Wie viele Meter beträgt der Höhenunterschied zwischen dem Start- und dem Endbahnhof. Berechne und schreibe einen Antwortsatz.

Gegeben: ____________________ Rechnung:

____

____

Antwort: ____________________

c) In welchem Jahr feiert die jüngste der eingesetzten Dampflokomotiven ihr 75-jähriges Jubiläum? Berechne und schreibe einen Antwortsatz.

Gegeben: ____________________ Rechnung:

____

____

Antwort: ____________________

d) Formuliere und löse eine eigene Fragestellung zu dem Text. Schreibe einen Antwortsatz.

Text: Dr. Andreas Thiemer

Führerschein: Sachaufgaben – Training (2)

2 Ein Kleintransporter hat ein Leergewicht von 2,8 Tonnen. Das zulässige Gesamtgewicht beträgt 6 Tonnen. Der Fahrer und der Beifahrer wiegen zusammen 200 kg.

a) Berechne die maximal verbleibende Zuladung des Fahrzeugs.

Antwort: ______________________

____

b) Es werden drei Kisten mit einem Gewicht von 400 kg, 350 kg und 75 kg beladen. Berechne das Gesamtgewicht.

Antwort: ______________________

____

3 In der Eisdiele *„Venezia“* wird die Abrechnung vom Wochenende gemacht. Am Samstag wurde Eiscreme für 480 € verkauft.

a) Am Sonntag stieg der Umsatz um 120 €. Berechne die Einnahmen des Wochenendes.

Antwort: ______________________

____

b) Eine Kugel Eiscreme kostet 1,50 €. Die Hälfte der Tageseinnahmen vom Samstag entfällt auf das leckere Pistazieneis. Berechne die Anzahl der verkauften Kugeln dieser Sorte.

Antwort: ______________________

____

4 Familie Hellmuth fährt von Eisenach aus um 7:55 Uhr mit der Bahn in den Urlaub an die Nordsee.

a) Der ICE erreicht Fulda pünktlich um 8:48 Uhr. Die Familie steigt in einen Zug nach Hamburg um. Berechne die bisherige Fahrzeit.

Antwort: ______________________

____

b) Um 14:20 Uhr erreicht die Familie die Endstation in Norddeich Mole. Berechne die reine Fahrzeit bei einer Umsteigezeit von insgesamt 29 Minuten.

Antwort: ______________________

____

Text: Dr. Andreas Thiemer

Lösungen Führerschein: Sachaufgaben – Training (1) und (2), gr063

1 a)

Jahreszahlen	Entfernungen	Spurweiten	Höhenangaben	Zeiten
1898 eröffneter Bahnhof; 1954 – 1956 Bau der Dampfloks	19 km lange Brockenbahn	1435 mm Normalspur; 1 m breite Brockenbahn	542 Hm Startbahnhof; 1141 Hm Brocken; 1125 Hm Endbahnhof	50 Minuten Fahrt auf den Brocken

b) Gegeben: Startbahnhof: 542 Hm;
Endbahnhof: 1125 Hm

Rechnung:

	1	1	2	5
−		5	4	2
	1	1		
		5	8	3

Antwort: Der Höhenunterschied zwischen Start- und Endbahnhof beträgt 583 Höhenmeter.

c) Gegeben: Jüngste Dampflok: 1956
75-jähriges Jubiläum

Rechnung:

	1	9	5	6
+			7	5
	1	1	1	
	2	0	3	1

Antwort: Im Jahr 2031 feiert die jüngste Dampflok ihr 75-jähriges Jubiläum.

d) Individuelle Lösungen

2 a)

	6	0	0	0	kg
−	2	8	0	0	kg
−		2	0	0	kg
	1				
	3	0	0	0	kg

Antwort: Das Fahrzeug darf maximal $3000\,\text{kg} = 3\,\text{t}$ dazuladen.

b)

	4	0	0	kg
+	3	5	0	kg
+		7	5	kg
	1			
	8	2	5	kg

	2	8	0	0	kg
+		8	2	5	kg
+		2	0	0	kg
	1				
	3	8	2	5	kg

Antwort: Das Gesamtgewicht beträgt 3825 kg.

3 a)

	4	8	0	€
+	4	8	0	€
+	1	2	0	€
1	1			
1	0	8	0	€

Antwort: Die Einnahmen des Wochenendes betrugen 1080 €.

b)

	2	4	0	0	0	:	1	5	0	=	1	6	0
−	1	5	0									
		9	0	0								
	−	9	0	0								
				0	0							

Antwort: Es wurden 160 Kugeln Pistazieneis verkauft.

Text: Dr. Andreas Thiemer

4 a)

$48\,\text{min} + 5\,\text{min} = 53\,\text{min}$

Antwort: Die bisherige Fahrzeit beträgt 53 Minuten.

b)

$6\,\text{h} + 25\,\text{min} = 6\,\text{h} - 4\,\text{min}$

$= 5\,\text{h}\ 56\,\text{min}$

Antwort: Die reine Fahrzeit beträgt 5 Stunden und 56 Minuten.

Text: Dr. Andreas Thiemer

Führerschein: Sachaufgaben – Prüfung

Kennzeichne richtige Ergebnisse mit „r“ für richtig und falsche Ergebnisse mit „f“ für falsch.

1 Bestimme den Rechenweg, um die Anzahl der Schafe zu berechnen.		3 P.	3 P.
Ein Schäfer steht mit seiner Herde und den beiden Hunden auf einer Weide. Ein Kind, das neben der Weide auf einem Feldweg steht und dem Schäfer zusieht, zählt 186 Beine.	$186 : 4$	___	f
	$(186 - 2 - 2 \cdot 4) : 4$	___	r
	$(186 - 1 - 2) : 4$	___	f
2 Nenne die Einheit, in der die Lösung anzugeben ist.		3 P.	3 P.
Ein Grundstück ist 21 m breit und 43 m lang. Der Schuppen hat eine Länge von 800 cm und eine Breite von 300 cm. Gesucht ist die für den Garten verbleibende Fläche.	Zentimeter	___	f
	Meter	___	f
	Quadratmeter	___	r
3 Bestimme, was mithilfe der Aufgabenstellung berechnet werden kann.		3 P.	3 P.
Ein Händler bestellt 32 Fernseher im 16 : 9 Format zum Preis von 22 000 €. Die Geräte werden auf 4 Paletten geliefert und für 1100 € pro Stück verkauft.	Geräteanzahl pro Palette	___	r
	Bildschirm-Format	___	f
	Gewinn pro Fernseher	___	r
4 Nenne die fehlenden Angaben.		3 P.	3 P.
Die Übernachtung in einem Hotel mit 4 Sternen kostet ohne Frühstück 195 Euro pro Tag. Für seinen Aufenthalt in einem Einzelzimmer zahlt Herr Cieslik inklusive Frühstück 660 Euro.	Aufenthaltsdauer	___	r
	Anzahl der Reisenden	___	f
	Anzahl der Zimmer	___	f
5 Berechne die Anzahl der blauen Bälle.		3 P.	3 P.
In einer Kinderbetreuung wurde das Bällebad mit 3500 Bällen befüllt. 1700 Bälle sind gelb. Die anderen Bälle verteilen sich zu gleichen Teilen auf die Farben rot, grün und blau.	1800	___	f
	900	___	f
	600	___	r
6 Berechne die Länge der Streckenabschnitte.		3 P.	3 P.
Auf dem 800 km langen Weg von Hamburg nach München möchte Familie Jakobs drei Zwischenstopps in gleichgroßen Abständen einlegen.	ca. 200 km	___	f
	ca. 267 km	___	r
	ca. 300 km	___	f
		___	18 P.

Text: Dr. Andreas Thiemer

Spiel: Schneegestöber

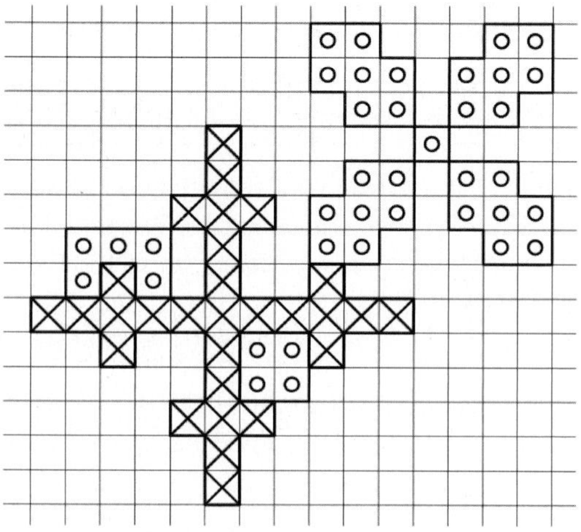

Für zwei oder mehr Personen:
Bei diesem Spiel geht es darum, möglichst viele achsensymmetrische Schneekristalle zu zeichnen.

- Die Spielenden markieren abwechselnd mit unterschiedlichen Zeichen ihre Felder.
- Ein Schneekristall muss aus mindestens vier Feldern bestehen.
- Die Spielenden dürfen die Gestaltung gegnerischer Schneekristalle stören, indem sie in gegnerischen Figuren ebenfalls Felder besetzen.
- Ein Schneekristall wird nur gezählt, wenn er ausschließlich aus eigenen Zeichen besteht.
- Ist es gelungen, einen Schneekristall zu erzeugen, wird der Kristall umrahmt.
- Gewonnen hat, wer die meisten Schneekristalle erzeugt hat.

Abbildungen: imprint, Zusmarshausen
Text: Hermann Gora

Führerschein: Schriftlich rechnen – Training (1)

1 Addiere schriftlich.

a)	b)	c)	d)	e)
389	9	52	52	341
+ 26	+ 51	+ 98	+ 472	+ 621
+ 7	+ 362	+ 196	+ 135	+ 735

2 Subtrahiere schriftlich. Kontrolliere mit der Umkehraufgabe.

		Umkehraufgabe:			Umkehraufgabe:
a)	789		b)	662	
	− 123	**+ 123**		− 621	
		789			

3 Alex, Max und Tilda kaufen einen Fußball, einen Football und einen Tennisball. Berechne den Preis.

4 Berechne schriftlich.

a) Addiere 79; 207 und 482.

b) Subtrahiere 271 von 346.

c) Berechne die Differenz von 1326 und 729.

d) Berechne die Summe von 928; 892 und 298.

Abbildungen: Rudolf Hungreder, Leinfelden-Echterdingen
Text: Hermann Gora, Dr. Andreas Thiemer

Führerschein: Schriftlich rechnen – Training (2)

5 Multipliziere schriftlich.

a) $7 \cdot 59$ b) $82 \cdot 93$ c) $393 \cdot 65$ d) $271 \cdot 54$

6 Welches Auto gehört zu welchem Haus? Berechne schriftlich. Verbinde das Auto mit dem richtigen Haus.

7 Dividiere schriftlich.

a) $96 : 3 =$ b) $92 : 4 =$ c) $224 : 7 =$

8 Löse das Kreuzzahlrätsel. Berechne schriftlich.

■	1		10			■	■	11	■	■	■
9	■	■		■	■	2	13		14		■
3				12	■	■		■		■	15
	■	■	■	4				■	5		
■	■	6, 16			■	■	7			■	
8			■	■	■	■	■	■	■	■	

Waagrecht

1. $349 \cdot 56$
2. $135 \cdot 324$
3. $894 \cdot 23$
4. $653 \cdot 12$
5. $1548 : 9$
6. $1872 : 8$
7. $6 \cdot 117$
8. $169 \cdot 3$

Senkrecht

9. $3597 : 11$
10. $4528 : 8$
11. $873 : 9$
12. $2466 : 9$
13. $33 \cdot 99$
14. $58944 : 12$
15. $156 \cdot 8$
16. $486 : 18$

Abbildungen: Rudolf Hungreder, Leinfelden-Echterdingen
Text: Hermann Gora, Dr. Andreas Thiemer

Lösungen Führerschein: Schriftlich rechnen – Training (1) und (2), rnatz010

1

a)

	3	8	9
+		2	6
+			7
	1	2	
	4	2	2

b)

			9
+		5	1
+	3	6	2
	1	1	
	4	2	2

c)

		5	2
+		9	8
+	1	9	6
	2	1	
	3	4	6

d)

		5	2
+	4	7	2
+	1	3	5
	1		
	6	5	9

e)

	3	4	1
+	6	2	1
+	7	3	5
1			
1	6	9	7

2

a)

	7	8	9
−	1	2	3
	6	6	6

Umkehraufgabe:

	6	6	6
+	1	2	3
	7	8	9

b)

	6	6	2
−	6	2	1
		4	1

Umkehraufgabe:

		4	1
+	6	2	1
	6	6	2

3

Fußball:		3	6
Football:	+	2	7
Tennisball:	+		6
		1	
		6	9

Alex, Max und Tilda müssen für die 3 Bälle 69 € bezahlen.

4

a)

		7	9
+	2	0	7
+	4	8	2
	1	1	
	7	6	8

b)

	3	4	6
−	2	7	1
	1		
		7	5

c)

	1	3	2	6
−		7	2	9
	1	1	1	
		5	9	7

d)

		9	2	8
	+	8	9	2
	+	2	9	8
	2	2	1	
	2	1	1	8

5

a) 7 · 59

	3	5	
+		6	3
	1		
	4	1	3

b) 82 · 93

		7	3	8
+		2	4	6
		1		
	7	6	2	6

c) 393 · 65

	2	3	5	8	
+		1	9	6	5
		1	1		
	2	5	5	4	5

d) 271 · 54

	1	3	5	5	
+		1	0	8	4
			1		
	1	4	6	3	4

Text: Hermann Gora, Dr. Andreas Thiemer

6

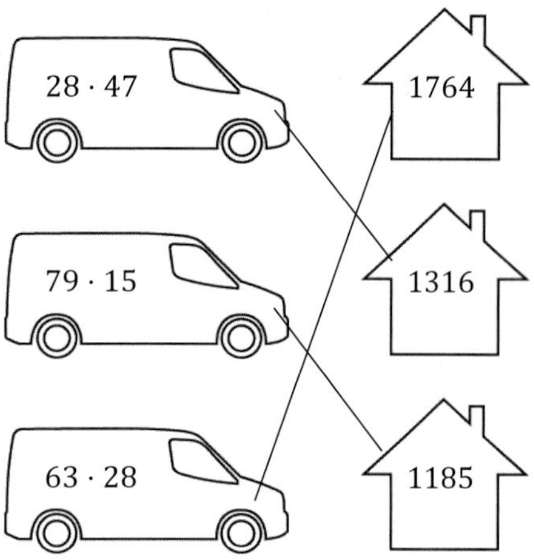

2	8	·	4	7	
	1	1	2		
+		1	9	6	
		1			
	1	3	1	6	

7	9	·	1	5	
			7	9	
+			3	9	5
		1	1		
		1	1	8	5

6	3	·	2	8	
		1	2	6	
+			5	0	4
		1	7	6	4

7

a)	9	6	:	3	=	3	2
−	9						
	0	6					
−		6					
		0					

b)	9	2	:	4	=	2	3
−	8						
	1	2					
−	1	2					
		0					

c)	2	2	4	:	7	=	3	2
−	2	1						
		1	4					
	−	1	4					
			0					

8

	(1) 1	9	(10) 5	4	4			(11) 9			
(9) 3			6			(2) 4	(13) 3	7	(14) 4	0	
(3) 2	0	5	6	(12) 2			2		9		(15) 1
7				(4) 7	8	3	6		(5) 1	7	2
		(6, 16) 2	3	4			(7) 7	0	2		4
(8) 5	0	7									8

Abbildungen: Rudolf Hungreder, Leinfelden-Echterdingen
Text: Hermann Gora, Dr. Andreas Thiemer

Führerschein: Schriftlich rechnen – Prüfung

Kennzeichne richtige Ergebnisse mit „r“ für richtig und falsche Ergebnisse mit „f“ für falsch.

1 Ein Basketball, eine Bowlingkugel und ein Football werden gekauft. Berechne den Preis. 5 P. 5 P.

+
+

96€	___	f
105€	___	f
109€	___	f
113€	___	r
127€	___	f

2 Berechne schriftlich. Subtrahiere danach beide Ergebnisse. 4 P. 4 P.

	1	4	2
–		9	3

	1	6	7
–	1	3	4

–

12	___	f
16	___	r
33	___	f
41	___	f

3 Eine Schule kauft 17 Fußbälle und 9 Volleybälle. Berechne den Preis. 5 P. 5 P.

+

785€	___	f
890€	___	f
981€	___	r
996€	___	f
1021€	___	f

4 Berechne, wie viele Tennisbälle für 2625€ gekauft werden können. 8 P. 8 P.

789	___	f
834	___	f
875	___	r
901	___	f
1024	___	f
1312	___	f
1725	___	f
2625	___	f

5 Berechne schriftlich. 7 P. 7 P.

Das Produkt aus 27 und 39.

Die Summe aus 389; 422 und 219.

1011	___	f
1020	___	f
1030	___	r
1044	___	f
1048	___	f
1053	___	r
1056	___	f

_______ 29 P.

Abbildungen: Rudolf Hungreder, Leinfelden-Echterdingen
Text: Hermann Gora, Dr. Andreas Thiemer

Führerschein: Stellenwerttafel – Training

1 Welche Zahl ist dargestellt? Trage die Ziffern richtig ein.
Der Tausenderwürfel besteht aus 1000 Einerwürfeln.

		ZT	T	H	Z	E
a)	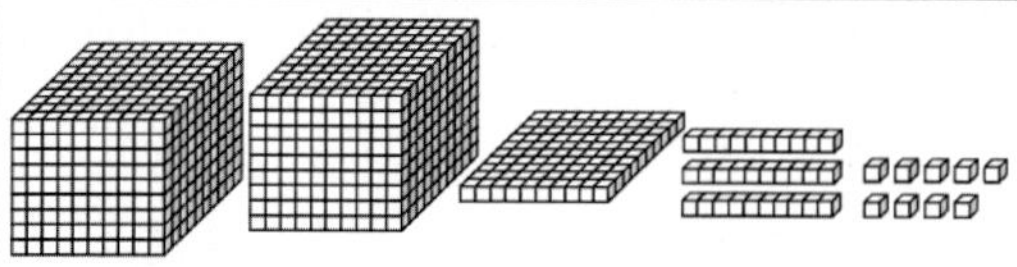					
b)	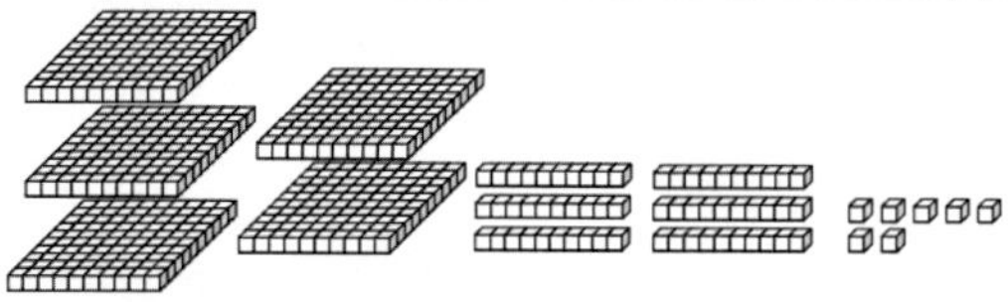					
c)	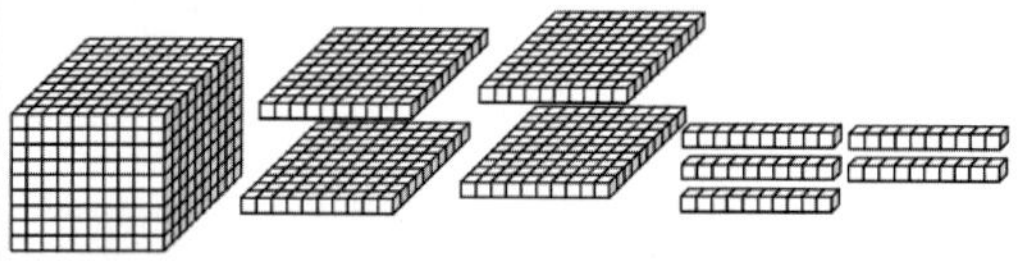					
d)						
e)						
f)	achtzehntausenddreihundertzweiundvierzig					
g)	sechstausendvierhundertfünf					

2 Welche Zahl ist dargestellt? Schreibe in Worten.

	T	H	Z	E	Zahl in Worten
a)	4	3	1	2	
b)	6	2	0	1	
c)	•••	•	••••	••	
d)		••	•••	••••	

3 Gib die abgebildete Zahl an. Welche Zahl ergibt sich, wenn du ein Plättchen von den Hunderten zu den Zehnern legst? Notiere die veränderte Zahl.

	T	H	Z	E	abgebildete Zahl	T	H	Z	E	veränderte Zahl
a)	••	•••	••••	•						
b)	•	•	•	•						
c)	•••	••	••••• •••							
d)	•••	••	••••• ••••	••••						

Abbildungen: imprint, Zusmarshausen; Rudolf Hungreder, Leinfelden-Echterdingen
Text: Hermann Gora, Dr. Andreas Thiemer

Lösungen Führerschein: Stellenwerttafel – Training, natz008

1

	ZT	T	H	Z	E
a)		2	1	3	9
b)			5	6	7
c)		1	4	5	0
d)		6	8	3	1
e)		3	4	0	8
f)	1	8	3	4	2
g)		6	4	0	5

2 a) viertausenddreihundertzwölf
b) sechstausendzweihunderteins
c) dreitausendeinhundertzweiundvierzig
d) zweihundertvierunddreißig

3

	T	H	Z	E	abgebildete Zahl	T	H	Z	E	veränderte Zahl
a)	••	•••	••••	•	**2341**	••	••	•••••	•	**2251**
b)	•	•	•	•	**1111**	•		••	•	**1021**
c)	•••	••	••••• •••		**3280**	•••	•	••••• ••••		**3190**
d)	•••	••	••••• ••••	••••	**3294**	•••	••		••••	**3204**

Text: Hermann Gora, Dr. Andreas Thiemer

Führerschein: Stellenwerttafel – Prüfung

Kennzeichne richtige Ergebnisse mit „r“ für richtig und falsche Ergebnisse mit „f“ für falsch.

1 Welche Zahl ist dargestellt? — 3 P. | 3 P.

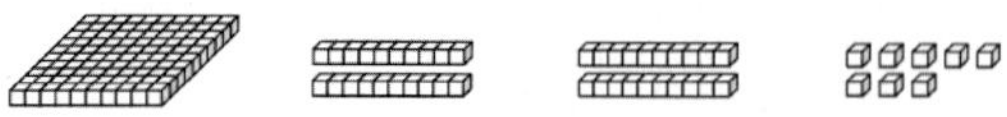

148	___	r
184	___	f
841	___	f

2 Wo ist die Zahl 1028 richtig dargestellt? — 3 P. | 3 P.

a)

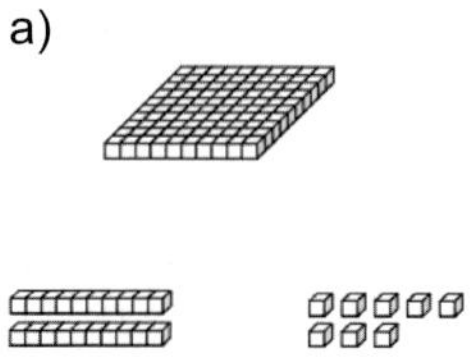

b)

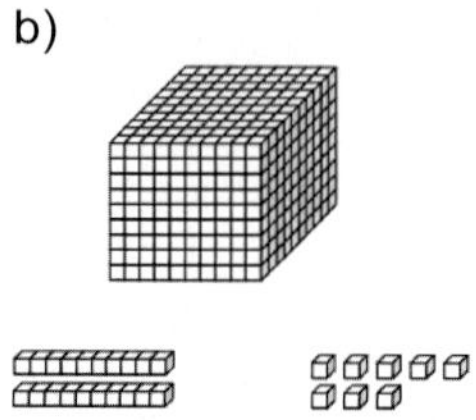

c)

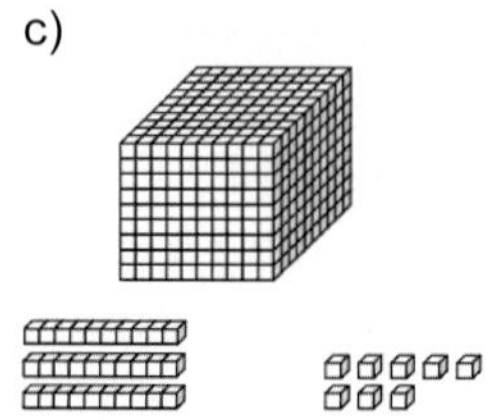

a)	___	f
b)	___	r
c)	___	f

3 Wo ist die Zahl 6854 richtig dargestellt? — 3 P. | 3 P.

a)

T	H	Z	E
••••• •	••••• •••	•••••	••••

b)

ZT	T	H	Z	E
••••• •	••••• •••	•••••	••••	

c)

T	H	Z	E
••••	•••••	••••• •••	••••• •

a)	___	r
b)	___	f
c)	___	f

4 Welche Zahl ist richtig? — 3 P. | 3 P.

dreitausendsechshundertsiebenundneunzig

3679	___	f
3607	___	f
3697	___	r

5 Welche Zahl ist dargestellt? — 3 P. | 3 P.

372	___	f
2037	___	r
2370	___	f

6 Welche Stellenwerttafel ist richtig? — 3 P. | 3 P.

a)

T	H	Z	E
	•••	••	••••
1	3	2	4

b)

T	H	Z	E
••••	••	•	•••
4	2	1	3

c)

T	H	Z	E
•••	•		••
3	1	0	2

a)	___	f
b)	___	r
c)	___	r

7 Welche Zerlegung der Zahl ist richtig? — 3 P. | 3 P.

a) $8671 = 8000 + 600 + 70 + 1$
b) $3508 = 3000 + 500 + 10 + 8$
c) $4798 = 4000 + 700 + 90 + 8$

a)	___	r
b)	___	f
c)	___	r

________	21 P.

Abbildungen: imprint, Zusmarshausen; Rudolf Hungreder, Leinfelden-Echterdingen
Text: Hermann Gora, Dr. Andreas Thiemer

Domino: Symmetrie (1)

Bildet Gruppen mit zwei bis drei Personen. Schneidet alle Dominosteine entlang der dicken Linien aus. Die Steine werden verdeckt auf dem Tisch abgelegt und gemischt. Alle in der Gruppe erhalten zu Beginn des Spiels 7 Steine. Der Startstein wird zufällig gewählt und aufgedeckt. Die übrigen Steine bleiben verdeckt liegen. Danach wird reihum ein passender Stein angelegt, sodass die Eigenschaften der Figuren gleich sind (Achsensymmetrie, Punktsymmetrie, Parallelverschiebung oder Spirale). Ist dies nicht möglich, so wird – sofern vorhanden – ein weiterer Stein aus dem Vorrat aufgenommen. Gewonnen hat, wer zuerst keine Steine mehr hat.

Abbildungen: imprint, Zusmarshausen
Text: Hermann Gora

Domino: Symmetrie (2)

Abbildungen: imprint, Zusmarshausen
Text: Hermann Gora

Lösungen Domino: Symmetrie (1) und (2), sym012

Achsensymmetrische Figuren	Punktsymmetrische Figuren	Parallelverschobene Figuren	Spiralen
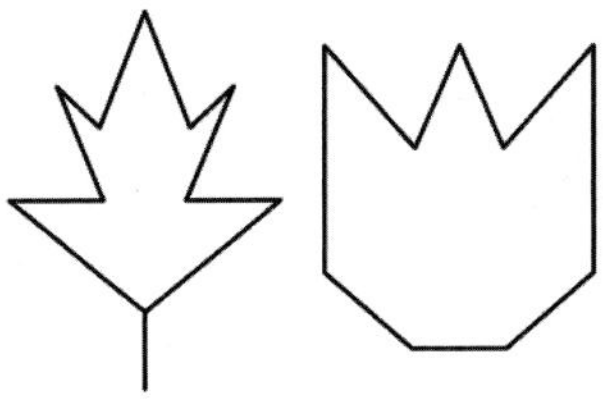	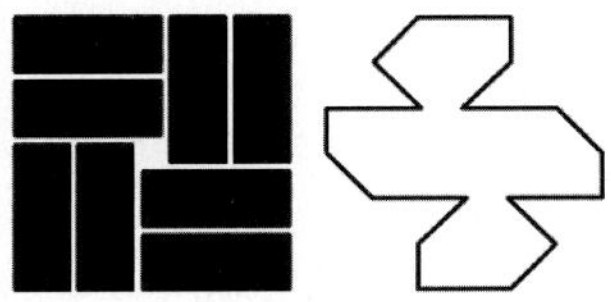	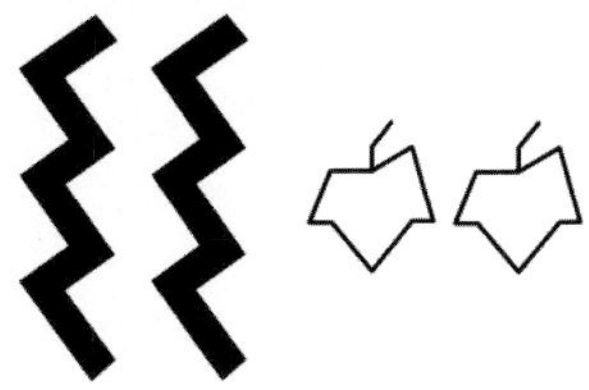	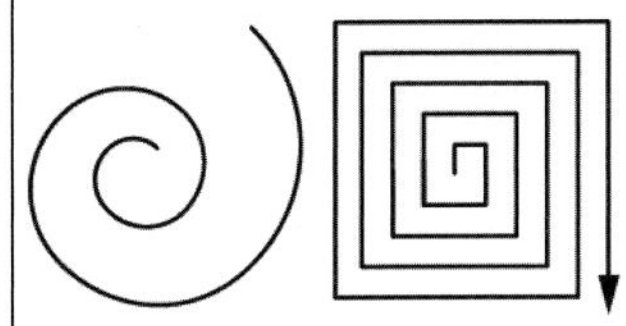

Abbildungen: imprint, Zusmarshausen
Text: Hermann Gora

SP

Spiel: Taschenrechner-Fußball (1) Multiplikation

MK

Spielt zu zweit Taschenrechner-Fußball. Lost aus, wer Anstoß hat.

Ihr braucht: das Spielfeld, einen Spielchip als Ball und einen Taschenrechner

Taschenrechner-Fußball – Spielregeln

- Anstoß hat immer die Figur mit der Nummer [10 | 15]. Das gegnerische Team gibt eine Dezimalzahl zwischen 10 und 15 im Taschenrechner vor.
- Der Ball kann nur zwischen Figuren einer Mannschaft gespielt werden, die direkt durch eine Linie miteinander verbunden sind.
- Die einzige erlaubte Rechenoperation ist die Multiplikation.
- Die Taschenrechner-Anzeige wird nie gelöscht, außer es ist ein Tor gefallen. Dann gibt es Anstoß.

<u>So wird abgespielt:</u> Multipliziere die Zahl in der Taschenrechner-Anzeige, sodass das Ergebnis zwischen den beiden Zahlen auf dem Trikot der angespielten Figur liegt.
Gelingt das, wandert der Ball zu dieser Figur. Ansonsten erhält die gegenüberliegende Figur des anderen Teams den Ball.

Aufwärmtraining

Gebt alle Rechenoperationen und Zahlen in den Taschenrechner (TR) ein.

Taschenrechner-Anzeige	Aktion	Eingabe Taschenrechner
11,4 (Vorgabe Team weiß)	Anstoß Team grau (graue Hosen)	Team grau: [×] [2] [,] [1] [=]
23,94	Abspiel zu [20 | 25] geglückt	Team grau: [×] [1] [,] [0] [1] [=]
24,1794	Abspiel zu [5 | 10] misslungen	Team weiß: [20 | 25] bekommt den Ball. Taschenrechner-Anzeige nicht löschen!

Nun beginnt euer Spiel! Vereinbart zu Beginn, wie lange ihr spielen wollt.
Gewonnen hat, wer nach der vereinbarten Zeit die meisten Tore geschossen hat.

Text: Dr. Regina Puscher

SP MK

Spiel: Taschenrechner-Fußball (2) Division

Spielt zu zweit Taschenrechner-Fußball. Lost aus, wer Anstoß hat.

Ihr braucht: das Spielfeld, einen Spielchip als Ball und einen Taschenrechner

Taschenrechner-Fußball – Spielregeln

- Anstoß hat immer die Figur mit der Nummer [10 / 15]. Das gegnerische Team gibt eine Dezimalzahl zwischen 10 und 15 im Taschenrechner vor.
- Der Ball kann nur zwischen Figuren einer Mannschaft gespielt werden, die direkt durch eine Linie miteinander verbunden sind.
- Die einzige erlaubte Rechenoperation ist die Division.
- Die Taschenrechner-Anzeige wird nie gelöscht, außer es ist ein Tor gefallen. Dann gibt es Anstoß.

<u>So wird abgespielt:</u> Dividiere die Zahl in der Taschenrechner-Anzeige, sodass das Ergebnis zwischen den beiden Zahlen auf dem Trikot der angespielten Figur liegt.
Gelingt das, wandert der Ball zu dieser Figur. Ansonsten erhält die gegenüberliegende Figur des anderen Teams den Ball.

Aufwärmtraining

Gebt alle Rechenoperationen und Zahlen in den Taschenrechner (TR) ein.

Taschenrechner-Anzeige	Aktion	Eingabe Taschenrechner
11,4 (Vorgabe Team weiß)	Anstoß Team grau (graue Hosen)	Team grau: [÷] [0] [,] [5] [=]
22,8	Abspiel zu [20 / 25] geglückt	Team grau: [÷] [0] [,] [4] [=]
57	Abspiel zu [5 / 10] misslungen	Team weiß: [20 / 25] bekommt den Ball. Taschenrechner-Anzeige nicht löschen!

Nun beginnt euer Spiel! Vereinbart zu Beginn, wie lange ihr spielen wollt.
Gewonnen hat, wer nach der vereinbarten Zeit die meisten Tore geschossen hat.

Text: Dr. Regina Puscher

Name: Klasse: Datum: rbrch002

Spiel: Taschenrechner-Fußball (3) Spielfeld

Abbildungen: Rudolf Hungreder, Leinfelden-Echterdingen
Text: Dr.Regina Puscher

Führerschein: Teilbarkeitsregeln – Training

1 Ordne zu. Eine Zahl ist teilbar durch ...

2,	3,	5,	10,

wenn die Endziffer **0 oder 5** ist.	wenn die Endziffer **0; 2; 4; 6 oder 8** ist.	wenn die Endziffer **0** ist.	wenn die Quersumme **durch 3** teilbar ist.

2 Markiere alle Blätter, die zu einem der Zahlenbäume gehören, in der jeweiligen Farbe (Gelb, Rot, Grün). Einige Blätter bleiben übrig. Markiere sie in der Farbe Blau und schreibe sie in einen leeren Baum.

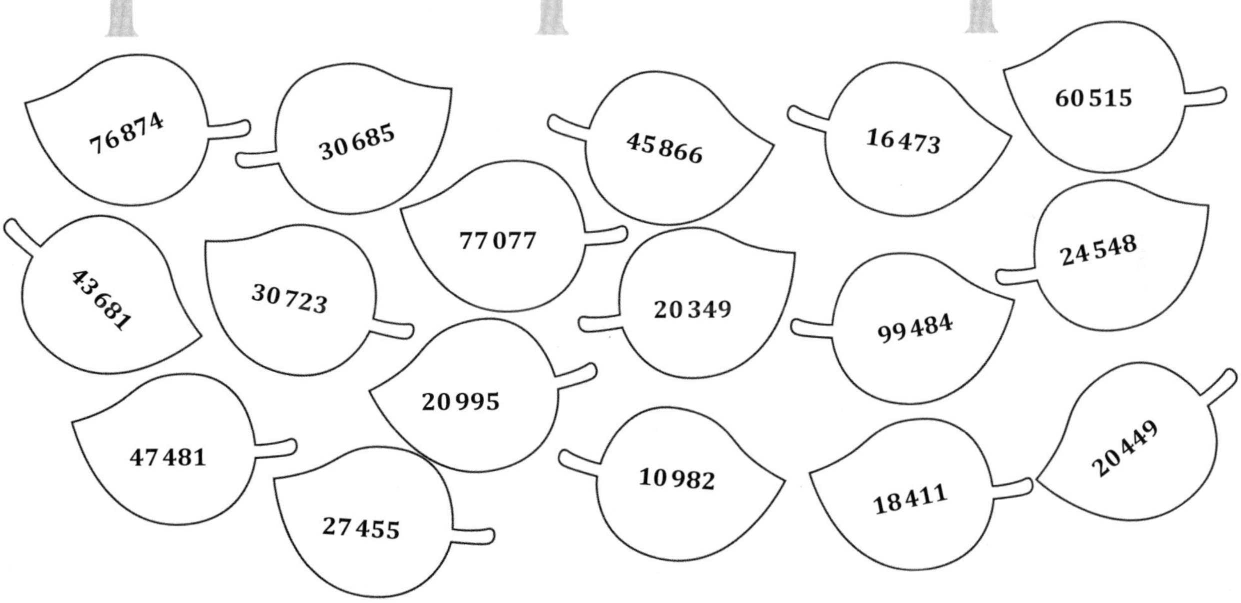

Abbildungen: Rudolf Hungreder, Leinfelden-Echterdingen
Text: Hermann Gora

Lösungen Führerschein: Teilbarkeitsregeln – Training, tlbr008

1 Eine Zahl ist teilbar durch ...

2,	3,	5,	10,

wenn die Endziffer **0 oder 5** ist.	wenn die Endziffer **0; 2; 4; 6; oder 8** ist.	wenn die Endziffer **0** ist.	wenn die Quersumme **durch 3** teilbar ist.

2 Teilbar durch 2: 10 982; 24 548; 45 866; 76 874; 99 484
Teilbar durch 3: 16 473; 18 411; 20 349; 30 723; 47 481
Teilbar durch 5: 20 995; 27 455; 30 685; 60 515
Übrig bleiben: 20 448; 43 681; 77 077

Text: Hermann Gora

Führerschein: Teilbarkeitsregeln – Prüfung

Kennzeichne richtige Ergebnisse mit „r“ für richtig und falsche Ergebnisse mit „f“ für falsch.

1	Eine Zahl ist durch 2 teilbar, wenn …		3 P.	3 P.
a)	die Endziffer 0 oder 5 ist.	a)	___	f
b)	die Quersumme durch 3 teilbar ist.	b)	___	f
c)	die Endziffer 0; 2; 4; 6 oder 8 ist.	c)	___	r
2	Eine Zahl ist durch 3 teilbar, wenn …		3 P.	3 P.
a)	die Endziffer 0 ist.	a)	___	f
b)	die Quersumme durch 3 teilbar ist.	b)	___	r
c)	die Endziffer 0 oder 5 ist.	c)	___	f
3	Eine Zahl ist durch 5 teilbar, wenn …		3 P.	3 P.
a)	die Endziffer 0; 2; 4; 6 oder 8 ist.	a)	___	f
b)	die Quersumme durch 3 teilbar ist.	b)	___	f
c)	die Endziffer 0 oder 5 ist.	c)	___	r
4	Eine Zahl ist durch 10 teilbar, wenn …		3 P.	3 P.
a)	die Endziffer 0 ist.	a)	___	r
b)	die Endziffer 0; 2; 4; 6 oder 8 ist.	b)	___	f
c)	die Quersumme durch 3 teilbar ist.	c)	___	f
5	Welche Zahl ist durch 2 teilbar?		3 P.	3 P.
a)	31 572	a)	___	r
b)	24 681	b)	___	f
c)	37 658	c)	___	r
6	Welche Zahl ist durch 3 teilbar?		3 P.	3 P.
a)	10 725	a)	___	r
b)	20 484	b)	___	r
c)	40 755	c)	___	r
7	Welche Zahl ist durch 5 teilbar?		3 P.	3 P.
a)	13 617	a)	___	f
b)	28 615	b)	___	r
c)	35 735	c)	___	r
8	Welche Zahl ist durch 10 teilbar?		3 P.	3 P.
a)	12 350	a)	___	r
b)	35 790	b)	___	r
c)	41 536	c)	___	f
			______	24 P.

Text: Hermann Gora

Name: Klasse: Datum: gr043

Spiel: Was wiegt mehr?

Spielt zu zweit. Schneidet die Karten aus und mischt sie. Legt die Karten verdeckt auf den Tisch. Jedes Kind zieht eine Karte. Vergleicht die Gewichtsangaben. Bei einigen Karten müsst ihr schätzen. Die Person, die die Karte mit dem höheren Gewicht hat, gewinnt die Runde und behält beide Karten. Wer am Ende des Spiels mehr Karten hat, hat gewonnen.

10 kg und 400 g		26 t	0,14 t
15 320 mg		93 000 g	
0,3 kg und 14 000 mg	3999,9 g	31 kg	500 g und 120 000 mg
	26 g	31 mg	0,005 t und 26 kg
4 kg und 200 g	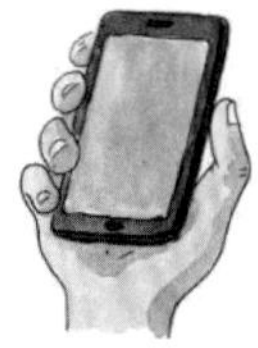	22 g	1 kg
		0,9 kg	400 mg und 3 g
	0,45 t	400 kg	0,3 mg

Abbildungen:; stock.adobe.com, Dublin (rdnzl); Friederike Ablang, Berlin; Rudolf Hungreder, Leinfelden-Echterdingen; Carmen Hochmann, Gütersloh; Hendrik Kranenberg, Drolshagen; Martina Burghart-Vollhardt, Kamenz
Text: Maria Lenk

Name: Klasse: Datum:

Führerschein: Zahlen – Training

1 Trage <, > oder = in die Felder ein.

a) 998 ☐ 1000 b) 101 ☐ 99 c) 634 ☐ 634

d) 5200 ☐ 5100 e) 3610 ☐ 3590 f) 7540 ☐ 7450

2 Notiere eine passende Zahl.

a) 2513 < ______ < 6528 b) 8179 > ______ > 3459

3 Ordne. Beginne mit der kleinsten Zahl.

a) 

____

b) 

____

c) 

____

4 Notiere die markierten Zahlen.

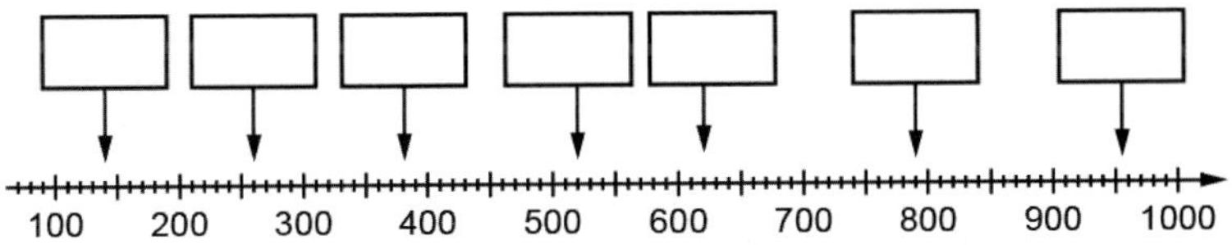

5 Markiere die Zahlen auf dem Zahlenstrahl: 240; 910; 500; 350; 770

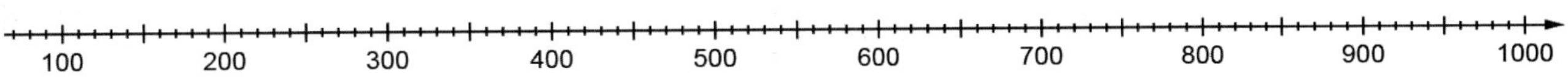

6 Führe die Zahlenreihe fort.

50; 150; 250; 350; ______

7 a) Markiere alle Zahlen, die durch 4 teilbar sind.

7; 12; 18; 24; 28; 35; 48; 82

b) Markiere alle Zahlen, die durch 2 und 5 teilbar sind.

5; 20; 25; 40; 60; 72; 110; 130

Abbildungen: imprint, Zusmarshausen; Rudolf Hungreder, Leinfelden-Echterdingen
Text: Hermann Gora, Dr. Andreas Thiemer

Lösungen Führerschein: Zahlen – Training, natz006

1 a) 998 < 1000 b) 101 > 99 c) 634 = 634

d) 5200 > 5100 e) 3610 > 3590 f) 7540 > 7450

2 Individuelle Lösung, zum Beispiel:

a) 2513 < **4000** < 6528 b) 8179 > **6000** > 3459

3 a) 259 < 396 < 654 < 784 < 902

b) 3298 < 4672 < 6745 < 7580 < 8105

c) 5436 < 5980 < 6139 < 6279 < 6824

4

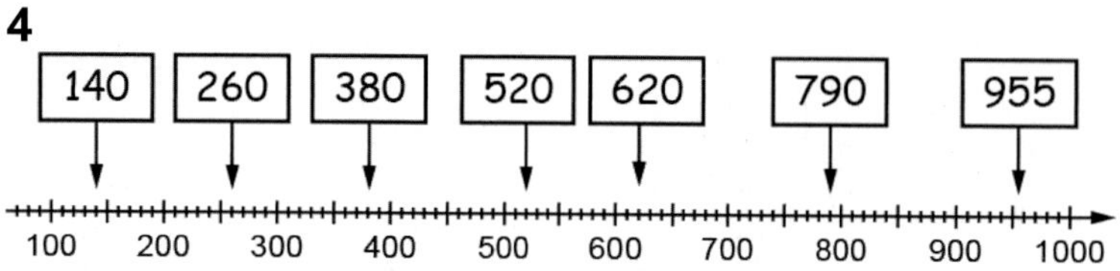

5

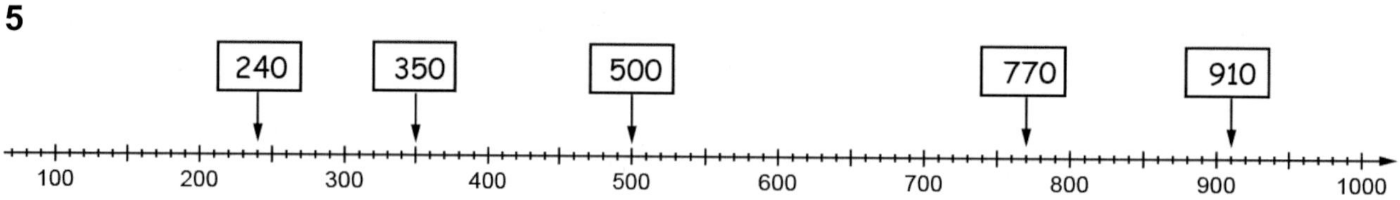

6 50; 150; 250; 350; **450**

7 a) 7; (12;) 18; (24;) (28;) 35; (48;) 82

b) 5; (20;) 25; (40;) (60;) 72; (110;) (130)

Führerschein: Zahlen – Prüfung

Kennzeichne richtige Ergebnisse mit „r“ für richtig und falsche Ergebnisse mit „f“ für falsch.

1 Welches Zeichen passt? 3 P. 3 P.

330 ☐ 33

a) <	a)	___	f
b) >	b)	___	r
c) =	c)	___	f

2 Welche Zahl passt? 3 P. 3 P.

2300 < ☐

a) 2000	a)	___	f
b) 1000	b)	___	f
c) 3000	c)	___	r

3 Welche Zahl passt in die Lücke? 3 P. 3 P.

128 < 365 < ☐ < 753 < 999

247	___	f
836	___	f
683	___	r

4 Welche Zahl ist markiert? 3 P. 3 P.

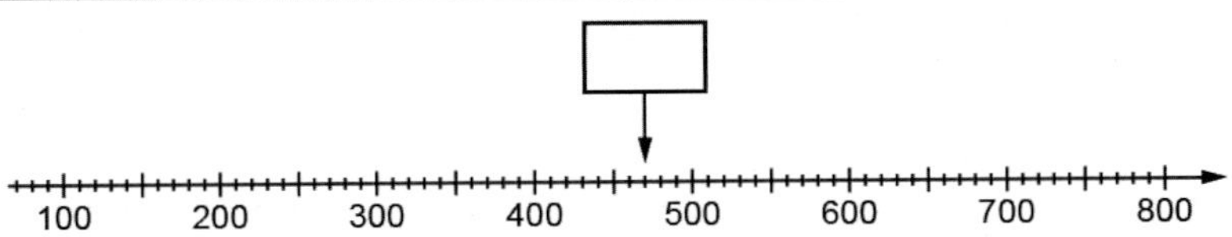

420	___	f
470	___	r
530	___	f

5 Welcher Pfeil markiert die Zahl 440? 3 P. 3 P.

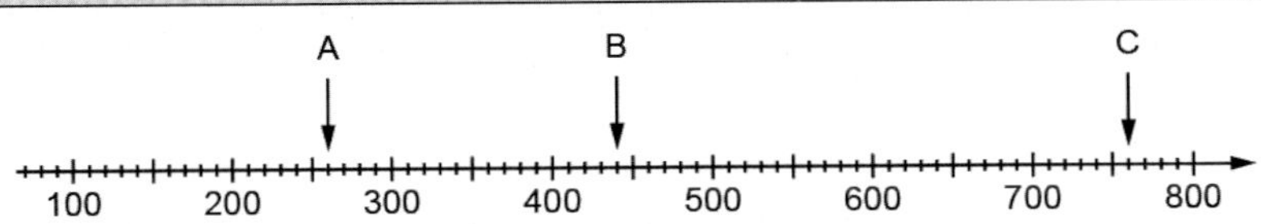

A	___	f
B	___	r
C	___	f

6 Welche Zahl setzt die Reihe fort? 3 P. 3 P.

2500; 2600; ☐

260	___	f
261	___	f
2700	___	r

7 Welche Zahl ist durch 4 teilbar? 3 P. 3 P.

a) 64 b) 90 c) 168

a)	___	r
b)	___	f
c)	___	r

8 Welche Zahl ist durch 2 und 5 teilbar? 3 P. 3 P.

a) 25 b) 30 c) 90

a)	___	f
b)	___	r
c)	___	r

________	24 P.

Abbildungen: imprint, Zusmarshausen
Text: Hermann Gora, Dr. Andreas Thiemer

Name: Klasse: Datum: gr022

Rechenschlange: Zeiteinheiten umwandeln

1. Schneidet die Karten entlang der dicken Linien aus.
2. Beginnt mit dem Schlangenkopf. Legt die Karten so aneinander, dass immer zwei passende Seiten aneinander stoßen. So erhaltet ihr eine schöne Rechenschlange mit einer Anfangs- und einer Endkarte.

	**3 min**	**180 s**	**8 min**	**480 s**	**4 min 10 s**
250 s	**2 min 40 s**	**160 s**	**360 s**	**6 min**	**330 s**
5 min 30 s	**200 s**	**3 min 20 s**	**2 h**	**120 min**	**7 h**
420 min	**5 h 50 min**	**350 min**	**270 min**	**4 h 30 min**	**500 min**
8 h 20 min	**10 d**	**240 h**	**2 d 2 h**	**50 h**	**30 h**
1 d 6 h	**35 h**	**1 d 11 h**	**72 s**	**1 min 12 s**	

Abbildungen: Rudolf Hungreder, Leinfelden-Echterdingen
Text: Daniela Hesse

Schnittpunkt

Mathematik – Differenzierende Ausgabe

5/6

Kopiervorlagen

Hermann Gora
Daniela Hesse
Sabine Kliemann
Maria Lenk
Wolfram Schmidt
Andreas Thiemer

Ernst Klett Verlag
Stuttgart · Leipzig · Dortmund

Schnittpunkt 5/6 – Differenzierende Ausgabe

1. Auflage 1 5 4 3 2 1 | 27 26 25 24 23

Alle Drucke dieser Auflage sind unverändert und können im Unterricht nebeneinander verwendet werden.
Die letzte Zahl bezeichnet das Jahr des Druckes.

Autoren: Karl Charon, Marie Diekgerdes, Hermann Gora, Mareike Helmis, Daniela Hesse, Sabine Kliemann, Maria Lenk, Dr. Regina Puscher, Matthias Römer, Wolfram Schmidt, Dr. Andreas Thiemer, Ronja Wienewski

Entstanden in Zusammenarbeit mit dem Projektteam des Verlages.

Umschlaggestaltung: know idea, Freiburg
Satz: imprint, Zusmarshausen
Druck: Plump Druck & Medien GmbH, Rheinbreitbach

Printed in Germany
ISBN 978-3-12-744556-5

9 783127 445565

Inhaltsverzeichnis Sprachförderung

Inhaltsverzeichnis Sprachförderung

Inhaltsverzeichnis Sprachförderung

Inhaltsverzeichnis Handlungsorientierung

Inhaltsverzeichnis Handlungsorientierung

Inhaltsverzeichnis Grundlagensicherung

Inhaltsverzeichnis Grundlagensicherung

Symbole

👤 Einzelarbeit   👤👤 Teamarbeit zu zweit   👤👤👤 Gruppenarbeit

○ einfaches Niveau   ◒ mittleres Niveau   ● schwieriges Niveau

Zuordnung der Kopiervorlagen zu Schnittpunkt Mathematik 5

Differenzierende Ausgabe, Niedersachsen ab 2016

Die Projekte können ganzjährig nach Bedarf eingesetzt werden, da sie verschiedene mathematische Themen und Begriffe beinhalten.
Die Operatorenliste ist begleitend über die beiden Jahrgänge weg von den Lernenden zu ergänzen.

Kapitel	Lerneinheiten	passende KV
1 Daten	Standpunkt	
	1 Daten in Listen erfassen	Begriffstraining: Häufigkeiten – Daten erheben und auswerten, S. 99
	2 Diagramme lesen	Begriffstraining: Diagramme, S. 49 Lesezeichen: Diagramme beschreiben, S. 51 Lernduo: Fragen und Auswerten, S. 67
	3 Daten in Diagrammen darstellen	Puzzle: Textpuzzle – Balkendiagramme zeichnen, S. 166
	EXTRA: Daten vergleichen	Begriffstraining: Häufigkeiten – Kennwerte, S. 101
	4 Eine Datenerhebung durchführen	
	5 Abzählen mit Baumdiagrammen	
2 Natürliche Zahlen	Standpunkt	Führerschein: Vorlage, S. 280 Führerschein: Stellenwerttafel – Training, S. 326 Führerschein: Stellenwerttafel – Prüfung, S. 328 Führerschein: Zahlen – Training, S. 339 Führerschein: Zahlen – Prüfung, S. 341
	1 Natürliche Zahlen	Begriffstraining: Natürliche Zahlen – Vorgänger und Nachfolger, S. 124
	2 Große Zahlen im Zehnersystem	Begriffstraining: Große Zahlen – Die Stellenwerttafel, S. 75
	3 Runden von Zahlen	Begriffstraining: Natürliche Zahlen – Runden, S. 122
	4 Schätzen	Begriffstraining: Schätzen mit Raster oder Vergleichsgröße, S. 146
	EXTRA: Zahlen im Zweiersystem	
	EXTRA: Römische Zahlzeichen	Begriffstraining: Zahldarstellung – Stellenwerte in Zahlsystemen, S. 178
3 Addieren und Subtrahieren	Standpunkt	Führerschein: Vorlage, S. 280 Führerschein: Kopfrechnen – Training, S. 299 Führerschein: Kopfrechnen – Prüfung, S. 302 Führerschein: Schriftlich rechnen – Training, S. 321 Führerschein: Schriftlich rechnen – Prüfung, S. 325
	1 Kopfrechnen	
	2 Addieren	

Kapitel	Lerneinheiten	passende KV
	3 Subtrahieren	
	4 Klammern	
	5 Rechengesetze	
4 Multiplizieren und Dividieren	Standpunkt	Führerschein: Vorlage, S. 280 Führerschein: Kopfrechnen – Training, S. 299 Führerschein: Kopfrechnen – Prüfung, S. 302 Führerschein: Schriftlich rechnen – Training, S. 321 Führerschein: Schriftlich rechnen – Prüfung, S. 325
	1 Kopfrechnen	
	2 Multiplizieren	Begriffstraining: Rechnen – Schriftlich rechnen, S. 143 Aktiv: Rechnen mit natürlichen Zahlen – Napiers Rechenstäbe, S. 262 Aktiv: Rechnen mit natürlichen Zahlen – Multiplizieren mit den Fingern, S. 266
	3 Rechengesetze. Rechenvorteile	Begriffstraining: Rechnen – Kommutativgesetz und Assoziativgesetz, S. 138
	4 Potenzieren	Begriffstraining: Potenzen – Grundbegriffe und Zehnerpotenzen, S. 128 Begriffstraining: Potenzen – Primzahlen, Quadratzahlen und Kubikzahlen, S. 130 Spiel: Bingo zu den Quadratzahlen, S. 281
	5 Dividieren	Begriffstraining: Rechnen – Grundrechenarten und Rechenverfahren, S. 136
	6 Punkt vor Strich. Klammern zuerst	
	7 Ausklammern. Ausmultiplizieren	Begriffstraining: Rechnen – Rechenregeln und Distributivgesetz, S. 141
	EXTRA: Zahlenmuster	
5 Geometrie. Vierecke	Standpunkt	Führerschein: Vorlage, S. 280 Führerschein: Messen – Training, S. 303 Führerschein: Messen – Prüfung, S. 305
	1 Strecke, Gerade und Halbgerade	
	2 Zueinander senkrecht	Basis: Parallel und senkrecht, S. 306
	3 Zueinander parallel	Begriffstraining: Geometrische Grundbegriffe – Senkrecht und parallel, S. 72 Basis: Parallel und senkrecht, S. 306

Kapitel	Lerneinheiten	passende KV
	4 Das Koordinatensystem	Begriffstraining: Geometrische Grundbegriffe – Das Koordinatensystem, S. 70 Aktiv: Geometrische Grundbegriffe – Das Gitternetz eines Stadtplans lesen, S. 232 Aktiv: Geometrische Grundbegriffe – Hannover erkunden, S. 234
	5 Entfernung und Abstand	
	6 Achsensymmetrie und Punktsymmetrie	Begriffstraining: Symmetrie – Achsenspiegelung, S. 152 Begriffstraining: Symmetrie – Achsensymmetrie, S. 154 Aktiv: Größen – Tierische Vergleiche, S. 236 Spiel: Schneegestöber, S. 320 Domino: Symmetrie, S. 329
	EXTRA: Bandornamente	
	EXTRA: Verschiebung	Beschreiben: Symmetrie – Punktsymmetrie und Punktspiegelung, S. 158
	7 Rechteck und Quadrat	
	8 Parallelogramm und Raute	
	9 Noch mehr Vierecke	Begriffstraining: Ebene Figuren – Vierecke, S. 62 Führerschein: Vorlage, S. 280 Führerschein: Eigenschaften von Vierecken – Training, S. 290 Führerschein: Eigenschaften von Vierecken – Prüfung, S. 292
6 Sachrechnen	Standpunkt	Führerschein: Vorlage, S. 280 Führerschein: Größen umrechnen – Training, S. 294 Führerschein: Größen umrechnen – Prüfung, S. 298 Führerschein: Messen – Training, S. 303 Führerschein: Messen – Prüfung, S. 305 Führerschein: Sachaufgaben – Training, S. 315 Führerschein: Sachaufgaben – Prüfung, S. 319 Rechenschlange: Zeiteinheiten umwandeln, S. 342
	1 Schätzen	Aktiv: Größen – Tierische Vergleiche, S. 236 Spiel: Was wiegt mehr?, S. 338
	2 Geld	Begriffstraining: Größen – Geld, S. 79
	3 Zeit	Begriffstraining: Größen – Zeiteinheiten, S. 91 Begriffstraining: Größen – Zeitpunkt und Zeitspanne, S. 93 Lernduo: Zeitspanne und Zeitpunkt, S. 182 Aktiv: Größen Zeit – Laura Dekker Weltumsegelung, S. 240 Aktiv: Größen Zeit – Zeit schätzen, S. 243 Rechenschlange: Zeiteinheiten umwandeln, S. 342 Spiel: Zeiten-Quartett, S. 343
	4 Gewicht	Lernduo: Gewichte, S. 74 Begriffstraining: Größen – Gewichte, S. 81 Aktiv: Größen – Tierische Vergleiche, S. 236 Spiel: Was wiegt mehr?, S. 338

Kapitel	Lerneinheiten	passende KV
	5 Länge	Begriffstraining: Größen – Längen, S. 83 Beschreiben: Längenmaße beschreiben, S. 118
	6 Maßstab	Begriffstraining: Größen – Maßstab, S. 85
	7 Sachaufgaben	Puzzle: Einkaufen – Aufgabenpuzzle, S. 64 Begriffstraining: Größen – Sachaufgaben verstehen und lösen, S. 87 Bearbeiten: Mit Textaufgaben umgehen, S. 120 Spiel: Textverständnis – Ein Logical-Rätsel, S. 168 Spiel: Die Baustelle, S. 288
	EXTRA: Mathematik in Beruf und Alltag	
7 Kreis und Winkel	Standpunkt	
	1 Kreis	Begriffstraining: Kreis, S. 113
	2 Winkel	Begriffstraining: Winkel – Grundbegriffe, S. 172 Aktiv: Winkel – Roboter programmieren, S. 272
	3 Einteilung der Winkel. Winkelarten	Lernduo: Winkelarten, S. 171 Begriffstraining: Winkel – Winkelarten, S. 174
	4 Winkel messen und zeichnen	Begriffstraining: Winkel – Winkel messen und zeichnen, S. 176
	5 Drehsymmetrie	Begriffstraining: Drehung, S. 53 Lernduo: Symmetrien, S. 151 Aktiv: Ebene Figuren – Drehsymmetrische Kreise, S. 222 Aktiv: Ebene Figuren – Kreisbilder, S. 225
	EXTRA: Winkel an Gera-denkreuzungen	
	EXTRA: Dreiecksformen	Begriffstraining: Ebene Figuren – Besondere Dreiecke, S. 55
	EXTRA: Winkelsumme in Dreieck und Viereck	
	EXTRA: Das Gradnetz der Erde	
8 Flächeninhalt berechnen	Standpunkt	Führerschein: Vorlage, S. 280 Führerschein: Größen umrechnen – Training, S. 294 Führerschein: Größen umrechnen – Prüfung, S. 298 Führerschein: Messen – Training, S. 303 Führerschein: Messen – Prüfung, S. 305
	1 Flächeninhalt	Begriffstraining: Ebene Figuren – Flächeninhalt, S. 57
	2 Flächenmaße	Begriffstraining: Größen – Flächenmaße, S. 77
	3 Flächeninhalt und Umfang des Rechtecks	Begriffstraining: Ebene Figuren – Umfang, S. 60 Lernduo: Flächeninhalt und Umfang des Rechtecks, S. 66
	4 Zusammengesetzte Figuren	

Kapitel	Lerneinheiten	passende KV
9 Brüche	Standpunkt	Führerschein: Vorlage, S. 280 Führerschein: Brüche darstellen – Training, S. 282 Führerschein: Brüche darstellen – Prüfung, S. 284
	1 Bruchteile erkennen und darstellen	Aktiv: Brüche falten, S. 221 Aufgabenblatt: Cocktailparty – Brüche darstellen, S. 286 Aufgabenblatt: Pizzeria – Brüche darstellen, S. 308
	2 Bruchteile von Größen	
	3 Dezimalbrüche	

Zuordnung der Kopiervorlagen zu Schnittpunkt Mathematik 6

Differenzierende Ausgabe, Niedersachsen ab 2016

Die Projekte können ganzjährig nach Bedarf eingesetzt werden, da sie verschiedene mathematische Themen und Begriffe beinhalten.
Die Operatorenliste ist begleitend über die beiden Jahrgänge weg von den Lernenden zu ergänzen.

Kapitel	Lerneinheiten	passende KV
1 Teilbarkeit und Brüche	Standpunkt	Führerschein: Vorlage, S. 280 Führerschein: Brüche darstellen – Training, S. 282 Führerschein: Brüche darstellen – Prüfung, S. 284
	1 Teiler und Vielfache	Begriffstraining: Teilbarkeit – Teiler und Vielfache, S. 164 Aktiv: Teilbarkeit – Aufteilen und Anordnen, S. 268 Domino: Gemeinsame Teiler finden, S. 293
	2 Endziffernregeln	Domino: Gemeinsame Teiler finden, S. 293
	3 Quersummenregeln	Begriffstraining: Teilbarkeit – Endziffernregeln und Quersummenregeln, S. 160 Domino: Gemeinsame Teiler finden, S. 293
	4 Primzahlen	Begriffstraining: Teilbarkeit – Primzahlen und Primfaktoren, S. 162 Aktiv: Teilbarkeit – Aufteilen und Anordnen, S. 268 Spiel: Primzahlen erkennen, S. 310
	5 Brüche	Begriffstraining: Brüche, S. 41
	6 Brüche am Zahlenstrahl	
	7 Erweitern und Kürzen	Begriffstraining: Brüche erweitern und kürzen, S. 46 Lernduo: Kürzen und Erweitern, S. 117
	8 Brüche vergleichen und ordnen	Aktiv: Brüche – Mit Bruchstreifen vergleichen, S. 218 Spiel: Brüche vergleichen, S. 285
	9 Brüche und Größen	
2 Rechnen mit Brüchen	Standpunkt	Führerschein: Vorlage, S. 280 Führerschein: Brüche darstellen – Training, S. 282 Führerschein: Brüche darstellen – Prüfung, S. 284 Führerschein: Teilbarkeitsregeln – Training, S. 335 Führerschein: Teilbarkeitsregeln – Prüfung, S. 337
	1 Addieren und Subtrahieren gleichnamiger Brüche	
	2 Addieren und Subtrahieren ungleichnamiger Brüche	Begriffstraining: Brüche addieren und subtrahieren, S. 43 Aktiv: Brüche gleichnamig machen – Ein Exit-Game, S. 214 Aktiv: Brüche gleichnamig machen – Kuchen bitte!, S. 216
	3 Multiplizieren von Brüchen	
	4 Dividieren von Brüchen	
	5 Punkt vor Strich. Klammern	

Kapitel	Lerneinheiten	passende KV
3 Körper	Standpunkt	Basis: Parallel und senkrecht, S. 306
	1 Quader und Würfel	
	2 Netze von Quadern und Würfeln	Begriffstraining: Körperdarstellung – Netze von Quadern und Würfeln, S. 109
	3 Schrägbilder	Begriffstraining: Körperdarstellung – Schrägbilder, S. 111 Beschreiben: Schrägbilder – Quader, S. 148
	4 Prisma	
	5 Pyramide	
	6 Zylinder. Kegel. Kugel	Begriffstraining: Körper - Grundbegriffe, S. 103
4 Dezimalbrüche	Standpunkt	
	1 Dezimalschreibweise	Begriffstraining: Rationale Zahlen – Dezimalschreibweise, S. 134 Lernduo: Stellenwerte und Dezimalzahlen, S. 150 Aktiv: Rationale Zahlen – Mit einer Papier-Elle erkunden, S. 250
	2 Dezimalbrüche verglei-chen und ordnen	
	3 Dezimalbrüche runden	
	4 Umwandeln von Brüchen in Dezimalbrüche	
	EXTRA: Periodische Dezimalbrüche	Begriffstraining: Periodische Dezimalbrüche, S. 126
	5 Dezimalbrüche, Brüche und Prozentangaben	Begriffstraining: Prozent, S. 132 Domino: Prozente, S. 311
5 Rechnen mit Dezimalbrüchen	Standpunkt	
	1 Addieren und Subtrahieren	
	2 Multiplizieren und Dividie-ren mit Stufenzahlen	
	3 Multiplizieren	Spiel: Taschenrechner-Fußball, S. 332 Aktiv: Rechnen mit Dezimalzahlen – Power und Ausdauer, S. 254
	EXTRA: Ausländische Maße umrechnen	
	4 Dividieren	Aktiv: Rechnen mit Dezimalzahlen – Weitsprung der Tiere, S. 258 Spiel: Taschenrechner-Fußball, S. 332
	5 Verbindung der Rechen-arten	

Kapitel	Lerneinheiten	passende KV
	EXTRA: Preisvorteile beim Einkaufen	
6 Terme und Gleichungen	Standpunkt	
	1 Terme mit Variablen	
	2 Terme aufstellen und berechnen	
	EXTRA: Zahlenfolgen	Begriffstraining: Zahlenfolgen, S. 180
	3 Gleichungen	
	EXTRA: Formeln	
7 Berechnungen am Quader	Standpunkt	Führerschein: Vorlage, S. 280 Führerschein: Größen umrechnen – Training, S. 294 Führerschein: Größen umrechnen – Prüfung, S. 298 Führerschein: Rechtecke und Quadrate – Training, S. 312 Führerschein: Rechtecke und Quadrate – Prüfung, S. 314
	1 Oberflächeninhalt des Quaders	Begriffstraining: Körperberechnung Quader – Oberflächeninhalt, S. 105
	2 Rauminhalte vergleichen	
	3 Volumeneinheiten	Begriffstraining: Größen – Volumeneinheiten, S. 89
	4 Volumen des Quaders	Begriffstraining: Körperberechnung – Quader Volumen, S. 107 Lernduo: Volumen des Quaders, S. 170
	EXTRA: Quader in der Architektur	
	5 Zusammengesetzte Körper	
8 Zuordnungen	Standpunkt	
	1 Zuordnungen und Schaubilder	
	2 Proportionale Zuordnungen	
	3 Schaubilder proportionaler Zuordnungen	
	4 Zweisatz	
	5 Dreisatz	
	EXTRA: Antiproportionale Zuordnungen	

Kapitel	Lerneinheiten	passende KV
9 Daten darstellen und auswerten	Standpunkt	
	1 Diagramme und Häufigkeitstabellen	
	EXTRA: Kreisdiagramme zeichnen	Begriffstraining: Kreisdiagramm zeichnen, S. 115
	2 Arithmetisches Mittel	Begriffstraining: Häufigkeiten – Das arithmetische Mittel, S. 97
	EXTRA: Median	Lernduo: Daten, S. 48
	3 Absolute und relative Häufigkeit	Begriffstraining: Häufigkeiten – Absolute und relative Häufigkeiten, S. 95
	EXTRA: Wahrscheinlichkeit	
10 Ganze Zahlen	Standpunkt	Führerschein: Vorlage, S. 280 Führerschein: Zahlen – Training, S. 339 Führerschein: Zahlen – Prüfung, S. 341
	1 Ganze Zahlen	Aktiv: Negative Zahlen – Temperaturen nehmen ab und zu, S. 245
	2 Ganze Zahlen vergleichen und ordnen	
	3 Zunahme und Abnahme	Begriffstraining: Ganze Zahlen – Zunahme und Abnahme, S. 68
	4 Das Koordinatensystem	
	EXTRA: Rationale Zahlen	

Zuordnung der Kopiervorlagen zu Schnittpunkt Mathematik 5

Differenzierende Ausgabe, Nordrhein-Westfalen ab 2022

Die Projekte können ganzjährig nach Bedarf eingesetzt werden, da sie verschiedene mathematische Themen und Begriffe beinhalten.
Die Operatorenliste ist begleitend über die beiden Jahrgänge weg von den Lernenden zu ergänzen.

Kapitel	Lerneinheiten	passende KV
1 Daten	Standpunkt	
	1 Daten in Listen erfassen	Begriffstraining: Häufigkeiten – Daten erheben und auswerten, S. 99
	2 Diagramme lesen	Begriffstraining: Diagramme, S. 49 Lesezeichen: Diagramme beschreiben, S. 51 Lernduo: Fragen und Auswerten, S. 67
	3 Daten in Diagrammen darstellen	Puzzle: Textpuzzle – Balkendiagramme zeichnen, S. 166
	EXTRA: Daten vergleichen	
	4 Eine Datenerhebung durchführen	
	MEDIEN: Tabellenkalkulation. Diagramme	
2 Natürliche Zahlen	Standpunkt	Führerschein: Vorlage, S. 280 Führerschein: Stellenwerttafel – Training, S. 326 Führerschein: Stellenwerttafel – Prüfung, S. 328 Führerschein: Zahlen – Training, S. 339 Führerschein: Zahlen – Prüfung, S. 341
	1 Natürliche Zahlen	Begriffstraining: Natürliche Zahlen – Vorgänger und Nachfolger, S. 124
	2 Große Zahlen im Zehnersystem	Begriffstraining: Große Zahlen – Die Stellenwerttafel, S. 75
	3 Runden von Zahlen	Begriffstraining: Natürliche Zahlen – Runden, S. 122
	4 Schätzen	Begriffstraining: Schätzen mit Raster oder Vergleichsgröße, S. 146
	MEDIEN: Zahlen im Zweiersystem	
	EXTRA: Römische Zahlzeichen	Begriffstraining: Zahldarstellung – Stellenwerte in Zahlsystemen, S. 178
3 Addieren und Subtrahieren	Standpunkt	Führerschein: Vorlage, S. 280 Führerschein: Kopfrechnen – Training, S. 299 Führerschein: Kopfrechnen – Prüfung, S. 302 Führerschein: Schriftlich rechnen – Training, S. 321 Führerschein: Schriftlich rechnen – Prüfung, S. 325
	1 Kopfrechnen	
	2 Addieren	

Kapitel	Lerneinheiten	passende KV
	3 Subtrahieren	
	4 Klammern	
	5 Terme mit Variablen	
	6 Rechengesetze	
4 Multiplizieren und Dividieren	Standpunkt	Führerschein: Vorlage, S. 280 Führerschein: Kopfrechnen – Training, S. 299 Führerschein: Kopfrechnen – Prüfung, S. 302 Führerschein: Schriftlich rechnen – Training, S. 321 Führerschein: Schriftlich rechnen – Prüfung, S. 325
	1 Kopfrechnen	
	2 Multiplizieren	Begriffstraining: Rechnen – Schriftlich rechnen, S. 143 Aktiv: Rechnen mit natürlichen Zahlen – Napiers Rechenstäbe, S. 262 Aktiv: Rechnen mit natürlichen Zahlen – Multiplizieren mit den Fingern, S. 266
	3 Rechengesetze. Rechenvorteile	Begriffstraining: Rechnen – Kommutativgesetz und Assoziativgesetz, S. 138
	4 Potenzen	Begriffstraining: Potenzen – Grundbegriffe und Zehnerpotenzen, S. 128 Begriffstraining: Potenzen – Primzahlen, Quadratzahlen und Kubikzahlen, S. 130 Spiel: Bingo zu den Quadratzahlen, S. 281
	5 Dividieren	Begriffstraining: Rechnen – Grundrechenarten und Rechenverfahren, S. 136
	6 Klammern zuerst. Punkt vor Strich	
	7 Ausklammern. Ausmultiplizieren	Begriffstraining: Rechnen – Rechenregeln und Distributivgesetz, S. 141
	MEDIEN: Tabellenkalkulation. Terme	
5 Geometrie. Vierecke	Standpunkt	Führerschein: Vorlage, S. 280 Führerschein: Messen – Training, S. 303 Führerschein: Messen – Prüfung, S. 305
	1 Strecke, Gerade und Halbgerade	
	2 Zueinander senkrecht	Basis: Parallel und senkrecht, S. 306
	3 Zueinander parallel	Begriffstraining: Geometrische Grundbegriffe – Senkrecht und parallel, S. 72 Basis: Parallel und senkrecht, S. 306

Kapitel	Lerneinheiten	passende KV
	4 Das Koordinatensystem	Begriffstraining: Geometrische Grundbegriffe – Das Koordinatensystem, S. 70 Aktiv: Geometrische Grundbegriffe – Das Gitternetz eines Stadtplans lesen, S. 232 Aktiv: Geometrische Grundbegriffe – Hannover erkunden, S. 234
	5 Entfernung und Abstand	
	6 Achsensymmetrie und Punktsymmetrie	Begriffstraining: Symmetrie – Achsenspiegelung, S. 152 Begriffstraining: Symmetrie – Achsensymmetrie, S. 154 Begriffstraining: Symmetrie – Punktsymmetrie und Punktspiegelung, S. 158 Spiel: Schneegestöber, S. 320 Domino: Symmetrie, S. 329
	7 Rechteck und Quadrat	
	8 Parallelogramm und Raute	
	MEDIEN: DGS. Koordinatensystem	
	MEDIEN: DGS. Symmetrie	
6 Größen und Maßstab	Standpunkt	Führerschein: Vorlage, S. 280 Führerschein: Größen umrechnen – Training, S. 294 Führerschein: Größen umrechnen – Prüfung, S. 298 Führerschein: Messen – Training, S. 303 Führerschein: Messen – Prüfung, S. 305 Führerschein: Sachaufgaben – Training, S. 315 Führerschein: Sachaufgaben – Prüfung, S. 319 Rechenschlange: Zeiteinheiten umwandeln, S. 342
	1 Schätzen	Aktiv: Größen – Tierische Vergleiche, S. 236 Spiel: Was wiegt mehr?, S. 338
	2 Geld	Begriffstraining: Größen – Geld, S. 79
	3 Zeit	Begriffstraining: Größen – Zeiteinheiten, S. 91 Begriffstraining: Größen – Zeitpunkt und Zeitspanne, S. 93 Lernduo: Zeitspanne und Zeitpunkt, S. 182 Aktiv: Größen Zeit – Laura Dekker Weltumsegelung, S. 240 Aktiv: Größen Zeit – Zeit schätzen, S. 243 Rechenschlange: Zeiteinheiten umwandeln, S. 342 Spiel: Zeiten-Quartett, S. 343
	4 Masse	Lernduo: Gewichte, S. 74 Begriffstraining: Größen – Gewichte, S. 81 Aktiv: Größen – Tierische Vergleiche, S. 236 Spiel: Was wiegt mehr?, S. 338
	5 Länge	Begriffstraining: Größen – Längen, S. 83 Beschreiben: Längenmaße beschreiben, S. 118
	6 Maßstab	Begriffstraining: Größen – Maßstab, S. 85

Kapitel	Lerneinheiten	passende KV
	7 Sachaufgaben	Puzzle: Einkaufen – Aufgabenpuzzle, S. 64 Begriffstraining: Größen – Sachaufgaben verstehen und lösen, S. 87 Bearbeiten: Mit Textaufgaben umgehen, S. 120 Spiel: Textverständnis – Ein Logical-Rätsel, S. 168 Spiel: Die Baustelle, S. 288
	EXTRA: Mathematik in Beruf und Alltag	
7 Umfang und Flächeninhalt	Standpunkt	Führerschein: Vorlage, S. 280 Führerschein: Größen umrechnen – Training, S. 294 Führerschein: Größen umrechnen – Prüfung, S. 298 Führerschein: Messen – Training, S. 303 Führerschein: Messen – Prüfung, S. 305
	1 Flächeninhalt	Begriffstraining: Ebene Figuren – Flächeninhalt, S. 57
	2 Flächenmaße	Begriffstraining: Größen – Flächenmaße, S. 77
	3 Rechtecke	Begriffstraining: Ebene Figuren – Umfang, S. 60 Lernduo: Flächeninhalt und Umfang des Rechtecks, S. 66
	EXTRA: Flächeninhalte schätzen	
	4 Rechtwinklige Dreiecke	
	5 Zusammengesetze Figuren	
8 Brüche	Standpunkt	Führerschein: Vorlage, S. 280 Führerschein: Brüche darstellen – Training, S. 282 Führerschein: Brüche darstellen – Prüfung, S. 284
	1 Bruchteile erkennen und darstellen	Aktiv: Brüche falten, S. 221 Aufgabenblatt: Cocktailparty – Brüche darstellen, S. 286 Aufgabenblatt: Pizzeria – Brüche darstellen, S. 308
	2 Bruchteile von Größen	
	3 Dezimalzahlen	

Zuordnung der Kopiervorlagen zu Schnittpunkt Mathematik 6

Differenzierende Ausgabe, Nordrhein-Westfalen ab 2022

Die Projekte können ganzjährig nach Bedarf eingesetzt werden, da sie verschiedene mathematische Themen und Begriffe beinhalten.
Die Operatorenliste ist begleitend über die beiden Jahrgänge weg von den Lernenden zu ergänzen.

Kapitel	Lerneinheiten	passende KV
1 Kreis, Winkel, Dreieck	Standpunkt	
	1 Kreis	Begriffstraining: Kreis, S. 113
	2 Winkel	Begriffstraining: Winkel – Grundbegriffe, S. 172 Aktiv: Winkel – Roboter programmieren, S. 272
	3 Einteilung der Winkel. Winkelarten	Lernduo: Winkelarten, S. 171 Begriffstraining: Winkel – Winkelarten, S. 174
	4 Winkel messen und zeichnen	Begriffstraining: Winkel – Winkel messen und zeichnen, S. 176
	EXTRA: Winkel an Geradenkreuzungen	
	5 Dreiecke	Begriffstraining: Ebene Figuren – Besondere Dreiecke, S. 55
	MEDIEN: DGS. Kreis, Winkel, Dreieck	
2 Teilbarkeit und Brüche	Standpunkt	Führerschein: Vorlage, S. 280 Führerschein: Brüche darstellen – Training, S. 282 Führerschein: Brüche darstellen – Prüfung, S. 284
	1 Teiler und Vielfache	Begriffstraining: Teilbarkeit – Teiler und Vielfache, S. 164 Aktiv: Teilbarkeit – Aufteilen und Anordnen, S. 268 Domino: Gemeinsame Teiler finden, S. 293
	2 Endziffernregeln	Domino: Gemeinsame Teiler finden, S. 293
	3 Quersummenregeln	Begriffstraining: Teilbarkeit – Endziffernregeln und Quersummenregeln, S. 160 Domino: Gemeinsame Teiler finden, S. 293
	4 Primzahlen	Begriffstraining: Teilbarkeit – Primzahlen und Primfaktoren, S. 162 Aktiv: Teilbarkeit – Aufteilen und Anordnen, S. 268 Spiel: Primzahlen erkennen, S. 310
	5 Brüche	Begriffstraining: Brüche, S. 41
	6 Brüche am Zahlenstrahl	
	7 Brüche erweitern und kürzen	Begriffstraining: Brüche erweitern und kürzen, S. 46 Lernduo: Kürzen und Erweitern, S. 117
	8 Brüche vergleichen und ordnen	Aktiv: Brüche – Mit Bruchstreifen vergleichen, S. 218 Spiel: Brüche vergleichen, S. 285
	9 Brüche und Größen	
	10 Verhältnisse	

Kapitel	Lerneinheiten	passende KV
3 Rechnen mit Brüchen	Standpunkt	Führerschein: Vorlage, S. 280 Führerschein: Brüche darstellen – Training, S. 282 Führerschein: Brüche darstellen – Prüfung, S. 284 Führerschein: Teilbarkeitsregeln – Training, S. 335 Führerschein: Teilbarkeitsregeln – Prüfung, S. 337
	1 Gleichnamige Brüche addieren und subtrahieren	
	2 Ungleichnamige Brüche addieren und subtrahieren	Begriffstraining: Brüche addieren und subtrahieren, S. 43 Aktiv: Brüche gleichnamig machen – Ein Exit-Game, S. 214 Aktiv: Brüche gleichnamig machen – Kuchen bitte!, S. 216
	3 Brüche vervielfachen	
	EXTRA: Brüche multiplizieren	
	4 Brüche teilen	
	5 Rechenvorteile. Rechengesetze	
4 Körper	Standpunkt	Führerschein: Vorlage, S. 280 Führerschein: Größen umrechnen – Training, S. 294 Führerschein: Größen umrechnen – Prüfung, S. 298
	1 Beschreiben von Körpern im Alltag	
	2 Quader und Würfel	
	3 Netze von Quadern und Würfeln	Begriffstraining: Körperdarstellung – Netze von Quadern und Würfeln, S. 109
	4 Schrägbilder	Begriffstraining: Körperdarstellung – Schrägbilder, S. 111 Beschreiben: Schrägbilder – Quader,S. 148
	5 Oberflächeninhalt des Quaders	Begriffstraining: Körperberechnung Quader – Oberflächeninhalt, S. 105
	6 Rauminhalte vergleichen	
	7 Volumeneinheiten	Begriffstraining: Größen – Volumeneinheiten, S. 89
	8 Volumen des Quaders	Begriffstraining: Körperberechnung– Quader Volumen, S. 107 Lernduo: Volumen des Quaders, S. 170
	EXTRA: Quader in der Architektur	
	EXTRA: Zusammengesetzte Körper	
5 Geometrische Abbildungen	Standpunkt	Basis: Parallel und senkrecht, S. 306
	1 Achsenspiegelung	
	2 Verschiebung	Begriffstraining: Abbildungen – Verschiebung, S. 38

Kapitel	Lerneinheiten	passende KV
	3 Drehung. Punktspiegelung	Begriffstraining: Drehung, S. 53 Lernduo: Symmetrien, S. 151 Aktiv: Ebene Figuren – Drehsymmetrische Kreise, S. 222 Aktiv: Ebene Figuren – Kreisbilder, S. 225 Beschreiben: Symmetrie – Figuren mit besonderen Eigenschaften, S. 156
	4 Kongruenzabbildungen	
	MEDIEN: DGS. Verkettung von Abbildungen	
	5 Quader verschieben und drehen	
6 Dezimalzahlen	Standpunkt	
	1 Dezimalschreibweise	Begriffstraining: Rationale Zahlen – Dezimalschreibweise, S. 134 Lernduo: Stellenwerte und Dezimalzahlen, S. 150 Aktiv: Rationale Zahlen – Mit einer Papier-Elle erkunden, S. 250
	2 Umwandeln von Brüchen in Dezimalzahlen	
	3 Dezimalzahlen vergleichen und ordnen	
	4 Dezimalzahlen runden	
	5 Umwandeln von Dezimalzahlen in Brüche	
	6 Dezimalzahlen, Brüche und Prozentangaben	Begriffstraining: Prozent, S. 132 Domino: Prozente, S. 311
	MEDIEN: Zahlen darstellen	
7 Rechnen mit Dezimalzahlen	Standpunkt	
	1 Addieren und Subtrahieren	
	2 Multiplizieren und Dividieren mit Stufenzahlen	
	3 Multiplizieren	Aktiv: Rechnen mit Dezimalzahlen – Power und Ausdauer, S. 254 Spiel: Taschenrechner-Fußball, S. 332
	EXTRA: Ausländische Maße umrechnen	
	4 Dividieren	Aktiv: Rechnen mit Dezimalzahlen – Weitsprung der Tiere, S. 258 Spiel: Taschenrechner-Fußball, S. 332
	5 Verbinden der Rechenarten	
	EXTRA: Preisvorteile beim Einkaufen	

Kapitel	Lerneinheiten	passende KV
8 Daten darstellen und auswerten	Standpunkt	
	1 Diagramme und Häufigkeitstabellen	
	2 Kreisdiagramme zeichnen	Begriffstraining: Kreisdiagramm zeichnen, S. 115
	MEDIEN: Tabellenkalkulation. Diagramme	
	3 Arithmetisches Mittel	Begriffstraining: Häufigkeiten – Das arithmetische Mittel, S. 97
	4 Kenngrößen	Lernduo: Daten, S. 48 Begriffstraining: Häufigkeiten – Kennwerte, S. 101
	5 Absolute und relative Häufigkeit	Begriffstraining: Häufigkeiten – Absolute und relative Häufigkeiten, S. 95
	MEDIEN: Tabellenkalkulation. Daten	
9 Ganze Zahlen	Standpunkt	Führerschein: Vorlage, S. 280 Führerschein: Zahlen – Training, S. 339 Führerschein: Zahlen – Prüfung, S. 341
	1 Ganze Zahlen	Aktiv: Negative Zahlen – Temperaturen nehmen ab und zu, S. 245
	2 Vergleichen und Ordnen	
	3 Zunahme und Abnahme	Begriffstraining: Ganze Zahlen – Zunahme und Abnahme, S. 68
	EXTRA: Rationale Zahlen	
	EXTRA: Das Koordinatensystem	

Aufbau des Kopiervorlagenbandes

Der Mathematikunterricht unterliegt dem Wandel. Klassen werden heterogener, die Individualisierung des Lernens schreitet voran. Dieser Kopiervorlagenband unterstützt Sie beim Unterrichten mit Zusatzmaterialien zum Schulbuch, die eine gezielte Förderung der Lernenden individuell ebenso wie in der ganzen Gruppe ermöglichen.
Die Kopiervorlagen (KVs) sind in drei Bereiche gliedert: Sprachförderung, Handlungsorientierung und Grundlagensicherung. Alle KVs können zusätzlich zum Schulbuch eingesetzt werden. Jede Kopiervorlage besteht aus einer oder mehreren Seiten. Die **Lösungen** der Kopiervorlagen finden Sie auf einer separaten Seite nach der Kopiervorlage. Bei einigen Kopiervorlagen (zum Beispiel Spiele) gibt es keine extra Lösungsseite, da die Lösungen individuell oder direkt auf den Kopiervorlagen enthalten sind.

Symbole

Einzelarbeit;	Arbeit in Zweierteams;	Gruppenarbeit
○ einfaches Niveau;	◒ mittleres Niveau;	● schwieriges Niveau
MK Medienkompetenz	SP Sprachkompetenz	

Text: Redaktion

Kopiervorlagen zur Sprachförderung

Individuelles Lernen wird mit Kopiervorlagen zur **Sprache** SP gefördert.
Mit diesen Kopiervorlagen wird die mathematisch korrekte Fachsprache in Abgrenzung zur Alltagssprache eingeübt. Die Lernenden begründen mathematische Zusammenhänge oder übersetzen Alltagssituationen in mathematische Operationen.
In diesem Bereich gibt es Lernduos und Begriffstraining, sowie Puzzles und Arbeitsblätter zum Beschreiben.
Der Fokus liegt dabei immer auf der Sprache, sei es, dass Begriffe abgegrenzt und erklärt werden sollen oder Vorgänge beschrieben werden sollen.

Lernduos
fördern die Sprache und werden in Zweierteams bearbeitet. Sie fördern das Sprechen über mathematische Inhalte und das Verständnis. Sie eignen sich besonders zum Wiederholen von Inhalten zu Beginn einer Unterrichtsstunde. So wird für alle eine gemeinsame Basis geschaffen, auf die aufgebaut werden kann.
Die Lernenden erklären sich gegenseitig und abwechselnd ihre Lösungen. A beginnt, während B zuhört. Dann löst B die nebenstehende Aufgabe und A hört zu. Das Team stellt sich dabei gegenseitig Fragen und korrigiert sich.
Die Lösungen der Aufgaben befinden sich auf der Kopiervorlage, sollten aber separat ausgegeben werden.

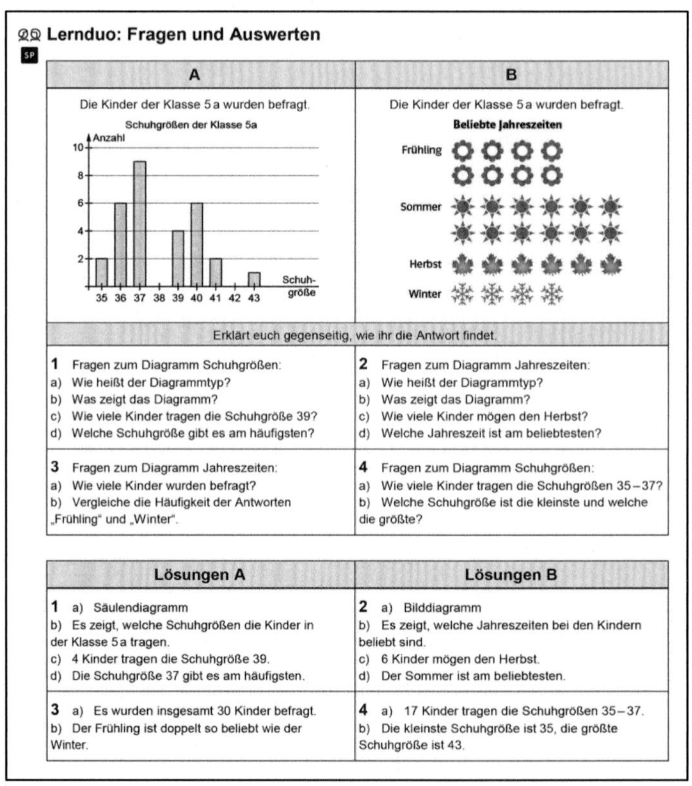

Lernduo: Fragen und Auswerten
SP

A	B
Die Kinder der Klasse 5a wurden befragt. Schuhgrößen der Klasse 5a (Anzahl; Schuhgröße 35 36 37 38 39 40 41 42 43)	Die Kinder der Klasse 5a wurden befragt. Beliebte Jahreszeiten (Frühling, Sommer, Herbst, Winter)
Erklärt euch gegenseitig, wie ihr die Antwort findet.	
1 Fragen zum Diagramm Schuhgrößen: a) Wie heißt der Diagrammtyp? b) Was zeigt das Diagramm? c) Wie viele Kinder tragen die Schuhgröße 39? d) Welche Schuhgröße gibt es am häufigsten?	**2** Fragen zum Diagramm Jahreszeiten: a) Wie heißt der Diagrammtyp? b) Was zeigt das Diagramm? c) Wie viele Kinder mögen den Herbst? d) Welche Jahreszeit ist am beliebtesten?
3 Fragen zum Diagramm Jahreszeiten: a) Wie viele Kinder wurden befragt? b) Vergleiche die Häufigkeit der Antworten „Frühling" und „Winter".	**4** Fragen zum Diagramm Schuhgrößen: a) Wie viele Kinder tragen die Schuhgrößen 35–37? b) Welche Schuhgröße ist die kleinste und welche die größte?

Lösungen A	Lösungen B
1 a) Säulendiagramm b) Es zeigt, welche Schuhgrößen die Kinder in der Klasse 5a tragen. c) 4 Kinder tragen die Schuhgröße 39. d) Die Schuhgröße 37 gibt es am häufigsten.	**2** a) Bilddiagramm b) Es zeigt, welche Jahreszeiten bei den Kindern beliebt sind. c) 6 Kinder mögen den Herbst. d) Der Sommer ist am beliebtesten.
3 a) Es wurden insgesamt 30 Kinder befragt. b) Der Frühling ist doppelt so beliebt wie der Winter.	**4** a) 17 Kinder tragen die Schuhgrößen 35–37. b) Die kleinste Schuhgröße ist 35, die größte Schuhgröße ist 43.

Aufgaben für A

Aufgaben für B

Lösungen von A

Lösungen von B

Abbildungen: Rudolf Hungreder, Leinfelden-Echterdingen; imprint, Zusmarshausen
Text: Daniela Hesse; Redaktion

Begriffstraining

Diese Arbeitsblätter beschäftigen sich immer mit den Fachbegriffen eines mathematischen Themas. Zur besseren Orientierung sind im Titel auch die fachsystematischen, übergreifenden Bereiche genannt.
Die Kopiervorlagen können dabei wiederholend vor der Bearbeitung eines Kapitels, in dem sie gebraucht werden, oder unterrichtsbegleitend eingesetzt werden.

Jede Kopiervorlage „Begriffstraining“ ist geteilt in zwei Abschnitte:

Erkennen und benennen
In diesem Abschnitt geht es darum, dass die Lernenden die Begriffe erkennen und ihre Bedeutung zuordnen können. Begriffe werden gegeneinander abgegrenzt. Einfache Lückentexte und Zuordnungsaufgaben holen die Lernenden ab.

Erklären und bewerten
Hier geht es darum, wann Begriffe wie eingesetzt werden können. Wie hängen die Begriffe zusammen? Was passt zu dem Begriff und was nicht? Aussagen werden geprüft und ggf. korrigiert. Die Lernenden formulieren eigene Erklärungen. Die Lernenden vertiefen so ihr Verständnis für die Begriffe.

Zu jeder Aufgabe gibt es eine Lösung.

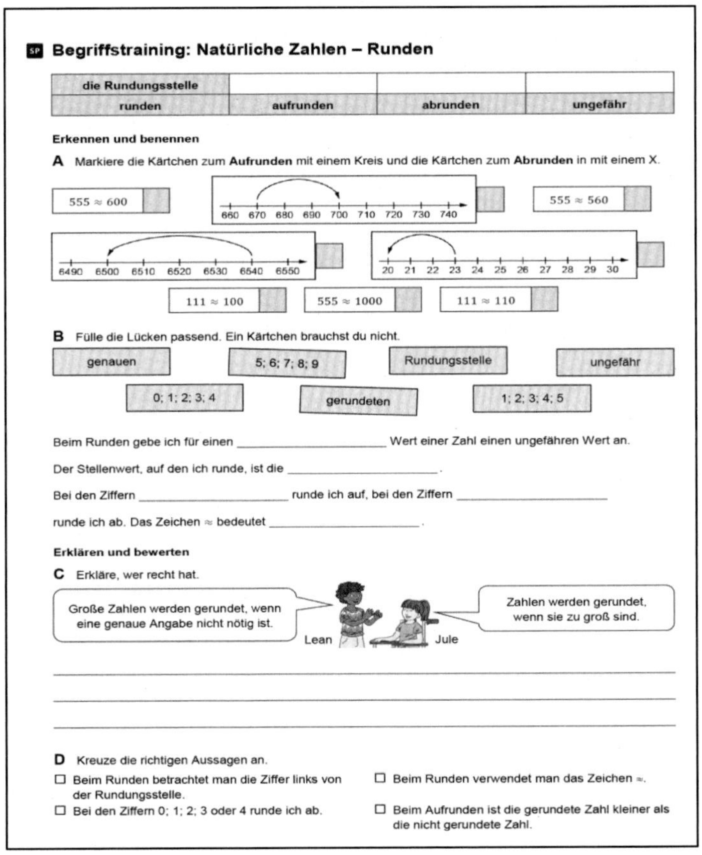
Begriffstraining: Natürliche Zahlen – Runden

die Rundungsstelle			
runden	aufrunden	abrunden	ungefähr

Erkennen und benennen

A Markiere die Kärtchen zum **Aufrunden** mit einem Kreis und die Kärtchen zum **Abrunden** in mit einem X.

555 ≈ 600 | 660 670 680 690 700 710 720 730 740 | 555 ≈ 560
6490 6500 6510 6520 6530 6540 6550 | 20 21 22 23 24 25 26 27 28 29 30
111 ≈ 100 | 555 ≈ 1000 | 111 ≈ 110

B Fülle die Lücken passend. Ein Kärtchen brauchst du nicht.

genauen | 5; 6; 7; 8; 9 | Rundungsstelle | ungefähr | 0; 1; 2; 3; 4 | gerundeten | 1; 2; 3; 4; 5

Beim Runden gebe ich für einen ______________ Wert einer Zahl einen ungefähren Wert an.
Der Stellenwert, auf den ich runde, ist die ______________.
Bei den Ziffern ______________ runde ich auf, bei den Ziffern ______________
runde ich ab. Das Zeichen ≈ bedeutet ______________.

Erklären und bewerten

C Erkläre, wer recht hat.

Lean: Große Zahlen werden gerundet, wenn eine genaue Angabe nicht nötig ist.
Jule: Zahlen werden gerundet, wenn sie zu groß sind.

D Kreuze die richtigen Aussagen an.

- ☐ Beim Runden betrachtet man die Ziffer links von der Rundungsstelle.
- ☐ Beim Runden verwendet man das Zeichen ≈.
- ☐ Bei den Ziffern 0; 1; 2; 3 oder 4 runde ich ab.
- ☐ Beim Aufrunden ist die gerundete Zahl kleiner als die nicht gerundete Zahl.

Tabelle mit allen **Fachbegriffen**
Substantive werden mit Artikel genannt

Erkennen und benennen
mehrere Aufgaben, die für jedes Lernniveau geeignet sind

Erklären und bewerten
mehrere Aufgaben, die Lernenden sollen Begriffe im Zusammenhang und im Kontext abgrenzen und erklären, Aussagen zu den Begriffen prüfen.

Abbildungen: imprint, Zusmarshausen; tiff.any GmbH & Co. KG, Berlin
Text: Sabine Kliemann; Redaktion

Kopiervorlagen zur Handlungsorientierung

Diese Kopiervorlagen zielen auf das sinnstiftende, an realen, möglichst greifbaren Beispielen entwickelte und entdeckende Lernen. Handlungsorientierung nimmt alle mit und ermöglicht gemeinsames und verständnisorientiertes Mathematiklernen sowie das Entwickeln tragfähiger Grundvorstellungen.
Es gibt zwei Typen von Kopiervorlagen in diesem Bereich:

- Projekte
- Aktiv: Kopiervorlagen zum Basteln, Spielen oder handelnden Entdecken

Projekte
Projektunterricht fördert das forschend-entdeckende Lernen und die Handlungsorientierung über einen längeren Zeitraum.

Mit den Projekten im Kopiervorlagenband können themenübergreifende Inhalte vertieft und vernetzt bearbeitet werden. Das kann in einer Projektwoche passieren oder auch unterrichtsbegleitend über mehrere Wochen. Diese Kopiervorlagen sollen einen ersten Anstoß auf eine tiefgehende Auseinandersetzung mit Inhalten geben. Die Projekte sind auf Gruppenarbeit ausgelegt. So wird die Teamarbeit gestärkt – eine Kompetenz, die auch später im Berufsleben eine große Rolle spielt.

Bei der Einführung eines Projekts sollen erste Ideen und Vermutungen gemeinsam im Plenum mit den Lernenden erarbeitet werden. Interessante Fragen der Lernenden sollten mit einbezogen werden und als Schwerpunkt der Projektarbeit dienen.
Das Ziel des Projekts ist, dass jede Gruppe ein Endprodukt erstellt und dieses der Klasse vorstellt. Es bietet sich an, dass sich die Gruppen gegenseitig bewerten und sich gegenseitig ein Feedback geben. Konstruktives Feedback zu geben fördert die Aufmerksamkeit der Zuhörenden und ist auch für den späteren Berufsalltag wichtig.

Für den Doppeljahrgang 5/6 gibt es drei Projekte: „Geburtstag planen“, „Im Zoo“ und „Sportwettbewerb“.

Die Kopiervorlagen für die Projekte sind folgendermaßen zusammengestellt:

- Kopiervorlagen zur Erklärung und Strukturierung:
  - Einführungsbogen Lehrkraft: detaillierte Einführung in die beiden Projekte; Umgang mit den weiteren Kopiervorlagen
  - Bewertungsbogen: unterstützt die Leistungsbewertung der Lernenden
  - Projekttagebuch: strukturiert die Projektarbeit der Lernenden
- Projektbezogene Kopiervorlagen
  - Projektübersicht für die Lehrkräfte: mathematische und inhaltliche Themen; Materialbedarf; mögliches Endprodukt
  - Projektplanung: Tipps und Tricks für die Lernenden bei der Bearbeitung
  - Kopiervorlagen für die einzelnen Gruppen: mehrere Kopiervorlagen zu unterschiedlichen mathematischen oder inhaltlichen Aspekten des Themas. Diese Seiten sollen in Kleingruppen bearbeitet werden. Anhand einer Beispielaufgabe werden die Lernenden ins Thema eingeführt und bearbeiten dann eine entsprechende Aufgabenstellung in ihrer Kleingruppe.

Aktiv
Diese Arbeitsblätter können als Einstieg in ein neues Thema genutzt werden oder um ein vertiefendes Verständnis zu erreichen. Der Schwerpunkt liegt dabei darauf, durch Basteln, Spielen oder Handelnd mathematische Zusammenhänge zu entdecken – auf diesen Kopiervorlagen werden die Lernenden selbst aktiv.
In der Regel wird dazu weiteres Material benötigt. Die meisten Aufgaben sind hier in Gruppenarbeit oder in Zweierteams zu bearbeiten.

Text: Redaktion

Kopiervorlagen zur Grundlagensicherung

In diesem Bereich finden Sie vor allem Führerscheine, aber auch einfache Spiele, mit denen Themen aus den Klassen 5/6 trainiert werden können.
Zu den **Spielen** gehören zum Beispiel Kartenspiele, Dominos oder auch Bingo. Die Lösungen sind individuell oder befinden sich auf der Kopiervorlage. Bei den Rechenschlangen und Dominos ist eine mögliche Lösung von links nach rechts angeordnet.

Führerscheine
Kompetenzen und Grundfertigkeiten vergangener Schuljahre können mit den Führerscheinen wiederholt werden, um eventuell bestehende Lücken zu schließen.
Die Lernenden können mithilfe der Trainings-Kopiervorlagen zuerst die Kompetenzen üben. Wer sich sicher fühlt, legt anschließend die entsprechende Prüfung ab. Um die Selbstkontrolle zu erleichtern, erfolgt diese Aufgabenstellung im Multiple-Choice-Verfahren. Zur Selbstkontrolle muss die Kontrollspalte weggeknickt oder abgeschnitten werden (siehe Abbildung unten).
Die Prüfung kann in der gesamten Lerngruppe zu einem vorher festgelegten Termin erfolgen oder auch individuell durchgeführt werden.
Nach erfolgter Prüfung erhalten die Lernenden den Mathematik-Führerschein, der als Kopiervorlage im Band enthalten ist.

Für den Doppeljahrgang gibt es Führerscheine zu folgenden Themen:
- Klasse 5: Zahlen, Stellenwerttafel, Messen, Kopfrechnen und schriftlich Rechnen.
- Klasse 6: Größen umrechnen, Rechtecke und Quadrate, Teilbarkeitsregeln, Eigenschaften von Vierecken, Brüche darstellen, Sachaufgaben

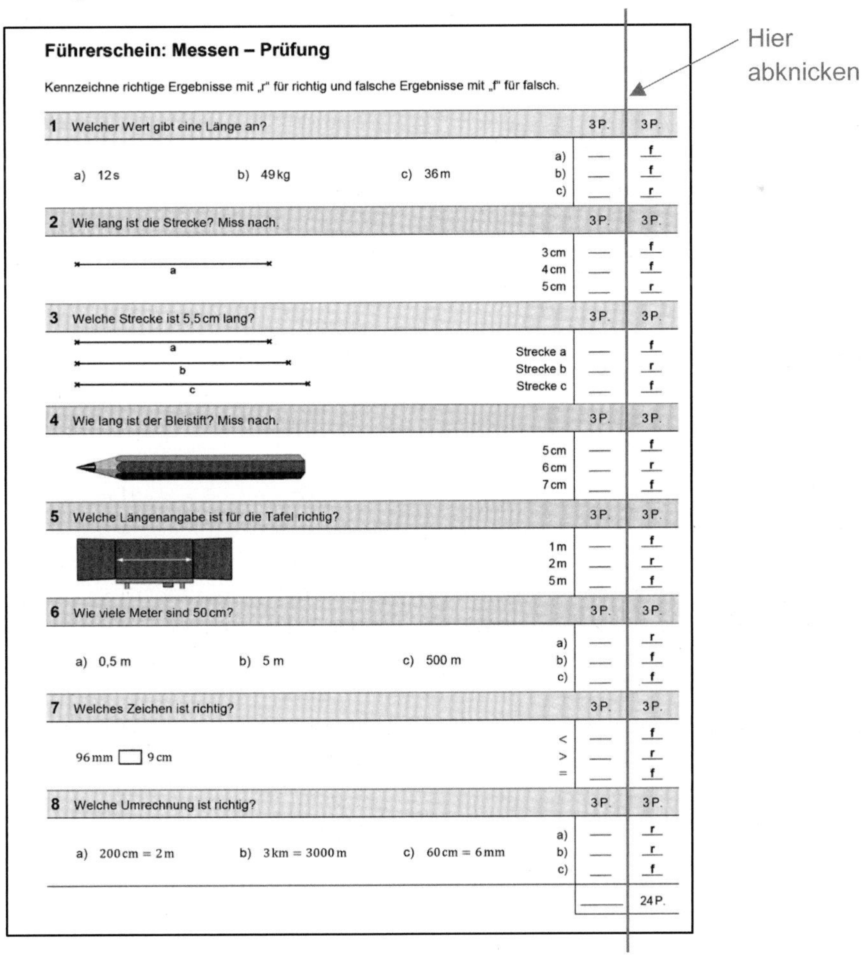

Führerschein: Messen – Prüfung

Kennzeichne richtige Ergebnisse mit „r" für richtig und falsche Ergebnisse mit „f" für falsch.

1 Welcher Wert gibt eine Länge an?			3P.	3P.
a) 12s b) 49kg c) 36m	a)	___		f
	b)	___		f
	c)	___		r
2 Wie lang ist die Strecke? Miss nach.			3P.	3P.
a	3cm	___		f
	4cm	___		f
	5cm	___		r
3 Welche Strecke ist 5,5cm lang?			3P.	3P.
a, b, c	Strecke a	___		f
	Strecke b	___		r
	Strecke c	___		f
4 Wie lang ist der Bleistift? Miss nach.			3P.	3P.
	5cm	___		f
	6cm	___		r
	7cm	___		f
5 Welche Längenangabe ist für die Tafel richtig?			3P.	3P.
	1m	___		f
	2m	___		r
	5m	___		f
6 Wie viele Meter sind 50cm?			3P.	3P.
a) 0,5 m b) 5 m c) 500 m	a)	___		r
	b)	___		f
	c)	___		f
7 Welches Zeichen ist richtig?			3P.	3P.
96mm ☐ 9cm	<	___		f
	>	___		r
	=	___		f
8 Welche Umrechnung ist richtig?			3P.	3P.
a) 200cm = 2m b) 3km = 3000m c) 60cm = 6mm	a)	___		r
	b)	___		r
	c)	___		f
		___		24P.

Abbildungen: imprint, Zusmarshausen; Rudolf Hungreder, Leinfelden-Echterdingen
Text: Hermann Gora; Redaktion: Dr. Andreas Thiemer

Sprachförderung

SP Operatorenliste (1)

Ergänze zu jedem Operator ein Beispiel mit Lösung aus deinem Schulbuch. Du kannst auch zeichnen.

Operator	Was bedeutet der Operator?	Beispiel
angeben → nennen → (auf)schreiben → sammeln	Du bearbeitest die Aufgabe ohne Lösungsweg und Erklärung. Die Lösung kannst du hintereinander, in einer Liste oder als Satz aufschreiben.	
begründen	Du löst die Aufgabe und belegst deine Antwort mit Argumenten. Dazu kannst du rechnen, zeichnen oder ganze Sätze nutzen.	
berechnen	Du löst die Aufgabe und notierst deinen Rechenweg. Nur das Ergebnis reicht nicht.	
beschreiben	Du schreibst in Fachsprache auf, was du in einem Text, in einem Diagramm oder in einer Tabelle liest. Nutze dazu ganze Sätze.	
bestimmen → ermitteln	Du löst die Aufgabe rechnerisch, zeichnerisch oder auf einem anderen Weg. Du schreibst Zwischenschritte auf und formulierst das Ergebnis.	
beurteilen → bewerten → Stellung nehmen	Du schätzt mithilfe deines Fachwissens ein, ob eine Aussage zutrifft.	

SP Operatorenliste (2)

Operator	Was bedeutet der Operator?	Beispiel
darstellen (grafisch) → veranschaulichen → zeichnen	Du zeichnest oder schreibst Informationen übersichtlich und in Fachsprache auf. Zusammenhänge, Methoden oder Sachverhalte kannst du als Text, in Tabellen oder in Diagrammen darstellen.	
diskutieren → (sich) austauschen → (sich) unterhalten → besprechen	Ihr sprecht über eure Meinungen und vergleicht diese. Dann kommt ihr zu einem gemeinsamen Ergebnis.	
entscheiden → (aus)wählen	Du wählst aus verschiedenen Alternativen eine Möglichkeit aus und begründest deine Wahl.	
ergänzen	Du fügst fehlende Informationen fachlich richtig dazu, zum Beispiel in Tabellen, Listen und Reihen.	
erklären	Du beschreibst eine Vorgehensweise in eigenen Worten und achtest dabei auf Fachsprache.	
erkunden → (aus)probieren → versuchen	Du beschäftigst dich aktiv mit etwas und findest dabei heraus, wie es funktioniert.	
erstellen → aufstellen → anfertigen → anlegen → darstellen	Du stellst das Ergebnis der Aufgabe übersichtlich in vorgegebener Form (wie zum Beispiel Tabelle, Diagramm, Skizze) dar.	

Text: Redaktion

SP Operatorenliste (3)

Operator	Was bedeutet der Operator?	Beispiel
formulieren	Du schreibst möglichst genau eine Aussage, eine Regel oder ein Verfahren auf. Du benutzt ganze Sätze.	
notieren	Du schreibst die wichtigsten Informationen und Angaben einer Aufgabe in Stichworten auf.	
nutzen → anwenden → umgehen mit → verwenden	Du bearbeitest eine Aufgabe mithilfe deines mathematischen Vorwissens oder mit Hilfsmitteln, wie z. B. einem Geodreieck.	
ordnen	Du bringst etwas in die richtige Reihenfolge.	
präsentieren → vorstellen	Du bereitest ein Thema vor, zu dem du einen Vortrag (Referat) hältst.	
prüfen → überlegen → überprüfen → untersuchen	Du kontrollierst das Ergebnis oder den Zusammenhang mithilfe von vorgegebenen mathematischen Regeln.	

Text: Redaktion

SP Operatorenliste (4)

Operator	Was bedeutet der Operator?	Beispiel
recherchieren	Du suchst nach geeigneten Informationen zu einem bestimmten Thema.	
rechnen (im Kopf)	Du löst die Aufgabe im Kopf. Du notierst nur das Ergebnis ohne Rechenweg.	
skizzieren	Du erstellst eine Zeichnung mit den wichtigsten Informationen. Die Zeichnung muss nicht genau sein. Längen und Winkel musst du nicht abmessen.	
umwandeln	Du rechnest Angaben in eine andere Darstellungsform oder Einheit um.	
vergleichen	Du nennst Gemeinsamkeiten und Unterschiede zwischen Situationen, Figuren, Körpern, Zahlen, Rechenwegen, Ergebnissen oder Aussagen.	
zeichnen	Du zeichnest Figuren, Körper oder Diagramme. Du achtest auf alle wichtigen Informationen und eine genaue Darstellung.	
zuordnen → sortieren	Du notierst, welche Angaben zusammengehören.	

Text: Redaktion

SP Begriffstraining: Abbildungen – Verschiebung (1)

die Verschiebung	der Verschiebungspfeil	das Bandornament
der Bildpunkt	die Bildstrecke	

Erkennen und benennen

A Kreuze die richtig gezeichneten Verschiebungen an.

☐ 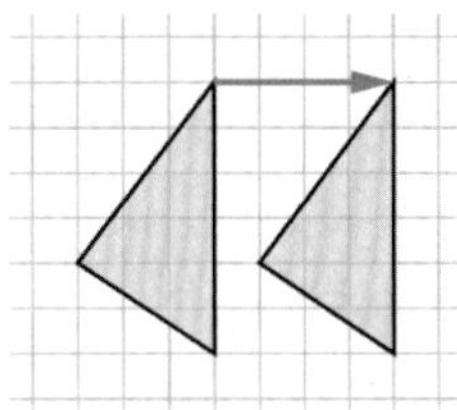
☐ 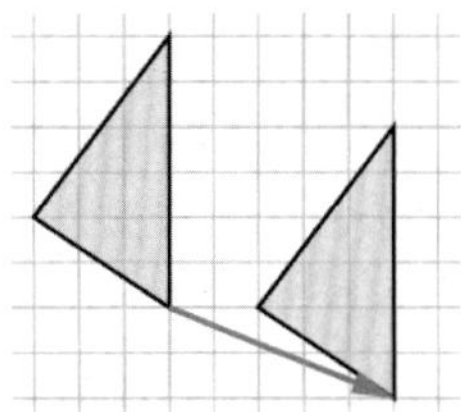
☐ 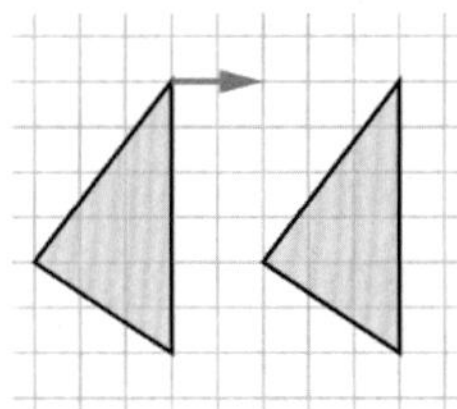
☐ 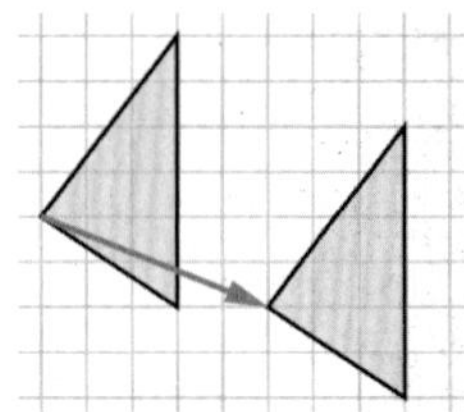

☐ 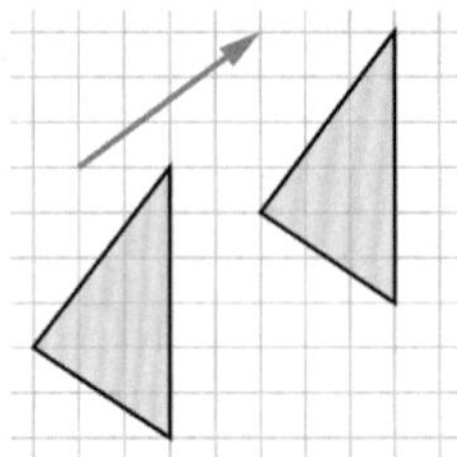
☐ 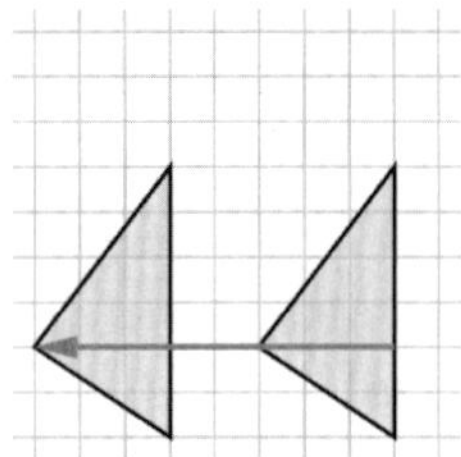
☐ 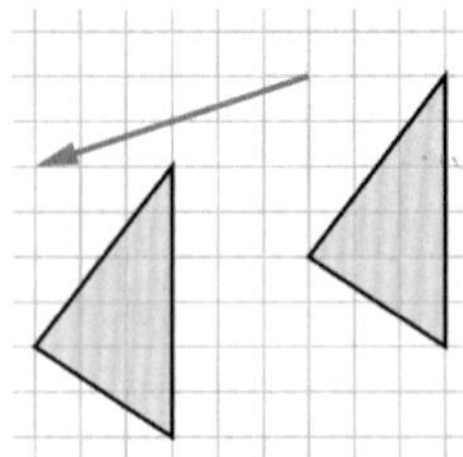
☐ 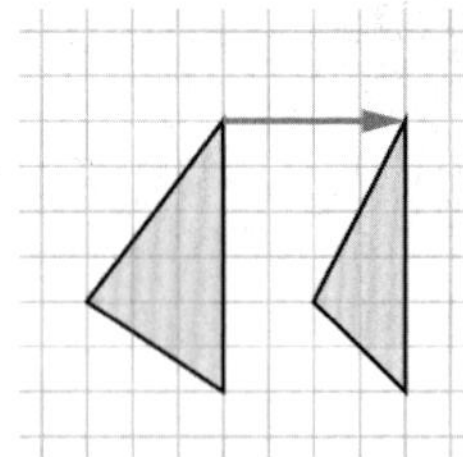

B Kreuze die richtigen Aussagen an.

☐ Die Bildpunkte sind A′, B′ und C′.
☐ Der Verschiebungspfeil geht von B nach B′.
☐ Eine Bildstrecke geht von C nach C′.
☐ Die Bildpunkte sind A, B und C.
☐ B ist der Bildpunkt von B‘.
☐ C hat keinen Bildpunkt.

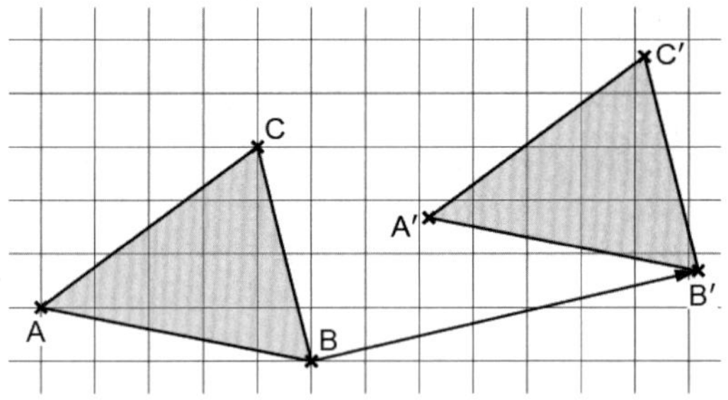

C Setze die Wörter richtig in den Text ein. Ein Wort bleibt übrig.

parallel | groß | lang | Verschiebung | Verschiebungspfeil | Bandornament | Länge

Eine Verschiebung ist durch einen ____________________________ festgelegt.

Alle Verbindungsstrecken zwischen den Punkten und ihren Bildpunkten haben die gleiche

____________________________.

Sie verlaufen alle ____________________________ zum Verschiebungspfeil.

Bei der Verschiebung bleibt jede Strecke gleich ____________________________ und jeder Winkel gleich

____________________________.

Wird eine Figur mehrfach in eine Richtung verschoben, entsteht ein ____________________________.

Abbildungen: imprint, Zusmarshausen
Text: Sabine Kliemann